Christine Andres | Thomas Bauer | Gert Bischoff | Johannes Diebel | Clemens Fauth | Meine Heuer | Martina Lorenz | Andreas Thon

Das Baustellenhandbuch Garten- und Landschaftsbau

9. aktualisierte und erweiterte Auflage

FORUM

WISSEN, DAS ANKOMMT.

Bibliografische Information der Deutschen Bibliothek

Die Deutsche Bibliothek verzeichnet diese Publikation in der Deutschen Nationalbibliografie; detaillierte bibliografische Daten sind im Internet über http://dnb.dnb.de abrufbar.

9. aktualisierte und erweiterte Auflage 2024

Mandichostraße 18
86504 Merching

Telefon: +49 (0)8233 381-123
Fax: +49 (0)8233 381-222
E-Mail: service@forum-verlag.com
Internet: www.baustellenhandbuch.de

Hinweis: Aus Gründen der besseren Lesbarkeit und Einfachheit wird in den folgenden Texten meist die männliche Form verwendet. Die verwendeten Bezeichnungen sind als geschlechtsneutral bzw. als Oberbegriffe zu interpretieren und gelten gleichermaßen für alle Geschlechter.

Titelfoto/-illustration: © trumedia, 86167 Augsburg
Satz: Reemers Publishing Services GmbH, 47799 Krefeld
Druck: Druckerei & Verlag Steinmeier GmbH & Co.KG, 86738 Deiningen

Printed in Germany

ISBN 978-3-96314-924-5 (Print)

Vorwort

Bei der täglichen Arbeit auf der Baustelle werden von allen Beteiligten schnelle Entscheidungen erwartet. Mit dem vorliegenden Baustellenhandbuch für den Garten- und Landschaftsbau haben Sie jetzt die wichtigsten Informationen zu Bau und Pflege von Freianlagen schnell zur Hand. Aktuelle gesetzliche Vorgaben und Normen finden sich hier ebenso, wie hilfreiche Checklisten, anschauliche Tabellen und Schemazeichnungen zur Bau- und Vegetationstechnik.

Ziel des Buchs ist es, sowohl den ausführenden Gewerken als auch der Bauleitung vor Ort ein kompaktes Nachschlagewerk zum Garten- und Landschaftsbau an die Hand zu geben, mit dem sich im Bedarfsfall Probleme unkompliziert lösen lassen bzw. erst gar nicht entstehen.

Der Inhalt des Buchs orientiert sich an den grundlegenden Themen des Garten- und Landschaftsbaus und wurde mit äußerster Sorgfalt und eingehender Recherche nach den aktuell anerkannten Regeln der Technik zusammengestellt. Gegenüber den Autoren und dem Verlag begründet dieses Erzeugnis keine Auskunfts- und Beratungspflicht und auch keine anderweitige Bindungswirkung. Die individuellen Gegebenheiten jedes Einzelfalls gebieten es, dass keine Gewähr für Verbindlichkeiten und Vollständigkeit der in diesem Erzeugnis enthaltenen Darstellungen und Aussagen gegeben werden kann.

Merching, im März 2024

Autoren

Christine Andres

Nach einer Ausbildung zur Landschaftsgärtnerin und dem Studium der Landespflege an der FH Osnabrück mit dem Schwerpunkt Bauwesen, arbeitete Christine Andres als Bauleiterin im Garten- und Landschaftsbau. Im Jahr 2004 gründete sie das Ingenieurbüro CADverde mit Tätigkeitsschwerpunkt in der Bauleitung und Abrechnung von Baumaßnahmen.

Seit 2011 ist sie als öffentlich bestellte und vereidigte Sachverständige im Garten- und Landschaftsbau tätig.

Autorin der Beiträge:
Landschaftsbauarbeiten nach ATV DIN 18320
Erd- und Bodenarbeiten
Entwässerungs- und Dränarbeiten
Holzbau
Gründungen und Verbauarbeiten
Stauden
Gehölze
Rasen

Thomas Bauer

Thomas Bauer studierte „Agrarmanagement & Agrarmarketing“ mit Schwerpunkt Gartenbau in Weihenstephan. Er ist von der Regierung von Schwaben öffentlich bestellter und vereidigter Sachverständiger für das Fachgebiet „Haus- und Kleingärten“. Zu diesem Fachgebiet gehören neben der Gehölzwertermittlung auch der Garten- und Landschaftsbau sowie die Garten- und Landschaftsgestaltung. Zudem ist er als qualifizierter Baumkontrolleur tätig.

Autor der Beiträge:
Vegetationstechnik nach DIN 18915 bis 18920
Bedeutung der Pflege nach DIN 18916 und 18919
Erosionsschutz

Gert Bischoff

Nach einem Studium der Landespflege an der Universität Hannover war Gert Bischoff als Ingenieur im Garten-, Landschafts- und Sportplatzbau tätig. Derzeit hat er eine Professur für Landschaftsbau an der Fachhochschule Erfurt, Lehrgebiete Baubetrieb, Bau- und Vegetationstechnik inne. Zudem ist er auch als öffentlich bestellter Sachverständiger für den Garten-, Landschafts- und Sportplatzbau tätig.

Autor der Beiträge:
Dachbegrünung
Fassadenbegrünung

Johannes Diebel

Johannes Diebel studierte Landschaftsarchitektur an der TU München/Weihenstephan. Nach mehrjährigen Praxisjahren im Landschaftsbau und im Landschaftsarchitekturbüro mit Schwerpunkt Ausschreibung und Bauleitung ist er seit 1985 selbstständiger Landschaftsarchitekt im Planungsbüro Freiraumplanung Diebel.

An der Hochschule für Technik und Wirtschaft (HTW) in Dresden-Pillnitz lehrte er von 1996 bis 2017 als Professor in den Studiengängen Landschafts- und Freiraumentwicklung sowie Gartenbau das Fachgebiet Landschaftsbau/Baukonstruktion/CAD.

Initiator des „Kooperativen Studiengangs Garten und Landschaftsbau“ an der HTW Dresden/Pillnitz“. In Zusammenarbeit von HTW und dem Verband Garten- und Landschaftsbau Sachsen e.V. ist das Studium an der Fachhochschule mit einer Lehre im Garten- u. Landschaftsbau verbunden.

Er arbeitete im Regelwerksausschuss „Gabionen“ der FLL mit und ist Coautor des Buches „Gestalten mit AutoCAD, Band 2“

Autor der Beiträge:
Mauern und Stützmauern
Vermessung im GaLa-Bau

Clemens Fauth

Landschaftsarchitekt Clemens Fauth studierte an der TU München/Weihenstephan. Seit 1995 ist er Mitglied der Bayerischen Architektenkammer. Seit 1998 ist er als freier Landschaftsarchitekt tätig. Clemens Fauth ist geprüfter Energieberater (HWK) sowie Gutachter der ALW Freising. Als Master of Science in Architektur und Umwelt und Stadtplaner (BYAK) ist er vorrangig für die Planung von Außenanlagen insbesondere zu Geschosswohnungsbau, Industriebau, Kindergärten/Schulen, Fahrradabstellanlagen, Hausgärten sowie Bahnhofsumfeld zuständig.

Autor der Beiträge:
Wegebau und Pflasterung
Zugänge

Meino Heuer

Straßenbaumeister Meino Heuer arbeitet als Betriebswirt (HWK), SiGeKo – Sicherheits- und Gesundheitskoordinator und von der Handwerkskammer für Ostfriesland öffentlich bestellter und vereidigter Sachverständiger für das Straßenbauerhandwerk. Er ist Mitglied des Verbands Ostfriesischer Sachverständiger (VCS) sowie Mitglied des Bundes Ostfriesischer Baumeister (BOB). Derzeit leitet er die Servicebetriebe der Stadt Garbsen.

Autor des Beitrags:
Homogenbereiche nach DIN 18300

Martina Lorenz

Martina Lorenz arbeitet nach einem Studium des Bauingenieurwesens an der Hochschule Bremen als Projektingenieurin im Bereich Planung und Planfeststellung beim Straßenneubauamt in Münster. Sie ist Projektleiterin Mineralische Baustoffe beim Westfälischen Prüfamt für Baugrund und Straßenbaustoffe in Münster, Dozentin und Autorin für den Bereich Tiefbau beim DAA-Technikum in Osnabrück sowie Beraterin für öffentliche und private Bauabteilungen, Architektur- und Ingenieurbüros.

Autorin der Beiträge:
Landschaftsbauarbeiten nach ATV DIN 18320
Bodengruppen nach DIN 18196
Bodenkenngrößen nach DIN 1055-2
Mengenermittlung, Mess- und Prüfverfahren

Andreas Thon

Nach einem Studium zur Landschaftsarchitektur und Umweltplanung an der TFH Berlin, sowie einem Master in Landscape Architecture gründete Andreas Thon eine Spezialwasserpflanzengärtnerei für private Schwimmteiche mit dem Ziel oligotraphente Wasserpflanzen in rein mineralischem Substrat inkl. Flüssigdüngung (Nitratmonitoring) unter ständiger Durchströmung der Anzuchtstandorte zu produzieren. Seit 2007 ist er in die Lehre eingebunden und hat derzeit an der Hochschule Geisenheim die Professur für Bautechnik inne.

Autor des Beitrags:
Bewässerung im GaLa-Bau

Inhaltsverzeichnis

Grundlagen und Anforderungen

Vegetationstechnik nach DIN 18915 bis 18920

Allgemeines

Diese DIN-Normen stellen ein wichtiges Regelwerk dar, in dem sich u. a. Hinweise und normative Verweise finden:

- DIN 18035-4 Sportplätze – Teil 4: Rasenflächen
- DIN 18035-5 Sportplätze – Teil 5: Tennenflächen
- DIN 18915 Vegetationstechnik im Landschaftsbau – Bodenarbeiten
- DIN 18916 Vegetationstechnik im Landschaftsbau – Pflanzen und Pflanzarbeiten
- DIN 18917 Vegetationstechnik im Landschaftsbau – Rasen und Saatarbeiten
- DIN 18918 Vegetationstechnik im Landschaftsbau – Ingenieurbiologische Sicherungsbauweisen
- DIN 18919 Vegetationstechnik im Landschaftsbau – Instandhaltungsleistungen für die Entwicklung und Unterhaltung von Vegetation
- DIN 18920 Vegetationstechnik im Landschaftsbau – Schutz von Bäumen, Pflanzenbeständen und Vegetationsflächen bei Baumaßnahmen
- DIN 19657 Sicherung von Gewässern, Deichen und Küstendünen – Richtlinien

Unter anderem werden nachfolgende Empfehlungen und Regelwerke der FLL genannt:

- Empfehlungen für Baumpflanzungen, 2015
- Gütebestimmungen für Baumschulpflanzen, 2004
- Gütebestimmungen für Stauden, 2015
- Regelsaatgutmischungen (RSM)
- Leitfaden für Planung, Ausführung und Pflege von funktionsgerechten Gehölzpflanzungen im besiedelten Bereich, 1999
- Qualitätsanforderungen und Anwendungsempfehlungen für organische Mulchstoffe und Komposte, 2016
- Richtlinie für die Planung, Ausführung und Pflege von Dachbegrünungen, 2018
- Richtlinie für die Planung, Ausführung und Pflege von Fassadenbegrünungen, 2018

- Richtlinie für die Planung, Ausführung und Pflege von Innenraumbegrünungen, 2004
- ZTV Großbaumverpflanzung, 2005
- Richtlinie für den Bau von Golfplätzen, 2008

Die Verknüpfung der unterschiedlichen DIN-Normen untereinander und zu anderen Regelwerken begründet sich durch die Vielzahl unterschiedlicher Standorte, Nutzungsarten und Pflanzenansprüche.

Die einzelnen DIN-Normen werden in den nachfolgenden Kapiteln näher erläutert.

DIN 18915 Bodenarbeiten

Diese Norm regelt die Qualität und Anwendung von in Erdenwerken oder auf Baustellen hergestellten Bodensubstraten für Vegetationstragschichten mit Bodenanschluss für den punktuellen oder flächigen Einbau im Garten- und Landschaftsbau.

Sie setzt sich aus folgenden Themenblöcken zusammen:

- Bewertung von Böden
- Anforderungen an Böden
- Behandlung und Verbesserung von Böden
- Herstellung der Böden zur Bepflanzung
- Maßnahmen zur Rekultivierung

Im Kapitel *Erd- und Bodenarbeiten* wird auf diese Bestimmungen weiter eingegangen.

DIN 18916 Pflanzen und Pflanzarbeiten

Die DIN 18916 gilt für Pflanzen und Pflanzarbeiten im Rahmen von Maßnahmen des Landschaftsbaus.

Sie setzt sich aus drei großen Themenblöcken zusammen:

- Anforderungen an Pflanzen bei der Anlieferung
- Anforderungen an Stoffe für Pflanzarbeiten
- Pflanzarbeiten

Die wichtigsten Bestimmungen sind:

- Transport ohne Beschädigung
- Lagerung 48 Std, dann Schutzmaßnahmen intensivieren

- Pflanzzeit i. d. R. nicht bei Frost
- Pflanzgrube 1,5-facher Durchmesser
- fachgerechter Rückschnitt
- Maßnahmen der Fertigstellungspflege

Im Kapitel *Pflege nach DIN 18916 und 18919* werden diese Bestimmungen ausführlich erläutert.

DIN 18917 Rasen und Saatarbeiten

Die DIN 18917 Rasen und Saatarbeiten gibt vor, wie die Herstellung von Rasen durch Ansaat oder Verwendung von Fertigrasen, Rasensoden und Vegetationsstücken im Rahmen des Landschaftsbaus auszuführen ist.

Sie setzt sich aus vier großen Themenblöcken zusammen:

- Rasentypen
- Anforderungen an Saatgut, Fertigrasen, Vegetationsstücke
- Herstellung von Rasenflächen
- Fertigstellung

Die wichtigsten Bestimmungen sind:

- Einteilung der Rasentypen nach Anwendungsbereich, Eigenschaften und Pflegeansprüchen
- Saatgutqualitäten gemäß RSM
- Aussaat i. d. R. zwischen Mai bis September
- Fertigrasen nicht bei Frost verlegen
- Beschreibung der Fertigstellungspflege und des abnahmefähigen Zustands

Im Kapitel *Rasen* finden sich zusätzlich zu den Bestimmungen der DIN 18917 Ausführungen zur RSM und weitere Hinweise.

DIN 18918 Ingenieurbiologische Sicherungsbauweisen

Die DIN 18918 gilt für Sicherungsbauweisen im Rahmen des Landschaftsbaus mit Saatgut, Pflanzen, lebenden Pflanzenteilen und nicht lebenden Stoffen zur Verhinderung bzw. Verringerung von Erosion, Rutschung und Steinschlag sowie zur Begrünung von Flächen, die durch natürliche Einflüsse oder technische Maßnahmen vom Oberboden entblößt sind, sowie von Bodenschüttungen, Halden und Deponien.

Sie setzt sich aus folgenden sechs Hauptpunkten zusammen:

- Sicherung durch Ansaaten
- Sicherung durch Anpflanzungen
- Sicherungen durch Bauweisen mit Pflanzen und lebenden Pflanzenteilen
- Sicherung durch Bauweisen mit nicht lebenden Stoffen und Bauteilen
- kombinierte Bauweisen
- Fertigstellungspflege

Ein Erosionsschutz kann durch Bepflanzung oder durch Bauweisen aus nicht lebenden Stoffen erreicht werden. Im überwiegenden Teil werden die Maßnahmen miteinander kombiniert. Laut DIN 18918 sollen den Sicherungsbauweisen mit Saatgut, Pflanzen und lebenden Pflanzenteilen der Vorzug gegeben werden.

Im Kapitel *Erosionsschutz* wird auf die einzelnen Aspekte näher eingegangen.

DIN 18919 Instandhaltungsleistungen für die Entwicklung und Unterhaltung von Vegetation

Die DIN 18919 behandelt die Leistungen bei Pflanzflächen und deren fachgerechte Pflege.

Der funktionsfähige Zustand der Vegetation wird mit der Entwicklungspflege, die Erhaltung des funktionsfähigen Zustands der Vegetation mit der Unterhaltungspflege jeweils nach DIN 18919 erreicht. Dabei werden folgende Pflegemaßnahmen beschrieben:

- Bodenlockerung
- Entfernung von unerwünschtem Aufwuchs
- Ausmähen von Gehölzflächen und Baumscheiben
- Abfallentfernung
- Pflanzenschnitt (Heckenschnitt, Auslichten, Auf-Stock-Setzen)
- Winterschutzmaßnahmen
- Mulchen
- Wässern
- Baumpflege
- Mähen
- Rasenpflege
- Düngen

Im Kapitel *Bedeutung der Pflege nach DIN 18916 und 18919* und den einzelnen Kapiteln wird auf diese Arbeiten weiter eingegangen.

DIN 18920 Schutz bei Baumaßnahmen

Die DIN 18920 gilt für die Planung und Durchführung von Baumaßnahmen im Siedlungsbereich und in der freien Landschaft. Sie dient dem Schutz von zu erhaltenden Einzelbäumen und Pflanzenbeständen (Vegetationsflächen), z. B. aus Bäumen, Sträuchern, Gräsern, Kräutern, da der ökologische, klimatische, ästhetische, schützende oder sonstige Wert bestehender Pflanzen/Pflanzungen durch Ersatz im Regelfall nicht oder erst nach Jahren erreicht wird.

Erfordernis, Art, Umfang und Zeitpunkt der Schutzmaßnahmen richten sich insbesondere nach den vorhandenen Bäumen und Pflanzenbeständen sowie Art, Umfang und Dauer der Baumaßnahmen. Im Einzelfall ist zu prüfen, ob vorbeugend oder im Schadensfall weitere baumpflegerische Maßnahmen erforderlich sind.

Die DIN 18920 stellt die Schutzmaßnahmen wie folgt zusammen:

- Schutz vor chemischen Verunreinigungen
- Schutz vor Feuer
- Schutz vor Vernässung und Überstauung
- Schutz von Vegetationsflächen
- Schutz von Bäumen gegen mechanische Schäden
- Schutz von Bäumen bei Freistellung
- Schutz des Wurzelbereichs bei Bodenauftrag und gegen Bodenabtrag
- Schutz des Wurzelbereichs beim Aushub von Gräben oder Baugruben und bei Gründungen für freistehende Bauteile
- Schutz des Wurzelbereichs von Bäumen bei befristeter Belastung und Grundwasserabsenkung
- Schutz des Wurzelbereichs von Bäumen bei Belägen
- Anforderungen an Stoffe für Pflanzarbeiten
- Pflanzarbeiten

Da es sich um lebende Organismen handelt, ist auch während Baumaßnahmen darauf zu achten, dass keine chemischen Stoffe den Standort belasten. Neben Säuren, Laugen etc. wird häufig nicht bedacht, dass auch Beton und Zement den Boden und damit den Standort für die Vegetation negativ beeinträchtigen.

Offene Feuer dürfen unter Beachtung der Windrichtung nur in einem Abstand von mind. 20 m von der Kronentraufe von Bäumen und Sträuchern entfacht werden.

Wurzelbereiche von Bäumen und Vegetationsflächen dürfen durch baubedingte Wasserableitungen nicht vernässt oder überstaut werden.

Zur Verhinderung von Schäden sind Vegetationsflächen mit einem etwa 2,0 m hohen, ortsfesten Zaun zu umgeben, ein seitlicher Zaunabstand von 1,5 m ist einzuhalten.

Schutz von Bäumen

Der Schutz von Bäumen stellt insbesondere in innerstädtischen Standorten ein wichtiges Thema dar. Die breite Öffentlichkeit hat mittlerweile erkannt, dass Bäume wichtige Funktionen erfüllen und besonders geschützt werden müssen.

Bei Schäden an Bäumen kommt es häufig zu hohen Schadensbeträgen, auch bei Teilschäden.

Es sind sowohl Wurzelschäden als auch Schäden an oberirdischen Teilen von Bäumen zu vermeiden.

Oberirdisch

Zum Schutz gegen mechanische Schäden (z. B. Quetschungen und Aufreißen der Rinde, des Holzes und der Wurzeln, Beschädigung der Krone) durch Fahrzeuge, Baumaschinen und sonstige Bauvorgänge, sind Bäume im Baubereich durch einen etwa 2,0 m hohen, ortsfesten Zaun zu schützen. Er soll den gesamten Wurzelbereich umschließen. Als Wurzelbereich gilt die Bodenfläche unter der Krone von Bäumen (Kronentraufe) zzgl. 1,5 m, bei Säulenform zzgl. 5,0 m nach allen Seiten.

Kann aus Platzgründen nicht der gesamte Wurzelbereich geschützt werden, soll der zu schützende Bereich möglichst groß sein und insbesondere die offene Bodenfläche umfassen. Ist dies in Ausnahmefällen nicht möglich, ist der Stamm mit einer gegen den Stamm abgepolsterten, mind. 2,0 m hohen Bohlenummantelung zu versehen. Die Schutzvorrichtung ist ohne Beschädigung der Bäume anzubringen. Sie darf nicht unmittelbar auf die Wurzelanläufe aufgesetzt werden. Die Krone ist vor Beschädigung durch Geräte und Fahrzeuge zu schützen, ggf. sind gefährdete Äste hochzubinden. Die Bindestellen sind ebenfalls abzupolstern.

Unterirdisch

Im Wurzelbereich soll kein Auftrag von Böden oder anderem Material erfolgen. Ist dies im Einzelfall nicht zu vermeiden, müssen bei der Auftragdicke und dem Einbauverfahren die artspezifische Verträglichkeit, das Alter, die Vitalität und die Ausbildung des Wurzelsystems der Pflanzen, die Bodenverhältnisse sowie die Art des Materials berücksichtigt werden. Der Bodenauftrag soll sektoral erfolgen, die Belüftungssektoren sollen mind. ein Drittel des Wurzelbereichs umfassen. Vor dem Auftrag sind von der Oberfläche des Wurzelbereichs alle Pflanzendecken, Laub und sonstigen organischen Stoffe unter Schonung des Wurzelwerks in Handarbeit oder durch Absaugen zu entfernen, um das Entstehen wurzelschädigender Abbauprodukte oder Sauerstoffmangel zu vermeiden.

Im Wurzelbereich darf nur grobkörniges, luft- und wasserdurchlässiges Material aufgetragen werden. Soll zusätzlich eine Vegetationstragschicht aufgetragen werden, ist zunächst solches Material im Regelfall mit einer Dicke von 20 cm und anschließend als Vegetationstragschicht Boden der Bodengruppe 2 oder 3 nach DIN 18915 in einer Dicke von maximal 20 cm aufzutragen. Die Vegetationstragschicht darf nicht näher als 1,0 m vom Stamm angedeckt werden. Beim Auftragen darf der Wurzelbereich nicht befahren werden. Im Wurzelbereich darf Boden nicht abgetragen werden.

Schutz des Wurzelbereichs beim Aushub von Gräben oder Baugruben

Gräben, Mulden und Baugruben dürfen im Wurzelbereich nicht hergestellt werden. Ist dies im Einzelfall nicht zu vermeiden, darf die Herstellung nur in Handarbeit oder Absaugtechnik erfolgen. Der Mindestabstand vom Stammfuß soll das Vierfache des Stammumfangs in 1,0 m Höhe betragen, mind. jedoch 2,5 m. Beim Verlegen von Leitungen soll der Wurzelbereich möglichst unterfahren werden. Beim Aushub von Gräben dürfen Wurzeln mit einem Durchmesser von 2 cm nicht durchtrennt werden. Verletzungen sollen vermieden werden und sind ggf. zu behandeln. Wurzeln sind schneidend zu durchtrennen und die Schnittstellen zu glätten. Wurzelenden mit einem Durchmesser ≤ 2 cm sind mit wachstumsfördernden Stoffen, mit einem Durchmesser > 2 cm mit Wundbehandlungsstoffen zu behandeln. Die freigelegten Wurzeln sind gegen Austrocknung und Frosteinwirkung zu schützen. Verfüllmaterialien müssen durch die Art der Körnung (enge Stufung) und Verdichtung eine dauerhafte Durchlüftung zur Regeneration der beschädigten Wurzeln sicherstellen. Entsprechend dem Wurzelverlust können Schnittmaßnahmen in der Krone erforderlich werden. Bei nicht standfestem Boden und tiefen Baugruben ist der Baum durch Spundung zu sichern.

Bei Baugruben oder anderen Abgrabungen mit Wurzelverlust soll ein Wurzelvorhang erstellt werden. Der Abstand der Außenkante zum Stammfuß soll das Vierfache des Stammumfangs in 1,0 m Höhe betragen, mind. jedoch 2,5 m. Er hat keine statische Funktion für den Baum und die Baugrube. Die Aushebung hat in Handarbeit zu erfolgen. Die Herstellung sollte eine Vegetationsperiode vor Baubeginn erfolgen. Die Dicke des Wurzelvorhangs muss mind. 25 cm betragen, die Tiefe den durchwurzelten Bereich umfassen, jedoch höchstens bis zur Sohle der Baugrube reichen. An der Grabenseite zur späteren Baugrube ist eine standfeste, verrottbare, luftdurchlässige Schalung, z. B. aus Pfählen, Maschendraht und Gewebe, zu errichten. Bis zum Baubeginn und während der Bauzeit ist der Wurzelvorhang ständig feucht zu halten.

Im Wurzelbereich sollen Gründungen nicht vorgenommen werden. Ist dies im Einzelfall nicht zu vermeiden, sind statt durchgehender Fundamente Punktfundamente zu errichten, die im lichten Abstand mind. 1,5 m voneinander und vom Stammfuß stehen dürfen. Sie sollen so angeordnet werden, dass Wurzeln mit wichtiger statischer Funktion erhalten bleiben. Hierzu sind bereits in der Planungsphase Suchschachtungen durchzuführen, um die Standorte für die Punktfundamente festlegen zu können. Die Unterkante des aufgehenden Mauerwerks darf nicht in das ursprüngliche Erdreich hineinragen.

Schutz des Wurzelbereichs bei befristeter Belastung

Der Wurzelbereich darf durch ständiges Begehen, durch Befahren, Abstellen von Maschinen und Fahrzeugen, Baustelleneinrichtungen und Materiallagerung nicht belastet werden. Ist eine befristete Inanspruchnahme des Wurzelbereichs nicht zu vermeiden, muss die belastete Fläche möglichst klein gehalten werden. Sie ist mit einem druckverteilenden Vlies und mit einer mind. 20 cm dicken Schicht aus dränschichtgeeignetem Material abzudecken, auf die eine feste Auflage aus Bohlen o. Ä. zu legen ist. Die Maßnahme soll kurz befristet und max. auf eine

Vegetationsperiode begrenzt sein. Nach Fortfall des Bedarfs ist die Abdeckung umgehend zu entfernen, danach ist der Boden unter Schonung der Wurzeln in Handarbeit flach zu lockern. Ist die Baumaßnahme noch nicht abgeschlossen, sind weitere Schutzmaßnahmen zu treffen.

Schutz von Bäumen bei befristeter Grundwasserabsenkung

Bei Grundwasserabsenkungen, die länger als drei Wochen dauern, sind Bäume während der Vegetationsperiode nach Bedarf im gesamten unversiegelten Wurzelbereich ausreichend zu wässern, ggf. durch Tiefenbewässerung. Zusätzlich können ausgleichende Maßnahmen, z. B. ein Verdunstungsschutz oder das Auslichten der Krone, erforderlich werden. Für lang andauernde, über eine Vegetationsperiode hinausgehende Baumaßnahmen mit Grundwasserabsenkungen sind diese Maßnahmen zu intensivieren bzw. sind zusätzliche Maßnahmen erforderlich.

Schutz des Wurzelbereichs von Bäumen bei Belägen

Im Wurzelbereich von Bäumen sollen keine Beläge verlegt werden. Ist dies nicht zu vermeiden, soll durch die Wahl der Baustoffe und durch die Art der Ausführung der Wurzelbereich möglichst wenig beeinträchtigt werden, z. B. durchlässige Beläge, möglichst geringe Tragschichtdicke, geringe Verdichtung oder Anhebung des Belags über Geländeniveau. Versiegelnde Beläge sollen nicht mehr als 30 %, offene Beläge nicht mehr als 50 % des Wurzelbereichs des ausgewachsenen Baums abdecken. Bei Veränderungen bestehender Beläge sollen diese Werte mind. erreicht werden. Im Regelfall sind zusätzliche technische Maßnahmen, z. B. Belüftungs- und Bewässerungseinrichtungen, Baumroste, Rammschutz, erforderlich. Durch die Art der Wasserführung ist der Gefahr der Fremdstoffeinwirkung zu begegnen.

Bedeutung der Pflege nach DIN 18916 und DIN 18919

Diese beiden DIN-Normen stellen ein wichtiges Regelwerk dar, in dem sich u. a. Hinweise und normative Verweise auf folgende Normen finden:

- DIN 18035-4 Sportplätze – Teil 4: Rasenflächen
- DIN 18035-5 Sportplätze – Teil 5: Tennenflächen
- DIN 18915 Vegetationstechnik im Landschaftsbau – Bodenarbeiten
- DIN 18917 Vegetationstechnik im Landschaftsbau – Rasen und Saatarbeiten
- DIN 18918 Vegetationstechnik im Landschaftsbau – Ingenieurbiologische Sicherungsbauweisen
- DIN 18919 Vegetationstechnik im Landschaftsbau – Instandhaltungsleistungen für die Entwicklung und Unterhaltung von Vegetation
- DIN 19657 Sicherung von Gewässern, Deichen und Küstendünen

Auch nachfolgende Empfehlungen und Regelwerke der FLL werden genannt:

- Empfehlungen für Baumpflanzungen, 2015
- Gütebestimmungen für Baumschulpflanzen, 2004
- Gütebestimmungen für Stauden, 2015
- Leitfaden für die Planung, Ausführung und Pflege von funktionsgerechten Gehölzpflanzungen im besiedelten Bereich, 1999
- Qualitätsanforderungen und Anwendungsempfehlungen für organische Mulchstoffe und Komposte, 2016
- Richtlinie für die Planung, Ausführung und Pflege von Dachbegrünungen, 2018
- Richtlinie für die Planung, Ausführung und Pflege von Fassadenbegrünungen, 2018
- Richtlinie für die Planung, Ausführung und Pflege von Innenraumbegrünungen, 2004
- ZTV-Großbaumverpflanzung, 2005

Die Verknüpfung der unterschiedlichen DIN-Normen untereinander und zu anderen Regelwerken begründet sich durch die Vielzahl verschiedener Standorte, Nutzungen und Pflanzenansprüche.

In diesem Kapitel soll die Bedeutung der Fertigstellungs-, Entwicklungs- und Unterhaltungspflege allgemein behandelt werden.

Die Pflegemaßnahmen sind abhängig von der Pflanzung und deren Verwendung. Die Maßnahmen bei einer Dachbegrünung und der Pflanzung eines Großbaums erfordern besondere Maßnahmen und Pflege.

In diesem Kapitel sollen die für alle Projekte wichtigen Regelungen vorgestellt werden, und in den nachfolgenden Kapiteln werden die spezifischen Regelungen und Maßnahmen weiter erläutert.

Allgemeines

Die DIN 18916 gilt für Pflanzen und Pflanzarbeiten im Rahmen von Maßnahmen des Landschaftsbaus.

Die DIN 18919 gilt für Entwicklungs- und Unterhaltungspflege von Grünflächen sowie von Vegetationsflächen, die mit ingenieurbiologischen Bauweisen nach DIN 18918 gesichert werden.

Für nahezu sämtliche gärtnerischen Arbeiten mit Pflanzen, außer bei z. B. Rasenflächen auf Sportplätzen, sind diese beiden Normen anzuwenden.

DIN 18916 Pflanzen und Pflanzarbeiten

Die DIN 18916 setzt sich aus drei großen Themenblöcken zusammen:

- Anforderungen an Pflanzen bei der Anlieferung
- Anforderungen an Stoffe für Pflanzarbeiten
- Pflanzarbeiten

Die Anforderungen an Pflanzen bei der Anlieferung bestehen hauptsächlich aus Gütebestimmungen und dem Thema Transport:

- Pflanzen sind so zu transportieren, dass eine Beschädigung, z. B. durch Austrocknen, Frost oder unsachgemäßes Laden vermieden wird.
- Der Versand von wurzelnackten Pflanzen im offenen Fahrzeug darf bei Temperaturen unter 0 °C nur mit Einverständnis des Empfängers erfolgen.

Die wichtigsten Anforderungen an Stoffe für Pflanzarbeiten sind:

- Pfähle und Befestigungsmaterial etc. müssen zwei Jahre haltbar sein.
- Die vorgesehene Vegetation darf nicht negativ beeinträchtigt oder geschädigt werden.

Vorgaben zu Pflanzarbeiten

Nachdem die Pflanzarbeiten in den Kapiteln Stauden, Gehölze und Rasen pflanzenspezifisch beschrieben werden, soll in diesem Rahmen nur auf die wichtigsten Punkte eingegangen werden.

Allgemeines

- Bei der Feststellung der Pflanzzeit sollen die artbedingten Besonderheiten beachtet werden.
- Laubabwerfende Gehölze sind im Regelfall in der Wachstumsruhe zu pflanzen. Immergrüne Gehölze mit Ballen können ganzjährig gepflanzt werden, mit Ausnahme der Zeit des Austriebs. Topf- und Containerpflanzen, Stauden sowie Ein- und Zweijahresblumen und andere Beetpflanzen können bei frostfreiem Boden ganzjährig gepflanzt werden.
- Pflanzen ohne Ballen dürfen bei Frost nicht gepflanzt werden.
- Auf der Baustelle dürfen Pflanzen beim Transport, bei der Lagerung, im Einschlag und beim Pflanzen nicht beschädigt werden und sind vor Austrocknung, Überhitzung und Frost zu schützen.
- Werden Gehölze ohne Ballen verpflanzt, soll der Durchmesser des Wurzelwerks artspezifisch und bodenabhängig bedingt den 10–15-fachen Durchmesser des Stammes haben. Beim Herausnehmen dürfen die Wurzeln nicht abgerissen werden, sondern müssen durchtrennt werden. Wurzelenden

über 30 mm Durchmesser sind glatt nachzuschneiden und mit Wundbehandlungsstoffen zu behandeln.

Lagerung auf der Baustelle

Nach der Anlieferung sollte unverzüglich gepflanzt werden. Ist dies nicht möglich, können Pflanzen für einen Zeitraum von 48 Stunden gelagert werden. Während dieses Zeitraums sind die Pflanzen durch einfache Maßnahmen, z. B. durch Anfeuchten und Abdecken, so zu schützen, dass Schädigungen durch Austrocknung, Frost oder Überhitzung ausgeschlossen sind.

Wird die Lagerungszeit von 48 Stunden überschritten, können weitere Maßnahmen erforderlich werden. In Abhängigkeit von der Jahreszeit, den Witterungsbedingungen, dem Zeitraum bis zur Pflanzung, der Art der Transportgefäße und der Beschaffenheit der Pflanzen (Ballen, Container) sind die Maßnahmen fortzuführen oder zu intensivieren. Reichen diese Maßnahmen nicht aus, sind die Pflanzen in vorbereitete Gräben einzustellen, anzufeuchten, an den Wurzeln oder Ballen allseitig mit lockerem Boden zu umgeben, anzudrücken und einzuschlämmen. Gebündelte Pflanzen sind erforderlichenfalls auseinanderzuziehen. Ein Schutz gegen Wildverbiss ist ggf. vorzunehmen.

In Wintereinschlägen sind empfindliche Pflanzen entsprechend zu schützen.

Vorbereitung Pflanzung

Die Vegetationstragschicht sowie auch ggf. der Baugrund sind nach DIN 18915 vorzubereiten. Bei Baumpflanzungen an Standorten, deren Durchwurzelungsbereich begrenzt ist (z. B. an Plätzen und Straßen), muss die offene oder mit einem dauerhaft luft- und wasserdurchlässigen Belag versehene Fläche mind. 6 m² betragen. Der durchwurzelbare Raum sollte eine Grundfläche von mind. 16 m² und eine Tiefe von mind. 80 cm haben.

- Bei Pflanzung von Gehölzen, Stauden, Ein- und Zweijahresblumen, Blumenbulben, -zwiebeln und -knollen sollen die Pflanzlöcher und -gruben in einer Breite ausgehoben werden, die dem 1,5-fachen Durchmesser des Wurzelwerks oder des Ballens entspricht.
- Beim Aushub des Pflanzlochs ist der Oberboden vom übrigen Aushub zu trennen und bei der Pflanzung wieder als oberste Schicht einzubringen.

- Junggehölze, Pflanzen mit Topfballen oder mit vergleichbarer Ballengröße können bei geeigneten Bodenverhältnissen mit Pflanzhacken, Pflanzspaten, Pflanzhölzern, Rillenscheiben u. Ä. gepflanzt werden. Verfestigungen der Pflanzlochwände und -sohlen sind zu beseitigen.
- Vor der Pflanzung sind die Wurzeln ballenloser Pflanzen der Art entsprechend mit scharfem Schneidwerkzeug zu schneiden. Sie dürfen nicht abgequetscht oder abgestochen werden. Bei Containerpflanzen müssen Spiral- und Würgewurzeln durchschnitten, und Wurzelfilz muss aufgerissen werden.
- Bei der Pflanzung sind die Wurzeln in ihrer natürlichen Lage einzubringen.
- Danach ist im Regelfall durchdringend zu wässern. Jungpflanzen dürfen nur mit feuchten Wurzeln gepflanzt werden.

Rückschnitt der oberirdischen Pflanzenteile

- Gehölze ohne Ballen sind i. d. R. unter Berücksichtigung der Art und Größe sowie der Standortbedingungen und Jahreszeit zurückzuschneiden oder auszulichten.
- Beschädigte Pflanzenteile müssen entfernt und Wunden glattgeschnitten werden. Bei Gehölzen sind Wunden mit einem Durchmesser > 3 cm mit Wundbehandlungsmittel zu behandeln.
- Stauden sollen nur dann zurückgeschnitten werden, wenn sie so stark ausgetrieben haben, dass das Anwachsen gefährdet ist.
- Bei Bedarf sind Gehölze standsicher zu verankern.
- Durch Wild und Weidevieh gefährdete Pflanzen sind z. B. durch Pflanzenschutzmittel, mechanischen Stammschutz oder durch Einzäunung zu sichern.

Fertigstellungspflege

Die Fertigstellung von Gehölz- und Staudenpflanzungen erfolgt bis zum abnahmefähigen Zustand durch die Fertigstellungspflege. Diese hat zum Ziel, einen Zustand zu erreichen, der bei anschließenden Pflegemaßnahmen nach DIN 18919 die gesicherte Weiterentwicklung ermöglicht. Sie umfasst alle Leistungen, die jeweils zur Erzielung eines abnahmefähigen Zustands erforderlich sind.

Erfordernis, Art, Umfang und Zeitpunkt von Leistungen richten sich insbesondere nach dem Zeitpunkt der Pflanzung, der Art der Pflanzen und den Standortverhältnissen. Dies können sein:

- Lockern und Säubern
- Ausmähen von Pflanzflächen
- unerwünschten Aufwuchs abtrennen und entfernen
- Steine mit einem Durchmesser > 5 cm und Unrat aus gelockerten Flächen ablesen
- Verankerungen überprüfen und ggf. nachrichten
- trockene oder beschädigte Pflanzenteile glatt abschneiden und entfernen
- durchtreibende Pflanzen sind entsprechend den Besonderheiten der betreffenden Pflanzenart nachzuschneiden.
- Düngen
- Wässern

Abnahmefähig sind Gehölz- und Staudenpflanzungen zu dem Zeitpunkt, an dem Sicherheit über den Anwuchserfolg besteht. Bei Gehölzpflanzungen ist der Anwuchserfolg im Regelfall ab dem letztem Drittel des Monats Juni am Durchtrieb zu erkennen, bei Stauden, wenn sie ausgetrieben haben oder eingewurzelt sind. Direkt nach der Pflanzung sind abnahmefähig: Ein- und Zweijahresblumen, Blumenbulben, -zwiebeln und -knollen sowie Gehölz- und Staudenpflanzungen bei vereinbartem Verzicht auf Leistungen der Fertigstellungspflege.

Spezielle Kriterien für z. B. die Abnahmefähigkeit von Dachbegrünungen werden in den jeweiligen Kapiteln behandelt.

Die Fertigstellungspflege endet i. d. R. mit der Abnahme der Leistungen. Nach diesem Zeitpunkt beginnt die Unterhaltungspflege.

DIN 18919 Instandhaltungsleistungen für die Entwicklung und Unterhaltung von Vegetation

Die DIN 18919 behandelt die Leistungen bei Pflanzflächen und deren fachgerechte Pflege.

Die Entwicklungspflege erfordert im Vergleich zur Unterhaltungspflege vermehrte Leistungen.

- Erfordernis, Art, Umfang und Zeitpunkt von Leistungen richten sich insbesondere nach dem vorgesehenen Begrünungsziel, den Standortverhältnissen, dem Entwicklungsstand und den ökologischen Aspekten (z. B. Brutzeiten).
- Wird die gewünschte Entwicklung einzelner Pflanzen durch benachbarte Pflanzen beeinträchtigt, sollte deren Entfernung Vorrang vor Schutzmaßnahmen haben.
- Unerwünschter Aufwuchs ist im Regelfall durch mechanische Maßnahmen zu beseitigen. Die Anwendung chemischer Mittel ist zu beschränken.
- Trockene und beschädigte Pflanzenteile sind abzuschneiden und Wildtriebe bei Veredelungen zu entfernen.

Bei der Ausführung der Leistungen sind die Pflanzflächen zu überwachen hinsichtlich:

- Krankheits- und Schädlingsbefall
- Wildverbiss
- Funktionsfähigkeit von Verankerungen, Sonnen- und Verdunstungsschutzeinrichtungen
- Funktionsfähigkeit von Belüftungs- und Bewässerungseinrichtungen

Der funktionsfähige Zustand der Vegetation wird mit der Entwicklungspflege, die Erhaltung des funktionsfähigen Zustands der Vegetation mit der Unterhaltungspflege jeweils nach DIN 18919 erreicht.

Insbesondere sind folgende Maßnahmen laut DIN 18919 möglich:

- Bodenlockerung
- Entfernung von unerwünschtem Aufwuchs
- Ausmähen von Gehölzflächen und Baumscheiben
- Abfallentfernung
- Pflanzenschnitt (Heckenschnitt, Auslichten, Auf-Stock-Setzen)
- Winterschutzmaßnahmen
- Mulchen
- Wässern
- Baum- und Rasenpflege
- Mähen
- Düngen

Soll gedüngt werden, sind die Düngergaben in Abstimmung auf Standort und Pflegeziel auf das notwendige Maß zu beschränken. Die Bemessung von Nährstoffmengen soll auf Basis von Nährstoffgehaltsbestimmungen des Bodens erfolgen. Die DIN 18919 enthält Hinweise für die jährlichen Düngergaben, deren Obergrenzen nicht überschritten werden sollten.

Düngung von Pflanzflächen nach DIN 18919 (pro Jahr)

Beetbepflanzung Stauden, starkzehrend

N	bis 10 g/m^2	P_2O_5	4–6 g/m^2
K_2O	6–8 g/m^2	MgO	0,8–1,2 g/m^2

Beetbepflanzung Stauden, schwachzehrend

N	bis 5 g/m^2	P_2O_5	2–4 g/m^2
K_2O	4–6 g/m^2	MgO	0,6–0,8 g/m^2

Gehölze/Bäume, Bodendecker, Ziergehölze

N	bis 5 g/m^2	P_2O_5	3–4 g/m^2
K_2O	6–8 g/m^2	MgO	0,8–1,0 g/m^2

Landschaftsgehölze

N	0–3 g/m^2	P_2O_5	0–4 g/m^2
K_2O	0–6 g/m^2	MgO	0–0,8 g/m^2

Rosen

N	bis 10 g/m^2	P_2O_5	6–10 g/m^2
K_2O	8–16 g/m^2	MgO	1–2 g/m^2

Bei P_2O_5, K_2O und MgO ist der Nährstoffversorgungszustand des Bodens zu berücksichtigen.

Die Düngung bei starkzehrenden Stauden und Rosen ist in zwei Gaben aufgeteilt. Die erste Gabe zu Wachstumsbeginn im März/April und die zweite Gabe etwa im Juni/Juli.

Zusammenfassung

Die Bedeutung der Fertigstellungs-, Entwicklungs- und Unterhaltungspflege nach DIN 18916 und DIN 18919 hat maßgebliche Bedeutung im Bereich der „Grünen Arbeiten" auf der Baustelle.

Die Fertigstellungs- und Entwicklungspflege dienen sowohl dem Auftraggeber als auch Auftragnehmer. Durch fachgerechte Pflegemaßnahmen kann die ausführende Firma Ausfälle minimieren und besondere Qualität erbringen. Mit Abnahme der Leistung ist diese Pflege i. d. R. nach spätestens ein bis zwei Jahren beendet.

In manchen Bereichen, z. B. im Bereich Dachbegrünung, kann aufgrund der Fertigstellungspflege der Auftraggeber überzeugt werden, einen weiteren Pflegevertrag, also z. B. einen Unterhaltungspflegevertrag, abzuschließen.

Bei der Unterhaltungspflege handelt es sich im Großen und Ganzen um wiederkehrende Arbeiten, die in Abhängigkeit von der Vegetation durchgeführt werden müssen.

Fachbetriebe bleiben durch solche Pflegeverträge „am Kunden" und können dadurch weitere Aufträge und positive Referenzen sammeln.

Landschaftsbauarbeiten nach ATV DIN 18320

Der Geltungsbereich der DIN 18320 Landschaftsbauarbeiten (Ausgabe 2016) umfasst folgende Arbeiten:

- Fällungen und Rodungen
- Schutzmaßnahmen für Bäume, Pflanzenbestände sowie Vegetationsflächen
- vegetationstechnische Bau-, Pflege- und Instandhaltungsmaßnahmen
- Neuanlage, Pflege und Instandhaltung von Sport- und Spielanlagen
- Oberbodenarbeiten
- ingenieurbiologische Sicherungsbauweisen und Sicherungen von Gewässern, Küstendünen und Deichen
- Zaunarbeiten

Zum Geltungsbereich der DIN 18320 gehören nicht:

- Erdarbeiten für nicht vegetationstechnische Zwecke. Diese sind in der ATV DIN 18300 Erdarbeiten geregelt.

Ergänzend gelten Abschnitte 1–5 der ATV DIN 18299 „Allgemeine Regelungen für Bauarbeiten jeder Art“. Bei auftretenden Widersprüchen gehen die Angaben der ATV DIN 18320 jedoch vor.

Allgemeine Angaben zu Stoffen und Bauteilen:

Der gelöste Oberboden und anfallende Stoffe, wie z. B. aus Fäll- und Rodungsmaßnahmen, gehen nicht in das Eigentum des Auftragnehmers über.

Die Lieferung von Oberboden gehört generell nicht zu den Leistungen. Sind jedoch Oberboden und sonstige Materialien vom Auftragnehmer zu liefern, ist das Abladen und Lagern auf der Baustelle inbegriffen.

Oberboden ist vor seinem Lösen immer ein sog. eigener Homogenbereich (siehe dazu auch ATV DIN 18300).

Allgemeine Angaben zur Ausführung

- Vor Beginn der Arbeiten kann es sinnvoll sein, in einem gemeinsamen Protokoll den Zustand der Vegetation festzuhalten.
- Wenn Maßnahmen zum Schutz von Bauwerken, Leitungen, Kabeln, Kanälen, Dränen, Wegen und Gleisanlagen u. Ä. im Bereich des Baugeländes durchgeführt werden, sind die Vorschriften der Eigentümer und anderer Weisungsberechtigter zu berücksichtigen.
- Ist die Lage von Kabeln, Leitungen, Kanälen, Vermessungspunkten etc. nicht bekannt, so muss diese erkundet werden. Werden nicht angegebene Leitungen, Kabel, Kanäle, Bauwerksreste etc. gefunden, so ist der Auftraggeber sofort davon in Kenntnis zu setzen. Solche Maßnahmen sind Besondere Leistungen.
- Werden Hindernisse gefunden, die Kampfmittel sein könnten, müssen sämtliche Arbeiten sofort eingestellt, entsprechende Sicherungsmaßnahmen eingeleitet und der Auftraggeber sowie die zuständige Behörde unterrichtet werden. Auch diese Maßnahmen sind Besondere Leistungen.
- Wenn Pflegearbeiten durchgeführt werden, sind die Vegetation und die ausgeführten Leistungen auf evtl. Gefährdungen durch Trockenheit, Nässe, Hitze, Frost, Krankheiten, Schädlinge, unerwünschten Aufwuchs, Wild, Weidevieh, invasive oder auch allergene Pflanzen zu prüfen. Der Auftraggeber ist bei Befund sofort zu informieren. Die einzuleitenden Maßnahmen sind Besondere Leistungen.
- Bei der Durchführung von Bodenarbeiten, Pflanzarbeiten und Saatarbeiten ist die Bearbeitbarkeit des Bodens zu prüfen. Der Auftraggeber ist sofort zu informieren, wenn zur Abwehr von nicht wiederherstellbaren Schäden des Bodens die Arbeiten unterbrochen werden müssen und ggf. Terminverschiebungen erforderlich sind.
- Die Entscheidung über Wahl des Bauverfahrens, des Bauablaufs, der Förderwege sowie die Auswahl und der Einsatz der Baugeräte sind Angelegenheit des Auftragnehmers.
- Das Fördern von bis zu 50 m gehört beim Lösen und Laden von Boden sowie beim Herausnehmen von Pflanzen, Vegetationsstücken und Rasensoden zur vereinbarten Leistung.

Bei seiner Prüfung gem. § 4 Nr. 3 VOB/B hat der Auftragnehmer u. a. bei nachfolgenden Punkten Bedenken anzumelden:

- Abweichungen des Bestands gegenüber den Planunterlagen
- störende, gefährdende und gefährdete Verkehrs- und Versorgungsanlagen
- ungeeignete Planungen der Bauzeit, z. B. bei Bodenarbeiten, Saatarbeiten und Pflanzarbeiten
- ungeeignete Standortverhältnisse, z. B. Boden, Klima, Wasser, Immissionen
- verunreinigtes Gelände, z. B. durch Chemikalien, Mineralöle, Bauschutt, Bauwerksreste
- durch den Baubetrieb gefährdete Pflanzen und Flächen
- Aufwuchs und Rasen, der zur Wiederverwendung nicht geeignet ist
- vorhandene Wurzeln, Aufwuchs usw., wodurch die vorgesehene Vegetation oder die sonstige Nutzung gefährdet wird
- unzureichende oder unzweckmäßig vorgeschriebene Düngung oder Bodenverbesserung
- Mängel an Böden, Substraten, Pflanzen oder Pflanzenteilen, die der Auftraggeber bereitgestellt oder die er vorgeschrieben hat
- unzureichende vorgeschriebene Maßnahmen zur Bodenpflege und zum Schutz der Vegetationsflächen bis zur Ansaat oder bis zur Pflanzung
- unzureichender Umfang oder unzweckmäßige Art der vorgeschriebenen Leistungen zur Herstellung, zu Pflegearbeiten und zu Instandhaltungsarbeiten, einschl. der Entwicklungs- und Unterhaltungspflege

Besondere Angaben zur Ausführung

Bei **Fällarbeiten** sind oberirdische Pflanzenteile in einer Höhe von 10 bis 30 cm über dem Boden abzutrennen und zu lagern.

Bei **Rodungen** ist zu beachten, dass die Wurzelstöcke von gefällten Bäumen und Sträuchern bis 20 cm außerhalb des Wurzelanlaufs und Starkwurzeln über 10 cm Durchmesser bis zu einer Tiefe von 30 cm zu entfernen und zu lagern sind.

Bodenarbeiten für vegetationstechnische Arbeiten und für Oberflächenschutz durch Schichtenaufbau für Dachbegrünungen sind gemäß DIN 18915 „Bodenarbeiten“ auszuführen.

Bei der Abnahme von **Pflanzarbeiten** werden bei Flächenpflanzungen (bodendeckende Stauden und Gehölze) Ausfälle von bis zu 5 % toleriert, wenn dadurch der Gesamteindruck nicht beeinträchtigt ist. Weist z. B. ein Teilbereich mehr als 25 % Ausfall auf, der Gesamtausfall im Mittel jedoch nicht mehr als die 5 %, so ist der Auftragnehmer dennoch zur Nachpflanzung verpflichtet.

Rasenflächen im Landschaftsbau sind nach DIN 18917 auszuführen, Rasenflächen für Sportplätze dagegen nach DIN 18035 Teil 4.

Für **Zaunarbeiten** gelten u. a. folgende Regelungen:

- Betonfundamente sind aus C12/15 bzw. bei Ballfangzäunen aus C20/25 herzustellen.

Insbesondere gilt für **Metallzäune**:

- Pfosten aus feuerverzinktem Stahlprofilrohr S235 nach DIN EN 10219-2
- Es sind geschweißte Gitter aus Stahldraht nach DIN 10223-7 zu verwenden.
- Als Grenzwert für Fluchtabweichungen von Pfosten ist DIN 18202, Abschnitt 5.5 „Toleranzen im Hochbau“ heranzuziehen.

Für **Holzzäune** sind folgende Empfehlungen einzuhalten:

- Pfosten als Vierkant-Pfosten in feuerverzinkten H-Trägern

Für **Zäune in kombinierter Bauweise** gilt:

- Rundholzpfosten in Güteklasse I gemäß DIN 4042 Teil 2
- Jeder Querdraht ist mit einem Spanner mindestens einmal pro Zaunflucht, längstens aber alle 50 m abzuspannen.
- Es sind Knotengitter aus Stahldraht gemäß DIN 10223-5 zu verwenden.

Für **Ballfangzäune** sollen verwendet werden:

- Pfosten aus Stahlprofilrohr nach DIN EN 10219-2
- Bespannung aus geschweißten Paneelen nach DIN EN 10223-7 ohne obere und untere Überstände

Ansonsten sind folgende DIN-Normen gemäß DIN 18320 für die jeweiligen Arbeiten zu beachten (in Auszügen):

Tabelle 1: *DIN-Normen für den Garten und Landschaftsbau*

Arbeiten	DIN-Vorschrift
Bodenarbeiten für vegetationstechnische Zwecke, Oberflächenschutz durch Schichtenaufbau für Dachbegrünungen	DIN 18915
Pflanzarbeiten	DIN 18916
Rasenarbeiten und Saatarbeiten im Landschaftsbau	DIN 18917
Ingenieurbiologische Sicherungsbauweisen	DIN 18918
Sportplatzarbeiten:	
Sportplätze – Teil 4: Rasenflächen	DIN 18035-4
Sportplätze – Teil 5: Tennenflächen	DIN 18035-5
Sportplätze – Teil 6: Kunststoffflächen	DIN V 18035-6
Sportplätze – Teil 7: Kunststoffrasenflächen	DIN V 18035-7
Entwicklungs- und Unterhaltungspflegearbeiten	DIN 18919, DIN 18035-4, DIN 18035-5, DIN V 18035-6 DIN V 18035-7
Spielplatzbauarbeiten:	
Arbeiten für Spielplätze und Freiflächen zum Spielen	DIN 18034, DIN EN 1176-1 bis DIN EN 1176-6
Arbeiten für stoßgedämpfte Spielplatzböden	DIN EN 1177
Maßnahmen zum Schutz von Bäumen, Pflanzenbeständen und Vegetationsflächen bei Baumaßnahmen	DIN 18920

Abrechnung

Nebenleistungen

Ergänzend zur ATV DIN 18299, Abschnitt 4.1, gelten folgende Arbeiten als Nebenleistungen:

- das Festhalten des Zustands (in Form eines Protokolls, das gemeinsam vom Auftraggeber und Auftragnehmer anzuerkennen ist) von der Straße, der Geländeoberfläche, den Vorflutern und Vergleichbarem und zwar vor Beginn der Arbeiten
- Herstellen der Anschlüsse an angrenzende Bauteile
- Anwässern nach dem Pflanzen und nach dem Verlegen von Fertigrasen
- Beseitigen von Wurzelstöcken bis 0,1 m Durchmesser, an der Schnittstelle gemessen. Bei mehrstämmigen Bäumen gilt als Durchmesser die Summe der Durchmesser.
- Lösen, Laden und Entsorgen einzelner Steinen und Mauerreste bis 0,01 m^3 Einzelvolumen. Beim Herstellen des Feinplanums bei Vegetationsflächen bis zu einer Menge von 1 m^3
- Herstellen des notwendigen Gefälles zur Wasserableitung bei der Oberflächenausbildung von Vegetationsflächen, Belägen und Sicherungsbauwerken
- Herstellen von bis zu 10 cm großen Höhenabsätzen je Pfosten im Zaunverlauf
- Prüfungen und Probenahmen zum Nachweis über Eignung und Qualität von vom Auftraggeber gelieferter Materialien, einschließlich Böden

Besondere Leistungen

Ergänzend zur ATV DIN 18299, Abschnitt 4.2, sind Besondere Leistungen:

- erforderliche Maßnahmen nach den Abschnitten 3.1.3–3.1.6 der DIN (vgl. „Allgemeine Angaben zur Ausführung“ in diesem Kapitel, wie z. B. Erkunden der Lage von Leitungen, Sicherungsmaßnahmen bei Antreffen von Hindernissen, bei Gefährdung der Vegetation etc.)
- Untersuchungen des Bodens, des Wassers und des Wasserstands sowie besondere Prüfverfahren
- Eignungsprüfungen einschließlich der Probenahmen von Stoffen, Bauteilen, Pflanzen und Pflanzenteilen, die der Auftraggeber beistellt oder deren Herkunft vom Auftraggeber vorgeschrieben ist

- erforderliche Maßnahmen zum Ableiten des Wassers aus angrenzenden Flächen
- Abladen und Lagern von bauseitig gelieferten Stoffen, wie z. B. Bauteilen, Pflanzen und Pflanzenteilen
- Lösen, Laden, Trennen und Entsorgen von Kies, Steinen, Bauwerksresten, Geokunststoffen und sonstigen Stoffen über 0,01 m^3 Einzelvolumen sowie das Verfüllen der entstandenen Hohlräume
- erforderliche Schutzmaßnahmen für Pflanzen nach Ablauf der Lagerungszeit auf der Baustelle und Leistungen zum Einschlagen oder Aufschulen von Pflanzen und Pflanzenteilen, wenn die Maßnahmen vom Auftraggeber verlangt oder aus Gründen erforderlich werden, die vom Auftragnehmer nicht zu vertreten sind
- Liefern von Wasser für Pflegearbeiten (Fertigstellungs-, Unterhaltungs-, Entwicklungspflege)
- Entfernen von durch den Auftragnehmer nicht zu vertretenden vorzeitigem Aufwuchs
- erforderliches Lockern des Baugrunds vor dem Aufbringen des Oberbodens
- erforderliche Schutzmaßnahmen für Vegetationsflächen gegen Wild und Weidevieh oder weil angrenzende Flächen vor der Abnahme der Vegetationsflächen genutzt werden
- abschnittsweises Fällen/stückweises Absetzen von Bäumen und Sträuchern und Einsatz besonderer Arbeitsverfahren (z. B. Hubsteiger, Seilklettertechnik)
- Kontrollprüfungen einschließlich der Probenahmen
- besondere Messungen, die über die Regelungen in ATV DIN 18299, Abschnitt 4.1.3, hinausgehen, z. B. Messungen für Zeugnisse nach den Wettkampfbestimmungen der Sportverbände
- Erstellen statischer Nachweise und der hierfür notwendigen Zeichnungen
- Erstellen von Bestandsplänen
- zusätzliche Zaunpfosten aufgrund von Besonderheiten des Geländes, Unterbrechungen, Richtungsänderungen
- Herstellen von über 10 cm großen Höhenabsätzen je Pfosten im Zaunverlauf
- Arbeiten auf Flächen mit einer Neigung von mehr als 1:4 sowie für das Herstellen solcher Böschungen

Abrechnungseinheiten

Die im Leistungsverzeichnis vorzusehenden Abrechnungseinheiten sind nachfolgend aufgeführt:

- **Abrechnung in m^3 bzw. in l, getrennt nach Art sowie den Maßen:**
  - Liefern, Auftrag, Abtrag und Lagern von Boden, Substraten etc.
  - Flüssigdünger
  - Ausbringen von Stoffen für die Bodenverbesserung
  - Bewässerung
  - Baum- und Pflanzgruben
  - Reinigen der Baustelle von störenden Stoffen
- **Abrechnung in m^2, getrennt nach Art sowie den Maßen:**
  - Reinigen der Baustelle von störenden Stoffen
  - Aufnehmen von pflanzlichen Bodendeckern, Rodungsarbeiten
  - Sichern von Bodenflächen sowie von Oberflächen von Bodenlagern
  - Auftrag und Abtrag von Boden und Substraten
  - Bearbeitung des Bodens, z. B. Lockern, Ebnen, Verdichten usw.
  - Einarbeiten von Dünger sowie Stoffen für die Bodenverbesserung
  - Herstellen von Rasenflächen, wiesenähnlichen Flächen, Nassansaaten und Trockenansaaten
  - Deckbauweisen des Lebendverbaus
  - Herstellen von Filter-, Drän-, Trag- und Deckschichten
  - Schutzvorrichtungen für Pflanzflächen
  - Pflegeleistungen, z. B. Rasenschnitt, Gehölzschnitt, Beregnung, Bodenlockerung, Pflanzenschutz, Winterschutzmaßnahmen usw.
- **Abrechnung in m, getrennt nach Art sowie den Maßen:**
  - Faschinenverbau, Flechtwerke, Buschlagen, Heckenlagen, Pflanzgräben, Pflanzriefen
  - Zäune, lineare Markierungen
  - Heckenschnitt
- **Abrechnung in Stück, getrennt nach Art sowie den Maßen:**
  - Fällen, Roden und Herausnehmen von Bäumen, Pflanzen, Vegetationsstücken
  - Einschlagen von Pflanzen, Pflanzarbeiten, Setzen von Steckhölzern und Setzstangen, Verankerungen von Gehölzen
  - Baum- und Pflanzgruben, Pflanzlöcher

  - Pflegen von Einzelpflanzen und Pflanzgefäßen
  - Schutzvorrichtungen für Pflanzen
  - Ausstattungsgegenstände, z. B. Bänke, Tische, Abfallbehälter, Spiel- und Sportgeräte usw.
  - Markierungszeichen und Punktmarkierungen
  - Gehölzschnitt
- **Abrechnung in kg oder t, getrennt nach Art sowie den Maßen:**
  - Ausbringen von Saatgut für Nassansaaten und Trockenansaaten
  - Ausbringen von Düngemitteln
  - Böden und Substrate
  - Bodenverbesserungsstoffe
  - Liefern von Baustoffgemischen für Filter-, Drän-, Trag- und Deckschichten
  - Reinigen der Baustelle von störenden Stoffen

Abrechnung

Nachfolgend wird ergänzt:

- **bei Abrechnung nach Raummaß werden abgezogen:**
  - Massenkörper von einer Einzelgröße über 0,5 m^3 (z. B. Wurzelballen, Lichtschacht)
- **bei Abrechnung nach Flächenmaß werden abgezogen:**
  - bei Nassansaaten und Trockenansaaten gemäß DIN 18918 Aussparungen über 100 m^2 Einzelfläche, z. B. Felsflächen und Bauwerke
  - bei sonstigen Flächen, Aussparungen über 2,5 m^2 Einzelfläche, z. B. Bäume, Baumscheiben, Stützen, Einläufe, Felsnasen und Schrittplatten
- **bei Abrechnung nach Längenmaß werden abgezogen:**
  - Unterbrechungen über 1 m Länge
- **bei Abrechnung nach Stückzahl werden abgezogen:**
  - Ausfälle von über 5 % bei Flächenpflanzungen (wie z. B. bodendeckende Stauden und Gehölze)

Baugrund

Bodengruppen nach DIN 18196

Mithilfe von Laborversuchen lassen sich die einzelnen Bodenarten entsprechend ihrem stofflichen Aufbau und den bauphysikalischen Eigenschaften in Gruppen einteilen. In der Regel werden die folgenden Laborversuche durchgeführt:

- Bestimmung des Wassergehalts
- Bestimmung der Fließ- und Ausrollgrenze (Konsistenzgrenzen)
- Bestimmung der Korngrößenverteilung (Sieblinie)
- Bestimmung der Korndichte
- Bestimmung der Feuchtwichte
- Bestimmung der Proctordichte
- Bestimmung des Kalkgehalts
- Bestimmung des Anteils an organischen Bestandteilen
- Wasserdurchlässigkeit

Mit den Kennwerten lassen sich bestimmte Eigenschaften des Bodens abschätzen, z. B.:

- Lösbarkeit
- Verdichtbarkeit
- Empfindlichkeit gegen Frost
- Wasserempfindlichkeit
- Erosions- und Verwitterungsempfindlichkeit

Für besondere Verwendungszwecke des Bodens sind ggf. weitere Untersuchungen notwendig.

Die DIN 18196 unterscheidet die folgenden Hauptgruppen:

- sehr grobkörnige Böden
- grobkörnige Böden
- gemischtkörnige Böden
- feinkörnige Böden
- Böden mit organischen Beimengungen
- organische Böden
- anthropogene Böden

Anthropogene Böden sind Auffüllungen aus künstlichen oder natürlichen Böden.

Tabelle 1: *Einteilung nach Korngrößenbereichen nach DIN 18196 für Lockergesteine mit Massenanteilen ≤ 40 % an Steinen und Blöcken*

Bodenanteile mit Korngrößen d < 63 mm				
Korngröße d	**Massenanteile**	**Kornbereich**	**Benennung**	**Bodenklassifikation**
> 0,063 mm	> 95 %	Grobkorn (Sand und Kies)	grobkörnige Böden	nach Korngrößenverteilung
≤ 0,063 mm	≥ 40 %	Feinkorn (Schluff und Ton)	feinkörnige Böden	nach plastischen Eigenschaften
≤ 0,063 mm	5 bis 40 %	Feinkorn (Schluff und Ton)	gemischtkörnige Böden	nach Korngrößenverteilung und plastischen Eigenschaften

Darüber hinaus werden grobkörnige Böden nach ihrem Massenanteil des Korns ≤ 2 mm und nach der Ungleichförmigkeitszahl C_u und der Krümmungszahl C_c eingeteilt.

Böden mit einem Massenanteil des Korns ≤ 2 mm

- bis 60 % werden als Kies (Kurzzeichen G),
- über 60 % werden als Sand (Kurzzeichen S) bezeichnet.

Tabelle 2: *Einteilung in Abhängigkeit von der Ungleichförmigkeitszahl C_u und der Krümmungszahl C_c nach DIN 18196*

Verlauf der Körnungslinie	**Kurzzeichen**	**Ungleichförmigkeitszahl C_u**	**Krümmungszahl C_c**
eng (steile Körnungslinie)	E	< 6	nicht vorgegeben
weit (flache Körnungslinie)	W	≥ 6	1–3
intermittierend (mit Ausfallkörnung, treppenartige Ausfallkörnung)	I	≥ 6	< 1 oder > 3

Ungleichförmigkeitszahl

$$C_u = \frac{d_{60}}{d_{10}}$$

Krümmungszahl

$$C_c = \frac{(d_{30})^2}{d_{10}\, d_{60}}$$

Die Korngrößen d_{10}, d_{30} und d_{60} sind die Korngrößen, die in der Körnungslinie den Massenanteilen von 10 %, 30 % und 60 % entsprechen.

Gemischtkörnige Böden werden, bezogen auf den Massenanteil des Feinkorns (≤ 0,063 mm), gemäß DIN 18196 in gering (Kurzzeichen U oder T) bei einem Feinkornanteil von 5–15 % und in hoch (Kurzzeichen $\overline{U}$ oder $\overline{T}$) bei einem Feinkornanteil von 15–40 % eingeteilt.

Bei feinkörnigen Böden erfolgt die Einteilung in Abhängigkeit von der Fließ- und Ausrollgrenze (Zustandsgrenzen) und dem Wassergehalt an der Fließgrenze w_L.

Der Wassergehalt an der Fließgrenze w_L liegt bei leicht plastischen Böden unter 35 %, bei mittelplastischen Böden zwischen 35 und 50 % und bei ausgeprägt plastischen Böden über 50 %.

Bodengruppen nach DIN 18196

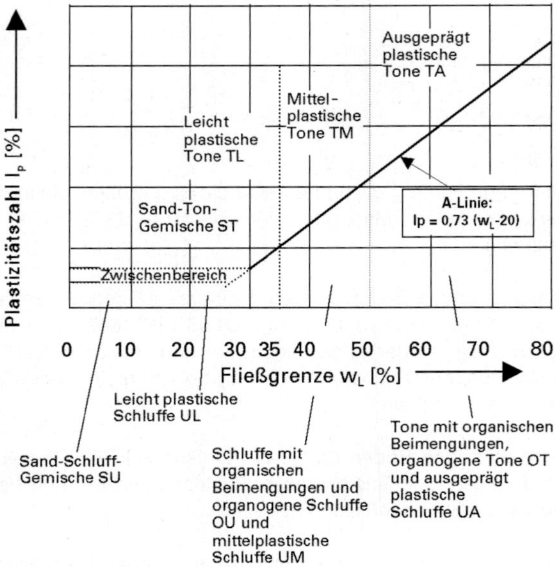

***Bild 1:** Plastizitätsdiagramm mit Bodengruppen nach DIN 18196 (Quelle: Lorenz)*

Tabelle 3: *Klassifizierungsmerkmale für grobkörnige Böden nach DIN 18196*

<table>
<tr><th colspan="4">Definition und Benennung</th><th rowspan="4">Kurz-zeichen</th></tr>
<tr><th colspan="2">KorngrößenMassenanteil</th><th colspan="2" rowspan="3">Gruppen</th></tr>
<tr><th colspan="2">Korndurchmesser</th></tr>
<tr><th>≤ 0,063 mm</th><th>≤ 2 mm</th></tr>
<tr><td rowspan="6">< 5 %</td><td rowspan="3">bis 60 %</td><td rowspan="3">Kies</td><td>eng gestufte Kiese</td><td>GE</td></tr>
<tr><td>weit gestufte Kies-Sand-Gemische</td><td>GW</td></tr>
<tr><td>intermittierend gestufte Sand-Kies-Gemische</td><td>GI</td></tr>
<tr><td rowspan="3">über 60 %</td><td rowspan="3">Sand</td><td>eng gestufte Sande</td><td>SE</td></tr>
<tr><td>weit gestufte Sand-Kies-Gemische</td><td>SW</td></tr>
<tr><td>intermittierend gestufte Sand-Kies-Gemische</td><td>SI</td></tr>
</table>

Tabelle 4: *Klassifizierungsmerkmale für gemischtkörnige Böden nach DIN 18196*

<table>
<tr><th colspan="4">Definition und Benennung</th><th rowspan="4">Kurz-
zeichen</th></tr>
<tr><th colspan="2">KorngrößenMassenanteil</th><th colspan="2" rowspan="3">Gruppen</th></tr>
<tr><th colspan="2">Korndurchmesser</th></tr>
<tr><th>≤ 0,063 mm</th><th>≤ 2 mm</th></tr>
<tr><td rowspan="8">5–40 %</td><td rowspan="4">bis 60 %</td><td rowspan="2">Kies-Schluff-Gemische</td><td>5–15 %
< 0,063 mm</td><td>GU</td></tr>
<tr><td>> 15–40 %
< 0,063 mm</td><td>$\overline{GU}$</td></tr>
<tr><td rowspan="2">Kies-Ton-Gemische</td><td>5–15 %
< 0,063 mm</td><td>GT</td></tr>
<tr><td>> 15–40 %
< 0,063 mm</td><td>$\overline{GT}$</td></tr>
<tr><td rowspan="4">über 60 %</td><td rowspan="2">Sand-Schluff-Gemische</td><td>5–15 %
< 0,063 mm</td><td>SU</td></tr>
<tr><td>> 15–40 %
< 0,063 mm</td><td>$\overline{SU}$</td></tr>
<tr><td rowspan="2">Sand-Ton-Gemische</td><td>5–15 %
< 0,063 mm</td><td>ST</td></tr>
<tr><td>> 15–40 %
< 0,063 mm</td><td>$\overline{ST}$</td></tr>
</table>

Tabelle 5: *Klassifizierungsmerkmale für feinkörnige Böden nach DIN 18196*

Definition und Bezeichnung					**Erkennungsmerkmale**		
Feinkornanteile < 0,063 mm [Gew.%]	**Gruppen**		**w_L [Gew.%]**	**Kurzzeichen**	**Trockenfestigkeit**	**Reaktion beim Schüttelversuch**	**Plastizität beim Knetversuch**
> 40	Schluff	leicht plastische Schluffe	< 35	UL	niedrige	schnelle	keine bis leichte
		mittelplastische Schluffe	35–50	UM	niedrige bis mittlere	langsame	leichte bis mittlere
		ausgeprägt plastische Schluffe	> 50	UA	hohe	keine bis langsame	mittlere bis ausgeprägte
	Ton	leicht plastische Tone	< 35	TL	mittlere bis hohe	keine bis langsame	leichte
		mittelplastische Tone	35–50	TM	hohe	keine	mittlere
		ausgeprägt plastische Tone	> 50	TA	sehr hohe	keine	ausgeprägte

Bodengruppen nach DIN 18196

Tabelle 6: *Klassifizierungsmerkmale für Böden mit organischen Beimengungen nach DIN 18196*

Definition und Bezeichnung					Erkennungsmerkmale		
Feinkornanteile < 0,063 mm [Gew.%]		**Gruppen**	**w_L [Gew.%]**	**Kurzzeichen**	**Trockenfestigkeit**	**Reaktion beim Schüttelversuch**	**Plastizität beim Knetversuch**
> 40	nicht brenn- oder nicht schwelbar	Schluffe mit org. Beimengungen	35–50	OU	mittlere	langsame bis sehr schnelle	mittlere
> 40	nicht brenn- oder nicht schwelbar	Tone mit organischen Beimengungen	> 50	OT	hohe	keine	ausgeprägte
≤ 40	nicht brenn- oder nicht schwelbar	grob- bis gemischtkörnige Böden mit humosen Beimengungen		OH	pflanzliche Beimengungen, meist dunkle Färbung, Modergeruch, Glühverlust bis ~ 20 Gew.-%		

Tabelle 7: *Klassifizierungsmerkmale für organische Böden nach DIN 18196*

Hauptgruppe	**Gruppen**		**Zeichen**	**Entstehung**	**Zersetzung**
organische Böden	brenn- oder schwelbar	nicht bis mäßig zersetzte Torfe (Humus)	HN	an Ort und Stelle aufgewachsene Humusbildung	Zersetzungsgrad nach DIN ISO 14688-1,
organische Böden	brenn- oder schwelbar	zersetzte Torfe	HZ	an Ort und Stelle aufgewachsene Humusbildung	Zersetzungsgrad nach DIN ISO 14688-1,
organische Böden	brenn- oder schwelbar	Mudden (Faulschlamm)	F	unter Wasser abgesetzte Schlämme aus Pflanzenresten, Kot und Mikroorganismen, oft von Sand, Ton und Kalk durchsetzt, blauschwarz oder grünlich bis gelbbraun, federnd, weich-schwammig	

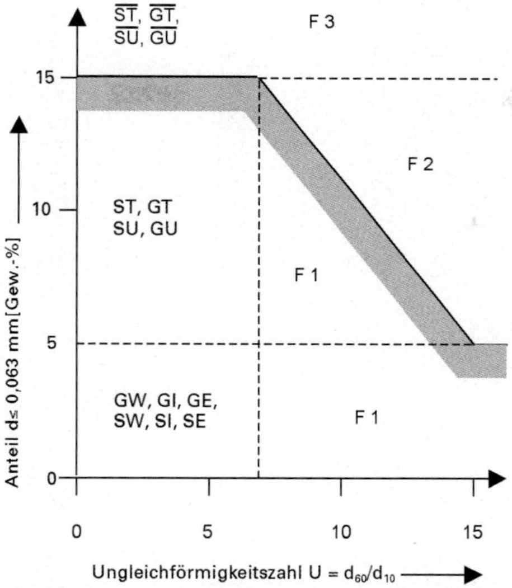

Bild 2: *Diagramm zur Ungleichförmigkeitszahl (Quelle: Lorenz)*

Homogenbereiche nach DIN 18300

Das Baugewerbe muss sich an neue Begrifflichkeiten gewöhnen. Mit der aktuellen DIN 18300, Ausgabe 2016-09, entfallen die über Jahrzehnte angewandten Bodenklassen 1 bis 7 (von Oberboden bis schwer lösbarem Fels); stattdessen spricht man von Homogenbereichen im Zusammenhang mit unterschiedlichen Bodenarten. Der Begriff Homogenbereich ist nicht neu und stammt ursprünglich aus der alten und überholten DIN 4020:2003-09 (geotechnische Untersuchungen). Bislang wurden Bodenklassen in den diversen DIN-Vorschriften (z. B. DIN 18301, DIN 18319) unterschiedlich in Klassen und Zusatzklassen eingeteilt. Eine einheitliche Beschreibung und Benennung der Boden- und Felsarten war also überfällig. Es geht im Wesentlichen um die Eindeutigkeit der Angaben. Das Lösen, Laden und Transportieren soll durch die Bildung von Homogenbereichen eindeutig greifbar und definierbar werden.

Kennwerte für die Boden- oder Felsbeschaffenheit

Die VOB-bezogenen Ausschreibungen haben nun noch unzweifelhaftere und eindeutigere Kennwerte für die Boden- oder Felsbeschaffenheit in ihren Leistungsbeschreibungen zu berücksichtigen. Auch umweltgefährdende Inhaltsstoffe sind transparent zu machen. Das Baugrundrisiko soll nicht den ausführenden Firmen aufgebürdet werden. Eine genaue und gründliche Baugrunderkundung ist der Maßstab für einen ordnungsgemäßen und vor allen Dingen streitfreien Bauablauf. Dabei ergibt sich durch die DIN 18300 eine genaue Vorgabe für die Benennung der erforderlichen Kennwerte.

Gemäß DIN 18300 sind für die Homogenbereiche folgende Eigenschaften und Kennwerte anzugeben:

Tabelle 1: *Eigenschaften und Kennwerte für Homogenbereiche (Boden) gemäß DIN 18300:2016-09*

Für Boden: Ortsübliche Bezeichnung		
a)	Korngrößenverteilung mit Körnungsbändern	DIN 18123
b)	Massenanteil an Steinen und Blöcken	DIN EN ISO 14688-1
c)	Dichte	DIN EN ISO 17892-2 oder DIN 18125-2
d)	undränierte Scherfestigkeit	DIN 4094-4 oder DIN 18136 oder DIN 18137-2
e)	Wassergehalt	DIN EN ISO 17892-1
f)	Plastizität	DIN 18122-1
g)	Konsistenzzahl	DIN 18122-1
h)	Lagerungsdichte	Definition nach DIN EN ISO 14688-2 Bestimmung nach DIN 18126
i)	organischer Anteil	DIN 18128
j)	Bodengruppen	DIN 18196

Tabelle 2: *Eigenschaften und Kennwerte für Homogenbereiche (Fels) gemäß DIN 18300:2016-09*

Für Fels: Ortsübliche Bezeichnung		
a)	Benennung von Fels	DIN EN ISO 14689-1
b)	Dichte	DIN EN ISO 17892-2 und DIN 18125-2
c)	Verwitterung und Veränderungen, Veränderlichkeit	DIN EN ISO 14689-1
d)	einaxiale Druckfestigkeit	DIN 18141-1
e)	Trennflächenrichtung, Trennflächenabstand, Gesteinskörperform	DIN EN ISO 14689-1

Der richtige Umgang mit der DIN 18300

Der Umgang mit der DIN 18300 ist aufgrund der neuen Begrifflichkeiten zunächst gewöhnungsbedürftig. Es kommt jedoch auf die richtige Anwendung der Vorgaben an. Die vom Auftraggeber zu liefernden Eigenschaften und Kennwerte sind als Checkliste für den Auftragnehmer zu verstehen. Fehlen Angaben, sollte nachgefragt werden. Umgekehrt sollten sich die ausschreibenden Stellen bzw. die Bodengutachter an der Liste der gewünschten bzw. geforderten Werte orientieren und eine lückenlose Analyse der Bodenverhältnisse liefern.

Gewisse Unstimmigkeiten sind bei der Bestimmung der Homogenbereiche immer noch möglich. Eine zu weit gefasste Bandbreite der Bodenschichten könnte in der Auslegung zum Nachteil des ausführenden Erdbauers gelangen. Der Grundgedanke ist jedoch, eine möglichst lückenlose und eindeutige Aufklärung der Beteiligten über die anstehenden Bodenverhältnisse zu geben. Das „Lösen, Laden und Transportieren“ gleichartiger Boden- oder Felsschichten soll durch die Vorgaben der DIN 18300 leichter zu bewerten sein. Die bei Bodenuntersuchungen festgestellten und zu Homogenbereichen zusammengefassten Eigenschaften sollen möglichst gleiche Leistungswerte ergeben.

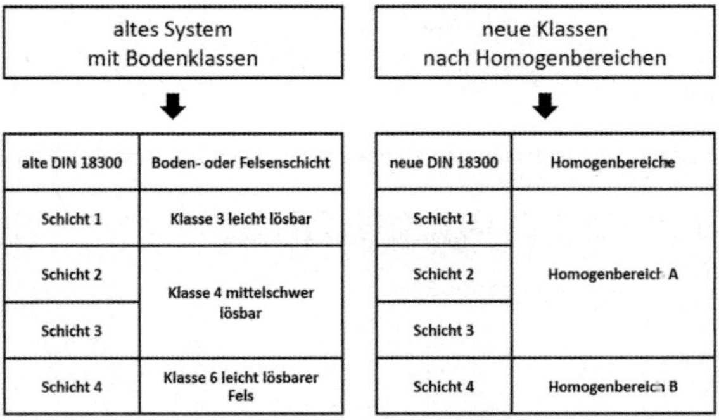

Bild 1: *Beispiel: Vergleich alte und neue DIN 18300 (Quelle: Heuer)*

Der Erfolg der DIN 18300 wird von der richtigen Anwendung abhängen. Eine über alle Normen der VOB/C möglichst einheitliche Beschreibung von Baugrund soll für mehr Klarheit auf den Baustellen sorgen. Eine erfolgreiche Umsetzung ist nur im Zusammenspiel von Auftraggebern, Bodengutachtern und Auftragnehmern möglich. Dabei ist eine einheitliche Lesart nach den Vorgaben der DIN 18300 wichtigste Grundvoraussetzung. Die alten Bodenklassen von „leicht bis schwer lösbar“ waren über Jahrzehnte in ihrer Beschreibung der Bodenbeschaffenheit maßgebend. Die jetzt zu bildenden Homogenbereiche können jedoch gewerkübergreifend für mehr Transparenz auf den Baustellen sorgen.

Bodenkenngrößen nach DIN 1055-2

In der DIN 1055 Teil 2 sind charakteristische Werte von Bodenkenngrößen aufgeführt, die auf der Grundlage von Bodenaufschlüssen, Labor- und Feldversuchen und anderen Informationen ermittelt werden.

Die genannten Erfahrungswerte können für die Ermittlung von Einwirkungen aufgrund von Eigenlasten des Bodens oder von Erddruck herangezogen werden.

Sie beziehen sich auf nichtbindige und auf bindige Böden.

Nichtbindige Böden

Die Einteilung kann angewandt werden, wenn sich die Böden in Bezug auf die Korngrößenverteilung, die Ungleichförmigkeitszahl und die Lagerungsdichte einstufen lassen.

Die genannten Erfahrungswerte für die Wichte und die Scherfestigkeit gelten für gewachsene, geschüttete sowie ggf. verdichtete nichtbindige Böden.

Zur Einstufung der Böden in die entsprechende Bodenart gilt in Verbindung mit den Angaben über die Benennung nach DIN EN ISO 14688-1 und der Ungleichförmigkeitszahl C_u nach DIN 18196 die Korngrößenverteilung.

Für die Einstufung der Böden nach der Lagerungsdichte gilt Folgendes:

- Die Lagerungsdichte kann in Abhängigkeit vom Spitzenwiderstand von Drucksonden (DIN 4094-1) oder in Abhängigkeit vom Eindringwiderstand von Rammsonden (DIN 4094-2 bzw. DIN EN ISO 22476-2) bestimmt werden.
- Die Lagerungsdichte D kann nach DIN 18126 bestimmt werden, wenn entsprechende Bodenproben vorliegen.

- In Abhängigkeit vom Verdichtungsgrad D_{Pr} darf die Lagerungsdichte nach den Angaben in DIN 1054 bestimmt werden.

Achtung, die aktuelle Version ist die DIN 1054:2021-04. Die aktuelle DIN 1055:2010-11 verweist jedoch noch auf die DIN 1054:2005-01, daher beziehen sich die folgenden Angaben zur Lagerungsdichte auf die DIN 1054:2005-01.

Lagerungsdichte in Abhängigkeit vom Verdichtungsgrad D_{Pr} nach DIN 1054 (Böden mit mitteldichter Lagerung)

Bodengruppen SE, GE, SU, GU, GT

Ungleichförmigkeitszahl	$U \leq 3$
mittlere Lagerungsdichte	$D \geq 0{,}30$
mittlerer Verdichtungsgrad	$D_{Pr} \geq 95$ %
mittlerer Spitzenwiderstand der Drucksonde	$q_c \geq 7{,}5$ MN/m^2

Bodengruppen SE, SW, SI, GE, GW, GT, SU, GU

Ungleichförmigkeitszahl	$U > 3$
mittlere Lagerungsdichte	$D \geq 0{,}45$
mittlerer Verdichtungsgrad	$D_{Pr} \geq 98$ %
mittlerer Spitzenwiderstand der Drucksonde	$q_c \geq 7{,}5$ MN/m^2

Lagerungsdichte in Abhängigkeit vom Verdichtungsgrad D_{Pr} nach DIN 1054 (Böden mit dichter Lagerung)

Bodengruppen SE, GE, SU, GU, GT

Ungleichförmigkeitszahl	$U \leq 3$
mittlere Lagerungsdichte	$D \geq 0{,}50$
mittlerer Verdichtungsgrad	$D_{Pr} \geq 98$ %
mittlerer Spitzenwiderstand der Drucksonde	$q_c \geq 15$ MN/m^2

Bodengruppen SE, SW, SI, GE, GW, GT, SU, GU

Ungleichförmigkeitszahl	$U > 3$
mittlere Lagerungsdichte	$D \geq 0{,}65$
mittlerer Verdichtungsgrad	$D_{Pr} \geq 100$ %
mittlerer Spitzenwiderstand der Drucksonde	$q_c \geq 15$ MN/m^2

Wenn in den gängigen Normen keine genaueren Angaben enthalten sind, dürfen folgende Zuordnungen von Lagerungsdichte und Spitzenwiderstand q_c (MN/m²) der Spitzendrucksonde verwendet werden:

- lockere Lagerung
  $5{,}0 \leq qc < 7{,}5$
- mitteldichte Lagerung
  $7{,}5 \leq qc < 15$
- dichte Lagerung
  $qc \geq 15$

Tabelle 1: *Erfahrungswerte für die Wichte nichtbindiger Böden nach DIN 1055-2*

Bodenart	Kurzzeichen	Lagerungsdichte	Wichte		
			erdfeucht	gesättigt	unter Auftrieb
			γ [kN/m³]	γr [kN/m³]	γ' [kN/m³]
Kies, Sand eng gestuft	GE, SE U < 6	locker	16,0	18,5	8,5
		mitteldicht	17,0	19,5	9,5
		dicht	18,0	20,5	10,5
Kies, Sand weit oder intermittierend gestuft	GW, GI, SW, S 6 ≤ U ≤ 15	locker	16,5	19,0	9,0
		mitteldicht	18,0	20,5	10,5
		dicht	19,5	22,0	12,0
Kies, Sand weit oder intermittierend gestuft	GW, GI, SW, SI U > 15	locker	17,0	19,5	9,5
		mitteldicht	19,0	21,0	11,5
		dicht	21,0	22,5	12,5

***Tabelle 2:** Erfahrungswerte für die Scherfestigkeit nichtbindiger Böden nach DIN 1055-2*

Reibungswinkel			
Bodenart	**Kurz-zeichen**	**Lagerungs-dichte**	**Reibungs-winkel φ`**
Kies, Sand eng, weit oder intermittierend gestuft	GE, GW, GI, SE, SW, SI	locker	30,0 °
		mitteldicht	32,5 °
		dicht	35,0 °

Die Tabellenwerte finden keine Anwendung:

- bei Böden mit porösem Korn (z. B. Bimskies, Tuffsand)
- wenn bei wassergesättigten Feinsanden der Boden Fließeigenschaften annimmt
- wenn sich der Boden nicht ausreichend verformbar verhält

Bindige Böden

Die Einstufung bindiger Böden nach DIN 1055 erfolgt auf der Grundlage, dass die Böden in Bezug auf ihre Plastizität nach DIN 18196 einzustufen und nach ihrer Konsistenz zu unterscheiden sind.

Die Einstufung nach dem Grad der Plastizität erfolgt entweder

- mit der Bestimmung der Fließ- und Ausrollgrenze oder
- mit Handversuchen.

Die Einstufung nach der Konsistenz erfolgt entweder

- mit der Bestimmung des Wassergehalts und der Fließ- und Ausrollgrenze oder
- mit Handversuchen.

Handversuche zur Bestimmung der Plastizität

Eine Bodenprobe wird so lange in 3 mm dicke Rollen gewalzt und wieder zusammengeknetet, bis die Probe nicht mehr ausgewalzt, sondern höchstens noch geknetet werden kann.

- **Leichte Plastizität:**
  Bodenprobe kann nicht zu Walzen von 3 mm Durchmesser ausgerollt werden.
- **Mittlere Plastizität:**
  Der gebildete Klumpen lässt sich nicht mehr kneten, er zerkrümelt sofort bei der Anwendung eines Fingerabdrucks.
- **Ausgeprägte Plastizität:**
  Bodenprobe lässt sich zu dünnen Walzen ausrollen.

Handversuche zur Bestimmung der Konsistenz

- **Weicher Boden:**
  Lässt sich leicht kneten.
- **Steifer Boden:**
  Lässt sich schwer kneten, kann aber in der Hand zu 3 mm dicken Rollen gewalzt werden, ohne dass er dabei reißt oder zerbröckelt.
- **Halbfester Boden:**
  Bröckelt und reißt beim Versuch, ihn in 3 mm dicke Rollen zu walzen, lässt sich aber erneut zu einem Klumpen formen.
- **Fester Boden:**
  Ist i. d. R. ausgetrocknet und hell; lässt sich nicht mehr kneten und nicht mehr zu einem Klumpen formen.

Tabelle 3: *Erfahrungswerte für die Wichte bindiger Böden nach DIN 1055-2*

Bodenart	Kurzzeichen	Konsistenz	Wichte		
			erdfeucht	gesättigt	unter Auftrieb
			γ kN/m³	γ_r kN/m³	γ' kN/m³
Schluffböden					
leicht plastische Schluffe $w_L < 35\ \%$	UL	weich	17,5	19,0	9,0
		steif	18,5	20,0	10,0
		halbfest	19,5	21,0	11,0
mittelplastische Schluffe $35\ \% \leq w_L \leq 50\ \%$	UM	weich	16,5	18,5	8,5
		steif	18,0	19,5	9,5
		halbfest	19,5	20,5	10,5

Tabelle 3: *Erfahrungswerte für die Wichte bindiger Böden nach DIN 1055-2*

Bodenart	Kurzzeichen	Konsistenz	Wichte		
			erdfeucht	gesättigt	unter Auftrieb
			γ kN/m³	γr kN/m³	γ' kN/m³
Tonböden					
leicht plastische Tone w_L < 35 %	TL	weich	19,0	19,0	9,0
		steif	20,0	20,0	10,0
		halbfest	21,0	21,0	11,0
mittelplastische Tone 35 % ≤ w_L ≤ 50 %	TM	weich	18,5	18,5	8,5
		steif	19,5	19,5	9,5
		halbfest	20,5	20,5	10,5
ausgeprägt plastische Tone w_L > 50 %	TA	weich	17,5	17,5	7,5
		steif	18,5	18,5	8,5
		halbfest	19,5	19,5	9,5

Tabelle 4: *Erfahrungswerte für die Scherfestigkeit bindiger Böden nach DIN 1055-2*

Bodenart	Kurzzeichen	Konsistenz	Scherfestigkeit		
			Reibung φ'	Kohäsion	
				c' kN/ m²	cu kN/ m²
Schluffböden					
leicht plastische Schluffe w_L < 35 %	UL	weich	27,5°	0	0
		steif		2	15
		halbfest		5	40
mittelplastische Schluffe 35 % ≤ w_L ≤ 50 %	UM	weich	22,5°	0	5
		steif		5	25
		halbfest		10	60

Tabelle 4: *Erfahrungswerte für die Scherfestigkeit bindiger Böden nach DIN 1055-2*

Bodenart	Kurzzeichen	Konsistenz	Scherfestigkeit		
			Reibung φ'	Kohäsion	
				c' kN/ m²	cu kN/ m²
Tonböden					
leicht plastische Tone w_L < 35 %	TL	weich	22,5°	0	0
		steif		5	15
		halbfest		10	40
mittelplastische Tone 35 % ≤ w_L ≤ 50 %	TM	weich	17,5°	5	5
		steif		10	25
		halbfest		15	60
ausgeprägt plastische Tone w_L > 50 %	TA	weich	15,0°	5	15
		steif		10	35
		halbfest		15	75

Die Anwendung der Tabellenwerte für die Scherfestigkeit gilt nicht,

- falls Haarrisse, Harnische, Klüfte oder Einlagerungen in schwach bindigen oder nichtbindigen Böden das Verhalten der Bodenmasse beeinträchtigen,
- wenn bei Böden durch Verwerfungen oder geneigte Schichtfugen bestimmte Gleitflächen vorgegeben sind, die zu Rutschungen führen oder
- wenn bei feinkörnigen Böden bei großen Scherwegen die Restscherfestigkeit maßgebend sein kann.

Gegebenfalls ist die Anwendung der Tabellenwerte eingeschränkt

- wenn bei wassergesättigten Schluffböden der Boden Fließeigenschaften annimmt,
- falls veränderlicher Porenwasserdruck bzw. Porenwasserüberdruck auftritt,
- wenn sich der Boden nicht ausreichend verformbar verhält,
- wenn mit Verwitterung oder Aufweichung zu rechnen ist oder

- wenn mit einem raschen Zusammenbruch des Korngerüsts zu rechnen ist.

Die Anwendung der Erfahrungswerte für die Kohäsion c' des konsolidierten bzw. dränierten Bodens und für die Schwerfestigkeit C_u des undränierten Bodens ist nur für Böden zulässig, die mind. eine weiche Konsistenz aufweisen und deren Zustandsform sich nicht ungünstig ändert.

Erd- und Bodenarbeiten

Grundlagen

Allgemeine Hinweise

Erd- und Bodenarbeiten sind im Garten- und Landschaftsbau die grundlegenden Arbeiten schlechthin. Auf diese Arbeiten bauen nahezu alle anderen Leistungen auf. Eine korrekte Bearbeitung des Bodens von Anfang an ist somit grundlegende Voraussetzung für eine schadenfreie und fachgerechte Erbringung darauf aufbauender Leistungen.

Nun sind jedoch die Anforderungen an den Baustoff Boden, abhängig von der späteren Nutzung, völlig unterschiedlich. Während für eine bautechnische Verwendung im Verkehrswegebau Eigenschaften wie Verdichtbarkeit und Tragfähigkeit vorrangig gefordert sind, so kommt es für vegetationstechnische Verwendungszwecke v. a. auf eine gute Bewuchsfähigkeit an. Eine durch Baumaschinen bei feuchter Witterung erfolgte Verdichtung, ein hoher Lockerungsgrad, eine hohe Wasserdurchlässigkeit etc. können also für den einen Verwendungszweck durchaus erwünscht, für den anderen absolut schädlich sein. Insofern muss bei jeder Bodenbearbeitung der spätere Verwendungszweck stets geklärt und der Einsatz der Maschinen bei passender Witterung entsprechend abgestimmt sein.

Begriffe

Erdarbeiten i. S. d. DIN ATV 18300 umfassen bautechnische Arbeiten am und mit Böden, wie z. B. Aushub, Transport, Einbau und Verdichtung. Erdarbeiten umfassen außerdem Grabarbeiten für Entwässerungs- und Kabelleitungen sowie das Aufbereiten und Verbessern von Boden und Fels zur erdbautechnischen Verwendung.

Bodenarbeiten gemäß DIN ATV 18915 beziehen sich dagegen ausschließlich auf die Verwendung von Böden für vegetationstechnische Zwecke.

Baugrund wird unterschieden in Untergrund und Unterbau. Untergrund ist der natürlich anstehende, Unterbau dagegen der mit mineralischen oder organischen Stoffen aufgeschüttete Baugrund.

Planum ist die nach vorgegebenen Kriterien (Gefälle, Verdichtung, Höhe, Ebenheit) technisch bearbeitete Oberfläche des Baugrunds.

Feinplanum ist die nach abschließend erfolgter Bearbeitung oberste Schicht einer Vegetationsfläche.

Oberboden ist die oberste Schicht des durch physikalische, chemische oder biologische Vorgänge entstandenen Bodens, der je nach Kornzusammensetzung in Bodengruppen nach DIN 18915 eingeteilt wird.

Unterboden ist die unter dem Oberboden liegende verwitterte Schicht. Mit entsprechenden Maßnahmen kann er für Vegetationszwecke nutzbar gemacht werden.

Vegetationstragschicht ist die oberste Schicht, die aufgrund ihrer Zusammensetzung und Eigenschaft für den Bewuchs mit Pflanzen geeignet ist. Sie besteht i. d. R. aus Oberboden oder einem geeigneten Substrat.

Ein **Homogenbereich** (siehe Ausgabe 2016 der DIN 18300) ist der „begrenzte Bereich, der aus einzelnen oder mehreren Boden- oder Felsschichten besteht und der für die einzusetzenden Erdbaugeräte jeweils vergleichbare Eigenschaften enthält". Der Begriff des „Homogenbereichs" umfasst alle Bodenschichten, die hinsichtlich der Bearbeitbarkeit innerhalb eines Gewerks mit einem Gerät oder einer bestimmten Arbeitsweise einheitlich zusammengefasst werden können. Bei Ausschreibungen dürfen bei der Beschreibung der Boden- und Wasserverhältnisse immer die Boden- oder Felsschichten zusammengefasst werden, die einheitliche spezifische Parameter aufweisen, jedoch nur dann, wenn diese innerhalb eines Gewerks auch in einem direkten Zusammenhang bearbeitet werden.

Frostempfindlichkeit

Böden werden auch nach der Frostempfindlichkeit unterteilt. Die ZTVE-StB (Zusätzliche Technische Vertragsbedingungen und Richtlinien für Erdarbeiten im Straßenbau) teilen die Böden in drei Frostempfindlichkeitsklassen ein (nur für die bautechnische Bearbeitung und Verwendung relevant).

Tabelle 1: *Frostempfindlichkeitsklassen nach ZTVE-StB*

	Eigenschaften	Bodengruppe (DIN 18196)
F1	nicht frostempfindlich	grobkörnige Böden: GW, GI, GE, SW, SI, SE
F2	gering bis mittel frostempfindlich	gemischtkörnige Böden und Böden mit organischen Anteilen: TA, OT, OH, OK, ST, GT, SU, GU
F3	sehr frostempfindlich	feinkörnige und gemischtkörnige Böden: TL, TM, UL, UM, UA, OU, ST, GT, SU, GU
Im Bereich 6,0 < U < 15,0 kann der für eine Zuordnung zu F1 zulässige Anteil an Korn unter 0,063 mm linear interpoliert werden.		

Zuordnungswerte (LAGA)

Die Länderarbeitsgemeinschaft Abfall (LAGA) ist ein Arbeitsgremium der deutschen Umweltministerkonferenz, die die Behandlung und Beseitigung von Bodenaushub und Bauschutt durch Zuordnung in bestimmte Klassen regelt. Um festzustellen, in welche Kategorie der Bodenaushub gehört, muss er auf bestimmte Inhaltsstoffe, wie Metalle, PCB, PAK und andere Stoffe, beprobt werden. Die erhaltenen Analysenergebnisse werden mit den in der sog. „LAGA M 20“ enthaltenen Zuordnungswerten verglichen. Je nach Belastungsgrad wird das Material in eine der LAGA-Einbauklassen eingestuft, welche die Möglichkeit zur weiteren Verwendung des Materials regeln.

Die Einstufung nach den technischen Regeln der LAGA, die für technische Bauwerke gelten, erfolgt für Boden und sonstige mineralische Abfälle nach folgenden Einbauklassen:

Tabelle 2: *Einbauklassen nach LAGA*

Einbau-klasse	Beschreibung	Zuordnungswert
0	uneingeschränkter Einbau	0 ≤ Z0
1	eingeschränkter offener Einbau („wasserdurchlässige Bauweise“)	> Z0 und ≤ Z1.1 bzw. Z1.2
2	eingeschränkter offener Einbau mit definierten technischen Sicherungsmaßnahmen („nicht oder nur gering wasserdurch-lässige Bauweise“)	> Z 1.1 bzw. Z1.2 und ≤ Z2
3–5	Einbau und Ablagerung aus-schließlich in Deponien	Z > 2

Sieblinie/Körnungskurve

Die Korngrößenverteilung eines Bodens wird i. d. R. im Labor durch Siebungen (Trocken- und Nasssiebungen) ermittelt und lässt exakte Rückschlüsse auf die Eigenschaften eines Bodens zu (Wasserdurchlässigkeit, Frostbeständigkeit, Tragfähigkeit, Bearbeitbarkeit etc.).

K_f-Wert (Wasserdurchlässigkeitsbeiwert)

ist ein rechnerischer Wert zur Beurteilung der Wasserdurchlässigkeit eines Bodens. Ein Boden mit den folgenden Werten ist gemäß DIN 18130:

$> 10^{-2}$ m/s — sehr stark durchlässig
10^{-2} bis 10^{-4} m/s — sehr stark durchlässig
10^{-4} bis 10^{-6} m/s — durchlässig
10^{-6} bis 10^{-8} m/s — schwach durchlässig
$< 10^{-8}$ m/s — schwach durchlässig

Bodengefüge

bezeichnet die räumliche Anordnung der festen Bodenbestandteile. Das gesamte Bodenvolumen der Bodenmatrix teilt sich in das Volumen der festen Bodensubstanz und in das Porenvolumen auf. Diese Aufteilung beeinflusst maßgeblich den Boden- und Lufthaushalt, die Durchwurzelbarkeit, die Verfügbarkeit der Nährstoffe u. ä. bodenkundliche und pflanzenphysiologische Eigenschaften. Allgemein gilt: Je gröber das Gefüge eines Bodens und/oder je dichter gepackt die einzelne Gefügeeinheit ist, desto ungünstiger sind dessen Bodeneigenschaften für vegetationstechnische Zwecke.

Konsistenz

bezeichnet in der Bodenkunde die Beschaffenheit bindiger (feinkörniger) Böden in Abhängigkeit vom Wassergehalt. Nach Atterberg unterscheidet man meist vier Konsistenzbereiche: fest (trockener Boden), halbfest, plastisch (steif, weich, breiig = leicht verformbarer Boden) und flüssig. Mit diesen Bereichen werden alle vorkommenden Momentanzustände von bindigen Böden abgedeckt. Die Konsistenz ist ein wichtiges Kriterium für die Verdichtbarkeit des Bodens.

Proctordichte ρ_{pr}

ist die höchste unter definierter Verdichtungsarbeit erreichbare Dichte eines Bodens, die sich im genormten Versuch (Proctorversuch nach DIN 18127) bei optimalem Wassergehalt einstellt. Im Labor wird dazu in einem Zylinder der eingefüllte Boden mithilfe eines Fallgewichts (Proctorhammer) verdichtet. Anhand der Schlagzahlen wird eine definierte Energie aufgebracht. Die erzielte Trockendichte wird in Abhängigkeit vom Wassergehalt in einem Diagramm eingetragen. Daraus lassen sich der optimale Wassergehalt und die dazugehörige Verdichtung ablesen. Dieser Wert lässt auf der Baustelle exakte Rückschlüsse auf den richtigen Bearbeitungszeitpunkt (Wassergehalt des Bodens) zu.

Verformungsmodul

Das Verformungsmodul E_v ist eine Kenngröße für die Verformbarkeit des Bodens. Seine Werte werden beim statischen Lastplattendruckversuch anhand der Drucksetzungslinie der Erst- und Wiederbelastung (E_{v1}, E_{v2}) berechnet. Das Verhältnis von E_{v1}/E_{v2} muss zur Erfüllung der Anforderungen kleiner oder gleich 2,5 sein.

Wichtige Regelwerke

- DIN 18123 Bestimmung der Korngrößenverteilung
- DIN 18134 Plattendruckversuche
- DIN ATV 18300 Erdarbeiten
- DIN ATV 18915 Vegetationstechnik im Landschaftsbau – Bodenarbeiten

- DIN 4124 Baugruben und Gräben – Böschungen, Verbau, Arbeitsraumbreiten
- DIN EN ISO 14688 Benennung, Beschreibung und Klassifizierung von Boden
- Zusätzliche Technische Vertragsbedingungen und Richtlinien für Erdarbeiten im Straßenbau (ZTVE-StB)
- Richtlinien für die Standardisierung des Oberbaus von Verkehrsflächen, RStO 12, Ausgabe 2012
- Merkblatt über Bodenverfestigungen und Bodenverbesserungen mit Bindemitteln, FGSV

Bodenarten

Unterschiede zwischen DIN 18300, 18915 und 18916

Die Einteilung von Böden gemäß DIN 18300 erfolgte bis zur Ausgabe 2012 in sieben verschiedene Bodenklassen nach deren Widerstand beim Lösen. Die Zuordnung der Bodenklasse beschränkte sich hier also ausschließlich auf bearbeitungstechnische Gesichtspunkte mit kalkulatorischer und abrechnungstechnischer Aussagekraft. Eine qualitative Einordnung nach anderen Kriterien der Bodeneignung wurde hier nicht vorgenommen. Mit der im Jahr 2016 erschienenen DIN 18300 werden Böden nun in sog. Homogenbereiche eingeteilt, die mit einem Arbeitsgerät oder einer Arbeitsweise bearbeitet werden können. Ihre Klassifizierung ist nun wesentlich differenzierter. Die ermittelten Eigenschaften und Kennwerte der jeweiligen Homogenbereiche sind zukünftig bei Ausschreibungen anzugeben. Die Einteilung der Bodenarten nach DIN 18916 fasst dagegen Böden in Gruppen mit annähernd gleichem stofflichen Aufbau u. ä. bodenphysikalischen Eigenschaften zusammen, ihre Einstufung erfolgt hinsichtlich ihrer bautechnischen Eigenschaften. Die DIN 18916 gibt somit Hinweise auf die Eignung und Verwendbarkeit von Böden und ist nun einer der Kriterien für die Einteilung in den Homogenbereich. Die DIN 18915 dagegen unterteilt Böden nach vegetationstechnischen Gesichtspunkten. Ziel ist eine schadenfreie Bearbeitung ohne nachhaltige Schädigung des Bodengefüges.

Gemäß DIN 18300 sind für die Homogenbereiche der Böden verschiedene Eigenschaften und Kennwerte anzugeben (siehe Kap. „Baugrund: Homogenbereiche nach DIN 18300“). Ihre Überprüfung soll im Bedarfsfall anhand der aufgeführten Normen erfolgen. Existieren mehrere Normen oder Verfahren, so ist eine bzw. eines davon festzulegen.

Für Fels sind u. a. folgende Angaben ausreichend: ortsübliche Bezeichnung, Benennung des Felses nach DIN EN ISO 14689-1, Dichte, Verwitterung und Veränderlichkeit nach DIN EN ISO 14689-1, einaxiale Druckfestigkeit.

Bei einfachen Erdarbeiten der geotechnischen Kategorie 1 wie sie typischerweise im Garten- und Landschaftsbau anfallen, ist ebenfalls nur ein Teil der Bodendefinition zu benennen.

Und zwar sind dies in aller Regel:

- ortsübliche Bezeichnung
- Bodengruppen nach DIN 18196
  - Massenanteil von Steinen, Blöcken und großen Blöcken nach DIN EN ISO 14688-1
  - Konsistenz und Plastizität nach DIN EN ISO 14688-1
  - Lagerungsdichte nach DIN 18126

Bodengruppen gemäß DIN 18915

Bodengruppe 1: organischer Boden

Bodengruppe 2a: nicht bindiger, sandiger Boden

Bodengruppe 2b: nicht bindiger, kiesiger Boden

Bodengruppe 2c: nicht bindiger, steiniger Boden

Bodengruppe 3a: schwach bindiger, sandiger Boden

Bodengruppe 3b: schwach bindiger, kiesiger Boden

Bodengruppe 3c: schwach bindiger, steiniger Boden

Bodengruppe 4a: bindiger, sandiger Boden

Bodengruppe 4b: bindiger, kiesiger Boden

Bodengruppe 4c: bindiger, steiniger Boden

Bodengruppe 5a: stark bindiger, sandiger/kiesiger Boden

Bodengruppe 5b: stark bindiger, steiniger Boden

Bodengruppe 6: stark steiniger Boden

Abrechnung nach DIN 18300

- Bei der Mengenermittlung sind Näherungsverfahren erlaubt.
- Als Länge des Förderwegs gilt die kürzeste, zumutbare Entfernung zwischen den Schwerpunkten der Auftrags- und Abtragskörper.
- Die Ermittlung von entnommenen Mengen erfolgt im Abtrag.
- Die Ermittlung von Einbaumaterial im fertigen Zustand erfolgt im Auftrag.
- Die Grabenbreite ergibt sich aus DIN EN 1610 für Entwässerungsleitungen und für sonstige Gräben nach DIN 4124 zzgl. der erforderlichen Maße für Schalungs- und Verbauarbeiten.
- Die Maße der Baugrubensohle ergeben sich aus den Außenmaßen des Baukörpers zzgl. der nach DIN 4124 erforderlichen Mindestbreiten für betretbare Arbeitsräume und zzgl. der Maße für Schalungskonstruktionen.
- Ergänzend sind die Maße für Verbaukonstruktionen zu berücksichtigen. Bei Spundwänden wird die mittlere Achse als Außenmaß angenommen.
- Ist nichts anderes geregelt, so gilt für die Ermittlung des Böschungsraums bei abgeböschten Baugruben und Gräben ein Böschungswinkel von 45°, bei feinkörnigen Böden mit steifer Konsistenz ein Winkel von 60° und bei Fels ein Winkel von 80°.
- Reinigungsarbeiten freigelegter Bauteile oder von Verbau erfolgen nach bearbeiteter Fläche in der Abwicklung.
- Bei Abrechnungen nach Masse ist diese durch Wiegen festzustellen.

Übermessungsregeln gemäß DIN 18300

Übermessen werden:

- Baukörper mit einem Einzelvolumen von unter 1 m^3
- Leitungen, Steinpackungen u. Ä. mit einem äußeren Querschnitt von weniger 0,1 m^2
- bei Abrechnung nach Flächenmaß: Durchdringungen und Einbauten von mehr als 1 m^2 Einzelgröße

Nebenleistungen gemäß DIN 18300

- Feststellen des Zustands der Straßen, der Geländeoberfläche, der Vorfluter und dergleichen, siehe § 3 Abs. 4 der VOB/B
- Herstellen von behelfsmäßigen Zugängen und Zufahrten (ausgenommen sind Maßnahmen innerhalb des öffentlichen Verkehrs oder des Anliegerverkehrs)
- Fördern von Boden und Fels bis zu 50 m Transportweg
- Herstellen von Aushubebenen mit ausreichendem Gefälle zum schadensfreien Ableiten von Niederschlagswasser
- Prüfungen und Probenahmen für die vereinbarten Eignungs- und Gütenachweise einschließlich der Nachweise umweltrelevanter Anforderungen bei Stoffen, die vom Auftragnehmer geliefert werden

Besondere Leistungen sind u. a.

- Leistungen bei Gefährdungen von Bauwerken, Erkunden der Lage von Leitungen etc., Antreffen von nicht bekannten Hindernissen, Schäden aus Witterungsereignissen, notwendige Auffüllungen und deren Verdichtung, Böschungssicherungen oder Wiederherstellung, beim Auftreten von Rutschungen und/oder Erosionen
- besondere Maßnahmen zum Feststellen des Zustands der baulichen Anlagen einschließlich der Straßen, Versorgungs- und Entsorgungsleitungen vor Beginn der Erdarbeiten, die über die erwähnte Nebenleistung hinausgehen
- Lösen, Lagern, Transportieren und Entsorgen von Blöcken in Wänden oder Sohlen von Baugruben und Gräben sowie das Verfüllen der dadurch entstandenen Hohlräume
- Entsorgen von gelöstem Boden und Fels
- Lösen, Laden, Trennen, Transportieren und Entsorgen von Bauwerksresten, Ankern, Geokunststoffen u. Ä.
- Maßnahmen zur Erhaltung der vorhandenen Wasserläufe und Vorfluter

- Ausheben und Verfüllen von Arbeitsräumen für Rohrverbindungen
- Aufbrechen und Wiederherstellen von befestigten Flächen
- Sicherungsmaßnahmen von Böschungen, Flächen und Halden
- Prüfen der Gründungssohle auf deren Eignung hin
- Erstellen von Standsicherheitsnachweisen der Böschungen von Baugruben und Gräben, soweit die Notwendigkeit nicht vom Auftragnehmer verursacht ist
- Boden- und Wasseruntersuchungen sowie Wasserstandsmessungen
- Aufbau, Vorhalten und Rückbau von Verkehrssicherungsmaßnahmen im öffentlichen Bereich und Anliegerverkehr (soweit keine Nebenleistung)
- Abtreppungen oder andere Schutzmaßnahmen bei geneigten Flächen, soweit nicht für die eigenen Zwecke des Auftragnehmers

Tabelle 3: *Abrechnungseinheiten*

Leistungen	Einheit
Aushub, Abtrag, Fördern, Einbau	Masse (t), Raummaß (m^3) oder Flächenmaß (m^2) (mit Angabe der Einbauhöhen und Aushubtiefen), getrennt nach Art, Stoffen, Homogenklassen und Förderwegen, soweit sie 50 m übersteigen
Verdichten	Raummaß (m^3) oder Flächenmaß (m^2)
Herstellen und Wiederherstellen der planmäßigen Höhenlage, Neigung, Ebenheit	Flächenmaß (m^2)
Herstellen von Montage- und Ziehgruben, Kopflöchern, Suchschlitzen und Schürfen	Raummaß (m^3) oder Anzahl/ Stück
Lösen, Laden und Fördern von Bauwerksresten, großen Blöcken und Vergleichbarem	Raummaß (m^3) oder Anzahl/ Stück oder Masse (t)
Steinpackungen, Steinwürfe, Bodenlieferungen und dergleichen	Raummaß (m^3), Flächenmaß (m^2) oder Gewicht (t)

Tabelle 4: Bodentransport, maximale Transportmenge pro Lkw

Lkw Nutzlast in t	Oberboden in m^3	Schutt/Unrat in m^3	Geröll in m^3	Lehm/Ton in m^3
2,5	1,470	1,388	1,316	1,191
3	1,764	1,666	1,579	1,429
3,5	2,058	1,944	1,842	1,667
4	2,352	2,222	2,105	1,905
4,5	2,647	2,500	2,369	2,143
5	2,941	2,777	2,632	2,381
5,5	3,235	3,055	2,895	2,619
6	3,530	3,333	3,158	2,857
6,5	3,824	3,611	3,421	3,095
7	4,118	3,888	3,684	3,333
7,5	4,412	4,166	3,947	3,572
8	4,706	4,444	4,211	3,810
8,5	5,000	4,722	4,473	4,047
9	5,294	5,000	4,736	4,285
9,5	5,588	5,277	5,000	4,523
10	6,470	6,111	5,789	5,238
10,5	6,178	5,833	5,526	5,000
11	6,470	6,111	5,789	5,238
11,5	6,764	6,388	6,052	5,476
12	7,058	6,666	6,315	5,714
12,5	7,352	6,944	6,678	5,952
13	7,646	7,222	6,842	6,190
13,5	7,940	7,500	7,105	6,428
14	8,235	7,777	7,368	6,666

In der folgenden Tabelle sind die Lademengen aufgeführt, die ein Lkw an Boden aufnehmen kann. Dabei handelt es sich um ungefähre Richtwerte, da die tatsächlichen Mengen von der jeweiligen Bodenart abhängig sind.

Tabelle 5: *Lkw-Lademengen Boden in m^3 (ungefähre Werte)*

Lkw	lose Masse Umrechnungsfaktor t/m^3 = 1,6–1,7
Züge	16 m^3 = ca. 27,0 t
4-Achser Mulde	14 m^3 = ca. 23,0 t
4-Achser	12 m^3 = ca. 20,0 t
3-Achser	9 m^3 = ca. 15,0 t

Tabelle 6: *Auflockerung verschiedener Böden nach dem Lösen*

Bodenart	Auflockerung in % nach dem Lösen
Grobschluff	5–20
Lehm	15–25
Ton	20–30
Sand	15–25
Kies	25–30
Kies-Sand-Gemische	20–25
steinige Böden mit Feinkornanteilen < 0,06 mm	0–15
Schluffstein, Tonstein, Mergelstein	25–30
Kalkstein, Sandstein, Granit u. a.	35– 60

Tabelle 7: *Umrechnungstabelle für Böden von t in m³*

Bodenart	Umrechnungsfaktor Tonne (t) in Kubikmeter (m^3)
Ton, halbfest	2,1–2,2
Ton, steif	2,8
Ton, weich	1,8
Sand-Ton-Gemische, steif oder fest	2,2
Sand-Ton-Gemische, weich	2,1
Schluff, steif oder fest	2
Schluff, weich	1,9
Schluffe, Tone, schwach organisch	1,7
Schluffe, Tone, stark organisch	1,5
Oberboden (abhängig von der Bindigkeit)	1,7–1,8

Ausführung

Bodenvoruntersuchungen

Böden sind vor Beginn von Baumaßnahmen nicht nur auf ihre Eignung als Baugrund und Baustoff auf die geplante Nutzung hin zu untersuchen. Ebenso ist insbesondere für vegetationstechnische Zwecke zu prüfen, ob das Risiko besteht, dass der anstehende Boden durch die Bearbeitung zeitweise oder auf Dauer in seinem Gefüge gestört werden könnte und ob Maßnahmen zur Verhinderung bzw. Beseitigung ergriffen werden müssen.

Folgende auf der Baustelle einfach durchzuführende Feldversuche lassen gute Rückschlüsse auf die Bodenbearbeitbarkeit zu:

- **für die Korngrößenverteilung:**
  Fingerproben (Knetversuch, Reibeversuch, Schneidversuch)
- **für die Plastizität und Konsistenz:**
  Ausrollversuch
- **für die Wasserdurchlässigkeit:**
  Zeigerpflanzen z. B. Schachtelhalm; Binsen (geht nur bei ungestörten Böden)
- **für den Gehalt an organischer Substanz:**
  Farbansprache, Riechversuch
- **für den pH-Wert:**
  Zeigerpflanzen, Teststreifen, pH-Meter
- **für den Nährstoffvorrat:**
  Zeigerpflanzen

Grundsätzlich gilt: Boden darf für vegetationstechnische Zwecke nur im festen Zustand bearbeitet werden, d. h. die Bodenprobe krümelt.

Zeigerpflanzen nach DIN 18915

Folgende Zeigerpflanzen deuten auf verschiedene Bodeneigenschaften hin:

sehr niedriger ph-Wert (stark sauer):
Spergula arvensis, Sceranthus anuus, Sleranthus perennis, Trifolium arvense, Rumex acetosella

niedriger pH-Wert (mäßig sauer):
Chrysanthemum segetum, Anthemis arvensis, Spergularia rubra, Nardus stricta

ph-Wert im mittleren Bereich (schwach-sauer bis neutral):
Matricaria chamomilla, Sinapis arvensis, Achemilla vulgaris, Ranunculus arvensis, Fumaria officinalis, Alopecurus myosuroides, Avena fatua, Apera spica-venti

hoher ph-Wert (neutral-schwach alkalisch):
Gallium tricornutum, Adonis flammea, Anagallis arvensis

hoher Nährstoffvorrat:
Urtica dioica, Urtica urens, Fumaria officinalis, Stellaria media, Atriplex sp., Chenopodium sp.

Nährstoffarmut, oft auch versauertes Ackerland:
Teesdalia nudicaulis, Trifolium arvense, Acinos arvensis, Rumex acetosella, Equisetum arvense. Auch Versauerung im Öd- und Brachland: Festuca ovina, Calluna vulgaris, Spergula vernalis, Nardus strica

Vernässung durch Verdichtung:
Agrostis stolonifera, Potentilla anserina, Poa trivalis, Tussilago farfara, Ranunculus repens, Juncus bufonius, Sagina procumbens, Deschampsia caespitosa

Bodenabtrag nach DIN 18915

- Die vorhandene Vegetation muss vor dem Bodenabtrag beseitigt werden.
- Dieser erfolgt stets getrennt nach Ober- und Unterboden. Unterboden, der später als Oberboden verwendet werden soll, wird wie ein Oberboden behandelt und gelagert.
- Bei Oberboden, der mehr als 40 cm Dicke beträgt, wird die intensiver belebte Schicht getrennt abgetragen und auch gelagert.
- Im Wurzelbereich von Bäumen (Kronenbereich) zzgl. 1,5 m darf grundsätzlich kein Boden abgetragen werden.
- Soll eine Fläche dauerhaft befestigt werden, so wird der Oberboden abgetragen.

- Das Bodengefüge ist beim Abtrag, bei der Zwischenlagerung und beim Wiedereinbau stets zu schonen z. B. durch geringe Schütthöhen, Witterungsschutz durch Abdecken. Die Grenzen der Befahrbarkeit und Bearbeitbarkeit gemischt- und feinkörniger Böden nach Tabelle 2 sind zu beachten.

Bodenlagerung nach DIN 18915

- Die Lagerung des Bodens erfolgt in Mieten auf einem möglichst durchlässigen Untergrund.
- Die Mieten sollten nach Möglichkeit nicht vernässen, weil dadurch schädigende anaerobe Verhältnissen entstehen. Zur Verhinderung dienen folgende Maßnahmen:
  - Das Vorsehen einer möglichst steile Flanke oder geneigten Oberseite zum ungehinderten Wasserabfluss. Das Oberflächenwasser muss am Mietenfuß abgeleitet werden.
  - glatte, nicht verschmierte Oberflächen
  - Höhe der Miete bei Lagerung von Oberboden bis max. 2,0 m und bei Lagerung von Unterboden bis max. 3,0 m.
- Die Miete muss abgedeckt werden, wenn die Lagerung ein bis zwei Monate dauert und die Mieten aus wasserempfindlichen Böden besteht. Die Mieten dürfen nicht verdichtet oder als Lagerfläche verwendet werden.
- Beträgt die Lagerdauer der Miete mehr als zwei Monate, so ist eine zwischenzeitliche Begrünung nach DIN 18917 auszubringen

Besondere Schutzmaßnahmen von Oberboden

Oberboden ist gemäß DIN 18915 stets getrennt abzutragen und zu lagern. Er darf nicht durch Beimengungen (Metalle, Schlacken, Kunststoffe etc.) verschlechtert werden. Bindige Böden dürfen nur bei weicher bis fester Konsistenz abgetragen werden.

Geschützt werden muss auch der bereits eingebaute Oberboden, wenn zwischen Einbau und Fertigstellung ein längerer Zeitraum liegt. Geeignet sind z. B. Zwischenbegrünungen/Einsaat mit Phacelia oder Senf, Mulchen mit Stroh, Holzhäckseln etc.

Nach Baumaßnahmen bedarf Oberboden im Regelfall einer Regenerationszeit. Bei durch Baumaßnahmen gestörtem Oberboden ist eine Regeneration ggf. durch Zusatzmaßnahmen wie

Bodenbearbeitungen, Bodenverbesserungsmaßnahmen, Zwischenbegrünungen etc. einzuleiten.

Einbau und Verdichtung

- möglichst mit Bagger oder Radlader über Kopf
- Überfahren nur bei optimalen Bedingungen
- geeignete Böden lagenweise (Unterboden, Oberboden) einbauen, max. 25 % der Schichtstärke
- Spurenlockerung, Untergrundlockerung
- Bei störender Bodennässe sind Maßnahmen zu ergreifen wie Auffüllungen, Dränungen, Profilierung zur Wasserableitung.
- Vor Auftrag der Vegetationstragschicht ist der Baugrund aufzulockern, um die erforderliche Verzahnung zu erreichen. Die Tiefe muss mind. 15 cm betragen. Flächen in Böschungen mit einer Neigung von mehr als 1:2,5 sind aufzurauen (streifen-, punktweises Lockern).
- Die Auftragsstärke der Vegetationstragschicht erfolgt entsprechend der späteren Nutzung: für Rasen i. d. R. 10–20 cm, für Gehölz- und Staudenflächen 20 bis 40 cm.
- Das Einbauverfahren mit den gewählten Geräten darf den Baugrund und die darunterliegenden Schichten nicht verändern.

Herstellen des Planums

Das Rohplanum ist mit einer Ebenheit von < 5 cm auf einer 4,0 m langen Messstrecke herzustellen. Die Abweichung von der Nennhöhe darf max. 3 cm betragen.

Bodenverbesserung für vegetationstechnische Zwecke

Bodenverbesserungen für vegetationstechnische Zwecke haben zur Aufgabe, einen Boden nach erfolgter Baumaßnahme zu regenerieren bzw. so weit herzustellen, dass auch eine nicht standortgerechte Nutzung (Bepflanzung) ermöglicht wird. Sie führen u. a. zu einer Erhöhung des Anteils an organischer Substanz, einer Förderung das Bodenlebens, einer Veränderung des Nährstoffgehalts und pH-Werts, einer Erhöhung der Wasserdurchlässigkeit und -speicherfähigkeit, der Belastbarkeit und einer Stabilisierung des Bodengefüges.

Verschiedene Methoden stehen zur Verfügung:

Einarbeiten von organischen Stoffen zur bodenchemischen Bearbeitung

Gängige Materialien sind Komposte, Rindenprodukte und Torfe. Die einschlägigen Normen für vegetationstechnische Arbeiten im Landschaftsbau verweisen auf die „Qualitätsanforderungen und Anwendungsempfehlungen für organische Mulchstoffe und Komposte im Landschaftsbau" der Forschungsgesellschaft Landschaftsentwicklung Landschaftsbau e. V. (FLL) und sollten unbedingt beachtet werden.

Kompost aus Klärschlamm (AS) darf als gütegesicherter Kompost verwendet werden. Überwiegend kommen diese im Rahmen von Rekultivierungen zum Einsatz. Die Einhaltung stofflicher Eigenschaften für diesen Anwendungsbereich und die Prüfung rechtlicher Vorgaben sind sicherzustellen.

Das Aufbringen von Kompost soll kurz vor Vegetationsbeginn oder während der Vegetationsperiode erfolgen. Die Einarbeitungstiefe von Fertigkompost beträgt bei bindigen Böden nicht mehr als 20 cm, bei leichten Böden nicht mehr als 30 cm. Kompost hat eine hohe Wasserkapazität. Trockener oder nur leicht feuchter Kompost nimmt deshalb viel Wasser auf. Bei Neuanlagen, Standortverbesserungen oder Anwendung von Oberbodenersatz-Mischungen, bei denen größere Mengen Kompost zum Einsatz kommen, ist daher nach Ansaat oder Pflanzung kräftig zu wässern. Insbesondere bei Pflanzungen wurzelnackter Ware ist darauf zu achten, dass der Kompost ausreichend feucht ist. Die Einarbeitung von Kompost bringt eine Nährstoffzufuhr, was bei folgenden Düngungen zu berücksichtigen ist.

Tabelle 1: *Aufwandmengen für die Pflege von Vegetationsflächen im Rahmen der Entwicklungs- und Unterhaltungspflege gemäß Bundesgütegemeinschaft Kompost e. V.*

Boden	nährstoffarmer Kompost	nährstoffhaltiger Kompost
Stauden schwachzehrend	1–2 l/m²	1–2 l/m²
Stauden starkzehrend	2–4 l/m²	3–4 l/m²
Rosen	3–5 l/m²	3–4 l/m²
Ziergehölze	ca. 2 l/m²	ca. 2 l/m²
Landschaftsgehölze	max. 2 l/m²	max. 2 l/m²
Rasen	max. 5 l/m²	max. 3 l/m²

Tabelle 2: *Aufwandmengen für die Herstellung von Gehölzpflanzungen gemäß Bundesgütegemeinschaft Kompost e. V.*

	Nährstoffarmer Kompost, jeweils l/ m², als Maximalgabe			Nährstoffreicher Kompost		
	nicht bis schwachbindige Böden	bindige Böden	stark bindige Böden	nicht bis schwachbindige Böden	bindige Böden	stark bindige Böden
Neuanlagen	25	30	35	10	15	18
Rekultivierungen	40	50	60	20	25	30
Bodenentsiegelungen	20	35	35	10	18	18

Tabelle 2: *Aufwandmengen für die Herstellung von Gehölzpflanzungen gemäß Bundesgütegemeinschaft Kompost e. V.*

	Nährstoffarmer Kompost, jeweils l/ m², als Maximalgabe			**Nährstoffreicher Kompost**		
	nicht bis schwach-bindige Böden	**bindige Böden**	**stark bindige Böden**	**nicht bis schwach-bindige Böden**	**bindige Böden**	**stark bindige Böden**
Oberbodenersatz-	20	30	40	10	15	20
Pflanzlochgaben	30	30	30	20	20	20

Einarbeiten von mineralischen Hilfsstoffen zur bodenphysikalischen Bearbeitung

Zur Verwendung kommen schwer verwitterbare Stoffe, die die Kornzusammensetzung und den ph-Wert des Bodens nicht ungünstig beeinflussen. Übliche Stoffe sind Lava, Kiese, Splitte, Bims und Blähton.

Einarbeiten von Kunststoffen

Zur Verwendung kommen hier ausschließlich Materialien, die keine löslichen pflanzenschädlichen Stoffe entwickeln oder beinhalten. In der Regel sind dies wasserspeichernde Schaumstoffe, die aufgrund ihres geringen Gewichts v. a. bei der Dachbegrünung verwendet werden.

Verfahren

Zumischen diverser Bodenverbesserungsmittel und Bodenhilfsstoffe zur Verbesserung der Bodeneigenschaften. Dafür geeignete Geräte sind:

- Radlader: Mischung ca. 3–4-mal über Kopf auf Kegel
- Freifall-Zwangsmischer: Trommelmischer, Siebtrommeln, Mischschredder, Schneckenmühlen, Mischschaufeln, Anbaugeräte an Bobcat oder Radlader
- Erdschredder
- stationäre Mischanlagen mit Silos, Dosiervorrichtungen und Mischeinrichtungen

Voraussetzungen: Boden darf nicht zu nass und nicht gefroren sein, trockenes Wetter, ein fester, ausreichend großer Mischplatz muss vorhanden sein, ebenso Platz für Materiallieferungen.

Prüfmethoden

Gemäß Abschnitt 14.2 ZTV E-StB 09 können Eigenüberwachungsprüfungen und Kontrollprüfungen nur miteinander verglichen werden, wenn bei beiden die gleiche Methode angewendet wird. Deshalb ist die Methode für das Prüfen der Verdichtungskennwerte in der Leistungsbeschreibung festzulegen. So führt z. B. der Wechsel von statischen und dynamischen Lastplattendruckversuchen zu Verfälschungen der Messwerte. Versuche zur Überprüfung der geforderten Verdichtung sind:

Statischer Plattendruckversuch nach DIN 18134 (Ausgabe 2012)

Sollen oberflächennahe Verdichtungen im Belagsbereich kontrolliert werden, wird häufig ein statischer Plattendruckversuch durchgeführt. Dabei wird eine Platte unter ein Gegengewicht – meist einen Lkw oder einen Radlader mit mind. 5 t Gewicht – gestellt, hydraulisch belastet und die Setzung der Platte in den Untergrund gemessen. Aus dem Druck und der Setzung der Lastplatte wird das Verformungsmodul E_{v2}, ein rechnerischer Wert aus Belastung und Setzung, errechnet, aus dem die Tragfähigkeit des Bodens abgeleitet werden kann.

Dynamischer Lastplattendruckversuch

Das leichte Fallgewicht besteht aus einer Führungsstange, an deren oberem Ende ein 10 kg schweres Fallgewicht ausgeklinkt werden kann. Am unteren Ende der Führungsstange sitzt ein Tellerfedernpaket, das das Fallgewicht wieder nach oben katapultiert, wo es wieder eingeklinkt wird. Diese Führungsstange wird auf eine 30 cm breite Lastplatte aus Stahl aufgesetzt, die über ein Messkabel mit einer elektronischen Messeinrichtung verbunden ist. Diese Messeinrichtung misst die Setzung der Lastplatte und speichert die Daten; über einen Drucker können die Setzungsdaten und Setzungskurven direkt an Ort und Stelle ausgedruckt werden.

Vorteil des dynamischen Lastplattendruckversuchs gegenüber dem statischen Plattendruckversuch liegt darin, dass die Ergebnisse sofort vorliegen und er auch bei beengten Baustellenverhältnissen durchgeführt werden kann.

Proctorversuch

Durch einen Proctorversuch wird v. a. untersucht, welcher Verdichtungsgrad mit dem vorhandenen Material bei einem optimalen Wassergehalt erreicht werden kann. Dieser optimale Wert wird dann mit einer auf der Baustelle entnommenen Probe verglichen und dessen Verdichtungsgrad ermittelt.

Rammsondierung

Die Rammsondierung eignet sich v. a. zur Überprüfung von tief reichenden Verfüllungen im Baugrubenbereich von Gebäuden. Dabei wird mit einem Gewicht der Sondenstab in den Boden getrieben und die Anzahl der Schläge pro 10 cm gezählt.

Bestimmung der Bodendichte nach DIN 18125

Die Bodendichte, eine der wichtigsten physikalischen Eigenschaften eines Bodens, ist definiert als Masse pro Volumen einer bestimmten Menge an Boden. Sie ist nicht materialspezifisch, sondern hängt von der Verdichtung des Bodens und des Wassergehalts (feuchte Dichte) ab. Bei Umsetzen eines Bodens kann sich daher die Bodendichte verändern.

Sie wird laut DIN 18125 (Baugrund, Untersuchung von Bodenproben – Bestimmung der Dichte des Bodens – Teil 2: Feldversuche, Ausgabe 2011) durch verschiedene Verfahren ermittelt:

- Sandersatzverfahren
- Ausstechzylinderverfahren
- Densitometer

Checkliste: Erd- und Bodenarbeiten

- ☐ **Liegen entsprechende Gutachten vor, die den anstehenden Boden in die Schadstoffklassen (LAGA) einteilen?**
  Nur Böden der Klasse Z0 dürfen ohne Einschränkungen abgefahren/eingebaut werden.
- ☐ **Entspricht der bearbeitete Boden dem ausgeschriebenen Homogenbereich?**
  Falls nicht, können Mehr- oder Minderkosten geltend gemacht werden. Nachtrag stellen!
- ☐ **Sind Vorprüfungen des Bodens hinsichtlich Bearbeitbarkeit/Verwendungszweck/Wassergehalt erfolgt? Wurden Fingerproben durchgeführt?**
  Während der Bauzeit muss der Auftragnehmer im Zuge der Eigenüberwachungsprüfung die Einhaltung der Bearbeitbarkeitsgrenzen überwachen.
  Falls Zweifel an der momentanen Bearbeitung z. B. wegen zu starker Witterungseinflüsse bestehen, Bedenken gem. § 4 Nr. 3 VOB/B anmelden.
- ☐ **Sind Maschinen und Geräte auf die anstehenden Bodenverhältnisse abgestimmt?**
  z. B. Bagger mit Raupenfahrwerk
- ☐ **Sind bestimmte Schutzmaßnahmen für die Sicherung des anstehenden Bodens erforderlich?**
  Dies können z. B. besondere Maßnahmen gegen Staunässe oder Grundwasser sein wie Abdecken, Schutz des Bodens mit Baggermatratzen (Besondere Leistung!).
- ☐ **Erfüllt der zu liefernde Boden bzw. das Substrat alle Anforderungen aus dem Leistungsverzeichnis? Ist der Verwendungszweck eindeutig?**
  Der gelieferten Boden muss für eine mängelfreie Ausführung die ausgeschriebenen Vorgaben hinsichtlich Bodengruppe, Wasserdurchlässigkeit, Gehalt an organischer Substanz, pH-Wert erfüllen sowie keine Fremdstoffe und keine Teile von ausdauernden Pflanzen enthalten.
- ☐ **Sind Flächen aufgrund langer Bauzeit zwischenzubegrünen?**
  Bei Bodenmieten bereits ab einer Lagerung von drei Monaten erforderlich.

Entwässerungs- und Dränarbeiten

Grundlagen

Allgemeine Hinweise

Stehendes und gefrierendes Wasser kann sowohl in Belags- wie auch in Vegetationsflächen zu massiven Schäden führen und ist damit einer der Hauptverursacher von Bauschäden im Garten- und Landschaftsbau. Ein funktionsfähiges Entwässerungssystem hat heute mehrere Aufgaben.

Es muss nicht nur Oberflächenwasser schnellstmöglich in den Untergrund ableiten und verhindern, dass Wasser von unten kapillar in den Unterbau oder in das Fundament eines Bauwerks aufsteigen kann.

Es muss gleichzeitig auch gesetzliche Vorgaben erfüllen, nach denen Niederschlagswasser in höchstmöglichem Maße an Ort und Stelle zu versickern hat, um örtliche Vorfluter und Kanalisationssysteme zu entlasten. Die inzwischen in vielen Städten und Gemeinden eingeführte gesplittete Abwassergebühr, nach der die Gebühr anhand versiegelter und offener Beläge ermittelt wird, trägt dieser Forderung Rechnung.

Begriffe

Niederschlagswasser

ist Bestandteil des sog. Oberflächenwassers in Form von Regen, Schnee und Hagel.

Schmutzwasser

ist durch Gebrauch verunreinigtes Wasser aus Haushalten, Landwirtschaft und Industriebetrieben (häusliches und gewerbliches Schmutzwasser).

Kanalisationssysteme: Mischsystem

gemeinsame Ableitung von Schmutz- und Niederschlagswasser

Kanalisationssysteme: Trennsystem

getrennte Ableitung von Schmutz- und Niederschlagswasser. Wegen der i. d. R. geringen Schmutzfracht von Niederschlagswasser wird dieses meistens direkt oder indirekt (z. B. über Regenwasserrückhaltebecken) in Gewässer eingeleitet und nicht in Kläranlagen behandelt.

Moderne, modifizierte Kanalisationssysteme unterscheiden zwischen behandlungs- und nicht behandlungsbedürftigem Niederschlagswasser. Dieses wird bei solchen Verfahren möglichst am Anfallort zurückgehalten.

Regenwasserversickerung

Als Versickerung wird das Einbringen von Niederschlagswasser über technische Versickerungsanlagen in den Untergrund bezeichnet. Hierbei kann es sich um unbelastetes oder belastetes Wasser handeln. Die Einbringung der belasteten Wässer in den Untergrund erfolgt durch eine dem Schutz des Grundwassers entsprechende Reinigung in einer Sickerstrecke.

Die Versickerung von Regenwässern wird insbesondere zur Ableitung von Niederschlagswässern von Siedlungsräumen und Verkehrsflächen verwendet, wenn keine geeignete Kanalisation oder Vorfluter vorhanden sind. In der modernen Entsorgungstechnik wird dieses Verfahren auch aus Gründen des Wasserhaushalts eingesetzt, um der Verminderung der Grundwasserneubildung durch die Flächenversiegelung der Landschaft entgegenzuwirken und den Wasserrückhalt zu verbessern.

Verschiedene Systeme kommen dabei zum Einsatz, wie z. B.:

- Flächen-Versickerung
- Becken-Versickerung
- Mulden-Versickerung
- Mulden-Rigolen-Versickerung
- Rigolen-Versickerung
- Rohr-Rigolen-Versickerung
- Rohr-Versickerung
- Schacht-Versickerung

Dränage

ist das drucklose, unterirdische Abführen von Wasser zum Schutz von Bauwerken vor Niederschlags- und Grundwasser mithilfe von wasserdurchlässigen Dränrohren (Sickerrohren).

Bemessungsregen

Die Bemessungsregenspende ist eine Kenngröße zur Berechnung von anfallenden Regenwassermengen zur Dimensionierung von Kanälen oder anderen Abwasser- und Versickerungssystemen. Mit der Einheit des Bemessungsregens in Liter pro Sekunde und Hektar wird angegeben, welche Regenmenge pro Hektar beim stärksten 15-minütigen Regen eines Jahres pro Sekunde abfließt.

Abflussbeiwert

Bei der Ermittlung der erforderlichen Größen (Rohrquerschnitte) von Regenwasserleitungen ist der Abflussbeiwert (Zeichen: ψ) die anzusetzende Berechnungskomponente für einen nach bestehenden Tabellen festgelegten Wert, der die Sickerfähigkeit und den Regenwasserabfluss von Gebäudeteilen und Grundstücksflächen (Dächern, Dachelementen) berücksichtigt.

Die Größe des für die Berechnung der auf einem Grundstück anfallenden Regenwassermengen anzusetzenden Abflusswerts ist in Tabellen festgelegt und abhängig von der Neigung des Gebäudedaches sowie der Versickerungsfähigkeit der Grundstücksflächen.

Tabelle 1: *Abflussbeiwerte (Richtwerte) verschiedener Beläge*

Material	Abflussbeiwert
Beton- und Asphaltdecken	0,9
Betonpflaster, -platten abhängig von Fugenausbildung	0,5–0,8
Rasengittersteine	0,4–0,5
Mittel- und Großpflaster (Naturstein) mit offenen Fugen	0,5–0,7

Tabelle 1: *Abflussbeiwerte (Richtwerte) verschiedener Beläge*

Material	Abflussbeiwert
Mosaik- und Kleinpflaster (Naturstein) mit großen Fugen	0,5–0,6
wassergebundene Wegedecke	0,5–0,7
Schotterrasen	0,2–0,3
Metall- und Glasdächer	0,95
einfache Grasnarbe, intensive Dachbegrünung	0,0–0,2

Ein Wert von 0,9 gibt an, dass 90 % des Niederschlagswassers in die Entwässerung fließen. Nur 10 % versickern. Bei einem Abflussbeiwert von 0,2 dagegen versickern 80 % und 20 % gelangen in die Entwässerungseinrichtung.

Je niedriger der Wert, desto besser ist die Versickerungsleistung der Belagsfläche. Diese Werte werden inzwischen für die Berechnung von gesplitteten Abwassergebühren herangezogen.

Planumsentwässerung

Wasser, das in den Aufbau einer Verkehrsfläche dringt, sei es als Sickerwasser durch die Oberfläche, als Kapillarwasser aus dem Untergrund oder als seitlich in die Konstruktion drückendes Hangwasser, muss grundsätzlich über das Planum abgeleitet werden. Dazu erhält das Planum ein Gefälle, das in Prozent dem des Belags entspricht, mind. aber 2,5 %.

Wichtige Regelwerke

- DIN 1185 Regelung des Bodenwasserhaushalts durch Rohrdränung, rohrlose Dränung und Unterbodenmelioration
- DIN 4095 Baugrund – Dränung zum Schutz baulicher Anlagen – Planung, Bemessung und Ausführung
- DIN EN 1610 Verlegung und Prüfung von Abwasserleitungen und -kanälen
- DIN 1986 Entwässerungsanlagen für Gebäude und Grundstücke
- DIN ATV 18306 Entwässerungskanalarbeiten

- DIN ATV 18308 Drän- und Versickerarbeiten
- DWA-Arbeitsblatt 138 Planung, Bau und Betrieb von Anlagen zur Versickerung von Niederschlagswasser der e. V. Deutsche Vereinigung für Wasserwirtschaft, Abwasser und Abfall
- Arbeitsblatt ATV-DVWK A 139
- FLL-Versickerungsrichtlinie – Empfehlungen zur Versickerung und Wasserrückhaltung, 2005

Abrechnung

Nebenleistungen gemäß ATV DIN 18306

Folgende Leistungen sind gemäß ATV DIN 18306 in die Leistung einzukalkulieren und werden nicht separat vergütet:

- Feststellen des Zustands der Straßen- und Geländeoberflächen und der Vorfluter i. S. d. VOB/B § 3 Abs. 4
- Reinigen der vom Auftragnehmer gelieferten Stoffe und Bauteile vor deren Einbau
- Liefern von Steighilfen, sofern sie Bestandteil von Fertigteilen sind
- Herstellen von Muffenlöchern im Rohrauflager
- Reinigen von Anschlussstellen an vorhandenen Entwässerungskanälen, -leitungen und Schächten
- Herstellen der Rohrverbindungen, soweit nicht Besondere Leistungen

Für Drän- und Versickerarbeiten gelten folgende Nebenleistungen:

- Feststellen des Feuchtezustands des Bodens während der Bauzeit nach DIN 1185-3

Besondere Leistungen sind, soweit nicht vom Auftragnehmer zu verantworten, u. a.

- Liefern von statischen Berechnungen für Entwässerungskanäle und -leitungen sowie Schächten einschließlich von Schal- und Bewehrungsplänen für Sonderbauweisen, wie z. B. Regenüberläufe, Düker, Becken
- Leistungen, die trotz geeigneter Arbeitsverfahren im Zuge von nicht erreichten Anforderungen anfallen
- besondere Maßnahmen zum Herstellen der Bettung
- Reinigen von verschmutzten, bauseits gestellten Stoffen und Bauteilen

- Einbau von Gelenk- und Formstücken sowie Sonderbauteilen
- Boden- und Wasseruntersuchungen
- Dichtigkeitsprüfungen und in diesem Zusammenhang stehende Arbeiten
- Einbauen von Manschettendichtungen
- Herstellen von Bestandsdokumentationen

Für Drän- und Versickerarbeiten gemäß DIN 18308 gelten u. a.:

- Boden-, Wasser- und Wasserstandsuntersuchungen
- Bauarbeiten zur Aufrechterhaltung des Wasserabflusses und der Vorflut
- Sichern und Wiederherstellen vorhandener Drän- und Versickereinrichtungen
- Maßnahmen zum Reinigen und Behandeln von Wasser
- Maßnahmen beim Antreffen von Quellen
- Maßnahmen bei Drän- und Versickerarbeiten im Wurzelbereich von Bäumen und Sträuchern
- Herstellen von Anschlüssen der Drän- und Versickereinrichtungen an vorhandene Schächte
- Spül- und Kontrolleinrichtungen zur Unterhaltung von Dränanlagen
- Herstellen von Bestandsdokumentationen und Ausführungsplänen

Übermessungsregeln gemäß DIN 18306

- Bei Entwässerungskanälen und -leitungen aus vorgefertigten Rohren ohne Schachtaufsatz wird die lichte Weite von Schächten abgezogen.
- Formstücke (Bogen, Abzweige, Muffen etc.) werden grundsätzlich übermessen.
- Bei Entwässerungskanälen aus vorgefertigten Rohren mit Schachtaufsätzen und bei gemauerten sowie betonierten Entwässerungskanälen wird die lichte Weite der Schächte übermessen.
- Bei der Abrechnung nach Raummaß werden Baukörper bis zu 1 m^3 Volumen übermessen wie auch Leitungen, Sickerkörper etc. mit einem äußeren Querschnitt von bis zu 0,1 m^2.
- Durchdringungen werden bis zu einer Einzelgröße von 1 m^2 übermessen.

***Tabelle 2:** Abrechnungseinheiten gemäß. ATV DIN 18306 bzw. 18308*

Position	Abrechnungseinheit
Entwässerungs-, Dränleitungen, getrennt nach Art und Nennweiten	Längenmaß (m)
Formstücke, wie Bogen, Abzweige, Krümmer etc.	Anzahl (Stück)
Fertigteile, wie Schächte, Schachtringe und -abdeckungen, Steighilfen, Dränschächte, Spülschächte etc.	Anzahl (Stück)
Leitungszone	Raummaß (m^3), Flächenmaß (m^2) oder Längenmaß (m)
erweiterte Leitungszone	Anzahl (Stück)
Sohlschalen und Platten	Längenmaß (m) oder Flächenmaß (m^2)
Schutz- und Dichtungsanstriche, Beschichtungen	Flächenmaß (m^2)
Geokunststoffe und -textilien	Flächenmaß (m^2)
rohrlose Dräne	Längenmaß (m)
Filter- und Dränschichten	Flächenmaß (m^2)

Bauteile

Kanalisationsleitungen

Schmutz- und Regenwasser wird in Entwässerungseinrichtungen gesammelt und in Kanalisationsleitungen der Vorflut zugeführt.

Es gibt folgende Rohrarten für Entwässerungsleitungen:

Steinzeug

Steinzeugprodukte werden aus Ton unter Hinzufügung von Schamotte (Rohschamotte besteht im Wesentlichen aus Recyclingmaterial der Keramikproduktion) hergestellt und können innen und/oder außen glasiert oder unglasiert sein. Der Brand erfolgt bei einer Sintertemperatur von ca. 1.200 °C, bei der der Werkstoff Steinzeug mit extrem guten chemischen, physikalischen und hydraulischen Eigenschaften entsteht.

Im Garten- und Landschaftsbau finden Steinzeugrohre in den Nennweiten DN 100-200 v. a. bei Grundstücksentwässerungen für erdverlegte Schmutz- und Regenwasserleitungen ihre Verwendung.

Für Ortsentwässerungen ab Nennweite DN 200 kommen zwei unterschiedliche Festigkeitsklassen zum Einsatz: Rohre mit normaler Wanddicke sowie wandverstärkte Rohre für höhere Tragfähigkeit.

Betonrohre

Betonrohre gibt es in den unterschiedlichsten Ausführungen. Im Garten- und Landschaftsbau werden hauptsächlich unbewehrte Betonrohre mit Kreisquerschnitten und Muffen- oder Falzverbindungen eingebaut.

Beispiele für die Kennzeichnung von Betonrohren:

- Betonrohr DIN 4032 KFW-F 300 x 2.000: entspricht einem kreisförmigen Rohr (K) mit Fuß (F), wandverstärkt (W), Falz- und Nutverbindung (F), mit einer Nennweite DN 300 und einer Baulänge von 2,0 m.
- Betonrohr DIN 4032 EF-M 400 x 2.000: entspricht einem einförmigen (E) Rohr mit Fuß (F), Muffenverbindung (M) mit einer Nennweite DN 400 und einer Baulänge von 2,0 m.

Kunststoffrohre

Gegenüber den erstgenannten Rohren haben Kunststoffrohre den Vorteil eines geringeren Gewichts und der größeren Baulängen bis zu 5,0 m, was das Verlegen der Rohre im Normalfall deutlich erleichtert. Die im Garten- und Landschaftsbau meist verwendeten Kunststoffrohre für erdverlegte Entwässerungsleitungen sind rotbraune PVC-hart-Rohre. Weitere gängige Materialien sind PP-Rohre (Polypropylen) in verschiedenen Ausführungen.

Entwässerung des Untergrunds

Aufbau und Funktionsweise von Dränagen

Hauptanwendungsgebiete für Dränagen sind Verkehrsflächen, Sport-, Golf- und Reitplätze, Vegetationsflächen sowie zur Trockenhaltung von Fundamenten und Stützmauern bei Bauwerksgründungen. Laut DIN 4095 ist eine Dränung die Entwässerung des Bodens durch Dränschicht und Dränleitung, um das Entstehen von drückendem Wasser zu verhindern. In eine Dränanlage darf kein Regenwasser direkt eingeleitet werden. Hierzu zählen auch Sinkkästen, Regenfallleitungen, Hof- und Straßenabläufe sowie Lichtschächte. Das Ableiten von Dränagewasser in das öffentliche Kanalisationssystem ist ebenfalls nicht zugelassen.

Bestandteile einer Dränanlage sind:

- Dränrohre mit einer Dränschicht
- Kontroll- und Spüleinrichtungen sowie Ableitungen

Dränleitungen sind Rohre, die das Wasser aus der Dränschicht sammeln und ableiten. Die Dränschicht ist eine wasserdurchlässige Schicht, welche aus Sickerschicht und Filterschicht oder aus einer filterfesten Sickerschicht (Mischfilter) besteht. Eine Filterschicht, meist ein Geotextilvlies, ist ein Teil der Dränschicht, welche das Ausschlämmen von Bodenteilchen durch fließendes Wasser verhindert (Zuschlämmen der Dränrohre/Absackungen infolge hinweggespültem Boden). Die Sickerschicht wiederum, z. B. Kies der Körnung 16/32, soll das Wasser vom Bauteil ableiten.

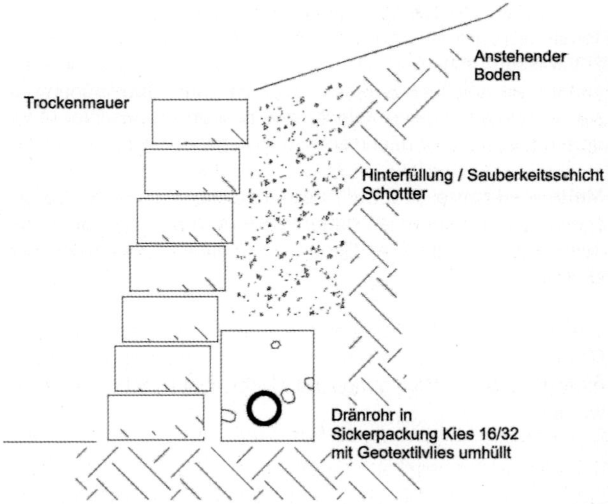

***Bild 1:** Schema einer Dränage am Beispiel einer Trockenmauer (Quelle: Andres)*

Die Dicke der die Dränrohre umgebenden Kiespackung (Sickerschicht) ist abhängig von der Sieblinie der Filterschicht bzw. Sickerschicht. Bei einer Sieblinie von 0/8 mm, 0/32 mm oder 4/16 mm ist eine Mindestdicke von 15 cm einzuhalten. Bei einer Sieblinie von 0/4 mm bzw. 4/16 mm (beides Sickerschichten) sind lt. Tabelle 6 der DIN 4095 10 cm ausreichend.

Dränrohre

Dränrohre werden im Garten- und Landschaftsbau vorwiegend als Kunststoffrohre (PVC-hart) verlegt. Sie werden unterschieden in:

Vollsickerrohre sind auf ihrem gesamten Rohrumfang gelocht und damit komplett wasserdurchlässig. In einem versickerungsfähigen Untergrund entwässern Vollsickerrohre am effektivsten. Aufgrund ihrer über den Rohrumfang verteilten Schlitzung und einer Bettungsschicht aus Filtermaterial können sowohl Sickerwasser und Schichtenwasser als auch von unten drückendes Wasser (ungebundenes Bodenwasser) aufgenommen und zum nächsten Sammler transportiert werden.

Teilsickerrohre sind nur im oben liegenden Teil der Rohre zu 2/3 wasserdurchlässig. Die Rohrsohle selbst ist geschlossen, sodass sie anfallendes Sicker-, Schicht- und Oberflächenwasser im oberen Bereich aufnehmen, das sie im geschlossenen unteren Bereich zur nächsten Vorflut transportieren.

Mehrzweckrohre sind auf ihrer Oberseite nur bis zu 1/3 geschlitzt und übernehmen daher für längere Strecken die Funktion eines Sammlers im Bereich des unteren geschlossenen Querschnitts.

Die flexiblen Endlosdränagerohre (meist in Farbe Gelb und in Rollen aufgewickelt) erfüllen nicht die Anforderung der DIN an eine geradlinige Verlegung und dürfen nicht mehr verwendet werden!

Oberflächenentwässerung

Die Oberflächenentwässerung hat zur Aufgabe, Niederschlagswasser, das auf Verkehrsflächen gelangt, zügig in die Entwässerungskanäle einzuleiten und somit Folgeschäden durch stehendes Wasser (Pfützenbildung, überfrierende Nässe, Herabsetzung der Tragfähigkeit etc.) in den Belägen zu vermeiden. Für ein funktionsfähiges Ableiten des Oberflächenwassers sind Quergefälle in den Belägen notwendig, die in den jeweiligen DIN-Normen bzw. Richtlinien geregelt sind:

Tabelle 1: *Mindestquergefälle für verschiedene Belagsarten gemäß DIN 18318 (2019)*

Material	Nutzung	DIN 18318:2019-09 Mindestneigung
Pflastersteine und Platten aus Beton, Ziegel, Klinker und bearbeitet aus Naturstein	befahrbar	2,0 %
	begehbar	1,5 %
Unbearbeitet oder spaltraue Pflastersteine und Platten aus Naturstein	befahrbar	3,0 %
	begehbar	2,0 %
Die angegebenen Mindestneigungen dürfen nicht unterschritten werden.		

Anmerkung: Bei Bau nach der im Jahr 2013 erschienenen ZTV Wegebau sind auch geringere Gefälle zulässig.

Das Mindestgefälle ist abhängig von der Wasserdurchlässigkeit des Untergrunds. Das entsprechende Mindestgefälle ist bereits im Planum einzubauen. Die Gefällegebung darf nicht erst im Bettungsmaterial stattfinden.

Kontrollschächte (Revisionsschächte)

Sie dienen der Überprüfung, Reinigung und Durchlüftung von Entwässerungsleitungen. Sie werden im Abstand von ca. 50 m angeordnet sowie bei jeder Richtungs- und Gefälleänderung, bei Änderungen der Nennweite, bei Höhenversprüngen sowie beim Zusammenführen mehrerer Einzelleitungen. Die entsprechenden Schachtabdeckungen sind je nach Verwendungszweck in unterschiedlichen Ausführungen erhältlich:

- tagwasserdicht
- rückstausicher
- mit/ohne Lüftungsöffnungen

Zur Ableitung des Oberflächenwassers stehen verschiedene Möglichkeiten zur Verfügung:

- Linienentwässerung
- Punktentwässerung

Linienentwässerung

Entwässerungsrinnen/Kastenrinnen werden mit einem Mindestgefälle von 0,5 % quer oder längs von Fahrbahnen eingebaut. Im sog. „Liniensinkkasten" wird das gesammelte Wasser in die Abwasserleitung abgeführt. Um den Wasserablauf sicherzustellen, müssen sie, wie auch punktuelle Entwässerungen, 3–10 mm unterhalb der Belagoberkante eingebaut werden. Erhältlich sind die Rinnenkörper als Beton-, Kunststoff- oder Polymerbetonrinnen. Letztere weisen ein besonders niedriges Gewicht auf und sind zudem sehr beständig gegenüber Chemikalien, Ölen und Salzen. Es gibt sie als Rinnen mit/ohne Innengefälle (Nr. 0/0). Die Nummerierung der Rinnen erfolgt fortlaufend in aufsteigender Reihenfolge, Nr. 1 wird jeweils an den Sinkkasten angeschlossen.

Die passenden Rinnenaufsätze sind in vielen Varianten als Gitterrostabdeckung mit unterschiedlichen Maschenweiten, als Stegrost sowie als Schlitzaufsätze erhältlich. Übliche Materialien sind Guss, feuerverzinkter Stahl und Edelstahl.

Die sog. Fassadenrinnen zeichnen sich durch besonders niedrige Bauhöhen aus. Sie werden bevorzugt zur Reduzierung der erforderlichen Anschlusshöhe an Fassaden und aufgehenden Bauteilen eingebaut. Für besonders niedrige Aufbauhöhen sind höhenverstellbare Rinnen erhältlich. Ihr Abstand zur Fassade darf max. 5 cm betragen.

Die sichere Ableitung des Regenwassers sowie der Schwebstoffe erfolgt bei dieser Art der Entwässerung über seitliche Dränschlitze in Stichkanäle, die zu Abläufen führen.

Tabelle 2: *Anschlusshöhen bei verschiedenen Belagsanschlüssen nach Flachdachrichtlinie*

Ausführung Belagsanschluss	Anschlusshöhe OK Abdichtung
bündiger Belagsanschluss	15 cm gemäß DIN 18195
Belagsanschluss mit Rinne oder Entwässerungsrost	reduziert auf 5 cm
barrierefreier Belagsanschluss mit Rinne/Entwässerungsrost	max. 2 cm möglich

Punktentwässerung

Sie nehmen das anfallende Niederschlagswasser punktuell auf und führen es über angeschlossene Leitungen direkt der Kanalisation zu.

Hofabläufe entwässern bis zu 200 m² Belagsflächen und werden in Abständen von 20 m eingebaut.

Straßenabläufe eignen sich für bis zu 400 m² Belagsfläche. Ihr Einbau erfolgt in Abständen von 30–50 m.

Schäfte für Punktentwässerungen sind in kurzer und langer Bauform sowie mit und ohne Geruchsverschluss erhältlich.

Bauklassen

Bauklassen für Rinnen, Revisionsschächte und Punktentwässerungen und deren Abdeckungen werden in der DIN EN 1433 „Entwässerungsrinnen für Verkehrsflächen“ in die Klassen A 15 bis F 900 eingeteilt. Den Klassen werden folgende Prüfkräfte und Einbaustellen zugeordnet:

***Tabelle 3:** Bauklassen*

Klasse	Verkehrsbelastung
A 15	Fußgänger, Radfahrer, Grünflächen
B 125	Fußgänger, Pkw-Parkflächen, Pkw-Parkdecks, Lieferwagen
C 250	Bordsteine, Seitenstreifen, Parkplätze
D 400	Fahrbahnen (auch Fußgängerstraßen), Fußgängerzonen, Parkplätze
E 600	Industrie, Militär, hohe Radlasten
F 900	Flugbetriebsflächen, Häfen

Verlegung von Entwässerungsrohren

Transport und Lagerung

Vor dem Abladen auf der Baustelle sind Rohre auf Beschädigungen und Risse zu kontrollieren. Beschädigte Rohre dürfen nicht eingebaut werden.

Abwerfen, Fallenlassen sowie hartes Aneinanderschlagen der Paletten, Rohre und Zubehörteile sind zu vermeiden, insbesondere bei Steinzeug- und Betonrohren.

Die Lagerzeit von Rohren und Formteilen im Freien darf ein Jahr nicht überschreiten, um unerwünschten Einwirkungen auf die Materialeigenschaften durch UV-Strahlung vorzubeugen. Bei extremer Hitze im Sommer sollten die Rohre vor zu starkem Aufheizen geschützt werden. Lagerung im Schatten oder Abdecken der Rohre mit heller, lichtundurchlässiger Plane ist sinnvoll.

Um Verformungen zu vermeiden, ist auf eine ebene Lagerung zu achten. Dichtungsmaterial sollte in Innenräumen deponiert werden, im Winter am besten in geheizten Räumen.

Die Herstellung der Leitungsgräben

Das Herstellen der Rohrgräben erfolgt nach DIN 4124. Insbesondere sind hier Regelungen für den erforderlichen Grabenverbau, abhängig von Grabentiefe und Bodenverhältnissen, aufgeführt.

Die erforderliche lichte Mindestbreite von Leitungsgräben ergibt sich ebenfalls aus DIN 4124, deren Vorgaben zudem meist als Grundlage für die Abrechnung der Grabenarbeiten dienen:

Tabelle 1: *Lichte Mindestbreite für Gräben ohne betretbaren Arbeitsraum nach DIN 4124*

Regelverlegtiefe	**bis 0,7 m**	**über 0,7 m bis 0,9 m**	**über 0,9 m bis 1,0 m**	**über 1,0 m bis 1,25 m**
lichte Mindestbreite	0,3 m	0,4 m	0,5 m	0,6 m

Tabelle 2: *Lichte Mindestbreite für Gräben mit betretbarem Arbeitsraum nach DIN 4124*

<table>
<tr><th rowspan="3">äußerer Leitungs- bzw. Rohrdurchmesser OD</th><th colspan="4">lichte Mindestbreite b [in m]</th></tr>
<tr><th colspan="2">verbauter Graben</th><th colspan="2">geböschter Graben</th></tr>
<tr><th>Regelfall</th><th>Umsteifung</th><th>$\beta \leq 60°$</th><th>$\beta > 60°$</th></tr>
<tr><td>bis 0,4 m</td><td>b = OD + 0,4</td><td>b = OD + 0,7</td><td colspan="2">b = OD + 0,4</td></tr>
<tr><td>über 0,4 m bis 0,8 m</td><td colspan="2">b = OD + 0,7</td><td rowspan="3">b = OD + 0,4</td><td rowspan="3">b = OD + 0,7</td></tr>
<tr><td>über 0,8 m bis 1,4 m</td><td colspan="2">b = OD + 0,85</td></tr>
<tr><td>über 1,4 m</td><td colspan="2">b = OD+1,0</td></tr>
</table>

Für Abwasserleitungen gilt entsprechend DIN EN 1610:

Tabelle 3: *Abhängigkeit von der Rohrnennweite*

Rohrdurchmesser	Mindestbreite
DN bis 225 mm	Außendurchmesser + 0,4 m
DN bis 350 mm	Außendurchmesser + 0,5 m

Tabelle 4: *Abhängigkeit von der Grabentiefe*

Grabentiefe [in m]	Mindestbreite [in m]
bis 1,0	keine Vorgabe
bis 1,75	0,8
1,75–4,0	0,9
über 4,0	1,0

Mindestabstände mehrerer Rohre in einem Graben

Werden zwei oder mehr Rohre in demselben Graben oder unter derselben Dammschüttung verlegt, muss der horizontale Mindestarbeitsraum für den Bereich zwischen den Rohren eingehalten werden. Falls nicht anders angegeben, sind dabei für Rohre bis einschließlich DN 700 0,35 m und für Rohre größer als DN 700 0,5 m einzuhalten. Muss der Zwischenraum betreten werden, gilt als Mindestabstand entsprechend: 1/2 Rohrdurchmesser d_1 (Rohr 1) + 1/2 Rohrdurchmesser d_2 (Rohr 2).

Grundsätzlich gilt:

Die Herstellung der Leitungszone und der Hauptverfüllung sowie die Entfernung des Grabenverbaus sind so auszuführen, dass die Tragfähigkeit der Rohrleitung den Planungsanforderungen entspricht.

- Die Grabensohle muss entsprechend dem Gefälle der Rohrleitung hergestellt und sollte nach Möglichkeit nicht unnötig aufgelockert werden.
- Eine Nachverdichtung des Grabens ist für eine ausreichende Standfestigkeit notwendig.
- Der Rohrgraben muss bis zum Abschluss der Einbauarbeiten wasserfrei sein.
- In der Grabensohle ist im Muffenbereich eine geringe Vertiefung auszubilden, damit die Muffe nicht auf der verdichteten Sohle aufliegt und es dabei zu Punktbelastungen kommt.
- Nach Aushub ist die Grabensohle von Steinen (über 16 mm Korndurchmesser oder scharfkantige Vorsprünge sind nicht zulässig) oder sonstigen Unebenheiten zu befreien.
- Das Rohrauflager soll eine gleichmäßige Druckverteilung im Auflagerbereich sicherstellen und ist mit Material aus Sand, Kies oder Beton in einer Mindeststärke von 100+1/10 der Nennweite des Rohres auszubilden (Beispiel: Rohr DN 100, Mindestauflager: 100+10 mm = 110 mm = 11 cm).
- Für biegeweiche Rohre ist ein direktes Betonauflager nur mit einer Zwischenschicht aus Sand oder Feinkies in den o. g. Mindeststärken zulässig.
- Die verlegten Rohre sind gut zu fixieren, da leere Leitungen im offenen Graben bei Grundwasser oder Wassereinbrüchen aufschwimmen können (Auftrieb).
- Anschlüsse an Spezialbauwerke, Schächte usw. müssen gelenkig ausgeführt werden, wenn Setzungsunterschiede zu erwarten sind.

- Vor dem Zusammenziehen sind die Rohre an den Verbindungsstellen gründlich zu reinigen und sorgfältig zu trocknen.
- Das Rohr ist unter leichtem Seilzug zusammenzuziehen und zu richten, wobei noch leichte Leitungskrümmungen vorgenommen werden können.
- Die Abwinkelung darf bei Nennweiten von 600 bis 1.000 mm 1º, bei Nennweiten von 250–300 mm 2º nicht überschreiten.

Die Rohrbettung

Das Einbetten der Rohrleitung ist Teil der Ausbildung des Rohrauflagers. Im Bereich der Leitungszone von 30 cm um das Rohr darf nur steinfreier, verdichtungsfähiger Boden mit leichtem Gerät lagenweise eingebaut werden. Der Boden hat dieselben Anforderungen zu erfüllen wie das Material des Rohrauflagers.

Der Einbau von Seiten- und Hauptverfüllung darf erst vorgenommen werden, wenn die Rohrverbindungen und die Bettung zur Aufnahme von Lasten bereit sind. Vor dem Verfüllen wird empfohlen, die Entwässerungsleitung auf Wasserdichtigkeit zu überprüfen.

Ab 30 cm über Rohrscheitel darf nichtbindiger und bindiger, jedoch stets verdichtungsfähiger Boden lagenweise mit mittleren Verdichtungsgeräten eingebaut werden. Schwere Verdichtungsgeräte sind erst 1 m über der Rohrsohle zulässig.

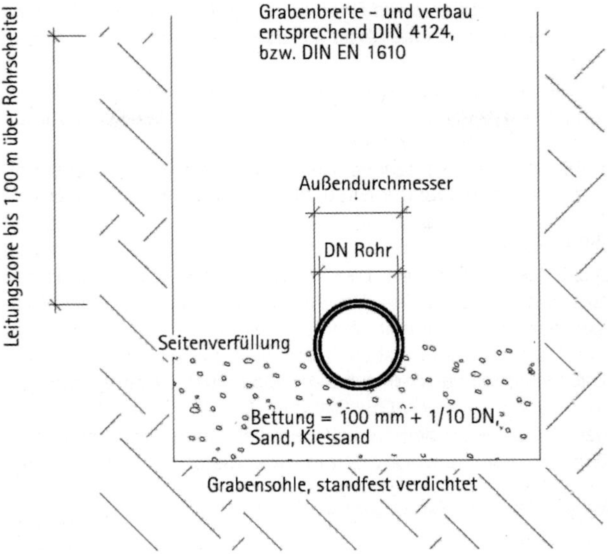

***Bild 1:** Schematische Darstellung der Rohrsohle und Verfüllung (Bettung Typ 1 – Regelausführung – zulässig für alle Bodenarten), (Quelle: Andres)*

Auf Fels oder festgelagerten Böden ist eine Mindestbettung von 15 cm erforderlich.

Verlegung von Dränrohren

Während der Bauphase ist stets darauf zu achten, dass kein Schmutz bzw. keine Fremdkörper in die Rohre bzw. in die Schächte gelangen. Während und direkt nach der Bauphase ist mit einer erhöhten Schmutzfracht von den angeschlossenen Flächen zu rechnen.

Zur Herstellung einer Sickerraumsohle (Boden ab Grabensohle bis Beginn der untersten seitlichen Schlitze, abhängig vom verwendeten Drähnrohr) wird das Rohr bis zum Beginn der Schlitze in verdichtungsfähigem Boden mit hohem Feinkornanteil ($k_f \leq 10^{-6}$ m/s) und einem Größtkorndurchmesser von 16 mm eingebettet. Der Boden soll, um Beschädigungen zu vermeiden, nicht maschinell verdichtet werden. Bei der lagenweisen Verdichtung ist darauf zu achten, dass das Rohr nicht durch das Verdichtungsgerät beschädigt wird. Der vorgegebene Verdichtungsgrad ist herzustellen. Die Oberfläche der Sickerraumsohle ist mit einer Neigung von ca. 1:3 zum Rohr einzubauen.

Das Einbringen des Filtermaterials in der Leitungszone darf nur lagenweise erfolgen (20 cm Dicke). Ein grundsätzliches Abkippen des Bodens ab Grabenoberkante ist nicht zulässig. Die Fallhöhe des einzubringenden Bodens über den Rohrscheitel darf 1 m nicht überschreiten. Es wird empfohlen, bis 30 cm über den Rohrscheitel den einzufüllenden Boden mit der Baggerschaufel einzubringen. Dabei ist darauf zu achten, dass die Schaufel nicht das Rohr berührt. Das Verdichten des Filtermaterials hat lagenweise zu erfolgen. Bei Verbau ist dieser schrittweise (lagenweise) zu entfernen.

Das Filtermaterial darf nur aus Böden der Bodengruppe G1 (nichtbindiger Boden GE, GW, GI, SE, SW, SI) bestehen. Bei gebrochenem Bodenmaterial darf der Größtkorndurchmesser 8 mm und bei Rundkorn 16 mm nicht überschreiten.

Verdichten des Filtermaterials in der Leitungszone

Das Verdichten des Filtermaterials bis 30 cm über Rohrscheitel darf nur mit leichtem Verdichtungsgerät oder mit Handstampfer erfolgen. Um eine Beschädigung des Rohrs zu vermeiden, ist ein Berühren des Verdichtungsgeräts mit dem Rohr nicht zulässig.

Mindestdurchmesser von Entwässerungsrohren

Der erforderliche Durchmesser von Rohrleitungen wird durch hydraulische Berechnungen ermittelt. Erdverlegte Rohrleitungen müssen davon unabhängig immer einen Mindestdurchmesser von DN 100 aufweisen.

Verlegetiefe

Entwässerungsrohre sollten grundsätzlich frosttief (mind. 80 cm unter Belagsoberkante) verlegt werden.

Mindestgefälle

Rohrleitungen müssen (für Wartungsarbeiten) leerlaufen können und müssen daher ein Mindestgefälle aufweisen. Für Entwässerungsleitungen außerhalb von Gebäuden ist dieses wie folgt zu berechnen (DN = innerer Rohrdurchmesser).

Tabelle 5: *Mindestgefälle von Rohrleitungen*

DN 100	1:DN = 1 %
DN 125	1:DN = 0,8 %
DN 150	1:DN = 0,667 %
ab DN 200	1:DN = 0,5 %

Ein Höchstgefälle von 5 % ist dabei immer einzuhalten.

Außerdem gilt: Je geringer das Gefälle, desto größer muss der Querschnitt sein und umgekehrt.

Checkliste: Entwässerungs- und Dränarbeiten

- ☐ **Ist die Prüfung des Rohrgrabens erfolgt bezüglich Tiefe, Breite, Eignung des Grabens, der Grabensohle und des Auflagers?**
  Hinweis: Falls nicht geeignet oder Zweifel bestehen, Bedenken gem. § 4 Nr. 3 VOB/B anmelden
- ☐ **Erfolgte eine Überprüfung der notwendigen Grabenbreite? Ist ein Verbau notwendig?**
- ☐ **Entsprechen die Gefälle und Höhenangaben im Plan den Mindestquergefällen für die entsprechenden Beläge?**
  Hinweis: Falls nicht geeignet oder Zweifel bestehen, Bedenken gem. § 4 Nr. 3 VOB/B anmelden
- ☐ **Entspricht das gebaute Erdplanum dem geplanten Belagsgefälle?**
- ☐ **Sind die Leitungen ausreichend tief? Passen die Anschlüsse höhenmäßig mit dem vorgegebenen Mindest- und Höchstgefälle der Entwässerungsleitungen?**
  Falls nicht, ist zu prüfen, ob evtl. an einer anderen Stelle angeschlossen werden kann.
- ☐ **Wurde vor Verfüllen der Gräben eine Sichtprüfung der Rohverbindungen auf evtl. Rohrbeschädigungen der Entwässerungsleitungen durchgeführt?**
  Es ist zu beachten, ob Wasserdichtigkeitsprüfungen vorgesehen sind.

Bewässerung im GaLa-Bau

Standortangepasste und bedarfsgerechte Bewässerung

Einleitung

Eine Bewässerung, die als Ausgleich von Wasserdefiziten in Trockenperioden während der Wachstumsperiode notwendig ist, wird durch den Klimawandel eine immer stärkere Bedeutung bekommen.

Die weltweite Wassersituation gebietet einen verantwortungsvollen Umgang mit dem kostbaren Gut Wasser, besonders, wenn es sich nicht um Nahrungsmittelproduktion, sondern um ästhetische und Freizeitaspekte handelt, wie es bei der Bewässerung von Grünanlagen inklusive der Gehölze überwiegend der Fall ist. Argumente für teil- oder vollautomatische Bewässerungsanlagen, wie die Optimierung der Bewässerung durch Beregnung in der besten Wasserausbringungszeit und die Arbeitserleichterung, lassen diesen Markt seit Jahren boomen.

Viele verschiedene Systeme, Franchiseunternehmer und GaLabauer freuen sich über einen wachsenden Markt. Die Systeme sind hochprofessionell, allerdings lässt die rasante Entwicklung neuer Geräte und Verfahren kaum die Zeit für nachweisbare und geprüfte Funktionalität. Es besteht Forschungsbedarf in vielen Bereichen der Bewässerung für den Landschaftsbau. Literatur oder Empfehlungen zu diesen Themen sind nicht einheitlich. Hier können Forschung und bewertende Recherche klare Aussagen treffen, die den Bewässerungserfolg sicherstellen. Die Erfahrungen der Landwirtschaft und des Gartenbaus werden hierbei bis jetzt zu wenig hinsichtlich ihrer Anwendungsmöglichkeiten für öffentliche Grünflächen und Privatgärten überprüft. Die Anforderungen an eine Bewässerungsanlage, die Wasserverteilung, das Beregnungsbild, die erforderliche Wassermenge pro Quadratmeter, die Überkopfbewässerung und Prüfverfahren um die Gleichmäßigkeit sind in der FLL-Richtlinie für die Planung, Installation und Instandhaltung von Bewässerungsanlagen in Vegetationsflächen (2015) enthalten. ***Diese Richtlinie wird momentan unter der Leitung von Prof. Dr. Andreas Thon überarbeitet. Das Erscheinen der überarbeiteten Ausgabe wird für 2024/2025 erwartet.***

Für die Planung, den Bau, die Unterhaltung und das Qualitätsmanagement von Bewässerungsanlagen sind Kenntnisse über die relevanten Standortfaktoren Klima/Wetter, Boden und Pflanze, die Eigenschaften verschiedener Bewässerungsarten, die Anforderungen an die Wasserqualität von Bewässerungswasser sowie die Eigenschaften der Hauptbestandteile einer Bewässerungsanlage erforderlich. Außerdem sind die Verteilungskurven des künstlichen Niederschlags und die dadurch beeinflusste Anordnung der Regner, die hydraulische Berechnung der Anlage und die Überprüfung der Verteilgenauigkeit von bestehenden Bewässerungsanlagen zu beachten.

Aktuelle Wetterphänomene (2020) bzw. die letzten 3 Jahre

Basierend auf den Messwerten der Wetterstation des Deutschen Wetterdiensts an der Hochschule Geisenheim konnten die Daten der letzten Jahre ausgewertet werden. Dargestellt sind im Folgenden die Sonnenscheindauer in Stunden von 1985 bis 2020 während der Vegetationsphase. Dieser Zeitraum, auch als Vegetationsperiode oder Vegetationszeit bezeichnet, umfasst den jahreszeitlich wiederkehrenden aktiven Zeitraum einer Pflanze. Das heißt, mit Ausnahme immergrüner Gehölze beginnt die Vegetationszeit mit dem Austrieb im Frühjahr bis zum Laubabwurf der Pflanze vor der Winterruhe. Temperaturdaten definieren diesen Zeitraum mit einer durchschnittlichen Mindesttemperatur > 5 °C gemessen über 24 Std. Diese Voraussetzungen werden in der Regel an 240 – 280 Tagen im Jahr erfüllt. Die Aufzeichnungen der letzten 15 Jahre zeigen in Summe eine deutliche klimatische Veränderung. Besonders auffällig ist die Zunahme der Sonnenscheindauer seit 2003.

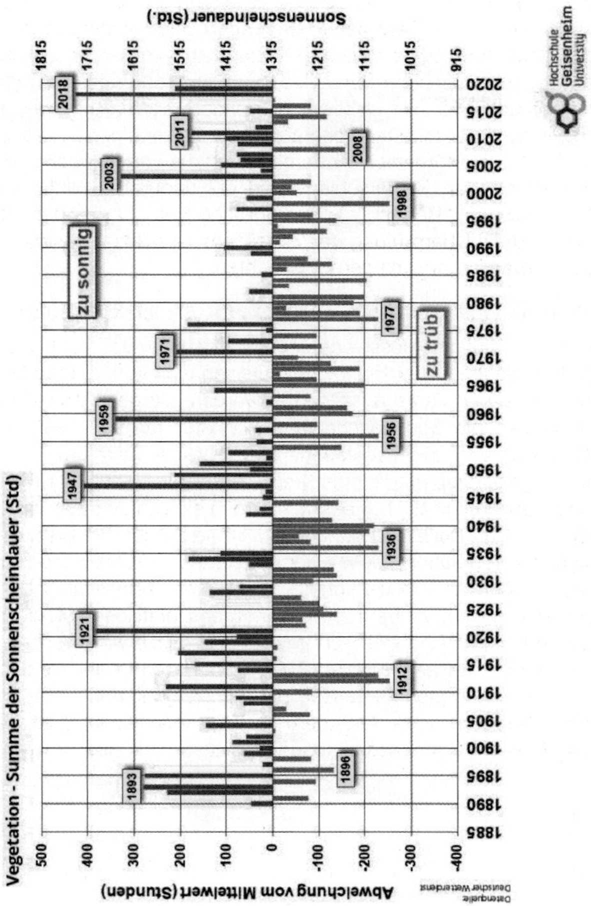

***Bild 1:** Entwicklung der Sonnenscheindauer 1890–2020 (Quelle: Thon)*

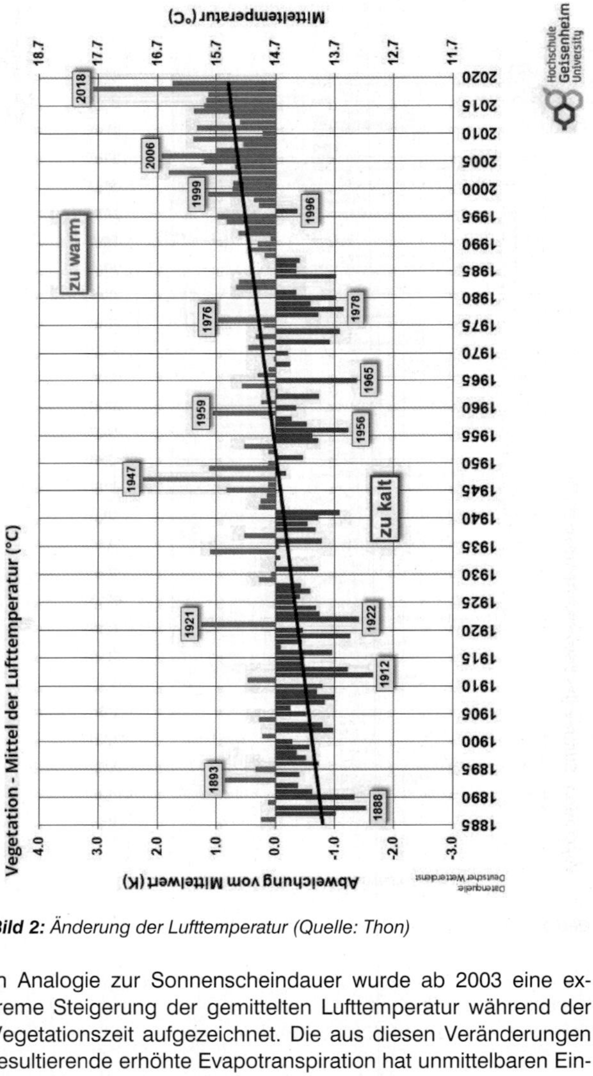

Bild 2: *Änderung der Lufttemperatur (Quelle: Thon)*

In Analogie zur Sonnenscheindauer wurde ab 2003 eine extreme Steigerung der gemittelten Lufttemperatur während der Vegetationszeit aufgezeichnet. Die aus diesen Veränderungen resultierende erhöhte Evapotranspiration hat unmittelbaren Einfluss auf die Verdunstung des Bodens und der Pflanzen.

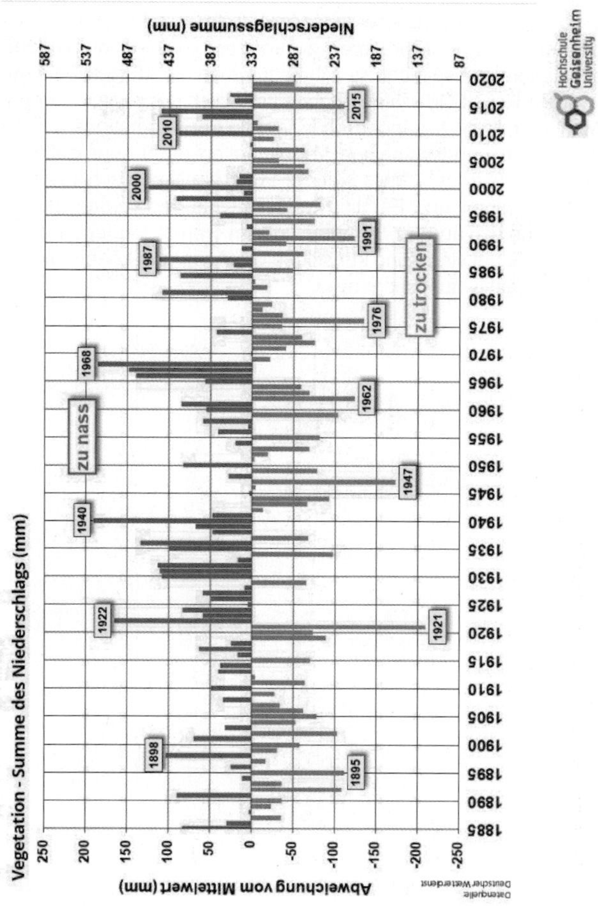

***Bild 3:** Rückgang des Niederschlags (Quelle: Thon)*

Kongruent zu den Aufzeichnungen der Sonnenscheindauer ist gleichzeitig ein Rückgang der Niederschlagsmenge im Jahresverlauf besonders ab 2003 erkennbar.

Um die erfassten Daten der Niederschlagsereignisse auf die zukünftig prognostizierten Wasserdefizite in den Vegetationsphasen richtig interpretieren zu können, müssen die Niederschlagsereignisse nicht als Jahressummen, sondern auf die unterschiedlichen Quartale im Jahr differenziert dargestellt werden. Auch hier ist die Veränderung innerhalb der Vegetationsperiode und deren ungleichmäßige Verteilung ab 2003 sehr auffällig. Es ist zu erkennen, dass seit ca. 2004 die Niederschlagssummen im Winter und Frühling tendenziell zugenommen haben, die Niederschläge im Sommer und im Herbst hingegen deutlich rückläufig sind. Eine künstliche Bewässerung könnte dieses Missverhältnis ausgleichen.

Grundlagenermittlung

Das Verstehen der Zusammenhänge zwischen den klimatischen Gegebenheiten, dem Bodenwasser in Abhängigkeit von den Bodeneigenschaften und der Wasseraufnahme durch die Pflanze sowie ihres Wasserbedarfs ist die grundlegende Voraussetzung für eine erfolgreiche Bewässerungssteuerung.

Standortfaktoren

Klima/Wetter

Die ausschlaggebendsten Klimafaktoren für die Bewässerung sind die Verdunstung (Evapotranspiration) und der Niederschlag. Ist die Verdunstung größer als der Niederschlag, wird die Menge des im Boden gespeicherten Wassers (ΔS) kleiner. Es kommt zu Trockenperioden, die durch Bewässerung ausgeglichen werden müssen. Bei höherer Niederschlagsmenge wird der Bodenwasserspeicher wieder aufgefüllt. Weiterhin hat der Wind nicht nur durch die Steigerung der Verdunstung, sondern auch durch die Abdrift des Beregnungswassers einen Einfluss auf die Bewässerung.

Niederschlag

Durch den Niederschlag N wird der Bodenwasserspeicher aufgefüllt. Wenn er über längere Zeit niedriger ist als die Verdunstung, sodass der Boden nicht mehr ausreichend pflanzenverfügbares Wasser enthält, ist eine Bewässerung notwendig. Die tägliche Niederschlagsmenge sollte regional ermittelt werden, besser noch direkt vor Ort mittels entsprechender Sensorik. Internetbasierte oder gemittelte Niederschlagsereignisse können zum Teil nicht präzise sein, da Unterschiede in der Niederschlagsverteilung sehr kleinräumlich sein können.

Verdunstung

Einfluss auf die Verdunstung haben die Temperatur, die Sonneneinstrahlung, die Luftfeuchtigkeit und der Wind. Je höher Sonneneinstrahlung und Temperatur, desto mehr Wasser verdunstet. Auch der Wind erhöht die Verdunstung.

Das potenziell für die Verdunstung zur Verfügung stehende Wasser setzt sich zusammen aus der Interzeption, der Evaporation und der Transpiration (Letztere zusammengefasst als Evapotranspiration ET).

Wenn der Boden optimal mit Wasser versorgt ist, kann mehr Wasser verdunstet werden, als wenn wenig Wasser vorhanden ist. So ist die ET auch von dem Wasserangebot des Bodens abhängig und ebenso von dem Bewuchs, da jede Pflanze unterschiedliche Verdunstungs- und Interzeptionswerte aufweist. Daher wird bei der ET unterschieden in:

- **Potenzielle Evapotranspiration (ET_P)** = bei optimalem Wasserangebot und Pflanzenbestand von kurzem Raygras (*Lolium multiflorum*, Welsches Weidelgras)
- **Reale Evapotranspiration (ET_R)** = bei aktuellem Wasserangebot und definierter Kulturart

Internetbasierte Wetterdienstanbieter eignen sich bei der Ermittlung der Verdunstungsrate weitaus besser als für die Ermittlung der Niederschlagsrate, da hier die Unterschiede meist weniger gravierend sind.

Wind

Die Abdrift des Bewässerungswassers steigt bei steigenden Windgeschwindigkeiten. Auf dem Markt sind Bewässerungssteuerungen erhältlich, die bei Überschreitung einer maximalen Windgeschwindigkeit die Bewässerung abbrechen. An häufig windigen Standorten kann mit der Regneranordnung einer ungleichmäßigen Wasserverteilung durch Wind vorgebeugt werden. An extrem windigen Standorten ist zu überlegen, ob auf nicht windanfällige Bewässerungsmöglichkeiten, wie z. B. unterirdische Baumbewässerung durch Bubbler oder Tropfbewässerung, ausgewichen werden kann.

Fazit

Für den Bewässerungsbedarf ist die reale Evapotranspiration (ET_R) bei definierter Pflanzenart und aktuellem Wasserdargebot des Bodens entscheidend. Regionales Wetter und Windverhältnisse müssen bei der Planung berücksichtigt werden.

Boden

Wasserspeicherfähigkeit und Pflanzenverfügbarkeit des Bodenwassers

Die meisten Pflanzen nehmen das benötigte Wasser ausschließlich über ihre Wurzeln aus dem Boden auf. Durch den Transpirationssog wird das Wasser von den Wurzeln nach oben befördert. Die Kraft dieses Sogs muss stärker sein als die Saugspannung, mit der das Wasser im Boden festgehalten wird.

Das Haftwasser ist als Adsorptionswasser an negativ geladene Bodenteilchen (Ton, Humus) angelagert oder wird mittels Kapillarkräften in den Bodenporen festgehalten (Kapillarwasser), es unterliegt also einer bestimmten **Saugspannung**. Je enger die Poren, desto stärker sind die Kapillar- und Adhäsionskräfte, und umso höher ist die Saugspannung. Umso schlechter ist das Wasser dann auch für die Pflanzen verfügbar.

Je nach Bodenart sind das Gesamtporenvolumen sowie die Anteile an den verschiedenen Porengrößen unterschiedlich. So hat Sand einen höheren Anteil an Grobporen, aber ein kleineres Gesamtporenvolumen, Lehm einen höheren Anteil an Fein- und Mittelporen und ein größeres Gesamtporenvolumen.

Wenn ein Boden die maximale Wassermenge enthält, die er gegen die Schwerkraft festhalten kann, ist die sogenannte **Feldkapazität FK** erreicht. Nun sind alle Fein-, Mittel- und langsam dränenden Grobporen mit Wasser gefüllt, die Saugspannung beträgt je nach Boden pF = 1,8 bis 2,4. Sand enthält in diesem Stadium ca. 13 Vol.-% Wasser, Lehm dagegen 40 Vol.-% Wasser.

Sind im Boden nur die Feinporen mit Wasser gefüllt, ist das noch vorhandene Wasser für Kulturpflanzen nicht mehr verfügbar, die Saugspannung beträgt pF = 4,2, der **permanente Welkepunkt PWP** ist erreicht. Der Wassergehalt liegt hier bei Sand bei 3 Vol.-%, Lehm enthält 13 Vol.-% Wasser. Der Bereich zwischen der FK und dem PWP ist die **nutzbare Feldkapazität nFK**.

Fazit

Der Wassergehalt eines Bodens (Bodenfeuchte) hat also keine Aussagekraft über die Wasserversorgung der Pflanzen, der Wasserzustand über die pF-Werte ist hier die relevante Bezugsbasis.

Modernste Entwicklungen in der Bewässerungssteuerung setzen genau hier an. Es werden Messungen der Saugspannung am Spross und am Blatt einer Pflanze durchgeführt. Druckunterschiede zeigen einen Bedarf an Wasser an.

Erfahrungen aus der Landwirtschaft und dem Gartenbau beschreiben, dass bei einer Bodenfeuchte von 30 bis 50 % nFK eine Bewässerung erfolgen muss. Die Deutsche Landwirtschaftsgesellschaft empfiehlt sogar, dass bei Gemüse und Sonderkulturen 70 bis 75 % der nutzbaren Feldkapazität (nFK) und bei landwirtschaftlichen Kulturen 50 bis 55 % nFK nicht unterschritten werden sollten (Deutsche Landwirtschaftsgesellschaft e. V.). Auch im Stauden- und Zierpflanzenbau wird eine zu starke Austrocknung vermieden, da einmal ausgetrocknete gärtnerische Substrate sich nur langsam wieder befeuchten lassen. In der Landschaftsarchitektur bzw. bei der Objektplanung werden im Unterschied zur Landwirtschaft oder dem Gartenbau keine uniformen Flächen bzw. einheitlichen Bepflanzungen geplant.

Allerdings sind die in der Pflanzenverwendung genutzten Pflanzen den Standortfaktoren angepasst und durch die Verwendung der Pflanzen wird kein Ertrag erwartet. Entsprechend der Landwirtschaft und dem Gartenbau ist die Bodenfeuchte eine sehr geeignete Bezugsgröße zur Bewässerungssteuerung, damit die Bewässerung bedarfsgerecht geschieht. Angestrebt wird eine Bewässerung bis zu einer Bodenfeuchte von 80 % nFK und nicht höher, damit es nicht zu Überwässerungsschäden kommt. Je mehr Bodenporen mit Wasser gefüllt sind, desto weniger mit Luft gefüllte Poren sind vorhanden. Dies ist besonders bei schweren Böden der Fall, die nur wenige Grobporen aufweisen. Werden diese Böden mit zu viel Wasser versorgt, entsteht Luftmangel für die Pflanzenwurzeln und es kann zu Fäulnisschäden an den Wurzeln kommen. Auch die Bodenstruktur leidet, wenn der Boden dauerhaft zu feucht gehalten wird, da Bodenkrümel dann in ihre Einzelteile zerfallen. Bei zu großen und starken Wassergaben können Nährstoffe, insbesondere Nitrat, aus dem Wurzelbereich in tiefere Schichten ausgewaschen werden.

Fazit für die Bewässerung

Da die nFK bei Sandböden geringer ist als bei Lehmböden, werden Sandböden mit geringeren Wassergaben bewässert, dafür aber häufiger, Lehmböden erhalten größere Gaben, dafür aber seltener. Sind die Bewässerungsgaben zu klein, leiden die Pflanzen weiter unter Trockenstress und der Boden wird nicht tief genug durchfeuchtet. Sind sie zu groß, besteht die Gefahr der Nährstoffauswaschung und das Wasser, das der Boden nicht speichern kann, versickert in tiefere Schichten. Wie groß die Gaben sein müssen, hängt neben den Bodeneigenschaften noch von der Durchwurzelungstiefe ab.

Pflanzenansprüche

Pflanzenarten haben sehr unterschiedliche Ansprüche an die Wasserversorgung. Manche können nur im Wasser leben, andere brauchen dauerfeuchten Boden, manche lieben es eher trocken, wieder andere können längere Trockenzeiten überstehen, brauchen aber dann Wasser zum „Auftanken". So werden z. B. Pflanzen aus dem Lebensbereich Wasserrand stärker bewässert werden müssen als solche aus der trockenen Freifläche.

Auch wechselt der Wasserbedarf innerhalb einer Vegetationsperiode. So benötigt Getreide bis zur Keimung 30 % nFK, beim Schossen bis zur Blüte 60 bis 70 % nFK und bis zur Reife wieder 30 % nFK (Kuntze, H. U. A.). Für die im Landschaftsbau verwendeten Pflanzen liegen hier kaum Daten vor. Es herrscht hier großer Forschungsbedarf, um die Bewässerung so effizient wie möglich zu gestalten.

Bei den meisten Kulturarten liegt die maximale Saugspannung, mit der sie Bodenwasser aufnehmen können, bei 15 bar = pF 4,2 = permanenter Welkepunkt. Es gibt jedoch viele Pflanzentypen, die eine deutlich höhere maximale Saugspannung aufweisen. Auch hier herrschen großes Wissensdefizit und Forschungsbedarf.

Pflanzen weisen eine unterschiedliche Durchwurzelungstiefe auf, wobei die Tiefe gemeint ist, bis zu der der Boden intensiv durchwurzelt ist. Diese Durchwurzelungstiefe ist entscheidend dafür, wie groß die Wassermenge ist, die eine Pflanze sich erschließen kann. Die Hauptdurchwurzelungstiefe der Pflanzen sollte gleich dem Durchfeuchtungshorizont sein, damit die Pflanze eine arttypische Wurzelausbildung ausbilden kann.

Fazit für die Bewässerung

Die Durchwurzelungstiefe einer Pflanze/Kulturart gibt an, wie tief der Boden mit einer Bewässerungsgabe durchfeuchtet werden muss. So lässt sich zusammen mit der nFK für den betreffenden Boden die Größe der Beregnungsgabe ermitteln.

Wasserqualität

Wassers ist keine chemisch reine Substanz und enthält abhängig von seiner Herkunft verschiedene Stoffe, die unmittelbar Einfluss auf die Funktionalität der Beregnungsanlagen haben. Zu unterscheiden ist in Feststoffe und chemische Bestandteile.

Während die im Wasser enthaltenen Feststoffe in der Regel durch einige der Beregnungsanlage vorgeschaltete Filter zurückgehalten werden können, sind chemische Bestandteile schwieriger zurückzuhalten.

Enthält das Wasser herkunftsbedingt viel Eisen, kann dies Ventile und Pumpen schädigen und Rohrleitungen verstopfen. Wie Eisen kann auch ein hoher Carbonatgehalt sowohl zu Beeinträchtigungen an der Bewässerungsanlage als auch an der Kulturpflanze führen. Der ph-Wert im Substrat hat zudem maßgeblich Einfluss auf die Verfügbarkeit von Spurenelementen, die der Pflanze während der Vegetationsphase zur Verfügung stehen müssen.

Gleichermaßen muss die Qualität des Wassers in der Bemessung der Düngemenge berücksichtigt werden. Eine zu hohe Dosierung der Düngung in Verbindung mit salzhaltigem Gießwasser kann zu Schäden an der Bewässerungsanlage und den Pflanzen führen. Eine regelmäßige Analyse des Gießwassers zur Ermittlung der Wasserqualität ermöglicht eine maßgenaue Steuerung der Bewässerungsanlage und beugt möglichen Störungen und Schädigungen an der Pflanze vor.

Fazit für die Bewässerung

Beachten Sie in der FLL-Richtlinie für Bewässerungsanlagen von Vegetationsflächen die Ansprüche an die Wasserqualität aus technischer Sicht, aus pflanzenphysiologischer Sicht und aus hygienischer Sicht.

***Bild 1:** Untersuchung der Wasserqualität (Quelle: Thon)*

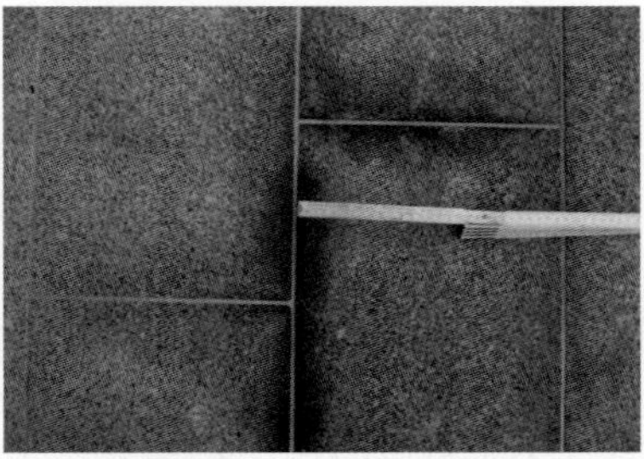

***Bild 2:** Verfärbungen an Granitplatten durch eisenhaltiges Wasser (Quelle: Thon)*

Planung und Bau von Bewässerungsanlagen für Vegetationsflächen

Bewässerungsanlagen müssen individuell für jede Vegetationsfläche aufgrund der unterschiedlichen Einflussfaktoren wie z. B. dem Anspruch an die Bewässerungsanlage, dem anstehenden Boden, dem Relief, der Exposition und den verwendeten Pflanzen geplant werden.

Zu bewässernde Flächen müssen auf einem Lageplan eindeutig beschrieben werden, die Wasserkapazität und der Wasserdruck ermittelt werden. Um Fehlplanungen zu vermeiden, sollte der Automatisierungsgrad der Bewässerungsanlage eindeutig beschrieben werden.

Hauptkomponenten einer Bewässerungsanlage

Pumpe oder Hausanschluss

Das benötigte Wasser kann entweder durch den Außenwasserhahn bereitgestellt werden oder aber mittels einer Pumpe aus einem Wasserspeicher wie Brunnen, Teich oder Zisterne. In diesem Fall muss ein Feinfilter (mind. 120 Mesh) vor der Beregnungsanlage eingebaut werden, dieses ist aber generell auch bei Anschluss über einen Wasserhahn zu empfehlen. Alle Rohrleitungen im gesamten System müssen spannungsfrei eingebaut werden. Für Bewässerungswasser ist gesammeltes Regenwasser oder anderes bereits genutztes Betriebswasser zu verwenden. Wenn aber bei fehlender Kapazität auch Trinkwasser zugeführt oder ausschließlich genutzt wird, ist das Trinkwassernetz durch eine Systemtrennung vor Verunreinigung zu schützen (DIN EN 1717). Jeder Anschluss an das Trinkwassernetz gilt als fester Anschluss und erfordert die Installierung einer Systemtrennung. Die Schutzeinrichtung ist entsprechend der Gefährdungsklassifikation auszuwählen. Ein Trinkwasseranschluss darf nur durch einen anerkannten Fachbetrieb ausgeführt werden.

Steuergerät

Hier werden Beregnungsdauer und Beregnungszeitpunkt programmiert, sodass für den entsprechenden Boden- und Pflanzentyp die optimale Niederschlagsmenge eingestellt werden kann. Da mehrere Programme zur Verfügung stehen, lassen sich unterschiedliche Pflanzentypen, z. B. Rasen und Gehölze, auch unterschiedlich häufig in der Woche beregnen. Es sollten Geräte mit fester Bewässerungsdauer (das bedeutet immer die gleiche Bewässerungsgabe) genutzt werden. Eine Dynamik sollte nur in den Bewässerungsintervallen zwischen den Bewässerungsgaben bestehen.

Sensorik

Regensensor

Ermöglicht das Unterbrechen der Beregnung bei Niederschlag. Enthält i. d. R. ein saugfähiges Material, das bei Wasseraufnahme expandiert. Der Regensensor übermittelt per Kabel oder per Funk die Daten an das Steuergerät.

Bild 1: *Tensiometer (Quelle: Thon)*

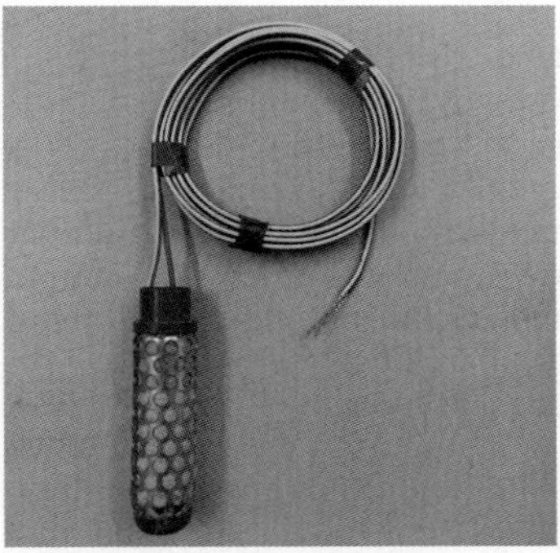

Bild 2: *Wassersensor (Quelle: Thon)*

Bodenfeuchtemessung

Für die Ermittlung der Bodenfeuchte ist eine Vielzahl von Produkten auf dem Markt erhältlich, z. B.:

- Tensiometer
- Gipsblock (z. B. Water Mark)
- FDR- und TDR- Sonden

Windsensoren

Da der Wind einen erheblichen Einfluss auf die Verteilgenauigkeit der Regner hat, sollte ein Windsensor die Bewässerungsgabe unterbrechen, wenn die Gefahr besteht, dass Sprühbilder verfälscht werden oder auch Flächen, die nicht bewässert werden sollen (Natursteinplatten, Hauswände etc.), durch Windabdrift benässt werden.

Bewässerungsanlage

Entsprechend DIN 19655 wird die Anlagenart als ortsfeste, teilortsfeste oder bewegliche Anlage unterschieden. Die Art der Wasserausbringung (linear-, punkt- oder flächenförmig) und die Wurfweite sollten in Anlehnung an DIN 19655 festgelegt werden. Grundsätzlich wird zwischen Drehstrahlregner, Sprühregner, Mikroregner, Einzeltropfer und Tropfrohren unterschieden.

Bild 3: *Unterirdische Verlegung von Tropfrohren unter Rollrasen (Quelle: Thon, Stein, Kohl, Friedmann; 2021)*

Planung der Regnerstandorte

Um die Deckungsgenauigkeit der Bewässerung festzulegen, muss die Verteilungskurve des jeweiligen Regners berücksichtigt werden. So ist sichergestellt, dass die Summe der Regner auf die gesamte Fläche eine ausgeglichene und gleichmäßige Wasserverteilung (l/m²) erzielt (siehe Abbildung).

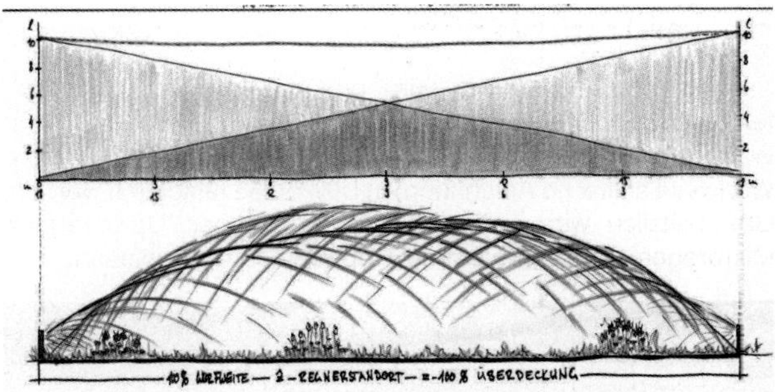

***Bild 4:** Gleichmäßige Wasserverteilung bei 100 % Wurfweite = Standort des nächsten Regners (Quelle: Flehmig, Thon 2010)*

Durch eine „Kopf zu Kopf“ geplante Aufstellung der Regner können sich die Niederschlagsraten aufaddieren und führen unter anderem dadurch zu einer gleichmäßigen Wasserverteilung. Der Abstand zwischen den Regnern sollte 80 % der Wurfweite nicht unterschreiten, allerdings sollten die Regner auch nicht weiter als 120 % der Wurfweite auseinanderstehen. Die Verteilgleichmäßigkeit nach CHRISTIANSEN (CU-Wert) beträgt laut FLL für Bewässerungsanlagen mindestens 75 %. Der SC-Wert (Schedule Coefficient) darf höchstens 1,75 betragen.

***Bild 5:** Drehstrahlregner/Getrieberegner (Quelle: Thon)*

Bild 6: *Ermittlung des CU- und SC- Werts zur Überprüfung der Verteilgenauigkeit entsprechend DIN EN 12484 (Quelle: Thon, Stein 2022)*

Bild 7: *Ermittlung des Fließdrucks an der Sprühdüse (Quelle: Thon)*

Hydraulik und die Berechnung des Druckverlusts

Für die Planung und den Betrieb von Bewässerungsanlagen ist ausschließlich der Fließdruck die relevante Bezugsgröße, nicht der statische Druck. Zur hydraulischen Berechnung sind die Wasserkapazität und der Fließdruck an dem Übergabepunkt der Bewässerungsanlage festzustellen. Die Ansprüche an den Betriebsdruck an der Austrittsstelle (Regner, Tropfer, Bubbler) müssen wie durch die Herstellerangaben beschrieben erfüllt werden. Ob der erforderliche Fließdruck an dieser Stelle anliegt, kann durch die Subtraktion des Druckverlusts beim Durchfließen der Wasseruhr, Rohre, Ventile, Fittinge etc. vom Druck am Übergabepunkt des Systems errechnet werden. Der Druckverlust ist abhängig von Rohrlänge, Innendurchmesser, Rohrreibungszahl (Material des Rohrs), Dichte des Wassers und dessen Geschwindigkeit und kann aus Druckverlusttabellen oder einschlägigen Softwareprodukten abgelesen bzw. ermittelt werden. Diese ermittelten Daten sind zwingend zu ermittelnde Daten für die Planung und sind Teil des (Planungs-)Werkvertrags. Wenn der Ruhedruck oder der Fließdruck die Grenzwerte der für die Anlage verwendeten Komponenten überschreiten, muss ein Druckminderer verwendet werden.

Berechnung der Laufzeiten und des Bewässerungsintervalls

Auf Grundlage der Wasserspeicherfähigkeit des Bodens (Bewässerungsgabe/ Bewässerungsmenge) und des Bewässerungsbedarfs

Um die Laufzeiten der Beregnungskreise und die Tage, an denen die Beregnungsanlage in Betrieb gehen soll, berechnen zu können, ist zu der standortangepassten Verdunstung und dadurch den Bewässerungsbedarf zu berechnen. Um das Bewässerungsintervall berechnen zu können, teilt man das Wasserspeichervermögen (Berechnung der Bewässerungsgabe/ Bewässerungsmenge) durch den Bewässerungsbedarf.

Bewässerung:

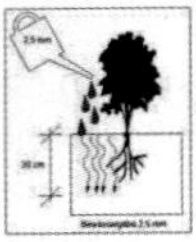

- **Bewässerungsgabe (l/m²)**
  - Speichervolumen des Bodens → **Wieviel?**

- **Bewässerungsbedarf abhängig von der tatsächlichen Verdunstung**
  - zu welchem Zeitpunkt muss der Bodenwasserspeicher wieder aufgefüllt werden → **Wann?**

Bild 8: *Berechnung Bewässerungsintervall (Quelle: Thon)*

Berechnung des Bewässerungsbedarfs der Vegetation

In Abhängigkeit von den die ET_R beeinflussenden Standortfaktoren

Die Gabe von Bewässerungswasser ist notwendig, wenn die ET_R zusammen mit der Interzeption liegt.

Liegt die ET_R zusammen mit der Interzeption höher als der anfallende Niederschlag und der kapillare Aufstieg, ist eine zusätzliche Bewässerung erforderlich. Es stehen für einzelne Städte und Regionen in Deutschland ermittelte ET-Mittelwerte zur Verfügung, die im Internet abrufbar sind.

Einfluss auf die Berechnung des Bewässerungsbedarfs sollte der Lebensbereich, die Blattmasse (Pflanzenart), Bodenart und die Sonnenexposition der Pflanzenbestände haben.

Entsprechend der FLL-Richtlinie wird zur Ermittlung des Bewässerungsbedarfs folgende Formel angewendet:

$ETt = ET_0 \times L \times G \times B \times S$

Faktor für Lebensbereiche der Pflanzen = L

L1 = 0,6 (trockener Standort; nFK > 30 % < 50 %)

L2 = 1,0 (frische Standorte; nFK > 50 % < 80 %)

L3 = 1,6 (feuchte Standorte; nFK >80 %)

Faktor für die Vegetationsart = G

G1 = 0,8 (Bodendecker, Rasen)

G2 = 1,0 (Stauden, Kleinsträucher)

G3 = 1,3 (Großsträucher, Bäume)

Faktor für die Bodenart = B

B1 = 1,5 (Sand)

B2 = 1,0 (sandiger Lehm)

B3 = 0,8 (Lehm/Schluff/Ton)

Faktor für die Sonnenexposition = S

S1 = 0,7 (Schatten)

S2 = 1,0 (Halbschatten)

S3 = 1,3 (volle Sonne)

Beispielrechnung für eine Staudenpflanzung auf sandigem Lehm an einem halbschattigen Standort bei einer Verdunstung (ET_0) von 5 mm.

E_t= 5 mm x 0,6 x 1,0 x 1,0 x 1,0 = 3 mm/Tag (l/m^2/Tag)

Berechnung der Bewässerungsgabe

Die Bewässerungsgabe wird durch die Bewässerungsmenge und die Bewässerungsintensität beschrieben. Die Höhe der Bewässerungsgabe orientiert sich an der Bodenart und der gewünschten Durchfeuchtungstiefe.

Einfluss der Bodenart

Die Bodenfeuchte bei definierten pF-Werten bei einer bekannten Bodenart kann zur Bewässerungssteuerung herangezogen werden. Angestrebt wird eine Bewässerung, die bei 30 % nFK beginnt und die Bodenfeuchte bis 80 % nFK auffüllt.

Einfluss der Durchwurzelungstiefe

Aus der nFK kann die Wassermenge ermittelt werden, die benötigt wird, um ein bestimmtes Bodenvolumen entsprechend dem Bewässerungsziel mit Wasser aufzufüllen. Das aufzufüllende Volumen wird von der Flächengröße und der Tiefe bestimmt, bis zu der der Boden durchfeuchtet werden muss. Das ist die Durchwurzelungstiefe.

Berechnung

Die Bewässerungsmenge wird berechnet, indem die nFK entsprechend der Bodenart ermittelt wird. Da bei 30 % nFK die Bewässerung beginnen soll und bis 80 % nFK erhöht/aufgefüllt werden soll, müssen 50 % der nFK aufgebracht werden. Die nFK wird angegeben in Vol.-%, das bedeutet ebenfalls l/dm/m². Durch die Multiplikation mit der Bodentiefe kann die Wassergabe errechnet werden. Durch die Subtraktion der tatsächlichen Bodenfeuchte ist nun bekannt, wie viel Wasser bei definierter Bodenart und Durchwurzelungstiefe bewässert werden muss.

$$\frac{nFK}{2} * D = W$$

0,5 nFK (der entsprechenden Bodenart * **D**urchwurzelungstiefe in dm = **W**assergabe für die zu erreichende Bodenfeuchte)

Rasenfläche	**Gehölzfläche**
Bewässerungsbedarf: 5,2 mm	Bewässerungsbedarf: 8,4 mm
gilt bei ET_0 = 5 mm	gilt bei ET_0 = 5 mm
Bewässerungsintervall: alle 4 Tage	Bewässerungsintervall: alle 10 Tage

Bild 9: *(Quelle: Thon)*

Düngen mit einer Bewässerungsanlage

Grundsätzlich sind zwei Arten von Düngereinspeisung in eine Bewässerungsanlage möglich.

Zum einen ist das Einbringen des Flüssigdüngers in einen Wasserspeicher, aus dem bewässert wird, möglich. Diese Art der Düngereinspeisung hat den Nachteil, dass zwingend eine elektrische Versorgung notwendig ist, da ein entsprechender Wasserdruck zum Verteilen des Wassers benötigt wird und ein entsprechend großes Speichermedium vorgehalten werden muss.

Dieses ist bei der zweiten Variante der Düngereinspeisung nach dem Venturi-Prinzip nicht nötig. Bei der Venturi-Injektion wird ein Zwischenstück in die Versorgungsleitung montiert. Das Wasser strömt mit hohem Druck in den Venturi-Injektor. Die Kammer des Injektorbereichs ist schmaler als das Versorgungsrohr. Dadurch verändert sich die Strömungsgeschwindigkeit und es entsteht ein Unterdruck. Dieser Unterdruck wird genutzt, um den Flüssigdünger aus dem Vorratsgefäß in das Bewässerungssystem zu transportieren. Die Menge des Düngers wird über einen Hahn am Zufuhrschlauch reguliert.

Beim Einsatz von Trinkwasser als Betriebswasser für Bewässerungsanlagen beachten Sie stets die aktuellen Anforderungen an den Schutz des Trinkwassernetzes!

Literatur

Bassler, R. (Hrsg.): Methodenbuch Band I – Die Untersuchung von Böden, Darmstadt 1997.

Deutsches Klimarechenzentrum GmbH (2007): Klimaänderungsszenarien für IPCC AR4. http://www.dkrz.de/dkrz/science/IPCC_AR4/scenarios_AR4_Intro. besucht am 22.10.2007

Deutsche UNESCO-Kommission e.V. (2003): Wasser für Menschen, Wasser für Leben. Weltwasserentwicklungsbericht der Vereinten Nationen. http://www.unesco.de/wwdr.html?&L=0, besucht am 22.10.2007.

DIN 1988-100: Technische Regeln für Trinkwasser-Installationen: Schutz des Trinkwassers.

DIN EN 1717: Schutz des Trinkwassers vor Verunreinigungen in Trinkwasser-Installationen und allgemeine Anforderungen an Sicherheitseinrichtungen zur Verhütung von Trinkwasserverunreinigungen durch Rückfließen.

DIN EN 12484: Automatische Rasenbewässerungssysteme – 1–5.

DIN EN 19655: Bewässerung – Aufgaben, Grundlagen, Planung und Verfahren.

Kuntze, H., u. a. (1994): Bodenkunde. Stuttgart: Ulmer.

MLUV Brandenburg (2005): Leitfaden zur Beregnung landwirtschaftlicher Kulturen. MLUV Potsdam.

Mosler, T. (2007): Gemüse, Praxisratgeber Bewässerung. München: Deutscher Landwirtschaftsverlag.

Paschold, P.-J. (2007): Damit das Wasser für morgen reicht. München: Deutscher Landwirtschaftsverlag.

Roskam, F., u. a. (1995): Sportplatzbau und -erhaltung. Hanau/Main: Trimmhold & Drapper.

Roth-Kleyer, St.; Thon, A., et al.: Bewässerung im Garten- und Landschaftsbau. Fachbibliothek Grün. Ulmer Verlag ISBN: 978-3-8001-8386-9.

Thon, A. (2007): Automatische Beregnungsanlagen. Planen und installieren Schritt für Schritt. In: Deutscher Gartenbau26/2007, Stuttgart 2007.

Thon, A. (2009): Richtig bewässern – aber wie? Einfluss der Pflanzenansprüche auf die Bewässerung im GaLa-Bau. In: Der Bauunternehmer 07/2007, Berlin 2009.

Thon, A., Kohl, K.: Bewässerungstechnik im Garten- und Landschaftsbau. Neue Landschaft 11/2020, S. 29-35.

Thon, A.: Forschungsgarten liefert Daten für Bewässerungsmethoden. Neue Landschaft 2/2022, S. 21.

Thon, A., et al.: Vergleich von Bodenfeuchtesensoren für Bewässerung. Neue Landschaft 5/2023, S. 23–27.

Withers, N.; Vipond, S.; Lecher, K.: Bewässerung, 1. Auflage, Berlin/Hamburg 1978.

Erosionsschutz

Grundlagen

DIN-Normen

Die wichtigsten DIN-Normen, die beachtet werden müssen sind:

- DIN 18915 Bodenarbeiten
- DIN 18916 Pflanzen und Pflanzarbeiten
- DIN 18917 Rasen und Saatarbeiten
- DIN 18918 Ingenieurbiologische Sicherungsbauweisen
- DIN 18920 Vegetationstechnik im Landschaftsbau; Schutz von Bäumen, Pflanzenbeständen und Vegetationsflächen bei Baumaßnahmen
- DIN 19657 Sicherungen von Gewässern, Deichen und Küstendünen

Richtlinien und Regelwerke

In den DIN-Regelwerken finden sich u. a. Hinweise auf die Veröffentlichungen der FLL (Forschungsgesellschaft Landschaftsentwicklung Landschaftsbau e. V.). Die FLL „Richtlinie für die Planung, Ausführung und Unterhaltung von begrünbaren Flächenbefestigungen" führt die entscheidenden Punkte an.

Allgemeines

Ein Erosionsschutz kann durch Bepflanzung oder durch Bauweisen aus nicht lebenden Stoffen erreicht werden. Im überwiegenden Teil werden die Maßnahmen miteinander kombiniert. Laut DIN 18918 sollen den Sicherungsbauweisen mit Saatgut, Pflanzen und lebenden Pflanzenteilen der Vorzug gegeben werden.

In Abhängigkeit vom Sicherungsbedürfnis sind folgende Faktoren vor Ort zu prüfen:

- Klimatische Einflüsse:
  - Niederschlagsmengen
  - Trockenperioden
  - Winterverlauf
  - Windeinfluss
  - Unwetterneigung
  - ökologische Aspekte
- Brandgefahr
- Pflegeintensität

- Erosionsfaktoren:
  - Böschungshöhe und Flächengröße
  - Böschungsneigung
  - Stabilität des Bodens
  - Tagwasserzufluss
  - Frosthäufigkeit

Bei der Vorbereitung der Flächen ist die vorhandene Vegetation ggf. mit Maßnahmen der DIN 18920 zu schützen. Sollte dies nicht möglich sein, können Vegetationsstücke gewonnen werden. Dabei wird die Vegetation mit dem Oberboden in möglichst großen Teilstücken vorsichtig entfernt, um dann bei der Begrünung wiederverwendet zu werden (z. B. Rasensoden).

Die Bodenbearbeitung muss gemäß DIN 18915 erfolgen.

Bei geringen Erosionskräften kann ein Mulchen durch organisches oder anorganisches Material wie Vliese bzw. durch Steine ausreichend sein.

Nicht lebende Sicherungsbauweisen

Sicherungen können sein:

- **Geotextilien,** wie z. B. Vliese, die häufig temporär eingesetzt werden. Diese müssen mind. 12 Monate haltbar sein.
- **Holzkonstruktionen** sind entsprechend der geforderten Lebensdauer zu errichten. Hierzu zählt die Auswahl der geeigneten Holzart und des richtigen Holzschutzmittels. Die Pflanzen dürfen hierbei nicht geschädigt werden.
- Aus **Holz** können z. B. einfache Konstruktionen aus Ästen, Ruten, Pflöcken und Stangen errichtet werden.
- **Zäune** aus Holz und anderen Materialien müssen entsprechend stabil ausgeführt und befestigt sein.
- **Elementsteine**, die L- und U-Formen aufweisen können und aufgrund des Eigengewichts und Hebelwirkung funktionieren.
- **Aufgeschichtete Natursteine** als Trockenmauer oder im losen Verbund (Blockschichtungen). Bei Blockschichtungen müssen die Gesteinsblöcke mind. 0,3 m³ aufweisen und sind im Verband mit ausreichend Bindern entsprechend der Hangneigung anzuordnen. Zur Dränage ist auf der Hangseite filterstabiles Material einzubauen.
- **Hangroste,** die aufgelegt oder eingebaut werden und abgestützt oder verankert sein können. Die Sicherungskonstruktion soll mit Vegetation kombiniert werden.
- **Krainerwände**, auch bezeichnet als Raumgitter- oder Skelettwand, sind ein räumliches Skelett als Verbundsystem aus aufeinandergebauten Elementen aus Holz, Stahl oder Beton mit verdichtetem Erdkörper. Die Sicherungskonstruktion sollte mit Vegetation kombiniert werden.
- **Gabionen**, meist in der Ausführung als Drahtschottergabione. Dieser Drahtkorb wird mit Steinen oder Schotter gefüllt. Erdgabionen sind Stützsysteme aus Boden oder Lockergestein, die mit Gewebebahnen, Gittern o. Ä. umhüllt werden. Die Sichtflächen sollen so geschichtet sein, dass die Wände in unbelastetem Zustand ohne Drahtgitter stehen können.
- **Ausgrassungen**, die Verbauung mit Ästen von z. B. Erosionsrinnen.

Grenzen die zu sichernden Böschungen an Flächen, aus denen Wasserzufluss zu erwarten ist, müssen geeignete Entwässerungen angelegt werden, um das Wasser schadlos abzuleiten, z. B. Mulden oder Hanggräben oberhalb der Böschung.

Bermen oberhalb von oder in Böschungen sollen ein talseitiges Quergefälle aufweisen. Sind sie jedoch mit einem bergseitigen Quergefälle angelegt, müssen sie mit einer entsprechenden Entwässerungseinrichtung versehen werden. Die Ausführungen der Entwässerungseinrichtungen, wie Sickerschächte, Wasserrinnen, Raubettrinnen und gewebearmierte Rinnen, können der DIN 18918 entnommen werden (siehe Kap. „Entwässerungs- und Dränarbeiten").

Checkliste: Wichtige Punkte vor der Erstellung für lebende und nicht lebende Bauweisen:

- ☐ **Wie stark sind die Erosionskräfte?**
  Tipp: Die Erosion an vergleichbaren Stellen kann als Anhaltswert für die Stärke der Erosionskräfte herangezogen werden. Je weniger Erosionskräfte wirken, desto schwächer kann der Erosionsschutz ausfallen und wird damit günstiger. Achtung: Dabei müssen die maximal möglichen Erosionskräfte betrachtet werden, nicht die üblichen!
- ☐ **Sind besondere Höhen/Steigungen zu sichern?**
  Möglicherweise ist der Erosionsschutz nur bis nach dem Anwachsen nötig.
- ☐ **Ist der Hang durch Gitter, Natursteine, Mauern, Beton zu sichern?**
  Hinweis: Bei starken Erosionskräften, größerem Gefälle und erosionsgefährdeten Bodenarten wird i. d. R. ein Erosionsschutz in nicht lebender Bauweise nötig.
- ☐ **Ist die Entwässerung in der Planung ausreichend berücksichtigt?**
  Hinweis: Eine knapp bemessene Entwässerung führt häufig zu Problemen.
- ☐ **Sind besondere ökologische Vorgaben zu beachten?**
  Hinweis: Häufig werden gebietseigene Gehölze im Rahmen der Baugenehmigung durch Behörden gefordert.
- ☐ **Werden besondere Bedingungen an den Erosionsschutz gestellt?**
  Hinweis: Gestalterische oder nutzungsspezifische Ansprüche können häufig in der Kombination mit lebenden Sicherungsbauweisen erfüllt werden.

- ☐ **Soll der Erosionsschutz nicht lebende und lebende Bauweisen verbinden?**
  Hinweis: In der Praxis wird i. d. R. eine Kombination aus lebenden und nicht lebenden Sicherungsbauweisen durchgeführt.

Lebende Sicherungsbauweisen

Als lebende Sicherungsbauweisen gelten Aussaat und Bepflanzung.

Aussaat

Bei der Aussaat müssen Gräser, Leguminosen (auch Hülsenfrüchtler oder nach ihrer Funktion Stickstoffsammler genannt) und sonstige Kräuter die Anforderungen der DIN 18917 erfüllen (siehe Kap. „Rasen").

Die Vorgaben der DIN 18918 lauten in etwa:

Saatgut-Mischungen müssen artenreich sein und sollen Gräser und Kräuter der potenziellen natürlichen Vegetation enthalten. Der Anteil an Leguminosen und sonstigen Kräutern sollte 30 % Massenanteil nicht überschreiten. Wird der Mischung Saatgut schnellwüchsiger einjähriger Arten beigemischt, soll dessen Anteil höchstens 25-50 % Massenanteil betragen.

Saatgut von Gehölzen soll aus ökologisch gleichwertigen Herkünften stammen. Die Vorgabe der DIN 18918 lautet:

„Saatgutmischungen müssen artenreich sein und sollen im Regelfall aus etwa 15 Gehölzarten bestehen. Sie dürfen ein- und mehrjährige Gräser, Leguminosen und sonstige Kräuter enthalten. Diese dürfen die Entwicklung der Gehölze nicht behindern, sondern sollen diese möglichst fördern und als Erosionsschutz dienen. Ihr Anteil darf 40 % Massenanteil nicht überschreiten."

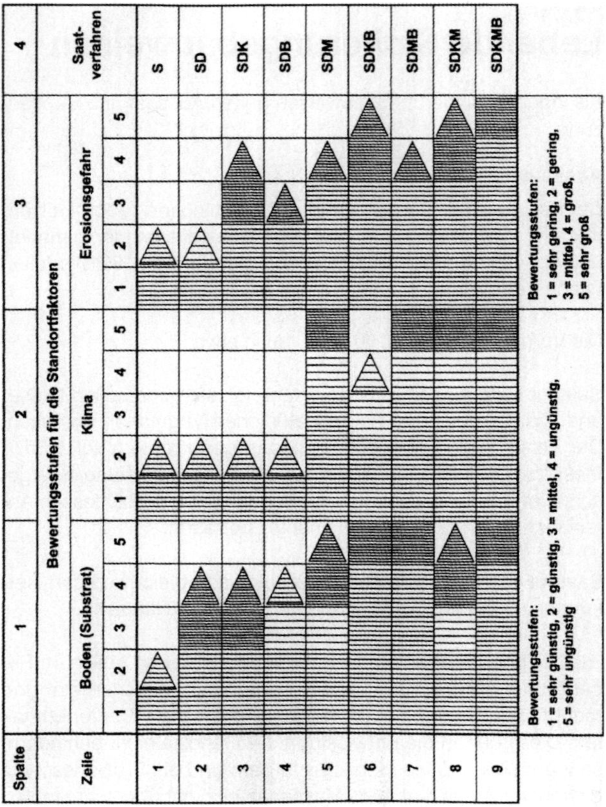

Bild 1: *Eignung der Saatverfahren und Regelaufwandmengen*

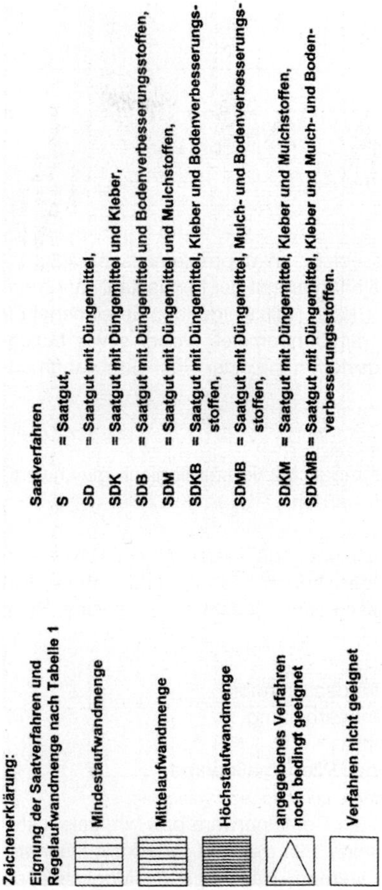

Bild 2: *Eignung der Saatverfahren und Regelaufwandmengen (Quelle: DIN 18918:2002)*

Die Aussaatflächen müssen z. B durch Mulchen oder Nassansaaten gesichert sein. Die Vegetationstragschicht muss gemäß DIN 18915 vorbereitet und aufgeraut sein, sodass die aufgebrachten Stoffe haften.

Des Weiteren ist auf folgende Punkte zu achten:

- Nährstoffversorgung
- Bodenhilfsstoffe
- ggf. Kleber
- Mischungszustand
- Aufbringverfahren
- Aufwandmenge
- Mulchen der Flächen

Grundsätzlich gilt, dass i. d. R. an unproblematischen Standorten ein einfaches Saatverfahren mit der Mindestaufwandmenge durchgeführt werden kann. Mit steigender Erosionsgefahr kann ein Saatverfahren mit Düngemittel, Kleber sowie Mulch- und Bodenverbesserungsstoffen mit einer Höchstaufwandmenge notwendig werden.

Bepflanzung

Pflanzware soll ebenfalls möglichst von ökologisch gleichwertigen Standorten bezogen werden.

Bezüglich Pflanzenqualität und Ausführung ist die DIN 18916 maßgeblich. Abweichungen wegen besonderer Gelände-, Boden- und Klimaverhältnisse können jedoch aus fachlicher Sicht erforderlich sein bei:

- Eignung der Pflanze für den Standort
- unzureichender Bodenbearbeitung
- speziellen Pflanzverfahren
- erschwerten bzw. keinen Pflegemaßnahmen

Neben der voll entwickelten Containerware bzw. wurzelnackter Ware können auch lebende Pflanzenteile für Erosionsschutzmaßnahmen verwendet werden. Nachfolgende Möglichkeiten und Vorgaben sieht die DIN 18918 vor:

- Lebende Pflanzenteile von Gehölzen müssen verholzt, vollsaftig sowie bewurzelungs- und ausschlagfähig sein. Geeignete Arten werden im Anhang der DIN 18918 aufgeführt.
- Steckhölzer müssen unverzweigte ein- und/oder mehrjährige Triebe, 1–5 cm dick und 25–40 cm, in Sonderfällen bis 80 cm lang sein.
- Setzstangen müssen 4–6 cm dick, 1–2,5 m lang, gerade und wenig verzweigt sein.

- Äste und Zweige müssen verzweigt und mind. 1 m lang sein. Für Buschlagen in gewachsenem Boden müssen diese mind. so lang wie die Stufentiefe und für Buschlagen bei Schüttungen mind. 1,6 m lang sein.
- Ruten müssen mind. 1,2 m lang, unverzweigt und flechtbar sein.
- Fertigrasen und Rasensoden mit Verstärkungsgewebe aus natürlichen Fasern müssen mind. ein halbes Jahr und bei synthetischen Fasern fünf Jahre haltbar sein. Die Vorgaben der DIN 18917 müssen eingehalten werden (siehe Kap. „Rasen").
- Vegetationsstücke müssen aus natürlichen Rasen-, Wiesen-, Stauden-, oder Gehölzbeständen stammen und für die Verwendungsstelle standortgerecht sein.
- Saatmatten müssen trocken transportiert und gelagert werden. Die Auflageflächen müssen so planiert sein, dass die Saatmatten an allen Stellen auf dem Boden aufliegen können. Erforderlichenfalls ist mit feinkörnigem Material auszugleichen. Die Saatmatten sind gegen Verlagerung zu sichern.
- Lebende Faschinen müssen aus Ruten und/oder Ästen/ Zweigen bestehen. Die Bündel sollen mind. 15 cm dick und mind. 4,0 m lang sein. Sie müssen im Regelfall im Abstand von 50 cm mit mind. 2 mm dickem Draht zusammengebunden sein.

Die Pflanzflächen sollten nach dem Pflanzen gemulcht werden.

Bauweisen mit Pflanzen und Pflanzenteilen

Die Anforderungen der DIN 18918 für unterschiedliche Bauweisen werden nachfolgend wiedergegeben.

Hangfaschinenbau

Faschinen haben einen Durchmesser von 10-30 cm und eine Länge von 2-4 m. Sie sind mit Pflöcken oder Stahlstäben in Abständen von etwa 1-2 m zu befestigen, der Reihenabstand richtet sich nach der Böschungsneigung. Dazu sind die Pflöcke oder Stäbe lotrecht und mit der Oberkante der Faschinen bündig einzuschlagen. Nach dem Einbau sind die Gräben unverzüglich zu verfüllen, und der Boden ist anzudrücken.

Dränfaschinenbau (Sickerstränge)

Die Faschinen sind in Gräben einzulegen, die im Regelfall in der Falllinie verlaufen. Sie sind an die Vorflut anzuschließen.

Flechtwerkbau

Flechtwerke sollen vor dem Ausbringen des Oberbodens hergestellt werden. Wenn bereits eine Vegetationstragschicht vorhanden ist, sind entsprechend tiefe Gräben anzulegen. Zur Herstellung von Flechtwerken als Längs- oder Rautengeflechte sind Pflöcke oder ggf. Stahlstäbe im Abstand von etwa 50 cm lotrecht einzuschlagen. Um die Pflöcke oder Stäbe sind Ruten zu flechten. Sie müssen mit dem Schnittende etwa 20 cm tief in den Boden gesteckt werden, wenn der Standort dies zulässt. Vorgefertigte Geflechte sind an Pflöcken oder Stahlstäben zu befestigen. Rautengeflechte müssen an den Kreuzungspunkten durchflochten, vorgefertigte Geflechte verbunden werden. Die Gräben oder Zwischenfelder sind unverzüglich zu verfüllen, und der Boden ist anzudrücken.

Buschlagenbau

Zum Einbau von Buschlagen in gewachsenem Boden sind Stufen auszuheben, deren Sohle etwa 50 cm breit und nach innen um mehr als 10 % geneigt sein muss. Auf die Stufensohle sind Äste oder Zweige, deren Länge mind. der Stufentiefe entspricht, in kreuzweiser Anordnung so aufzulegen, dass ein Deckungsgrad von mind. 50 % erreicht wird. Anschließend sind sie mit dem Aushub der darüberliegenden Stufe abzudecken. Sie dürfen max. 10 cm überstehen. Bei lagenweisen Schüttungen sind die Äste und Zweige unter Beachtung der vorstehenden Festlegungen entsprechend einzulegen, jedoch müssen sie mind. 1,5 m einbinden.

Heckenlagenbau

Heckenlagen sind wie Buschlagen herzustellen, jedoch unter ausschließlicher Verwendung von Laubgehölzen. Je Meter sollen mind. 3-8 Pflanzen (zweimal verschult) oder entsprechend starke Pflanzen aus Wildbeständen nebeneinander eingelegt werden. Bei der Auswahl der Gehölze sind die Standortverhältnisse und die Befähigung zur adventiven Bewurzelung zu berücksichtigen.

Heckenbuschlagenbau

Heckenbuschlagen sind wie Buschlagen herzustellen, jedoch unter zusätzlicher Verwendung von Laubgehölzen wie bei Heckenlagen. Je Meter soll mind. eine Pflanze eingelegt werden.

Spreitlagenbau (Zweiglagenbau)

In geebnete Flächen sind Pflöcke oder Stahlstäbe in Reihen so tief einzubringen, dass sie noch etwa 10 cm herausragen. Ihre Länge ist von den Bodenverhältnissen abhängig. Sie soll mind. 80 cm, ihr Abstand in der Reihe und der Reihen zueinander max. 80-100 cm betragen. Die Verankerungen in den Reihen sollen versetzt angeordnet werden.

Die Flächen dazwischen sind so dicht mit Ruten, Ästen oder Zweigen (im Folgenden als Deckmaterial bezeichnet) zu belegen, dass eine etwa 50 %ige Bodendeckung erreicht wird. Das Deckmaterial ist nebeneinander mit dem dickeren Ende nach unten zu verlegen. Sind mehrere Spreitlagen aneinanderzufügen, so muss das Deckmaterial der unteren Lage das der oberen Lage um mind. 30 cm überdecken. Das dickere Ende ist in den Boden zu stecken. Zur Befestigung der Lage ist Spanndraht von Verankerung zu Verankerung zu spannen. Danach muss die Verankerung so tief nachgeschlagen werden, dass das Deckmaterial fest an den Boden gedrückt wird.

Bei besonders gefährdeten Flächen sollte die Spreitlage zusätzlich durch ein Drahtgeflecht o. Ä. gesichert werden. Die Spreitlagen sind bis zur Oberkante des Deckmaterials mit Boden zu verfüllen. Soll eine Bodendeckung von mehr als 50 % erreicht werden, kann bei Mangel an lebendem Deckmaterial auch totes Deckmaterial mit verwendet werden. Die Bodendeckung mit lebendem Deckmaterial soll im Regelfall 50 % betragen, jedoch 25 % nicht unterschreiten.

Palisadenbau

Palisaden zur Sperrung von nicht wasserführenden Runsen (keilförmige Erosionsrinnen) sind aus Setzstangen oder Pflöcken mit einem Durchmesser am dickeren Ende von mind. 10 cm herzustellen. Die Setzstangen oder Pflöcke sind mit mind. einem Drittel ihrer Länge und in einem Abstand von 10–15 cm voneinander in den Boden einzubringen. Die Palisade ist durch ein auf der Talseite im oberen Drittel quer gelegtes Rundholz von entsprechender Dicke zu sichern. Das Rundholz ist seitlich in den Boden einzubinden.

Stecken von Steckhölzern

Steckhölzer sind im Regelfall rechtwinklig zur Flächenneigung in den Boden zu stecken. Gegebenenfalls sind die Löcher vorzustoßen. Der Boden ist abschließend anzudrücken. Die Steckhölzer müssen so tief gesteckt werden, dass im Regelfall ein bis zwei Augen über dem Boden bleiben.

Setzen von Setzstangen

Setzstangen sind mit mind. einem Drittel ihrer Länge in den Boden zu setzen, ggf. sind Löcher vorzubohren.

Verlegen von Saatmatten

Saatmatten müssen trocken transportiert und gelagert werden. Die Auflageflächen müssen so planiert sein, dass die Saatmatten an allen Stellen auf dem Boden aufliegen können. Falls erforderlich, ist mit feinkörnigem Material auszugleichen. Die Saatmatten sind gegen Verlagerung zu sichern.

Nach Abschluss der Fertigstellungspflege ist der abnahmefähige Zustand erreicht. Die DIN 18918 definiert das wie folgt:

Soweit die Besonderheiten des Standorts nicht andere Festlegungen in Bezug auf Gleichmäßigkeit und Bodendeckung bedingen, ist der abnahmefähige Zustand erreicht, wenn

- bei Ansaaten und Saatmatten die Fläche einen möglichst gleichmäßigen Bestand an geforderten Gräsern und Kräutern mit einem mittleren Deckungsgrad (projektive Bodendeckung) von mind. 50 % aufweist. Gleichwertige und standorttypische Spontanvegetation aus Gräsern und Kräutern kann berücksichtigt werden.
- bei Ansaaten von Gehölzen das Saatgut und die Mulchdecke ordnungsgemäß ausgebracht worden und beigemischte Gräser und Kräuter gleichmäßig aufgelaufen sind.
- bei Sicherung durch Bepflanzung die Pflanzen einen den Baustellenbedingungen entsprechenden Austrieb aufweisen. Ausfälle bis zu 30 % sind zulässig, wenn das Sicherungsziel trotz der Ausfälle erreicht wird.
- bei Fertigrasen/Rasensoden diese gleichmäßig und nicht abhebbar verwurzelt sind.
- bei lebenden Pflanzenteilen ein der Zweckbestimmung der Bauweise entsprechender Austrieb vorhanden ist.

Diese letztgenannte Forderung ist erfüllt, wenn bei

- linearen Bauweisen (z. B. Faschinen, Buschlagen, Flechtwerken) im Mittel fünf, mind. jedoch drei Austriebe pro Meter vorhanden sind.
- flächigen Bauweisen (z. B. Spreitlagen) im Mittel zehn, mind. jedoch fünf Austriebe je Quadratmeter annähernd gleichmäßig verteilt vorhanden sind.
- einzeln eingebrachten Pflanzenteilen (z. B. Steckhölzer, Setzstangen) mind. 50 % annähernd gleichmäßig verteilt ausgetrieben haben.

Checkliste: Erosionsschutz mit lebenden Sicherungsbauweisen:

- ☐ **Wie stark sind die Erosionskräfte?**
  Merke: Bei schwachen Erosionskräften können sämtliche Sicherungsbauweisen herangezogen werden. Kostengünstig sind Aussaaten oder lebende Pflanzenteile.
- ☐ **Sind besondere Höhen/Steigungen zu sichern?**
  Es muss geklärt werden, ob es ausreicht, die Flächen vollständig zu bepflanzen.
- ☐ **Ist der Hang bereits durch Gitter, Natursteine, Mauern oder Beton gesichert?**
  Dann muss zusätzlich zum Erosionsschutz noch begrünt werden.
- ☐ **Ist die Be- und Entwässerung in der Planung ausreichend berücksichtigt?**
  Hinweis: Insbesondere beim Einwachsen ist auf eine ausreichende und kontinuierliche Wasserversorgung zu achten, da es sonst zu Pflanzenausfällen kommen kann.
- ☐ **Sind besondere ökologische Vorgaben zu beachten?**
  Das können z. B. Vorgaben zur Verwendung gebietseigener Gehölze, Vogelnährgehölze, Bienenweide etc. sein. Diese Vorgaben werden i. d. R. durch die Naturschutzbehörden im Rahmen der Baugenehmigung erteilt.
- ☐ **Werden besondere Bedingungen an den Erosionsschutz gestellt?**
- ☐ **Soll der Erosionsschutz nicht lebende und lebende Bauweisen verbinden?**
  Hinweis: Gestalterische oder nutzungsspezifische Ansprüche können häufig mit der Kombination aus lebenden und nicht lebenden Sicherungsbauweisen erfüllt werden.

Gründungen und Verbauarbeiten

Grundlagen

Der Übergang vom Bauwerk zum Boden wird als Gründung bezeichnet. Das Gründungsbauwerk überträgt die Lasten des Bauwerks auf den tragfähigen Untergrund.

Die zulässige Belastung der Baustoffe (Holz, Stahl, Beton, Mauerwerk, Stahlbeton u. Ä.) ist größer als die der Böden. Deshalb müssen die Lasten von Stützen, Wänden und anderen Bauteilen auf eine größere Fläche abgetragen werden.

Im Garten- und Landschaftsbau werden hauptsächlich Flächengründungen ausgeführt. Dabei werden die Lasten durch das Grundbauwerk (Einzelfundament, Streifenfundament, Gründungsbalken, Gründungsplatte) auf eine größere Fläche verteilt und in der Gründungssohle direkt auf den Baugrund übertragen. Nach der Lage der tragfähigen Schicht wird wie folgt unterschieden:

- Flachgründung
- Tiefgründung

Flachgründung

Bei der Flachgründung werden die Lasten direkt unter dem Bauwerk durch Flächengründung in den tragfähigen Baugrund abgetragen.

Tiefgründung

Bei der Tiefgründung liegt die tragfähige Gründungsschicht weit unterhalb der Gründungssohle. Die Übertragung der Lasten in die tiefliegenden tragfähigen Schichten erfolgt i. d. R. durch Pfähle.

Baugrund

Festgesteine werden als „Fels“ und alle Lockergesteine als „Boden“ bezeichnet.

„Gewachsener Boden“ entsteht durch einen abgeklungenen erdgeschichtlichen Vorgang.

„Geschütteter Boden“ entsteht durch Aufschütten oder Aufspülen.

Die Lockergesteine werden in nichtbindige, bindige und organische bzw. organogene Böden eingeteilt.

Nichtbindige Böden

sind Böden wie Sand, Kies, Steine und deren Mischungen, wenn der Massenanteil der Bestandteile mit Korngrößen ≤ 0,063 mm weniger als 5 % beträgt. Dieses sind nach DIN 18196 die grobkörnigen Böden der Bodengruppen GE, GW, GI, SE, SW und SI.

Darüber hinaus zählen i. d. R. auch gemischtkörnige Böden mit einem Massenanteil der Bestandteile mit Korngrößen < 0,063 mm von 5–40 % zu den nichtbindigen Böden.

Bindige Böden

sind Tone, tonige Schluffe und Schluffe sowie deren Mischungen, wenn der Massenanteil der Bestandteile der Korngrößen ≤ 0,063 mm größer ist als 40 %. Dieses sind nach DIN 18196 die feinkörnigen Böden der Bodengruppen UL, UM, UA, TL, TM und TA.

Organische und organogene Böden

Torfe und Faulschlamm werden als organische Böden bezeichnet. Sie können in getrocknetem Zustand an der Luft schwelen oder brennen. Entsprechend DIN 18196 sind dies die Böden der Bodengruppen HN, HZ und F.

Organogene bindige und nichtbindige Böden unterscheiden sich anhand ihres Massenanteils an organischen Beimengungen pflanzlicher oder tierischer Herkunft und brennen bzw. schwelen auch in getrocknetem Zustand nicht. Nach DIN 18196 entspricht dies den Bodengruppen OU, OT und OH.

Geschüttete Böden

Geschüttete Böden sind wie folgt zu unterscheiden:

- unverdichtete Schüttungen mit beliebiger Zusammensetzung
- verdichtete Schüttungen aus nichtbindigen oder bindigen Bodenarten oder aus anorganischen Schüttungen, wie z. B. Schlacke, Bauschutt oder Erzrückstände, wenn die Schüttungen ausreichend verdichtet sind

Verbauarbeiten

Die ATV DIN 18303 „Verbauarbeiten“ findet Anwendung bei der temporären und dauerhaften Sicherung von Baugruben und Grabenwänden sowie von Geländesprüngen, Ufern u. Ä. mithilfe eines Verbaus.

Die Ausführung und die verwendeten Stoffe und Bauteile müssen den Anforderungen der DIN 4124 „Baugruben und Gräben – Böschungen, Verbau, Arbeitsraumbreiten“ entsprechen. Für Ufersicherungen müssen die Empfehlungen des Arbeitsausschusses „Ufereinfassungen“ Häfen und Wasserstraßen berücksichtigt werden.

- Wird der Verbau wieder entfernt, gehört zur Leistung nicht das Liefern, sondern nur das Vorhalten der benötigten Bauteile und Stoffe mit Abtransport, Abladen, Lagern, Aufladen und Abtransportieren.
- Weichen die Bodenverhältnisse von der Beschreibung ab, sind ggf. Bedenken anzumelden und die notwendigen Maßnahmen zu bestimmen.
- Bei benachbarten Bauwerken, Leitungen, Kabeln, Dränen und Kanälen sind die Arbeiten mit der gebotenen Vorsicht auszuführen.
- Für gefährdete bauliche Anlagen sind entsprechende Schutz- und Sicherungsmaßnahmen vorzusehen. Dabei sind die Vorschriften der Eigentümer und sonstiger Weisungsbefugter zu beachten.
- Trifft man unvermutet auf Hindernisse, muss dies dem Auftraggeber unverzüglich mitgeteilt werden. Eventuell notwendige Maßnahmen sind Besondere Maßnahmen.
- Ein Teilverbau bis 1,75 m Grabentiefe darf u. a. nur ausgeführt werden, wenn keine ungünstigen Gegebenheiten oder Einflüsse vorliegen.

Herstellung von Baugruben und Gräben

Gräben und Baugruben sind erst zu betreten, wenn die Wände ausreichend standsicher sind. Die Wände dürfen nicht ausgehöhlt werden. Überhänge sind unverzüglich abzutragen.

Folgende Böschungswinkel dürfen nicht überschritten werden (ohne Nachweis der Standsicherheit):

bei nichtbindigen oder weichen bindigen Böden:	$\beta = 45°$
bei mind. steifen bindigen Böden:	$\beta = 60°$
bei Fels:	$\beta = 80°$

Für die Beurteilung der Konsistenz bindiger Böden sind Handversuche ausreichend.

Der Boden ist als nichtbindig einzustufen, wenn eine Bodenprobe bei Wasserzugabe in einen breiigen Zustand übergeht bzw. wenn sie im ausgetrockneten Zustand bei mäßigem Fingerdruck zerfällt.

Weitere Kriterien zur Unterscheidung von bindigen und nichtbindigen Böden sind in der DIN 1054 angegeben.

Voraussetzung

Straßenfahrzeuge, Baumaschinen und Baugeräte bis zu einem Gesamtgewicht von 12 t, deren Achslasten der Straßenverkehrszulassungsordnung (§ 4 Abs. 4) entsprechen, müssen einen Abstand von mind. 1 m zwischen Außenkante Aufstandsfläche und Böschungskante einhalten.

Schwere Straßenfahrzeuge, Baumaschinen und Baugeräte über 12 t bis 40 t Gesamtgewicht sowie solche, deren Achslasten nicht mehr der Straßenverkehrszulassungsordnung (§ 4 Abs. 4) entsprechen, müssen einen Abstand von mind. 2 m zwischen Außenkante Aufstandsfläche und Böschungskante einhalten. Bei sonstigen Gräben gelten Mindestabstände entsprechend der Grabentiefe.

Verbaute Baugruben und Gräben

Der obere Rand vom Verbau muss bei einer Tiefe bis einschließlich 2,0 m mind. 0,05 m, bei einer Tiefe von mehr als 2,0 m mind. 0,1 m über die Geländeoberfläche ragen.

Die Arbeitsraumbreite bei verbauten Baugruben muss mind. 0,6 m und bei teilverbauten Gräben mind. 0,7 m betragen.

Bei kleinen Baugruben und Gräben stehen folgende Möglichkeiten für den Verbau zur Verfügung:

- waagerechter Verbau
- senkrechter Verbau
- Grabenverbaugeräte

Die Verkleidung der Wände muss vollflächig anliegen und bis zur Sohle reichen. Hohlräume zwischen Verkleidung und Grabenwand sind auszufüllen.

Die Stirnwände von Gräben bis zu 1,75 m Tiefe und einer Breite von 1,25 m dürfen nur bei mind. steifen bindigen Böden senkrecht ausgeschachtet werden. In allen anderen Fällen müssen diese Wände geböscht oder ebenfalls verbaut werden.

Die Gurte und Brusthölzer (Aufrichter) müssen an den Kontaktflächen satt anliegen und gegen Herunterfallen, Verdrehen und seitliches Verschieben gesichert werden.

Sämtliche Teile des Verbaus sind regelmäßig zu prüfen und in einem ordnungsgemäßen Zustand zu halten.

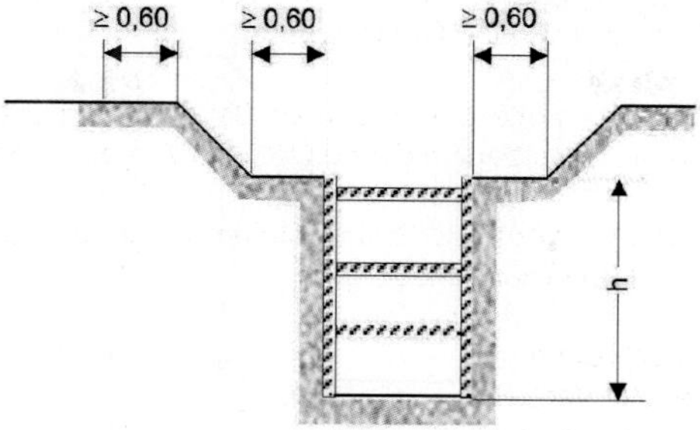

Bild 1: *Verbauter Graben mit geböschtem Voraushub (Quelle: Lorenz)*

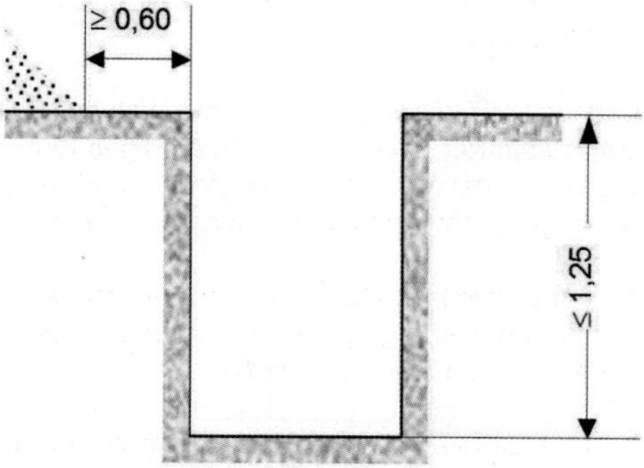

Bild 2: *Graben mit senkrechten Wänden (Quelle: Lorenz)*

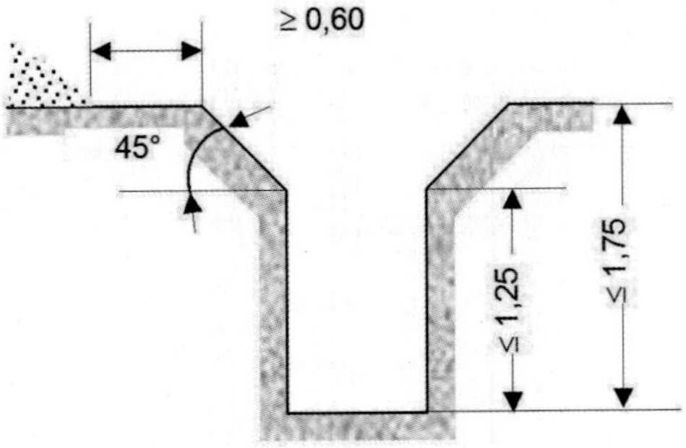

Bild 3: *Graben mit senkrechten Wänden und geböschten Kanten, mind. steifer bindiger Boden (Quelle: Lorenz)*

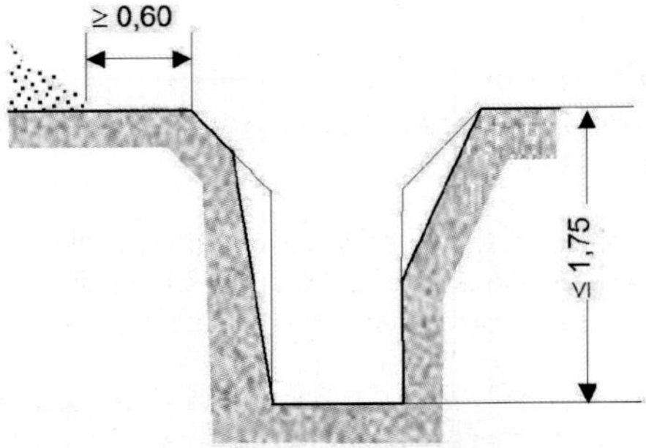

Bild 4: *Graben mit geböschten Kanten, mind. steifer bindiger Boden (Quelle: Lorenz)*

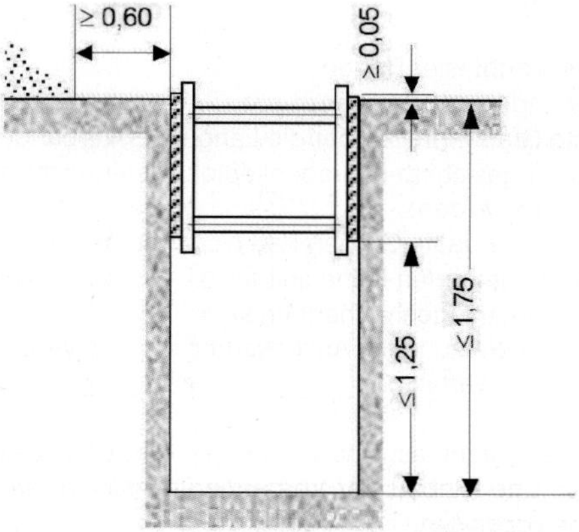

Bild 5: *Teilweise verbauter Graben, mind. steifer bindiger Boden (Quelle: Lorenz)*

Grabenverbaugeräte

Grabenverbaugeräte sichern die Grabenwände und stellen den fertigen Verbau dar.

Es sind nur Grabenverbaugeräte zu verwenden, die von einer Prüfstelle bewertet worden sind. Die Verwendungsanleitung des Herstellers muss auf der Baustelle vorhanden sein.

Grabenverbaugeräte dürfen nur bei Böden eingesetzt werden, bei denen ein Ausfließen auszuschließen ist. Gegebenenfalls sind weitere Maßnahmen erforderlich (z. B. Wasserhaltung).

Die Geräte dürfen nur in den Graben gestellt, nicht gezogen werden (Ausnahme Schleppboxen).

Der Abstand der einzelnen Platten muss immer konstant bleiben.

Es wird unterschieden zwischen dem Einstellverfahren und dem Absenkverfahren.

Beim **Einstellverfahren** wird zunächst der Graben ausgeschachtet, und anschließend werden die Verbaugeräte hineingestellt.

Bedingungen:

- zeitweise standfester Boden
- Grabenwände verlaufen senkrecht.
- konstante Grabenbreite über die Länge des Verbaugeräts
- Die noch ungesicherten Grabenkanten dürfen nicht betreten und belastet werden.
- Der noch unverbaute Graben darf nicht betreten werden.
- In Grabennähe dürfen keine Leitungen, Gebäude oder sonstige bauliche Anlagen vorhanden sein.
- Nur geringe Setzungen, Auflockerungen und Verschiebungen sind zu erwarten.

Vorübergehend standfest sind Böden, die während Ausschachtungsbeginn und Einbau der Verbaugeräte nur unwesentliche Nachbrüche vorweisen.

Der Hohlraum zwischen Grabenwand und Geräteplatte ist vollständig zu verfüllen.

Beim **Absenkverfahren** wird das Gerät abwechselnd mit dem Bodenaushub in den Boden gedrückt. Unterhalb der Gerätewände dürfen nicht mehr als 0,5 m Boden ausgehoben werden.

Grabenverbaugeräte, die mittig gestützt sind, dürfen nicht im Absenkverfahren eingesetzt werden.

Bei den Grabenverbaugeräten ist darauf zu achten, dass die Platten mind. 0,05 m bzw. 0,1 m über die Geländeoberfläche reichen.

Grabenverbaugeräte mit einer mittleren Stütze dürfen nur bis zu einer Tiefe von 4,0 m verwendet werden. Dabei sind höchstens zwei Geräte übereinander anzuordnen.

Zwischen einzelnen Verbaugeräten dürfen keine Lücken entstehen. Wenn erforderlich, sind diese gesondert zu sichern, z. B. mit Holzbohlen.

Waagerechter Normverbau

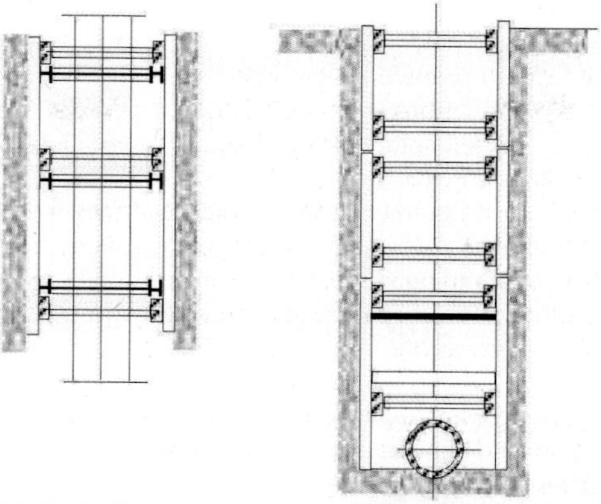

***Bild 6:** Verbauträger mit Druck- und Zuggliedern zum Abstützen der untersten Bohlen beim waagerechten Grabenverbau nach DIN 4124 (Quelle: Lorenz)*

***Tabelle 1:** Waagerechter Normverbau mit Brusthölzern 8 cm x 16 cm nach DIN 4124*

Bemessungs-größe	Bohlendicke s				
	5 cm	6 cm			7 cm
größte Wandhöhe h	3,0 m	3,0 m	4,0 m	5,0 m	5,0 m
größte Bohlen-stützweite l_1	1,9 m	2,1 m	2,0 m	1,9 m	2,1 m
größte Bohlen-kraglänge l_2	0,5 m	0,5 m	0,5 m	0,5 m	0,5 m
größte Stützweite l_3 der Aufrichter	0,7 m	0,7 m	0,65 m	0,6 m	0,6 m
größte Kraglänge l_4 der Aufrichter	0,3 m	0,3 m	0,3 m	0,3 m	0,3 m
größte Kraglänge l_u der Aufrichter	0,6 m	0,6 m	0,55 m	0,5 m	0,5 m

Tabelle 1: *Waagerechter Normverbau mit Brusthölzern 8 cm x 16 cm nach DIN 4124*

Bemessungs-größe	Bohlendicke s				
	5 cm	6 cm			7 cm
größte Knick-länge s_k der Rundholzsteifen d = 10 cm	1,65 m	1,55 m	1,5 m	1,45 m	1,35 m
größte Steifen-kraft P	31 kN	34 kN	37 kN	40 kN	43 kN

Tabelle 2: *Waagerechter Normverbau mit Brusthölzern 12 cm x 16 cm nach DIN 4124*

Bemessungs-größe	Bohlendicke s				
	5 cm	6 cm			7 cm
größte Wandhöhe h	3,0 m	3,0 m	4,0 m	5,0 m	5,0 m
größte Bohlen-stützweite l_1	1,9 m	2,1 m	2,0 m	1,9 m	2,1 m
größte Bohlen-krag- länge l_2	0,5 m	0,5 m	0,5 m	0,5 m	0,5 m
größte Stützweite l_3 der Aufrichter	1,1 m	1,1 m	1,0 m	0,9 m	0,9 m
größte Kraglänge l_4 der Aufrichter	0,40 m	0,40 m	0,40 m	0,40 m	0,40 m
größte Kraglänge l_u der Aufrichter	0,8 m	0,8 m	0,75 m	0,7 m	0,7 m
größte Knick-länge s_k der Rundholzsteifen d = 12 cm	1,95 m	1,85 m	1,8 m	1,75 m	1,65 m
größte Steifen-kraft P	49 kN	54 kN	57 kN	59 kN	64 kN

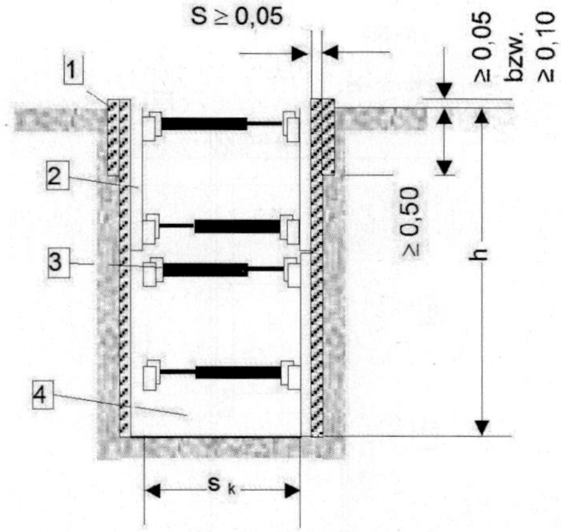

Bild 7: *Waagerechter Normverbau nach DIN 4124 (Quelle: Lorenz)*

1 Aufdoppelung der Bohlen, falls notwendig
2 Brustholz 8 cm x 16 cm oder 12 cm x 16 cm
3 Kanalstrebe oder Rundholzsteife d = 10 cm oder d = 12 cm
4 Raum für Rohrverlegung oder Kabelverlegung

Senkrechter Normverbau

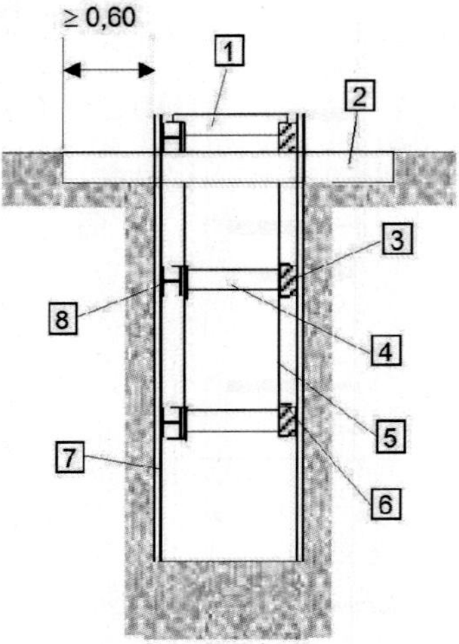

Bild 8: *Beispiel für senkrechten Grabenverbau mit Kanaldielen nach DIN 4124 (Quelle: Lorenz)*

1 Kappholz Mindestdurchmesser d = 10 cm
2 Unterlegholz mind. 16 cm x 16 cm oder d = 16 cm (wenn notwendig)
3 Gurtholz mind. 12 cm x 16 cm
4 Kanalstrebe oder Rundholzsteife
5 Hängeeisen
6 Aufhängung
7 Kanaldielen
8 Gurtträger mind. HE-B 100

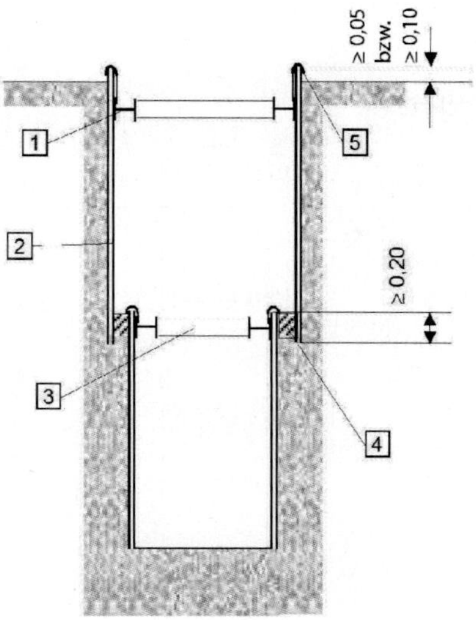

Bild 9: *Beispiel für senkrechten Grabenverbau nach DIN 4124 (Quelle: Lorenz)*

1 Gurtträger mind. HE-B 100
2 Kanaldielen
3 Rundholzsteife oder Kanalstrebe
4 Futterholz
5 Aufhängung

Tabelle 3: *Senkrechter Normverbau mit Gurthölzern 16 cm x 16 cm nach DIN 4124*

Bemessungsgröße	Bohlendicke s				
	5 cm	6 cm			7 cm
größte Wandhöhe h	3,0 m	3,0 m	4,0 m	5,0 m	5,0 m
größte Kraglänge der Bohlen l_0	0,5 m	0,6 m	0,6 m	0,6 m	0,7 m
größte Bohlenstützweite l_1	1,8 m	2,0 m	1,9 m	1,8 m	2,0 m

Tabelle 3: *Senkrechter Normverbau mit Gurthölzern 16 cm x 16 cm nach DIN 4124*

Bemessungsgröße	Bohlendicke s				
	5 cm	6 cm			7 cm
größte Kraglänge der Bohlen l_u	1,2 m	1,4 m	1,3 m	1,2 m	1,4 m
größte Stützweite der Gurthölzer l_2	1,6 m	1,5 m	1,4 m	1,3 m	1,2 m
größte Kraglänge der Gurthölzer l_3	0,8 m	0,75 m	0,70 m	0,65 m	0,6 m
größte Knicklänge s_k der Rundholzsteifen d = 12 cm	1,7 m	1,65 m	1,5 m	1,3 m	1,25 m
größte Steifenkraft P	61 kN	62 kN	70 kN	79 kN	80 kN

Tabelle 4: *Senkrechter Normverbau mit Gurthölzern 20 cm x 20 cm nach DIN 4124*

Bemessungsgröße	Bohlendicke s				
	5 cm	6 cm			7 cm
größte Wandhöhe h	3,0 m	3,0 m	4,0 m	5,0 m	5,0 m
größte Kraglänge der Bohlen l_0	0,5 m	0,6 m	0,6 m	0,6 m	0,7 m
größte Bohlenstützweite l_1	1,8 m	2,0 m	1,9 m	1,8 m	2,0 m
größte Kraglänge der Bohlen l_u	1,2 m	1,4 m	1,3 m	1,2 m	1,4 m
größte Stützweite der Gurthölzer l_2	2,3 m	2,2 m	2,0 m	1,8 m	1,7 m
größte Kraglänge der Gurthölzer l_3	1,15 m	1,1 m	1,0 m	0,9 m	0,85 m

Tabelle 4: *Senkrechter Normverbau mit Gurthölzern 20 cm x 20 cm nach DIN 4124*

Bemessungsgröße	Bohlendicke s				
	5 cm	6 cm			7 cm
größte Knicklänge s_k der Rundholzsteifen d = 14 cm	1,9 m	1,85 m	1,65 m	1,45 m	1,4 m
größte Steifenkraft P	88 kN	91 kN	100 kN	111 kN	114 kN

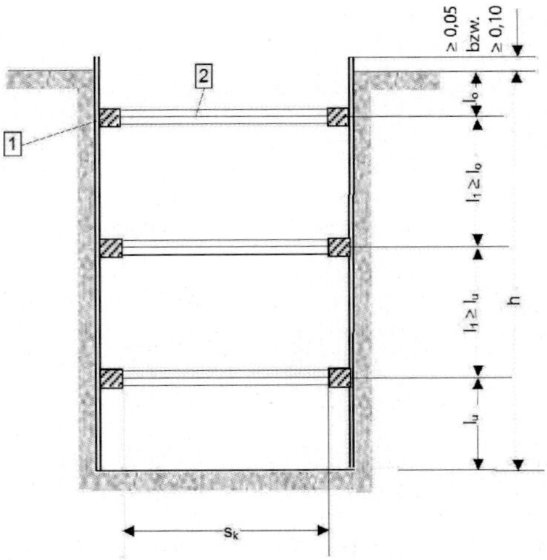

Bild 10: *Senkrechter Normverbau nach DIN 4124 (Quelle: Lorenz)*

1 Gurtholz 16 cm x 16 cm bzw. 20 cm x 20 cm
2 Kanalstrebe oder Rundholzsteife d = 12 cm bzw. 14 cm

Wegebau und Pflasterung

Baumaterialien

Allgemeines

Der Aufbau und die Auswahl von Pflaster- und Wegeflächen orientieren sich in erster Linie an der späteren Funktion der Belagsfläche. So müssen je nach Standort der Aufbau und die Deckschicht an die benötigte Tragfähigkeit, die erforderliche Entwässerung bzw. Versickerung, aber auch an die geforderte Optik der Belagsfläche angepasst werden.

Die allgemein anerkannten Regeln der Technik sind zu beachten. Zudem spielt die genaue Lage des Projekts, auch in Bezug auf die Frostfestigkeit und den Frostschutz, eine bedeutende Rolle.

Um den oben erläuterten Anforderungen gerecht zu werden, liegt es v. a. an der Auswahl der geeigneten Baumaterialien. Hierbei werden sowohl die Unterbau- als auch die Oberbaumaterialien erläutert.

Schüttstoffe

Körnungen

Je nach Einbaubereich und Funktion der Schicht variieren die benötigten Körnungen und deren Korngrößenverteilung.

So gliedert sich die Mineralstoffkörnung wie folgt:

Tabelle 1: *Körnungen von Baustoffen*

Baustoff		Körnung in [mm]
ungebrochene Mineralstoffe	Natursand	0/2
	Kies	2/4 4/8 8/16 16/32 32/63

Tabelle 1: *Körnungen von Baustoffen*

<table>
<tr><th colspan="2">Baustoff</th><th>Körnung in [mm]</th></tr>
<tr><td rowspan="5">gebrochene Mineral-stoffe</td><td>Edelbrechsand</td><td>0/2</td></tr>
<tr><td>Brechsand-Splitt-Gemisch</td><td>0/5</td></tr>
<tr><td>Splitt</td><td>5/11
11/22
22/32</td></tr>
<tr><td>Edelsplitt</td><td>2/5
5/8
8/11
11/16
16/22</td></tr>
<tr><td>Schotter</td><td>32/45
45
45/56</td></tr>
</table>

Umrechnung von Baumaterialien

Für die Kalkulation und Endabrechnung von Baumaßnahmen müssen oftmals Raummaße und Gewichte entsprechend abgestimmt werden. Um eine grobe Übersicht der jeweiligen Umrechnungen zu erhalten, wurden regionale Erfahrungswerte aus dem Garten- und Landschaftsbau mit den Vorgaben der DIN 1055 wie folgt kombiniert:

Tabelle 2: *Umrechnung von Baustoffen*

Baustoff	t pro m³ lose	t pro m³ verdichtet
Sande und Kiese		
Rheinsand 0/2	1,56	1,85
Rheinsand 0/8	1,63	–
Rheinsand 2/8	1,70	–
Rheinkies 8/16, 8/32	1,78	–
Rheinkies 16/32	1,70–1,79	–
Kiessand 0/32	1,68–1,78	2,05

***Tabelle 2:** Umrechnung von Baustoffen*

Baustoff	t pro m³ lose	t pro m³ verdichtet
Mainsand 0/2	1,60	1,90
Neckarmaterial	1,61	–
Grabsand	1,20	–
Schotter, Splitte und Schlacken		
Kalksteinsplitt 3/15, 5/32	1,56	–
Kalksteinschotter 32/45, 45/65	1,52	1,75
Schottertragschicht, Mineraltragschicht	1,80	2,08
Mineralbeton	1,70	2,05–2,25
Siebschutt	1,56	2,11–2,15
Basaltlava, porig-gebrochen	1,20	–
Basaltlava, porig-ungebrochen	1,80	–
Basaltsplitt	1,50	–
Basaltschotter	1,55	–
Ziegelsplitt 0/4	1,60–1,70	–
Ziegelsplitt 4/16	1,40–1,50	–
Kesselasche	0,8	–
Hüttenschlacke	1,40	–
Granulierte Schlacke	1,0	–
Lavalit	0,8	–
Bimskies	0,8	–
Lava 0/16, lagerfeucht 6 %	1,16	–
Lava 0/16, trocken	1,25	–
Lava 0/4, lagerfeucht 8 %	1,0	–
Lava 0/4, trocken	1,22	–

Tabelle 3: Umrechnung von gebundenen Baustoffen

Baustoff	t pro m³
gebundenes Material	
Bitukies	2,05
Asphaltbinder – A-Feinbinder	2,40
Asphaltgrobbeton	2,40
Asphaltfeinbeton	2,40
Solubit	2,15
Gußasphalt	2,45
Beton – aus Kies, Sand, Splitt, Steinschlag oder Hochofenschlacke	2,20–2,30
Beton – wie oben, jedoch mit Steineinlagen	2,50
Kalk-, Kalkgips-, Gipssand- und Anhydritmörtel	1,70–1,80
Kalkzement- und Kalktrassmörtel	2,00
Zement- und Zementtrassmörtel	2,10

Natursteinpflaster

Die genaue Einteilung der Natursteinpflastersteine in Mosaik-, Klein- und Großsteinpflaster wurde mit der Einführung der DIN EN 1342 aufgehoben.

Als Richtwert kann folgende Einteilung gemäß den TL Pflaster-StB 06 angewandt werden:

- Großsteinpflaster: Nenndicke d ≥ 120 mm
- Kleinsteinpflaster: Nenndicke d = 60 mm < d < 120 mm
- Mosaiksteinpflaster: Nenndicke d ≤ 60 mm

Flächenmaße und Dicken von Pflastersteinen sind in der DIN EN 13373 definiert. Abweichungen von diesen Nennmaßen sind nur bis zu einem gewissen Maße zulässig. Dadurch wird u. a. sichergestellt, dass die Steinlieferung für eine geradlinige Verlegung in Reihen geeignet ist.

Ist explizit ein strahlen- oder bogenförmiger Verband vorgesehen, darf ein Anteil der Lieferung von den durch die Grenzabmaße zulässigen Maßen um bis zu 10 % abweichen.

Die zulässigen Abweichungen von Nenn-Flächenmaßen und Nenndicken sind in der DIN EN 1342 geregelt. Diese unterscheidet zwischen „gehauenen" und „strukturierten" Steinflächen.

Tabelle 4: *Grenzabmaße der Nenn-Flächenmaße und der Nenndicken nach DIN EN 1342*

Nennmaß		**Nenndicke bezogen auf die Klasseneinteilung [in mm]**		
		Klasse 0	**Klasse 1**	**Klasse 2**
≤ 60 mm	strukturiert	keine Anforderung	± 7	± 5
	gehauen		± 10	± 7
> 60 mm ≤ 120 mm	strukturiert		± 10	± 5
	gehauen		± 15	± 10
> 120 mm	strukturiert		± 10	± 7
	gehauen		± 15	± 12

Wichtig für die Stabilität und die Befahrbarkeit der Natursteinpflasterfläche ist die Wahl des richtigen Verbands. Hierbei ist auch zu sagen, dass Natursteinpflasterflächen, anders als andere regelmäßige Pflasterbeläge, nicht auf eine Bettung, sondern in die Bettung eingearbeitet werden.

Zur besseren Umrechnung von Natursteinpflaster von Quadratmetern in Tonnen sowie in die Stückzahl pro Tonne kann die nicht mehr gültige DIN 18502 als Richtwert zurate gezogen werden. Die Natursteinpflastergrößen orientieren sich ebenfalls, wie zuvor beschrieben, an den TL Pflaster-StB 06.

Tabelle 5: *Natursteinpflaster*

Natursteinpflaster	**m² pro t**	**t pro m²**	**ca. Stückzahl pro t**
Mosaikpflaster I/3. Größe	10,0	0,10	5.000

Tabelle 5: *Natursteinpflaster*

Natursteinpflaster	m² pro t	t pro m²	ca. Stückzahl pro t
Mosaikpflaster I/2. Größe	8,5	0,12	4.000
Mosaikpflaster I/1. Größe	7,5	0,13	2.500
Kleinpflaster I/3. Größe	5,8	0,17	800
Kleinpflaster I/2. Größe	4,8	0,21	550
Kleinpflaster I/1. Größe	4,4	0,23	490
Großpflaster I/2. Größe	2,8	0,38	100–110
Großpflaster I/1. Größe	2,7	0,37	90–100

Naturstein Bord- und Kantensteine

Wie schon bei den Natursteinpflasterbelägen wurde auch die Einteilung der Naturstein-Bord- und Kantensteine mit der Einführung der DIN EN 1343 aufgehoben.

Im Allgemeinen kann man sie nach DIN 482 in folgende Gruppen einstufen:

Bordsteine mit Anlauf:	Breite	x Höhe	x Länge in mm
	300	x 250	x 800–1.500
	180	x 250+300	x 800–1.500
	150	x 250+300	x 800–1.500

Bordsteine ohne Anlauf:	Breite	x Höhe	x Länge in mm
	140	x 250–280	x 500–1.500
	120	x 250–280	x 500–1.500
	140–150	x 250–300	x 500–1.500
	120–140	x 250–300	x 500–1.500
	100–120	x 250–300	x 500–1.500

Auch hier sind die zulässigen Abweichungen der Breiten und Höhen in der DIN EN 1343 geregelt und wird zwischen „gespaltenen" oder „gespitzten" Steinflächen unterschieden.

Tabelle 6: *Grenzabmaße der Nenn-Gesamtbreite und Nenn-Gesamthöhe bei Bord- und Kantensteinen nach DIN EN 1343:2013-03*

Anwendungsort	Breite [in mm]	Höhe bezogen auf die Klasseneinteilung [in mm]		
		Klasse 0	Klasse 1	Klasse 2
Kennzeichnung		H0	H1	H2
zwischen zwei gespaltenen oder gespitzten Flächen	± 10	keine Anforderung	± 30	± 20
zwischen einer bearbeiteten und einer gespaltenen oder gespitzten Fläche	± 5		± 20	± 10
zwischen zwei bearbeiteten Flächen	± 3		± 10	± 5

Natursteinplatten

Nach Definition der DIN EN 1341 spricht man bei gesägten oder gespaltenen Natursteinerzeugnissen mit einer Nennbreite > 2 x Dicke von einer Platte.

Die zulässigen Abweichungen der Natursteinplatten-Flächenmaße, -Dicken und weitere Grenzabmaße sind in der DIN EN 1341 geregelt.

Tabelle 7: *Grenzabmaße der Flächenmaße von Natursteinplatten nach DIN EN 1341:2013-03*

	Nenn-Flächenmaße bezogen auf die Klasseneinteilung [in mm]		
	Klasse 0	**Klasse 1**	**Klasse 2**
Kennzeichnung	P0	P1	P2
gesägte Kanten	keine Anforderung	± 4	± 2
gespaltene und gespitzte Kanten		± 10	± 10

Tabelle 8: *Grenzabmaße der Dicke von Natursteinplatten nach DIN EN 1341:2013-03*

	Nenn-Flächenmaße bezogen auf die Klasseneinteilung [in mm]		
	Klasse 0	**Klasse 1**	**Klasse 2**
Kennzeichnung	T0	T1	T2
≤ 30 mm dick	keine Anforderung	± 3	± 10 %
30 mm < dick ≤ 80 mm		± 4	± 3
< 80 mm dick		± 7	± 4

Betonsteinpflaster

In der DIN EN 1338 werden Betonstein-Pflastersteine i. A. als „vorgefertigtes Erzeugnis aus Beton, das als Belagsmaterial für Oberflächen verwendet wird" definiert.

Als Pflasterstein wird ein Stein bezeichnet, der „in einem Abstand von 50 mm von jeder Kante bei keinem Querschnitt ein horizontales Maß von 50 mm unterschreitet". Dabei darf die Gesamtlänge zur -dicke im Verhältnis max. 4 ergeben.

Im Allgemeinen spricht man von einem Pflasterstein, wenn dieser nach den ZTV Pflaster-StB in der Länge kleiner als 32 cm ausgebildet ist.

Die weiteren Abmessungen können individuell an die gegebenen Anforderungen angepasst werden.

Ein Vorteil der Betonpflastersteine liegt in den verschiedenen Ausführungen, die, angefangen bei der Wasserdurchlässigkeit über spezielle Verbundpflastersteine bis hin zu Mehrschichtpflastersteinen, auf die individuellen Forderungen und Gegebenheiten abgestimmt werden können.

Betonstein-Bord- und -Kantensteine

Bei den Betonbordsteinen unterscheidet man folgende Formen mit den jeweiligen Abmessungen nach DIN 483:

Hochbordstein:	Breite 150+180	x Höhe x 250+300	x Länge in mm x 250–1.000+250+500
Rundbordstein:	Breite 150+180	x Höhe x 220	x Länge in mm x 250–1.000+250+500
Tiefbordstein:	Breite 80+100	x Höhe x 250+300	x Länge in mm x 250–1.000+250+500
Flachbordstein:	Breite 200	x Höhe x 200	x Länge in mm x 250–1.000+250+500

Die gleichen Maße gelten auch für die zugehörigen Kurvensteine. Diese sind gewöhnlich in den Außenradien 500, 1.000, 2.000, 3.000, 5.000, 8.000, 12.000 mm erhältlich.

Kantensteine sind in ihren Abmessungen wie folgt eingeteilt:

Höhe in mm:	200; 250; 300
Länge in mm:	500; 750; 1.000
Dicke in mm:	50; 60

Je nach Anforderungen können Betonstein-Bord- oder -Kantensteine auch individuell gefertigt werden.

Betonsteinplatten

Die Anforderungen und Prüfverfahren für Betonsteinplatten sind in der DIN EN 1339 geregelt. Man spricht von einer Betonsteinplatte, wenn diese in der Gesamtlänge ≤ 1 m entspricht. Die Gesamtlänge steht im Verhältnis zur Dicke > 4.

In diesem Gliederungspunkt wird in zwei Gruppen unterteilt:

- Gehwegplatten aus Beton
- Gartenplatten aus Beton

Gehwegplatten für Fuß- und Radwege sollten in ihrer Dicke nach RStO mit mind. 80 mm gewählt werden. Sie werden i. A. in drei Formen gefertigt: quadratische Platte, Friesplatte und große Eckplatte.

Die Gartenplatte ist in ihren Ausbildungen, Formen und Abmessungen nicht genormt. Ebenso variiert die Plattendicke je nach Anforderung und Herstellersystemen. Man spricht von einer Großformatplatte, wenn diese eine Nennlänge von > 600 mm und ≤ 1.000 mm vorweist. Dabei muss die Nennlänge im Verhältnis zur Nenndicke > 4 betragen.

Beläge mit Vegetationsfugen

Sowohl aus ökologischen als auch aus gestalterischen Gründen erfreuen sich Beläge mit Vegetationsfugen einer gestiegenen Beliebtheit. Besonders für Parkplatzsituationen und wenig befahrene Feuerwehreinfahrtsflächen werden diese bevorzugt genutzt.

Beläge mit Vegetationsfugen definieren sich über die Breite der Fuge bzw. die Größe des Gitters und der Wabe bei vorgefertigten Belagsplatten und deren Füllungsmaterial. Das Füllmaterial muss auf eine folgende Begrünung abgestimmt sein.

Die Belagswahl kann u. a. sowohl auf Rasengittersteinen aus Beton als auch auf Rasenwaben aus Kunststoff fallen. Wichtig ist hierbei, die speziellen Anforderungen der Belagsflächen im Vorfeld zu hinterfragen.

Als Regelwerk existiert die „Richtlinie für die Planung, Ausführung und Unterhaltung von begrünbaren Flächenbefestigungen“ der Forschungsgesellschaft Landschaftsentwicklung Landschaftsbau (FLL). In dieser sind die Dicken der Belagsflächen hinsichtlich der Belastung geregelt.

Tabelle 9: *Zulässige Belastung von Belagsflächen nach FLL „Richtlinie für die Planung, Ausführung und Unterhaltung von begrünbaren Flächenbefestigungen"*

<table>
<tr><th></th><th colspan="2">Belastung
N 2</th><th colspan="2">Belastung
N 3</th><th colspan="2">Belastung
N Fw</th></tr>
<tr><td>Steindicke in cm</td><td>10</td><td rowspan="3">Gesamthöhe Oberbau 29 cm</td><td>12</td><td rowspan="3">Gesamthöhe Oberbau 31–41 cm</td><td>12</td><td rowspan="3">Gesamthöhe Oberbau 31–41 cm</td></tr>
<tr><td>Bettungsdicke in cm</td><td>4</td><td>4</td><td>4</td></tr>
<tr><td>Tragschichtdicke in cm</td><td>15</td><td>15 bis 25</td><td>15 bis 25</td></tr>
</table>

Bei der Oberbaugesamthöhe wurden die Frostschutzschichten nicht berücksichtigt.

Klinkerbeläge

Klinkerbeläge wurden in der Vergangenheit häufig eingebaut, wenn keine Natursteinvorkommen vorhanden waren. Die Anforderungen und Prüfverfahren für Klinkersteine sind in der DIN EN 1344 und in Deutschland zusätzlich durch die DIN 18503 geregelt.

Man unterscheidet zwischen Pflasterklinker und Gehsteigplatten. Pflasterklinker sind als Rechteck-, Riegel- oder Quadratformat erwerbbar, wohingegen Gehsteigplatten meistens nur als Quadratformat im Handel erhältlich sind.

Um eine bessere Stabilität und Belastbarkeit zu gewährleisten, ist es Regel der Technik, die Pflasterklinker auch hochkant einzubauen. Dies sollte bei der Beschaffung beachtet werden, da diese durch ein spezielles Herstellungsverfahren produziert werden. Diese Einbauart ist auch als Rollschicht bekannt.

Nach DIN 18503 muss die Dicke von Pflasterklinkern ≥ 40 mm und die Längen des Fugenrasters im Bereich von 100–300 mm liegen.

Bitumen und Asphalt

Bitumen entstehen durch die Destillation geeigneter Rohöle, die für den entsprechenden Verwendungszweck aufbereitet werden.

Bitumen ist in erster Linie ein sehr gutes Bindemittel, das durch seine gute Klebefähigkeit und die thermoplastischen Eigenschaften für die Herstellung von Asphalt geeignet ist.

Im Landschaftsbau werden drei Bitumen unterschieden:

- Straßenbaubitumen
- Oxidationsbitumen zur Abdichtung
- Polymerbitumen für beanspruchte Flächen

Bitumen können in folgenden Formen zur Verfügung stehen:

- Anstrichmasse
- Klebemasse
- Spachtelmasse
- Abdichtungsbahn

Asphalt ist definitionsgemäß ein Bitumengemisch mit Gesteinskörnungen.

Je nach Einbauweise, Bindemittelart und -gehalt und Gesteinskörnung entsteht:

- Asphaltbeton
- Splittmastixasphalt
- wasserdurchlässiger Asphalt
- Gussasphalt

Die Rohfarbe von Asphalt ist schwarz. Durch das Zusetzen von Pigmenten können verschiedene Farben erzeugt werden.

Der Einbau von Walzasphalt erfolgt im heißen Zustand mit Fertiger und Walzen bei ca. 180 °C. Gussasphalt hingegen kann gegossen werden und bedarf keiner Verdichtung. Die Einbautemperatur liegt bei ca. 250 °C.

Durch den Einbau mit Fertigern entstehen Nähte. Idealerweise werden die Fertigungsbahnen heiß an heiß eingebaut. Werden Fertigungsbahnen jedoch heiß an kalt eingebaut, ist darauf zu achten, dass die Kontaktfläche im Winkel von 70–80° ausgeführt wird. Anschlüsse an Bauwerke sind mit Fugen zu versehen. Diese können mit Fugenverguss oder Fugenbändern geschlossen werden.

Bautechnik

Bei der Bautechnik von Wegebau und Pflasterungen ist besonders auf den späteren Verwendungszweck zu achten. Je nach Anforderung und Belastung der Belagsflächen muss die Bautechnik sowohl für den Oberbau als auch den Unterbau entsprechend angepasst werden.

Spätere Verkehrsflächen werden nach RStO 12 in folgende Arten unterschieden:

- Fahrbahnen
- Busverkehrsflächen
- Neben- und Rastanlagen
- Abstellflächen
- Seiten-, Ausfädelungs- und Einfädelungsstreifen

Begriffe

Für den Wegebau gelten folgende Begriffe:

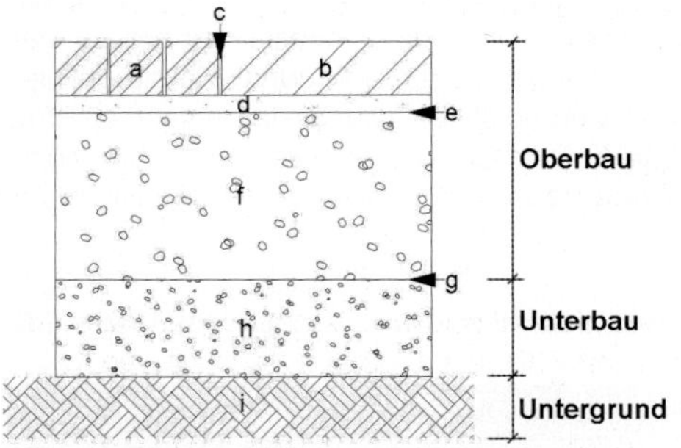

Bild 1: *Schema Belagsaufbau (Quelle: Fauth)*

a) *Pflastersteine*
b) *Platten*
c) *Fugen (ZTV Pflaster-StB 06), Zwischenraum zwischen Belagsmaterialien verfüllt mit Fugenmaterial aus Baustoffgemischen ohne Bindemittel*
d) *Bettung (ZTV Pflaster-StB 06), Schicht unter Pflaster- oder Plattenbelag aus Baustoffgemischen ohne Bindemittel*
e) *Unterlage (ZTV Pflaster-StB 06), Schicht unter Pflaster- oder Plattendecke, diese kann gebunden oder ungebunden ausgeführt werden.*

f) *Tragschicht oder in Kombination mit Frostschutzschicht (RStO 12), Schicht zwischen Planum und Deckbelag, diese kann mit oder ohne Bindemittel ausgeführt werden.*
g) *Planum (RStO 12), technisch bearbeitete Fläche zwischen Oberbau und Unterbau*
h) *Unterbau (RStO 12), erstellter Erdkörper zwischen Untergrund und Oberbau, falls erforderlich*
i) *Untergrund (RStO 12), vorhandener Boden unmittelbar unter dem Unterbau bzw. dem Oberbau*

Die Schichten a (bzw. b), c und d können unter dem Begriff Pflasterdecke bzw. Plattenbelag zusammengefasst werden. Die Kombination aus a (bzw. b), c, d, e, f und g ergeben den Begriff des Oberbaus.

Belastungsklassen

Die Richtlinie für die Standardisierung des Oberbaus ist zu Beginn des Jahres 2013 in überarbeiteter Form (RStO 12) in Kraft getreten. Die bisherige Einteilung der Bauklassen (BKL) nach RStO 01 wird durch Belastungsklassen (Bk) ersetzt.

Die Belastungsklassen stellen einen direkten Bezug zu den äquivalenten 10-t-Achsübergängen her, durch die sie definiert sind. Im Folgenden werden die Belastungsklassen gemäß RStO 12 in Bezug auf die Entwurfssituationen nach den Richtlinien für die Anlage von Stadtstraßen (RASt) und der Belagsauswahl untergliedert:

Tabelle 1: *Belagswahl entsprechend den Belastungsklassen nach RStO 12*

Belastungsklasse	Entwurfssituation	Belagsauswahl
Bk10–Bk100	anbaufreie Straße	Asphalt-, Betondecke
Bk3,2/Bk10	Verbindungsstraße	Asphalt-, Betondecke Pflasterbelag
Bk3,2–Bk100	Industriestraße	Asphalt-, Betondecke, Pflasterbelag

Tabelle 1: *Belagswahl entsprechend den Belastungsklassen nach RStO 12*

Belastungsklasse	Entwurfssituation	Belagsauswahl
Bk1,8–Bk100	Industriestraße	Asphalt-, Betondecke, Pflasterbelag
Bk1,8–Bk10	Hauptgeschäftsstraße	Asphalt-, Betondecke, Pflasterbelag
Bk1,8–Bk10	örtliche Geschäftsstraße	Asphalt-, Betondecke, Pflasterbelag
Bk3,2–Bk10	örtliche Einfahrtsstraße	Asphalt-, Betondecke, Pflasterbelag
Bk1,0–Bk3,2	dörfliche Hauptstraße	Asphalt-, Betondecke, Pflasterbelag
Bk1,0–Bk3,2	Quartiersstraße	Asphalt-, Betondecke, Pflasterbelag
Bk1,0–Bk3,2	Sammelstraße	Asphalt-, Betondecke, Pflasterbelag
Bk0,3/Bk1,0	Wohnstraße	Asphalt-, Betondecke, Pflasterbelag
Bk0,3	Wohnweg	Asphalt-, Betondecke, Pflasterbelag

Plattenbeläge sind nur für Rad- und Gehwege geeignet.

Frosteinwirkung

Sowohl bei der Belagsauswahl als auch bei der Wahl der geeigneten Tragschicht ist auf die Frosteinwirkung einzugehen. Bei der Auswahl der Beläge ist darauf zu achten, dass diese frostbeständig sind.

In vielen Fällen muss aufgrund vorhandener frostempfindlicher Böden unter der Tragschicht eine zusätzliche Frostschutzschicht eingebaut werden.

Diese verhindert neben dem Lastabtrag die Verformung des Wegeaufbaus während der Frost- und Auftauperiode.

Die Frostempfindlichkeit der Böden lässt sich nach RStO in die Frostempfindlichkeitsklassen F1, F2 und F3 untergliedern.

Je nach den örtlichen Verhältnissen der Bauarbeiten müssen auch innerhalb von Deutschland verschiedene Frosteinwirkungszonen berücksichtigt werden.

Diese ergeben mit einigen anderen Einflussfaktoren Mehr- oder Minderdicken der Gesamtdicke des frostsicheren Aufbaus. Gemäß RStO 12 werden diese wie folgt gegliedert:

Tabelle 2: *Frosteinwirkungszonen nach RStO 12*

Örtliche Verhältnisse		Mehr- oder Minderdicken [in cm]
Frosteinwirkung	Zone I	± 0
	Zone II	+ 5
	Zone III	+ 15
kleinräumige Klimaunterschiede	ungünstige Klimaeinflüsse (Nordhang, Kammlagen)	+ 5
	keine besonderen Klimaeinflüsse	± 0
	günstige Klimaeinflüsse (geschlossene seitliche Bebauung)	- 5
	ungünstig gemäß ZTVE-StB	+ 5
	günstig	± 0

Tabelle 2: *Frosteinwirkungszonen nach RStO 12*

Örtliche Verhältnisse		Mehr- oder Minderdicken [in cm]
	Einschnitt, Anschnitt,	+ 5
	Geländehöhe bis Damm ≤ 2 m	± 0
	Damm > 2 m	- 5
	Entwässerung über Mulden, Gräben bzw. Böschungen	± 0
	Entwässerung der Fahrbahn und Randbereiche über Rinnen bzw. Abläufe und Rohrleitungen	- 5

Randeinfassungen

Durch die geeignete seitliche Einfassung von Belagsflächen werden zum großen Teil deren Stabilität und Tragfähigkeit gesichert. Zudem dienen sie als Abgrenzung zu angrenzenden Belags- oder Vegetationsflächen. Die Einfassung muss daher auch speziell auf die Verkehrsbelastung abgestimmt sein. Sie können als Entwässerungselement, wie z. B. in Form einer Mulde, gleichzeitig eine Entwässerungsfunktion übernehmen.

Der Einbau von Randeinfassungen ist in der ATV DIN 18318 geregelt. Die Einfassungen sind auf ein mind. 20 cm dickes Fundament der Betonklasse C12/15 in Schalung zu setzen und mit seitlichen Rückenstützen der Betonklasse C12/15 zu versehen (Nennbreite bis 80 mm: mind. 10 cm, Nennbreite über 80 mm: mind. 15 cm dicke Rückenstützen). Fundament und Rückenstütze sind zu verdichten. Die Rückenstütze ist in Schalung auszuführen. Die Druckfestigkeit des Betons muss am fertigen Bauteil mindestens 8,0 N/mm² betragen, bei überfahrbaren Bord- und Einfassungssteinen 15,0 N/mm². Besonders hinzuweisen ist darauf, dass erst durch Betonklassen von C 20/25 bzw. C25/30 (in Bayern per Runderlass vorgeschrieben) die entsprechende Druckfestigkeit erreicht wird.

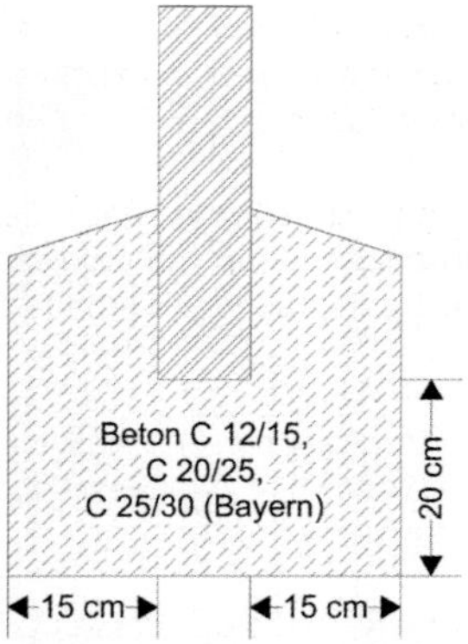

***Bild 2:** Randeinfassung nach DIN 18318:2015-08 (Quelle: Fauth)*

Stoßfugen von Einfassungen sollten mit 5 mm unverfugt ausgeführt werden. Stoßfugen von Rinnen hingegen sollten mit 8–12 mm gebunden verfugt werden.

Einfassungen lassen sich wie folgt gestalten:

- Einfassungselemente wie Borde oder Leistensteine
- lineare Entwässerungselemente wie Mulden oder Rinnen
- ein- oder mehrfache Zeilen aus Pflastersteinen oder Platten, geeignet ausgebildet auch als Entwässerungselemente einsetzbar
- nicht sichtbare Einfassungen wie Stahl- oder Kunststoffbänder (meist nur für gering belastete Beläge)

Tragschichten

Ungebundene Tragschichten

Die Tragschicht stellt die eigentliche stabilisierende Schicht für die Deckschicht dar. In vielen Fällen muss jedoch aufgrund vorhandener frostempfindlicher Böden eine zusätzliche Frostschutzschicht eingebaut werden. Diese verhindert neben dem Lastabtrag die Verformung des Wegeaufbaus während der Frost- und Auftauperiode.

Ungebundene Tragschichten bestehen aus Schotter-, Kies-, Sandgemischen oder Recyclingbaustoffen der Korngruppen

0/22–0/45. Bei der Dimensionierung von Trag- und Frostschutzschichten ist darauf zu achten, dass die Dicke mind. dem Dreifachen des größten verwendeten Korns entspricht.

Die Tragschicht ist zur Lastabtragung mind. 20 cm über die Seitenkanten der Deckschicht hinauszuziehen. Werden Einfassungselemente verwendet, kann dies entsprechend verringert werden.

Um die fachgerechte Ebenheit von Tragschichten nachzuweisen, muss diese nach ZTV SoB-StB unter einer 4-m-Messlatte keine größeren Unebenheiten ≤ 20 mm aufweisen.

Die Dimensionierung der Tragschicht orientiert sich in erster Linie an der späteren Nutzung und Belastung sowie an den Frostgegebenheiten.

Nach RStO ist die Dicke des frostsicheren Oberbaus (Trag- und Deckschicht) und der notwendigen Frostschutzschicht je nach Frostempfindlichkeitsklasse des Untergrunds und der Belastungsklasse wie folgt dimensioniert:

Tabelle 3: *Dicke des frostsicheren Aufbaus nach RStO 12*

Frostempfindlichkeitsklasse	**Dicke in cm nach Belastungsklasse**		
	Bk100–Bk10	**Bk3,2–Bk1,0**	**Bk0,3**
F2	55	50	40
F3	65	60	50

Eine ausreichende Tragfähigkeit des Aufbaus ist entscheidend für eine dauerhafte Ebenheit der Fläche. Seit der Einführung der RStO 12 wird das Verformungsmodul E_{v2} statt in MN/m² in der gleichbedeutenden und international gängigen Einheit MPa (Megapascal) angegeben.

Im fertigen Einbau hat eine Tragschicht folgende Mindestanforderungen zu erfüllen:

- Verdichtungsgrad D_{Pr} mind. 103 %
- Verformungsmodul E_{v2} für:
  - befahrbare Flächen ab Belastungsklasse 1,0 ≥ 150 MPa

– Rad- und Gehwege ≥ 80 MPa

Die ggf. erforderliche darunterliegende Frostschutzschicht hat folgende Mindestanforderungen zu erfüllen:

- Verdichtungsgrad D_{Pr} mind. 100 %
- Verformungsmodul E_{v2} ab Belastungsklasse 1,0 ≥ 120 MPa

Ist der Baugrund bzw. die Tragschicht nicht ausreichend tragfähig, kann diese durch geeignete Maßnahmen aufgewertet werden:

- Nachverdichtung, z. B. durch Rütteln, Walzen oder Fallplattenverdichtung
- Bodenverfestigung durch Zugabe von Kalk oder Zement
- Bodenaustausch durch lagenweises Verdichten des tragfähigen Ersatzbodens
- Bewehrung des Untergrunds durch Geogitter/-textile

Gebundene Tragschichten

Gebundene, wasserdurchlässige Tragschichten können aus Dränbeton oder wasserdurchlässigem Asphalt bestehen. Die Dickendimensionierung erfolgt nach den zu erwartenden Verkehrsbelastungen.

Grundsätzlich sind folgende Mindestanforderungen an die gebundene Tragschicht zu stellen:

- Verdichtungsgrad D_{Pr} mind. 98 %
- Druckfestigkeit ≥ 3,5 N/mm^2
- Wasserdurchlässigkeit k_f mind. 5,4 x 10^{-5} m/s

Unterhalb der gebundenen Tragschicht ist auf eine geeignete Wasserdurchlässigkeit, ggf. durch eine wasserdurchlässige Frostschutzschicht, zu achten.

Zur Vermeidung von Rissbildungen sind Bewegungsfugen in Abstimmung mit einer ggf. darüberliegenden gebundenen Pflaster- oder Plattendecke anzuordnen.

Deckenbauweisen

Deckbeläge im Garten- und Landschaftsbau werden unterschieden in

Decken ohne Bindemittel:

- wassergebundene Wegedecken
- Schotterrasen
- Rindenmulchdecken

Decken mit Fugenverband:

- Pflaster
- Plattenbeläge

Decken mit Bindemittel und ohne Fugenverband:

- Betondecken
- bituminöse Decken
- Kunststoffdecken

Wassergebundene Wegedecken

Der Bau von Wegen und Plätzen mit wassergebundenen Wegedecken hat eine lange Tradition. Ein entscheidender Vorteil dieser Bauweise ist die kostengünstige Herstellung. Dem steht allerdings der erhöhte Pflege- und Unterhaltungsaufwand gegenüber.

Die Herstellung von wassergebundenen Wegedecken wird nach dem FLL „Fachbericht zu Planung, Bau und Instandhaltung von Wassergebundenen Decken" (2007) in drei Bauweisen gegliedert:

Einschichtbauweise

Geeignet für einfache, nur zeitweise genutzte Wege und Plätze ohne besondere gestalterische Anforderungen. Hohe Belastbarkeit durch geringe Auftragsstärke des losen Materials; z. B. Rad- und Wanderwege sowie gelegentliche Pkw-Nutzung.

Zweischichtbauweise

Bei erhöhter Anforderung an Gestaltung, Funktion und Ebenheit. Für Flächen ohne auftretende Scherkräfte.

Dreischichtbauweise

Verwendung bei Wegen und Flächen, die sehr hohe Anforderungen an die Gestaltung, Funktion und Ebenheit stellen. Flächen mit auftretenden Scherkräften.

Die Nutzung von wassergebundenen Wegedecken fällt vorwiegend auf den Fußgänger- und Fahrradverkehr. Für Pkw-Befahrung sind der Zwei- bzw. Dreischichtaufbau nur bedingt geeignet, da die Pflege und Unterhaltung für die Instandsetzung der Oberfläche sehr intensiv sind. Zudem ist ein Einsatz von Pflegefahrzeugen nur bedingt möglich. Eine Lkw-Benutzung ist nur in Ausnahmefällen unter Berücksichtigung der besonderen Verkehrsbelastung und entsprechender Tragschichtanpassung auf einer Einschichtbauweise möglich.

Zu beachten ist, dass bei Zwei- und Dreischichtbauweisen durch Frostaufgang und Nässe eine Aufweichung der Deckschicht auftreten kann, was die Nutzung in dieser Zeit beeinträchtigt.

Tabelle 4: *Baustoffe gemäß Bauweisen nach FLL „Fachbericht zu Planung, Bau und Instandhaltung von Wassergebundenen Wegen" (2007)*

Aufbau	Schicht	Material	Dicke
Einschichtaufbau	Deckschicht	Material mit Null-Anteilen 0/4 mm, Sand- und Splittkörnungen 2/5, 2/8, 4/8, 5/11, 8/16 mm	Abstreuung mit ca. 2 cm
	Tragschicht	Kiessand, Schotter 0/22, 0/32, 0/45 mm	≥ 12 cm

Tabelle 4: *Baustoffe gemäß Bauweisen nach FLL „Fachbericht zu Planung, Bau und Instandhaltung von Wassergebundenen Wegen" (2007)*

Aufbau	Schicht	Material	Dicke
Zweischicht-aufbau	Deckschicht	Kiessand, Splittsand, Haldenmaterial 0/8, 0/11, 0/16 mm	4–6 cm
	Tragschicht	Kiessand, Schotter 0/22, 0/32, 0/45 mm	≥ 12 cm
Dreischichtaufbau	Deckschicht	Brechsand, Natursand, Haldenmaterial (0/3), 0/5, 0/8, 0/11 mm	4–6 cm
	Dynamische Schicht	Splitt, Brechsand, Haldenmaterial 0/11, 0/16, 0/22 mm	6–8 cm
	Tragschicht	Kiessand, Schotter 0/22, 0/32, 0/45 mm	≥ 12 cm

1-Schichtbauweise

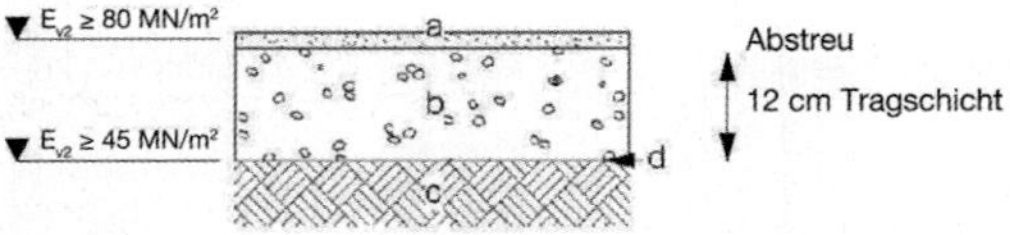

2-Schichtbauweise

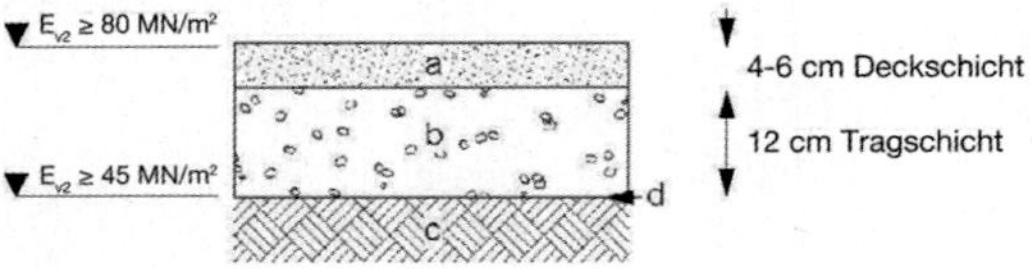

3-Schichtbauweise

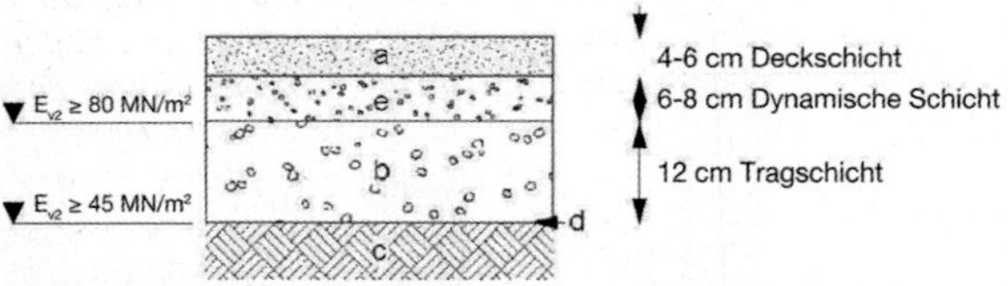

***Bild 3:** Regelaufbauten nach FLL „Fachbericht zu Planung, Bau und Instandhaltung von Wassergebundenen Wegen" (2007) (Quelle: Fauth)*

Grundsätzlich sollte das Verformungsmodul aus dem statischen Plattendruckversuch E_{V2} (MPa) für den Baugrund als Untergrund oder Unterbau ≥ 45 und für die Tragschicht ≥ 80 betragen.

Der Einbau der Deckschicht erfolgt erdfeucht, um eine Entmischung zu vermeiden. Die dynamische Schicht und die Deckschickt werden mit statisch wirksamen Verdichtungsgeräten bis zur ausreichenden Trittfestigkeit verdichtet.

Tabelle 5: *Anforderungen an dynamische Schichten nach FLL „Fachbericht zu Planung, Bau und Instandhaltung von Wassergebundenen Wegen"(2007)*

Eigenschaft	Anforderung	Prüfung nach
d < 0,063 mm	≤ 7 M.-%	DIN EN 933-1
Verdichtung DPr	≥ 97 %	DIN 18127
Wasserdurchlässigkeit k_f	1×10^{-5} m/s	DIN 18035-5
Gefälle	≥ 1 %	Nivellement
Höhenlage	Abweichung von der Nennhöhe ± 15 mm	Nivellement
Ebenheit	Spaltweite unter 4 m Latte ≤ 15 mm	DIN 18202
Wasserkapazität W_k	≥ 15 Vol.-%	DIN 18035-4

Tabelle 6: *Anforderungen an Deckschichten nach FLL „Fachbericht zu Planung, Bau und Instandhaltung von Wassergebundenen Wegen" (2007)*

Eigenschaft	Anforderung	Prüfung nach
d < 0,063 mm	≥ 8 ≤ 21 M.-%	DIN EN 933-1
Wasserdurchlässigkeit k_f	1×10^{-6} m/s	DIN 18035-5
Gefälle	≥ 1 %	Nivellement
Höhenlage	Abweichung von der Nennhöhe ± 10 mm	Nivellement
Ebenheit	Spaltweite unter 4 m Latte ≤ 10 mm	DIN 18202

Schotterrasen

Schotterrasenflächen sind in der FLL-Richtlinie für die Planung, Ausführung und Unterhaltung von begrünbaren Flächenbefestigungen" geregelt. Der Einbau von Schotterrasen wird in erster Linie für folgende Bereiche angewendet:

- Notfahrbereiche an Straßen sowie als Stand- und Bewegungsflächen für die Feuerwehr
- unregelmäßig genutzte Parkplatz- und Fahrflächen für Pkw sowie geringen Lkw- und Busverkehr

Tabelle 7: *Regelbauweisen der Schotterrasenflächen in Abhängigkeit von der Belastung nach FLL-Richtlinie für die Planung, Ausführung und Unterhaltung von begrünbaren Flächenbefestigungen"*

Nutzungs-kategorie	Nutzungs-frequenz	Dicken der Deckschicht
N 1	begehbar	15 cm ohne Tragschicht
N 2	befahrbar mit < 3,5 t	20 cm mit und ohne Tragschicht 30 cm ohne Tragschicht bei Kiestragschicht aus frostunempfindlichem Material
N 3	befahrbar wie N 2, gelegentlich mit Befahrung von Fahrzeugen bis 20 t	20 cm mit Tragschicht (15-25 cm)
N Fw	Feuerwehrzufahrt, belastbar bis 16 t	20 cm mit Tragschicht (15-25 cm)

Regelbauweise SR1

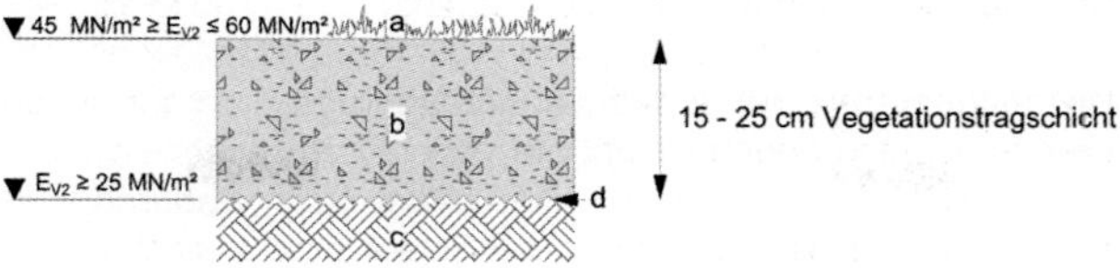

Regelbauweise SR2

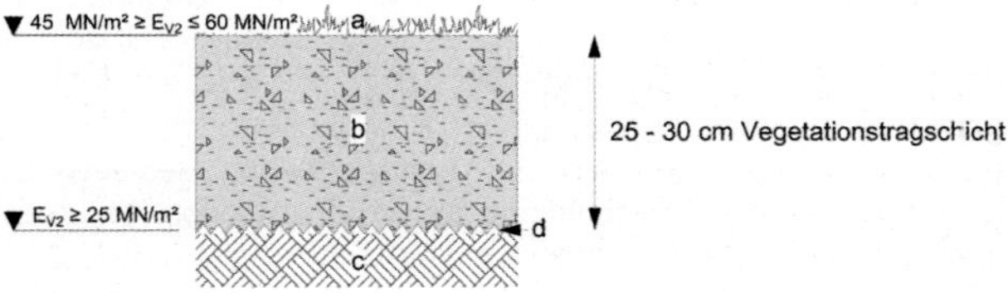

Regelbauweise SR3

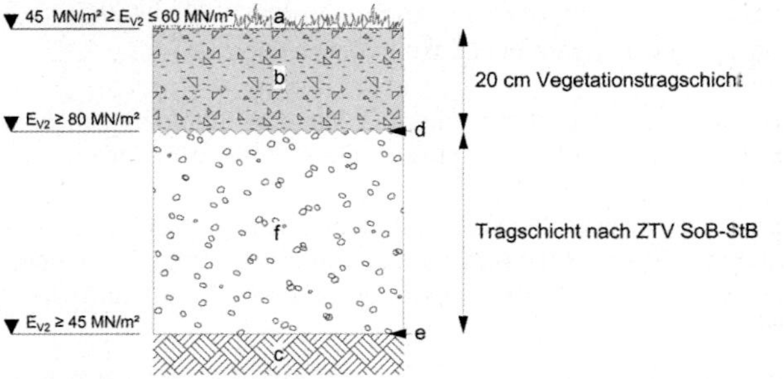

Bild 4: *Regelaufbauten nach FLL-Richtlinie für die Planung, Ausführung und Unterhaltung von begrünbaren Flächenbefestigungen" (Quelle: Fauth)*

a) *Bewuchs*
b) *Vegetationstragschicht*
c) *Baugrund*
d) *Verzahnung 5 cm*
e) *Planum f Tragschicht nach ZTV SoB-StB*

Der Baugrund muss einen k_f-Wert ≥ $1x10^{-6}$ m/s und ein Verformungsmodul E_{v2} ≥ 25 MPa ≤ 60 MPa aufweisen (mit Einführung der RSto 2012 wird die Einheit MPa anstatt MN/qm verwendet). Für hohe Belastungen ist eine Tragfähigkeit von mind. 45 MPa erforderlich. Je nach Verkehrslast muss auf den Baugrund eine Schottertragschicht aufgebracht werden.

Das Planum bzw. bei Bedarf die Schottertragschicht wird nach dem Verdichten angeraut und die Vegetationstragschicht bzw. bei Bedarf die Schottertragschicht aufgebracht. Dadurch wird eine ca. 5 cm dicke Verzahnung der Schichten erstellt.

Die Vegetationstragschicht besteht aus einem Gemisch aus Gerüstbaustoffen, wie natürlichen Mineralstoffen, Lavaschlacken oder Recyclingbaustoffen, sowie Zuschlagstoffen, i. d. R. Böden der Bodengruppe 2–6 gemäß DIN 18915. Es wird empfohlen, gebrochene Baustoffgemische im Körnungsbereich 0/16 mm bis 0/45 mm zu verwenden. Bei ungebrochenen Gesteinskörnungen muss die Schichtstärke ggf. erhöht werden, um eine ausreichende Tragfähigkeit zu erzielen.

Entscheidend für die spätere Vegetationsfähigkeit ist die Einhaltung der Anforderungen an die Wasserdurchlässigkeit und -speicherfähigkeit. Weitere Anforderungen wie pH-Wert und Salzgehalt sind gemäß FLL zu berücksichtigen.

Der Einbau hat in erdfeuchtem Zustand zu erfolgen, um eine Entmischung der Mischungskomponenten zu vermeiden.

Bei einer zweischichtigen Vegetationstragschicht-Bauweise kommt in der unteren Schicht herkömmliches Tragschichtmaterial nach ZTV-SoB-StB mit einer gröberen Körnung zur Anwendung.

Tabelle 8: *Anforderungen an Vegetationstragschichten nach FLL-Richtlinie für die Planung, Ausführung und Unterhaltung von begrünbaren Flächenbefestigungen" (2008)*

Eigenschaft	Anforderung	Prüfung nach
Verformungsmodul E_{v2}	N 1: ≥ 25 MPa N 2/N 3/ N Fw: ≥ 45 MPa	DIN 18134
Wasserdurchlässigkeit k_f	≥ 1×10^{-5} m/s	FLL Dachbegrünungsrichtlinie
Wasserspeicherfähigkeit	20–40 %	FLL Dachbegrünungsrichtlinie

Tabelle 8: Anforderungen an Vegetationstragschichten nach FLL-Richtlinie für die Planung, Ausführung und Unterhaltung von begrünbaren Flächenbefestigungen" (2008)

Eigenschaft	Anforderung	Prüfung nach
organische Substanz	N 1: ≥ 1 ≤ 5 M.-% N 2,3: ≥ 1 ≤ 3 M.-% N Fw: ≥ 1 ≤ 2 M.-%	DIN 18128
Ebenheit	Stichmaß als Grenzwert bei Meßpunktabstand 4 m ≤ 20 mm 2 m ≤ 15 mm 1 m ≤ 10 mm	DIN EN 13036-7

Auf die Vegetationstragschicht ist Saatgut nach RSM in der geeigneten Regelaussaatmenge auszubringen, anzuwalzen und ausreichend zu wässern. Dabei darf sich das Saatgut nicht entmischen.

Pflasterbeläge

Pflasterbeläge werden aus Natustein, Klinker/Ziegel oder Betonstein hergestellt. Sie werden sowohl in gebundener als auch in ungebundener Bauweise verwendet. Die Regelbauweise ist allerdings die ungebundene Bauweise, da hier eine hohe dynamische Belastbarkeit gegeben und die Pflegeintensität sehr gering ist.

Als ungebunden wird eine Pflasterfläche bezeichnet, wenn das Bettungsmaterial ungebunden ausgeführt wird.

Für die Ausführung von Pflaster und Plattenbelägen sind insbesondere ATV DIN 18318 sowie TL- und ZTV-Pflaster-StB zu berücksichtigen. Außerhalb von Flächen des Straßenverkehrs können die „ZTV-Wegebau – Zusätzliche Technische Vertragsbedingungen für den Bau von Wegen und Plätzen außerhalb von Flächen des Straßenverkehrs" (2022) angewendet werden.

Bei der Verlegung ist nach ATV DIN 18318:2015-08 die zulässige Abweichung von der Sollhöhe und -lage ± 20 mm.

Abweichungen von der Ebenheit von Naturstein-Pflasterdecken dürfen unter einer 4 m langen Messstrecke nicht größer als 10 mm sein. Die Messung erfolgt mit einem Messkeil.

Für Wege und Plätze außerhalb von Flächen des Straßenverkehrs gelten gemäß ZTV-Wegebau folgende Ebenheitsabweichungen:

Tabelle 9: *Ebenheitsabweichungen für Wege und Plätze außerhalb von Flächen des Straßenverkehrs gemäß ZTV-Wegebau.*

Nutzungskategorie	Belagsart	Neigung (%)	Ebenheitsanforderung 4 m Messstrecke in mm
N1 (Begehbare, nicht befahrbare Flächenbefestigung)	Pflastersteine und Platten aus Beton, Betonwerkstein, Pflasterklinker, Pflasterziegel, Naturwerkstein, bearbeitetem Naturstein, Keramik	≥ 1,0 % < 2,0 %	≤ 8 mm
		≥ 2,0 % < 2,5 %	≤ 10 mm
		≥ 2,5 %	≤ 12 mm
	Pflastersteine und Platten aus unbearbeitetem, spaltrauem Naturstein	≥ 2,0 % < 3,0 %	≤ 10 mm
		≥ 3,0 %	≤ 20 mm
N2, N3 (befahrbare Flächenbefestigungen mit 3,5 t bzw. bis 20 t Gesamtauflast)	Pflastersteine und Platten aus Beton, Betonwerkstein, Pflasterklinker, Pflasterziegel, Naturwerkstein, bearbeitetem Naturstein, Keramik[1)]	≥ 2,0 % < 2,5 %	≤ 8 mm
		≥ 2,5 %	≤ 10 mm
	Pflastersteine und Platten aus unbearbeitetem, spaltrauem Naturstein	≥ 3,0 %	≤ 15 mm
[1)] Keramische Platten sind für N3 nicht zugelassen!			

Bettung ungebundene Ausführung

Die Bettungsdicke beträgt nach DIN 18318 30 mm bis max. 50 mm (verdichtet). Ab einer Steindicke von 120 mm sollte sie 40–60 mm (verdichtet) betragen. Diese wird auf die gefälle- und profilgerechte, verdichtete Oberfläche der Tragschicht aufgetragen. Unebenheiten der Tragschicht dürfen nicht durch die Bettung ausgeglichen werden.

Geeignetes Bettungsmaterial sind Brechsand-Splitt-Gemische in kornabgestufter Zusammensetzung nach ATV DIN 18318 in den Korngrößen 0/4, 0/5, 0/8 mm und bei Steinen mit einer Nenndicke ab 12 cm und einer Bettungsdicke > 40 mm Gemische aus Gesteinskörnungen 0/11 mm. Die Bettung muss filterstabil zur Tragschicht und zum Fugenmaterial gewählt werden. Im eingebauten und verdichteten Zustand benötigt diese einen Wasserdurchlässigkeitswert von mind. $k_f = 1 \times 10^{-6}$ m/s.

Pflaster ungebundene Ausführung

Auf die profilgerecht vorbereitete Bettung wird das Pflaster flucht- und winkelgerecht und unter Einhaltung des Verbands verlegt. Die Verlegung des Pflasters erfolgt hammerfest.

Fuge ungebundene Ausführung

Nach der Verlegung des Pflasterbelags werden die Fugen verfüllt. Die Verfüllung der Fugen erfolgt vollständig und kontinuierlich mit dem Verlegefortschritt durch Aufbringen und Einschlämmen. Das Fugenmaterial wird in Abstimmung mit dem Bettungsmaterial gewählt, um die Filterstabilität zu gewährleisten. Geeignete Fugenmaterialien sind z. B. Natursande oder Brechsande in den Korngrößen 0/2 oder 0/4 mm und Brechsand-Splitt-Gemische in der Korngröße 0/4 mm, vgl. TL-Pflaster.

Die Fugenbreite richtet sich nach der Steinart und -dicke nach ATV DIN 18318.

Tabelle 10: *Zulässige Fugenbreite*

Fugenbreiten nach ATV DIN 18318: 2019-09	
Beton, Klinker, gesägter Naturstein	D < 100 mm: 4 +/- 2 mm D > 100 mm: 6 +/- 3 mm
Naturstein spaltrau	D < 120 mm: 10 +/- 5 mm D > 120 mm: 15 +/- 5 mm

Zur richtigen Abstimmung und Herstellung von Bettung und Fuge sind folgende Richtlinien gemeinsam zu beachten:

- TL Gestein-StB 04/07
- TL Pflaster-StB 06
- ZTV Pflaster-StB 06
- M FP 1 (Ausgabe 2003)

Für Wege und Flächen außerhalb von Flächen des Straßenverkehrs soll die Fugenbreite gemäß ZTV-Wegebau für die Nutzungskategorie N 1 mind. 1 mm betragen; für höhere Belastungen, insbesondere für Beläge der Nutzungskategorie N 3, mind. 3 mm.

Pflasterflächen in gebundener Ausführung nach ATV DIN 18318:2019-09

Die Bettung einer gebunden ausgeführten Pflasterfläche nach DIN 18318:2019-09 soll in begehbaren und befahrbaren Bereichen 50 mm ± 10 mm dick hergestellt werden.

Bei der Druckfestigkeit wird in begehbar > 4 MPa, befahrbar bis 3,5 t > 10 MPa und über 3,5 t > 15 MPa unterschieden. Eine Überprüfung erfolgt nach DIN EN 12390-3. Die Infiltrationsrate wird nach DIN EN 12616 überprüft. Dabei müssen 2 l Prüfflüssigkeit in höchsten 10 Minuten abgeflossen sein.

Die Fugenbreite muss bei spaltrauem Kleinpflaster aus Naturstein 10 mm ± 5 mm betragen und bei Belägen mit Plattenlängen > 600 mm 15 mm ± 5 mm. Bei spaltrauem Großpflaster aus Naturstein und spaltrauen Natursteinplatten sind abhängig von den Maßtoleranzen, Fugen bis 30 mm Breite zulässig.

Bei Pflasterflächen in gebundener Ausführung sind insbesondere auch die Merkblätter M FPgeb und ALP Pgeb zu beachten.

Zur Vermeidung von Spannungen innerhalb des Oberbaus und im Anschluss an feste Bauwerke sind Bewegungsfugen einzuplanen. Diese können aus Fugeneinlagen, anschmelzbaren Fugenbändern oder Vergussstoffen bestehen. Etwaige Bewegungsfugen und deren Lagen sollten bereits in darunterliegenden gebundenen Tragschichten berücksichtigt werden.

Für Fugen in gebundener Ausführung an Wegen und Plätzen außerhalb von Flächen des Straßenverkehrs sollte die Fugenbreite gemäß ZTV-Wegebau zwischen 5–15 mm betragen, bei Plattenlängen ≥ 600 mm zwischen 10–20 mm. Bei spaltrauen Natursteinen und -platten sind größere Fugen zulässig. Unabhängig von der Fugenbreite müssen die Fugen ca. 1–3 mm unter der Oberfläche des Steins bzw. der Platte oder bis zur Unterkante der ggf. vorhandenen Fase vollständig gefüllt sein. Der Bettungsstoff darf nicht mehr als 1/3 der Stein- oder Plattendicke in der Fuge aufsteigen.

Verbände

Durch die Verlegung in speziellen Verbänden können insbesondere Scherkräfte besser aufgenommen werden.

Mögliche Pflasterverbände für Beton- und Klinkerpflaster:

- Läufer- oder Reihenverband
- Parkettverband gerade und versetzt
- Blockverband
- Fischgrätverband
- Kreuzfugenverband u. v. m.

Mögliche Pflasterverbände für Natursteinpflaster:

- Reihenverband
- Kreuzfugenverband
- Römischer Verband
- Passe
- Segmentbogen
- Schuppenbogen
- Wildpflaster
- Polygonalverband u. v. m.

Verdichtung

Bis zum Erreichen der geforderten Standfestigkeit muss die Pflasterfläche nach der Fugenverfüllung mit geeignetem Gerät und Rüttelfrequenz abgerüttelt werden. Im Vorfeld ist die Pflasterfläche abzukehren. Danach erfolgt ein nochmaliges vollständiges Verfüllen und Einschlämmen der Fugen, bevor die Fläche in Betrieb genommen werden kann.

Plattenbeläge

Wie auch Pflasterbeläge können Plattenbeläge aus Naturstein, Klinker/Ziegel oder Betonstein hergestellt werden. Natursteine sind als regelmäßige, gesägte Formate sowie als freie Formate wie z. B. Polygonalplatten erhältlich. Sie werden mit gespaltener Oberfläche und/oder gebrochenen Kanten angeboten.

Die Formate und Oberflächen von Betonsteinplatten sind je nach Hersteller frei wähl- und kombinierbar. Sie werden sowohl in gebundener als auch in ungebundener Bauweise verwendet. Aufgrund ihres Verhältnisses von Dicke zu Länge weisen sie eine geringere Stabilität als Pflasterflächen auf. Daher ordnet die RStO das Einsatzgebiet für Plattenbeläge für nicht regelmäßig befahrene Geh- und Radwege und für nicht befahrene Plätze und Höfe ein.

Die Bauweisen von Plattendeckflächen unterscheiden sich grundsätzlich nicht von denen der Pflasterflächen. Anschließend werden daher lediglich die Besonderheiten der Plattendeckschichten beschrieben.

Auch hier ist die zulässige Abweichung von der Sollhöhe nach ATV DIN 18318 ± 20 mm.

Platten-Deckschichten dürfen unter einer 4-m-Messstrecke Unebenheiten in der Oberfläche von nicht größer als 10 mm aufweisen.

Für Wege und Plätze außerhalb von Flächen des Straßenverkehrs gelten gemäß ZTV-Wegebau folgende Ebenheitsabweichungen:

Tabelle 11: *Ebenheitsabweichungen für Wege und Plätze außerhalb von Flächen des Straßenverkehrs gemäß ZTV-Wegebau.*

Nutzungskategorie	Belagsart	Neigung (%)	Ebenheitsanforderung 4 m Messstrecke in mm
N1 (Begehbare, nicht befahrbare Flächenbefestigung)	bearbeiteter Naturstein,	≥ 2,5 %	≤ 12 mm
	unbearbeiteter, spaltrauer Naturstein	≥ 2,0 % < 3,0 %	≤ 10 mm
		≥ 3,0 %	≤ 20 mm
N2, N3 (befahrbare Flächenbefestigungen mit 3,5 t bzw. bis 20 t Gesamtauflast)	bearbeiteter Naturstein,	≥ 2,5 %	≤ 10 mm
	unbearbeiteter, spaltrauer Naturstein	≥ 3,0 %	≤ 15 mm

Bettung ungebundene Ausführung

Die Bettung von ungebundenen Plattenbelägen sollte eine Dicke von 30–50 mm aufweisen. Durch die große Auflagefläche ist v. a. die gleichmäßige Ebenflächigkeit von großer Bedeutung, da es sonst zu Plattenbruch kommen kann.

Das genaue Bettungsmaterial wird bei den zuvor beschriebenen Pflasterflächen in ungebundener Ausführung genannt.

Fugen ungebundene Ausführung

Um ein einheitliches, gleichmäßiges Fugenbild zu erzeugen, ist es bei Plattenflächen ratsam, auf den Einsatz von Fugenlehren oder Abstandshaltern zurückzugreifen.

Bettung gebundene Ausführung

Die Dicken und Anforderungen an eine Bettung für gebunden ausgeführte Plattenbeläge sind dem vorher aufgeführten Punkt der Bettung für gebundene Ausführungen von Pflasterflächen zu entnehmen.

Plattenbelag gebundene Ausführung

Die erforderlichen Nenndicken können ebenso den vorhergehend beschriebenen Pflasterflächen in gebundener Ausführung entnommen werden. Plattenbeläge in gebundener Ausführung sind jedoch im Gegensatz zu Pflasterflächen nicht für befahrbare Bereiche geeignet.

Zudem kann es in vereinzelten Fällen zu Verfärbungen der Plattenfläche aus einer Reaktion mit dem Bettungsmörtel kommen.

Fugen gebundene Ausführung

Auch dieser Punkt wird unter den gebunden ausgeführten Pflasterflächen erläutert.

Verbände

Da dieser bei Plattenbelägen von großer gestalterischer Bedeutung ist, sollte dieser in jedem Fall passend zum Belagsflächenzuschnitt ausgewählt werden. Zudem hat eine genaue Abstimmung der Plattenformate in Bezug auf die Wegebreite zu erfolgen.

Mögliche Verbände für Plattenbeläge:

- Kreuzfugenverband orthogonal oder diagonal
- Reihenverband
- Schiffsverband
- Römischer Verband
- Polygonalverband u. v. m.

Betondecken

Eine Betondecke ist eine starre, hochfeste Belagsdecke. Die Oberflächenbeschaffenheiten und Farben bieten eine große Auswahl an Möglichkeiten.

Der Aufbau ist i. d. R. einschichtig. Die nicht armierte Betondecke einer Druckfestigkeitsklasse von C30/37 wird auf eine Tragschicht bzw. Frostschutzschicht 0/32 eingebaut. Durch die Einlage eines Geovlieses oder einer Folie kann das Durchsickern von Zementschlämmen verhindert werden.

Je nach Verkehrsbelastung gliedern sich die Aufbaudicken nach RStO für Anwendungen im Landschaftsbau wie folgt:

Rad-/Gehwege:	12 cm Decke 18–28 cm Tragschicht (je nach erforderlicher Dicke des frostsicheren Aufbaus)
Belastungsklasse 0,3:	21 cm Decke 14–44 cm Frostschutzschicht (je nach erforderlicher Dicke des frostsicheren Aufbaus)
Belastungsklasse 1,0:	21 cm Decke 24–54 cm Frostschutzschicht (je nach erforderlicher Dicke des frostsicheren Aufbaues)

Der Einbau erfolgt zwischen Schalungen. Eine Einfassung der Betondecke ist nicht notwendig. Der Beton wird innerhalb der Schalungen verteilt und anschließend mithilfe von Rüttelbohlen gleichmäßig verdichtet. Danach wird die Fläche abgezogen.

Bis zum endgültigen Erhärten muss die Fläche vor Nässe und Frost geschützt werden.

Um Risse zu vermeiden und zum Ausgleich von Längenausdehnungen in der Betondecke werden Fugen eingebaut. Man unterscheidet folgende Fugentypen:

- Tagesendfugen zum Anschluss an feste Bauwerke und Flächen
- Scheinfugen zur kontrollierten Rissbildung in der Betondecke

Die Anordnung der Fugen muss wie folgt bemessen werden:

- rechteckige Fugenanordnung: Die Abmessungen der Fugen sollten nicht das 25-Fache der Plattendicke übersteigen.
- quadratische Fugenanordnung: Die Abmessungen der Fugen sollten nicht das 30-Fache der Plattendicke übersteigen.
- Im Allgemeinen sollte ein max. Fugenabstand von 5 x 5 m eingehalten werden.
- Bei Wegen ist ein Fugenabstand von 4 m nicht zu überschreiten.

Bewehrte Betonfertigteile bezeichnet man als Betonbodenplatten. Diese können je nach Dimensionierung hohe Verkehrslasten aufnehmen. Verschiedenste Sonderanfertigungen sind je nach Hersteller möglich.

Asphaltdecken

Gerade für große Plätze und Straßenanlagen ist die Asphaltdecke aufgrund ihres einfachen, flächigen und wirtschaftlichen Einbaus sehr beliebt.

Grundsätzlich sind die TL Asphalt-StB für geeignete Baustoffe und die ZTV Asphalt-StB für die Ausführung zu berücksichtigen. Je nach Belastungsklasse wird Straßenbaubitumen in unterschiedlichen Sorten sowie ein Ein-, Zwei- oder Dreischichtaufbau verwendet.

Der Schichtaufbau wird wie folgt gegliedert:

Asphalttragschicht

bildet eine gleichmäßige, standfeste Unterlage. Sie wird auch als Tragschicht für belastete Pflaster- oder Plattenbeläge in gebundener Ausführung eingebaut.

Asphaltbinderschicht

liegt zwischen der Trag- und Deckschicht. Sie wird verwendet, wenn besonders starke Schubkräfte, wie z. B. bei Schwerlastverkehr, erwartet werden.

Asphaltdeckschicht

ist die eigentliche beanspruchte Nutzschicht des Asphaltaufbaus. Diese wird unterschieden in:

- Asphaltbeton
  - gleichmäßige Verteilung von Bitumen und Mineralgemisch
  - glatte Flächen, für alle Belastungen
  - Einbau mit Fertiger und Walzen
- Splittmastixasphalt
  - hoher Splittgehalt mit großem Korn, hoher Bitumengehalt mit Stabilisierungszusätzen
  - für besonders hohe Belastungen
  - Einbau mit Fertiger und Walzen
- Gussasphalt
  - hoher Bitumengehalt mit Bindemittelüberschuss, zähflüssig, wasserdicht, für ungünstige Flächenzuschnitte
  - Einbau mit Fertiger oder von Hand

In Bereichen, in denen nur geringe Ansprüche an die Oberflächenqualität und Verformungsstabilität gestellt werden, wird auf die Asphaltbinderschicht verzichtet. Diesen Aufbau bezeichnet man als Asphalttragdeckschicht.

Entwässerung von Belagsflächen

Um das Wasser bei und nach Niederschlägen zur Aufrechterhaltung der Nutzbarkeit und Funktionalität zügig von den Belagsflächen abzuleiten, müssen viele Faktoren berücksichtigt werden.

Die Entwässerung von Belagsflächen ist zum einen abhängig von der Oberflächenbeschaffenheit und dem Abflussbeiwert der verwendeten Materialien. Zum anderen spielen das Fugenmaterial, die Fugengröße sowie die Topografie des bestehenden Geländes eine entscheidende Rolle.

Der Hauptfaktor liegt jedoch in der ausreichenden Oberflächenneigung, um Niederschlagswasser effizient abzuleiten. Dies kann durch Tiefpunkte oder Tieflinien erfolgen. Die Ableitung des anfallenden Wassers erfolgt dann durch Punkt- bzw. Linienentwässerungssysteme oder durch die freie Entwässerung auf unbefestigten, versickerungsfähigen Flächen.

Wird das Niederschlagswasser in eine Entwässerungseinheit geleitet, ist diese hinsichtlich der angeschlossenen Einzugsfläche entsprechend zu dimensionieren. Hofabläufe als Punktentwässerung können einen Niederschlagsflächeneinzugsbereich von ca. 100–200 m^2 aufnehmen. Ein Straßeneinlauf auf wenig befahrenen Flächen hingegen hat einen Einzugsbereich von ca. 300–400 m^2. Werden Straßen und Plätze befahren, sind die Einläufe entsprechend dichter anzuordnen.

Gefälle

Bei der Planung ist darauf zu achten, dass das Gefälle und somit auch das Niederschlagswasser immer vom Gebäude weggeführt wird. Zudem sollte das Niederschlagswasser einer befestigten Fläche, noch bevor es auf eine andere Fläche trifft, durch geeignete Maßnahmen, wie z. B. Entwässerungsrinnen, abgefangen werden.

Straßen und Wege werden in den meisten Fällen durch ein geeignetes Quergefälle entwässert, das zumeist größer ist als das zusätzliche Längsgefälle. Das dabei entstehende Diagonalgefälle ist ab einem Quergefälle von q > 1 % deutlich größer. Auch mit Erhöhung des Längsgefälles nimmt das Diagonalgefälle konstant zu. Somit kann mit einer Erhöhung des Längsgefälles das Quergefälle reduziert werden.

Es gilt:

$$p = \sqrt{q^2 - s^2}$$

p = Diagonalgefälle

q = Quergefälle

s = Längsgefälle

Je nach Material und Einbauort ist die **Mindestanforderung** an den Gefällewert nach den entsprechenden Richtlinien geregelt:

- Naturstein mit gespaltener Oberfläche oder grob bearbeiteter Oberfläche
    - auf Fahrbahnen 3,5 %
    - sonstige Flächen 3,0 %
- sonstige Pflaster- und Plattenbeläge 2,5 %
- Entwässerungsrinnen im Längsgefälle 0,5 %
- wasserdurchlässige Belagsdeckschichten 1,0 % max. 5 %
- Belagsdeckschichten mit Vegetationsfugen 1,0 % max. 5 %
- Verkehrsflächen (Straßen) Querneigung 2,5 %
- sonstige Verkehrsflächen Schrägneigung 2,0 %

Tabelle 12: *Abflusswirksame Neigung nach Belagsart*

Material	Nutzung	DIN 18318:2019-09 Mindestneigung
Pflastersteine und Platten aus Beton, Ziegel, Klinker und bearbeitet aus Naturstein	befahrbar begehbar	2,0 % 1,5 %
Unbearbeitet oder spaltraue Pflastersteine und Platten aus Naturstein	befahrbar begehbar	3,0 % 2,0 %
Die angegebenen Mindestneigungen dürfen nicht unterschritten werden.		

Bei Pflaster- und Plattenflächen ist bei der Planung der Verlegerichtung und Schnittkanten besonders auf die spätere Entwässerungsrichtung zu achten. So sollten die Bogen des Segmentbogenpflasters immer entgegen die Fließrichtung zeigen.

Checkliste zur Ausführung: Wegebau und Pflasterung

Materialien

- ☐ **Sind die Schüttstoffe in der richtig abgestimmten Körnung ausgeschrieben, geliefert und eingebaut?**
  Hierbei sind der Verwendungszweck, die zu erwartende Verkehrsmenge und -art sowie die örtlichen und klimatischen Gegebenheiten zu berücksichtigen (RStO 12).
- ☐ **Wurden Belagsmaterial, -format, -stärke, -verbund auf die spätere Nutzung und die örtlichen Gegebenheiten abgestimmt?**
  Im Besonderen bei der späteren Nutzung müssen die Belastungsklassen nach RStO 12 eingehalten werden.
  Je nach örtlicher Lage des Objekts müssen die Frosteinwirkung und weitere Einflussfaktoren mit berücksichtigt werden.
- ☐ **Ist das Fugenmaterial zur Bettung filterstabil?**
  Nach DIN 18315 müssen die Baustoffgemische gegen die oben und unten angrenzenden Schichten eine filterstabile Zusammensetzung aufweisen.

Bautechnik

- ☐ **Ist der bauseitige Untergrund bzw. erstellte Unterbau in der richtigen Höhenlage und ebenmäßig? Weist er die notwendige Tragfähigkeit auf?**
  Entsprechen die Höhenlage und die Ebenmäßigkeit nicht den Planungsgrundlagen und weist der Untergrund bzw. Unterbau nur eine ungenügende Tragfähigkeit auf, muss der Auftragnehmer nach § 4 Nr. 3 VOB/B Bedenken anmelden.
- ☐ **Entspricht der Belagsaufbau der späteren Nutzung?**
  Insbesondere die Tragschichts- und Steindicke müssen für die spätere Nutzung und Belastung geeignet gewählt werden.
- ☐ **Liegen die Ebenmäßigkeiten der Tragschicht bzw. Frostschutzschicht sowie der Belagsflächen innerhalb der zulässigen Maßtoleranzen?**
  Ebenheit nach DIN 18315:
  Tragschichten: Unter einer 4 m langen Messstrecke dürfen Unebenheiten in der Oberfläche nicht größer als 30 mm sein.
  Deckschichten: Unter einer 4 m langen Messstrecke dürfen Unebenheiten in der Oberfläche nicht größer als 20 mm sein.
- ☐ **Sind ausreichend Einlaufpunkte oder Versickerungsflächen zur Entwässerung vorhanden?**
  Das anfallende Wasser kann durch Punkt- bzw. Linienentwässerungssysteme oder durch die freie Entwässerung auf unbefestigten, versickerungsfähigen Flächen abgeleitet werden. Punktabläufe sollten untereinander einen Abstand von kleiner als 30 m vorweisen. Die anzuschließenden Flächen für Punktabläufe und Linienentwässerung sind abhängig von den örtlich anfallenden Niederschlagsereignissen.
- ☐ **Wurden die Mindest- und Maximalgefälle der unterschiedlichen Belagstypen eingehalten?**
  Für die unterschiedlichen Belagstypen sind unterschiedliche Entwässerungsgefälle vorgeschrieben. Diese sind in der ATV DIN 18318, dem Merkblatt FGSV 947, der FLL-Richtlinie sowie in der RAS-Ew geregelt.

Zugänge

Treppen

Treppen dienen sowohl im Außen- als auch im Innenbereich zur Überwindung von Höhenunterschieden und als Zugang zu unterschiedlichen Ebenen. Mit ihnen können Steigungen von mind. 1:6 bis max. 1:1 überwunden werden.

Bei Steigungen unter 1:6 kommen Rampen zum Einsatz, bei einer Steigung über 1:1 werden sie von Leitern abgelöst.

Treppen, die als Zugang zu Gebäuden dienen, werden in DIN 18065 geregelt.

Elemente der Treppe

Als Treppe bezeichnet man ein Bauwerk, das aus mind. einem Treppenlauf besteht.

Der **Treppenlauf** wird aus mind. drei unmittelbar aufeinanderfolgenden Treppenstufen (drei Steigungen) gebildet. Zwei Stufen stellen demnach noch keinen Treppenlauf, also auch keine Treppe dar.

Die **Treppenstufe** besteht aus der Steigung und dem Auftritt, über welche das Steigungsverhältnis berechnet wird.

Man unterscheidet bei der Stufe zwischen dem waagrechten Stufenteil, der **Trittstufe**, und dem senkrechte Stufenteil, der **Setzstufe**.

Die unterste Stufe der Treppen wird als **Antrittsstufe** bezeichnet. Die oberste Stufe, die **Austrittsstufe**, stellt den Abschluss der Treppe dar und befindet sich bereits auf der höheren Ebene.

Ein Treppenabsatz am Anfang oder Ende eines Treppenlaufs heißt Podest. Ein Treppenabsatz zwischen zwei Treppenläufen wird als **Zwischen- oder Ruhepodest** bezeichnet.

Die Lauflinie ist eine gedachte Linie und beschreibt den üblichen Laufweg der Benutzer einer Treppe. Bei geraden Treppen befindet sie sich in der Treppenmitte. Bei gewendeten Treppen verläuft sie ca. 35 cm von der Handlaufmitte entfernt. Hier muss die Stufentiefe in der Lauflinie mind. 15 cm, am inneren Stufenrand > 10 cm sein. Abweichend davon darf dieser bei Wohngebäuden mit weniger als zwei Wohneinheiten (WE) ein Mindestmaß von 5 cm aufweisen.

In der zeichnerischen Darstellung im Grundriss wird der Beginn der Lauflinie an der Vorderkante der Antrittsstufe mit einem kleinen Kreis oder Punkt gekennzeichnet. An der Vorderkante der Austrittsstufe endet die Lauflinie mit einem Pfeil, der die Steigungsrichtung der Treppe angibt.

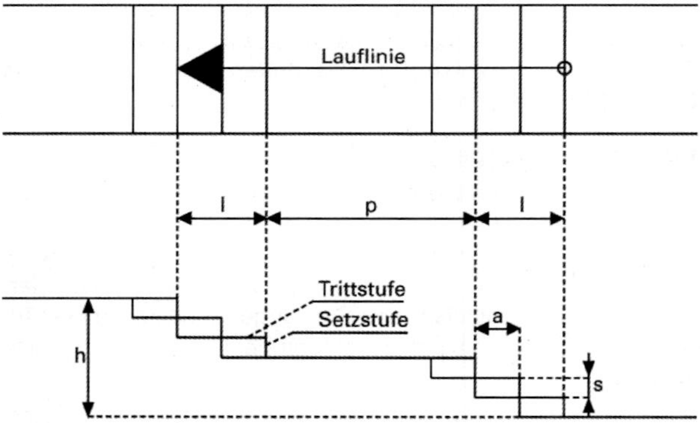

Bild 1: *Elemente der Treppe (Quelle: Fauth)*

a = einläufige gerade Treppe
l = Treppenlauflänge
h = Treppenhöhe
s = Steigung
p = Podestlänge

Treppentypen

Grundsätzlich kann zwischen geraden und gewendelten Treppenläufen unterschieden werden. Je nach Anzahl der Treppenläufe spricht man von ein-, zwei- und mehrläufigen Treppen.

Weitere Unterscheidungen ergeben sich in der Anordnung der Treppenläufe zueinander (gerade, gewinkelte, gegenläufig), dem Einbau von Zwischenpodesten und der Kombination aus gewendelten und geraden Treppenläufen.

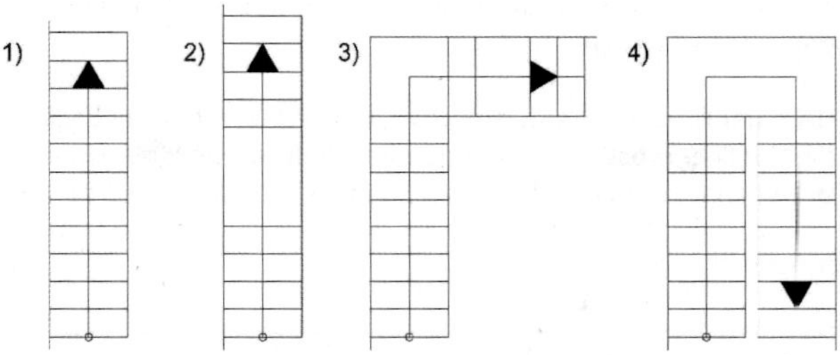

Bild 2: *Treppentypen: Auswahl gerade Treppenläufe (Quelle: Fauth)*

1 einläufige gerade Treppe
2 zweiläufige gerade Treppe
3 zweiläufige gewinkelte Treppe
4 zweiläufige gewinkelte Treppe

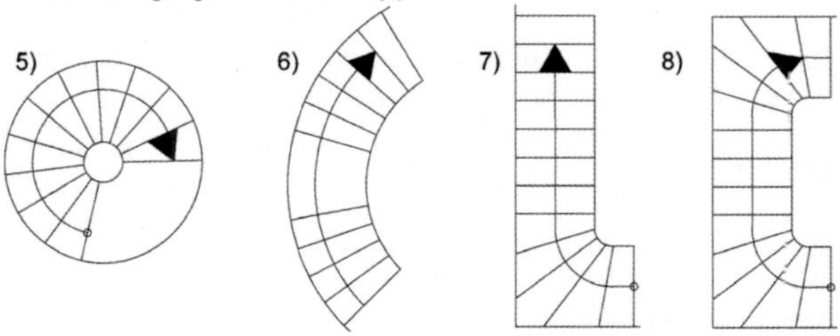

Bild 3: *Treppentypen: Auswahl gewendelte Treppenläufe (Quelle: Fauth)*

5 Wendeltreppe
6 zweiläufige gewendelte Treppe mit Zwischenpodest
7 einläufige, im Antritt viertelgewendelte Treppe
8 einläufige, zweimal gewendelte Treppe

Steigungsverhältnis

Das Steigungsverhältnis ist ausschlaggebend für die Begehbarkeit und Unfallsicherheit einer Treppe. Zu steil oder zu flach angelegte Treppen bergen ein hohes Unfallrisiko, z. B. durch Abrutschen oder Hängenbleiben. Steigungen müssen mind. 14 cm betragen. Bei baurechtlich notwendigen Treppen ist die max. Steigung auf 19 cm (bei zwei WE 20 cm) bzw. bei baurechtlich nicht notwendigen Treppen auf 21 cm begrenzt.

Das Steigungsverhältnis berechnet sich aus der **Steigung s** und dem Auftritt *a* einer Treppenstufe. Die Steigung *s* wird ab der Oberkante einer Trittfläche lotrecht bis zur Trittfläche der folgenden Stufe gemessen. Der Auftritt *a* stellt den Bereich der Stufe dar, der zum Steigen benutzt wird.

Bei einer **Unterschneidung *u*** ragt die Vorderkante einer Stufe in die Trittfläche der darunterliegenden Stufe hinein. Das Maß der Unterschneidung wird beim Auftritt nicht mitgerechnet.

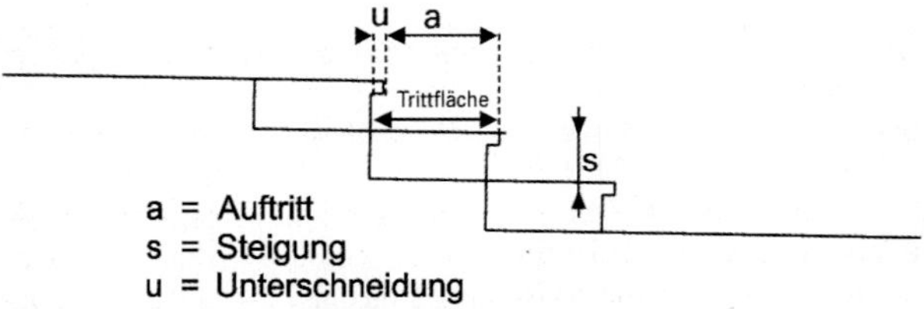

Bild 4: *Steigungsverhältnis (Quelle: Fauth)*

Für die Planung der Treppe und deren Steigungsverhältnis stehen drei Bemessungsregeln zur Auswahl:

Schrittmaßregel:

Auftritt a + 2 × Steigung s = 62 cm + 3 cm

Bequemlichkeitsregel:

Auftritt a – Steigung s = 12 cm

Sicherheitsregel:

Auftritt a + Steigung s = 46 cm

Für die Berechnung aller drei Größen (Schrittmaß, Bequemlichkeit, Sicherheit) gibt es keine einheitliche Formel – nur eine Treppe mit dem Steigungsverhältnis 17/29 cm erfüllt alle Anforderungen gleichermaßen. Deshalb wird empfohlen, die Schrittmaßregel vorzugsweise anzuwenden. Stellen Außentreppen einen Zugang zu einem Gebäude dar, sind diese nach DIN 18065 immer über die Schrittmaßregel zu planen. Sie basiert auf dem mittleren Schrittmaß des Menschen beim Gehen auf waagrechtem, ebenem Boden (590 mm-650 mm) und ist in der DIN 18065 verankert.

Für den Außenbereich werden, anders als im Innenbereich, geringere Steigungen und entsprechend größere Auftritte empfohlen. Die sich ergebenden Schrittlängen bewegen sich dabei eher im oberen Grenzbereich der Norm:

Steigung:	14–16 cm
Auftritt:	32–35 cm

Alle Stufen innerhalb eines Treppenlaufs erhalten das gleiche Stufenmaß.

Podestlängenberechnung

Durch den Einbau von Podesten lassen sich Treppen an gegebenes Gelände anpassen. Zudem verbessern sie als Ruhe- oder Zwischenpodest die Benutzbarkeit längerer Treppen. Spätestens nach 18 aufeinanderfolgenden Stufen sollte daher ein Podest eingeplant werden.

Die Podestlänge wird ebenfalls auf Grundlage des mittleren Schrittmaßes eines Menschen berechnet.

Podestlänge p

Auftritt a + Anzahl der Schritte n x 62 cm + 3 cm

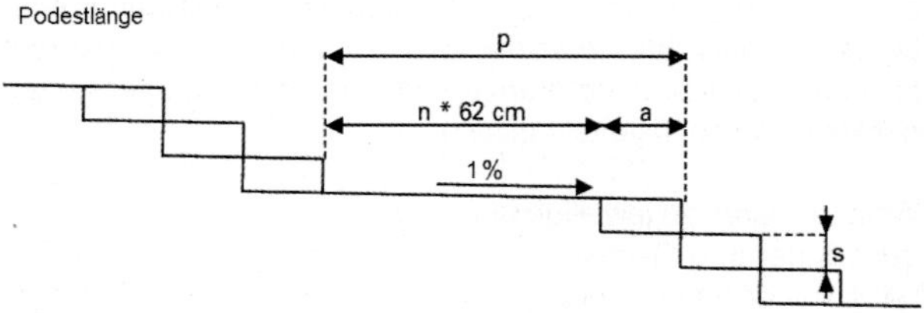

Bild 5: *Podestlängenberechnung (Quelle: Fauth)*

a = Auftritt
u = Unterschneidung
n = Anzahl der Schritte
s = Steigung
p = Podestlänge

Bei großen Podestlängen ist die Formel nur bedingt anwendbar, da sich hier individuelle Unterschiede in der Schrittweite bemerkbar machen und somit die Podeste, je nach Benutzer, zu lang oder zu kurz dimensioniert werden.

Aus Gründen der Bequemlichkeit sollte darauf geachtet werden, dass jeder Treppenlauf einer mehrläufigen Treppe mit jeweils dem anderen Bein begonnen werden kann.

Bei einer ungeraden Anzahl an Steigungen ist also eine gerade Anzahl an Schritten auf dem Podest zu wählen und umgekehrt. Dabei muss die Podestlänge mind. drei Auftritten (3 x a) entsprechen. Bei Wohngebäuden bis zwei WE darf die Podestlänge abweichend 2,5 x a betragen.

Treppenlaufbreite

Für die überschlägige Dimensionierung der Treppenlaufbreite, also dem Grundrissmaß der Konstruktionsbreite, von Freitreppen können folgende Richtwerte angenommen werden:

1 Person	1,0 m
2 Personen gleichzeitig nebeneinander	1,3 m
3 Personen gleichzeitig nebeneinander	1,9 m

Nach DIN 18065 ist für baurechtlich notwendige Treppen eine Mindestbreite von 100 cm vorgeschrieben (zwei WE 80 cm).

Zu unterscheiden davon ist die **nutzbare Treppenlaufbreite**. Diese wird als lichtes, waagrechtes Maß zwischen den begrenzenden Bauteilen einer Treppe, bei Handläufen gemessen ab der Handlaufinnenkante, definiert.

Weiterhin sind die jeweiligen Bauordnungen und Verordnungen der Länder und Gemeinden sowie die DIN 18065 bei der Planung zu beachten.

Entwässerung

Treppen im Freien sollten zur Vermeidung von stehendem Regenwasser und Eisbildung auf den Stufen entwässert werden. Das Stufengefälle beträgt je nach Bauart und Stufenoberfläche 1–3 %.

Daher ist auf ein ausreichendes Eigengefälle der Treppenstufen zu achten. Nach DIN 18065 ist für **Gebäudetreppen** ein maximales Gefälle von +/- 1 % in der Stufentiefe und +/- 0,5 % in der Stufenbreite zulässig. Im Außenbereich ist jedoch bei geschlossenen Treppen nur ein Gefälle in Laufrichtung und kein Kontergefälle sinnvoll.

Längere Treppenläufe sind zudem am Anfang und Ende mit einer Entwässerungsrinne zu versehen.

Stufenarten

Treppenstufen können konstruktiv auf verschiedene Art und Weise ausgebildet werden.

Als Setzstufe eingebaute Platten, Betonborde, Pflasterzeilen etc. bilden die Vorderkante der **Stellstufe**. Der Auftritt wird meist in ungebundener Bauweise (Pflaster, Platten etc.) gestaltet. Auf eine ausreichende Einbindung der Setzstufe ist zu achten.

Der Querschnitt von **Blockstufen** ist rechteckig bzw. annähernd rechteckig. Die Höhe *h* der Blockstufe entspricht ungefähr der Steigung *s*. Üblicherweise ist die Stufenbreite größer als der geplante Auftritt, sodass beim Einbau eine Überlappung (Überschneidung) der Stufen möglich ist. Dadurch ist die Blockstufe die stabilste Stufenart.

Plattenstufen haben ebenfalls einen rechteckigen bzw. annähernd rechteckigen Querschnitt, jedoch ist die Stufendicke *d* wesentlich geringer als die Steigung *s*. Plattenstufen benötigen eine starre Unterkonstruktion in offener oder geschlossener Bauweise. Bei Freitreppen ist der Einbau von Plattenstufen als Legstufe (= Trittstufe) auf einer Stellstufe (= Setzstufe) gebräuchlich.

Winkelstufen weisen einen winkelförmigen Querschnitt auf. Üblicherweise kommen Betonfertigteile zum Einsatz, die auf eine geeignete Unterkonstruktion aufgelegt werden. Beim Bau von Treppen im Freien sollte besonderes Augenmerk auf die Beschaffenheit der Stufenoberfläche gelegt werden. Glatte, rutschige Oberflächen sind, v. a. in öffentlichen und öffentlich zugänglichen Bereichen, zu vermeiden. Durch entsprechende Oberflächenbearbeitung von Natur- und Betonstein kann eine gute Griffigkeit erreicht werden.

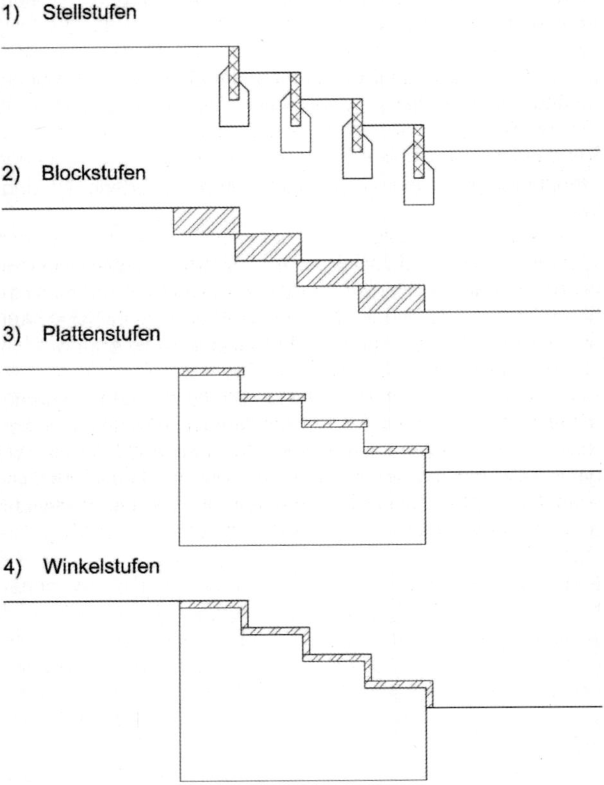

Bild 6: *Stufenarten (Quelle: Fauth)*

Gründung von Treppen

Treppen sollten immer frostfrei auf gewachsenem Boden gegründet sein. So können Schäden und Setzungen vermieden und die Sicherheit der Treppenanlage gewährleistet werden.

Für wenig belastete Treppen im Privatbereich mit einer geringen Anzahl an Steigungen ist i. d. R eine einfache, **unstarre Gründung** ausreichend. Anstelle des Betonfundaments wird hier eine frostsichere, ausreichend verdichtete Tragschicht auf der verdichteten, abgetreppten Baugrundsohle eingebaut.

Vorzugsweise Anwendung finden hier **Blockstufen** mit einer ausreichenden Überschneidung. Der Einbau erfolgt wahlweise auf 3–5 cm Pflastersand bzw. Sand-Splitt-Gemisch oder in 5–10 cm Zementmörtel. Oftmals empfiehlt sich eine starre Gründung der Antrittsstufe, um Verschiebungen zu vermeiden. **Stellstufen** werden in Beton gesetzt, jedoch meist nicht frostfrei gegründet. Die Ausbildung der Auftritte erfolgt überwiegend in ungebundener, also unstarrer Bauweise.

Eine **starre Gründung** erfolgt über einen Fundamentkörper, der mithilfe von Bindemitteln zu einer starren Einheit verbunden wird. Die tragende Fundamentsohle liegt unterhalb der Frosteindringtiefe und ist immer waagerecht auszubilden. Bei großen Höhenunterschieden kann das Fundament abgetreppt werden, die geringste Entfernung zwischen Oberfläche und Fundamentsohle muss jedoch immer > 80 cm betragen. Lange Treppenläufe werden häufig auf Stahlbetonplatten, die auf einem oberen und unteren Streifenfundament aufliegen, gegründet. Auch hier ist auf die Frostsicherheit zu achten. Die Fundamentoberseite wird dem geplanten Steigungsverhältnis der Treppe entsprechend ausgebildet. Das Eigengefälle der Stufen ist zwingend zu beachten.

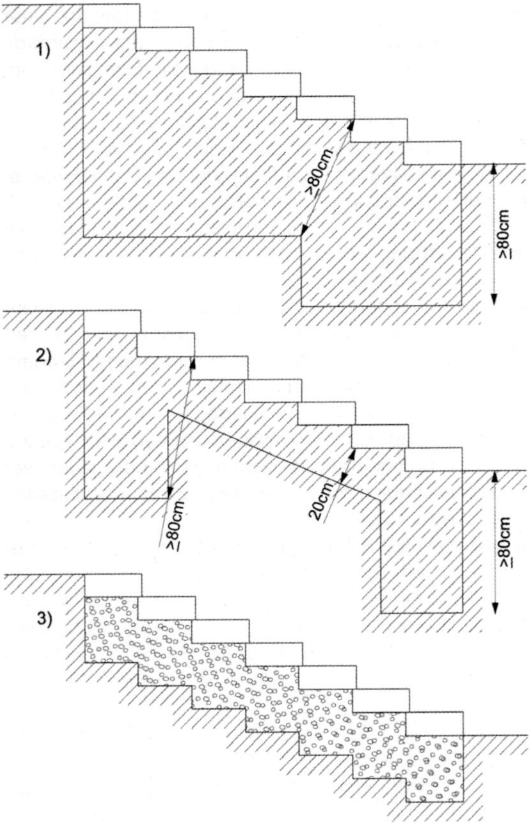

Bild 7: *Treppengründungen (Quelle: Fauth)*

1 starre Gründung auf abgetrepptem Betonfundament (C 12/15; C 20/25)

2 starre Gründung, Stahlbetonplatte (C 25/30) auf Streifenfundamenten (C 12/15; C 20/25) und Sauberkeitsschicht

3 unstarre Gründung auf Schottertragschicht

Treppenbegrenzung

An Treppen, die nicht über einen seitlichen Erdanschluss in das Gelände eingebunden oder von aufgehenden Gebäudeteilen gefasst sind, werden **Treppenwangen** als seitliche Begrenzung der Stufen benötigt. In der Regel dienen sie gleichzeitig als tragendes Stufenelement. Treppenwangen können bei entsprechender Ausbildung die sichernde Funktion eines Geländers übernehmen. Sie erfüllen i. d. R. jedoch nicht die Anforderungen an einen Handlauf.

Treppensicherung

Neben der Auswahl eines geeigneten Steigungsverhältnisses und der rutschsicheren Ausbildung der Stufenoberflächen sind ggf. Geländer und Handläufe für die sichere Gestaltung von Treppen erforderlich.

Geländer stellen eine senkrechte Umwehrung dar, die an freien Seiten von Treppenläufen und Podesten, sofern hier eine bestimmte Absturzhöhe zu den unmittelbar angrenzenden Flächen überschritten wird, zwingend vorzusehen sind.

Die jeweiligen Absturzhöhen sind den Länderbauordnungen zu entnehmen. In der Bayerischen Bauordnung § 36 beispielsweise wird bei einer Absturzhöhe über 50 cm ein Geländer gefordert.

Die **Geländerhöhe** ist in Abhängigkeit von der Absturzhöhe zu dimensionieren. Bis 12 m Absturzhöhe muss das Geländer mind. 90 cm, ab einer Absturzhöhe über 12 m mind. 110 cm hoch sein. Geländer sind so zu gestalten, dass ein Überklettern durch Kinder erschwert wird. Der lichte Abstand von Geländerteilen darf in einer Richtung nicht mehr als 12 cm betragen.

Über **Treppenläufen** muss der Abstand zwischen Geländerunterkante und Stufenoberkante so gewählt werden, dass ein Würfel mit 15 cm Kantenlänge nicht hindurchgeschoben werden kann. Bei Podesten darf der lichte Abstand zwischen Geländerunterkante und Podestfläche 12 cm nicht überschreiten.

Befinden sich **Geländer neben Treppenläufen und -podesten**, muss die Unterkante des Geländers auf der Höhe der gedachten Verbindungslinie, welche die Mitte des Auftritts jeder Stufe miteinander verbindet, liegen. Der max. zulässige Abstand zwischen Geländerinnenkante und Treppenaußenkante beträgt 6 cm. Weiterhin sind bei der Planung von Geländern Lastaufnahmen gemäß DIN 1055-3 sowie die sichere Einspannung der Geländerpfosten zu beachten.

Geländer über Treppenlauf **Geländer neben Treppenlauf**

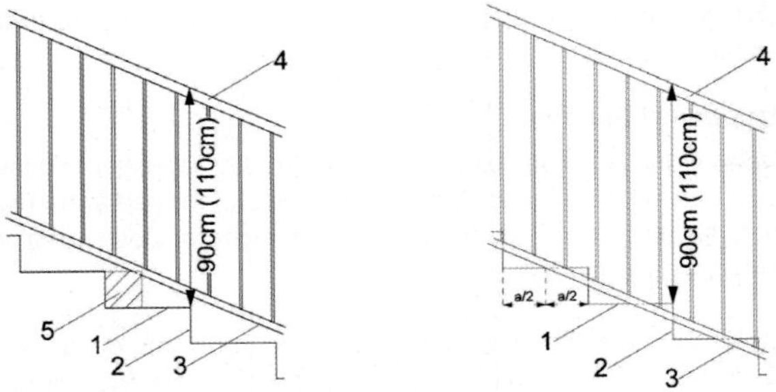

Bild 8: *Treppengelände (Quelle: Fauth)*

1 Trittfläche
2 Setzstufe
3 Unterkante Treppengeländer
4 Handlauf als oberer Abschluss des Geländers
5 Würfel, Kantenlänge = 15 cm

Geländermaße

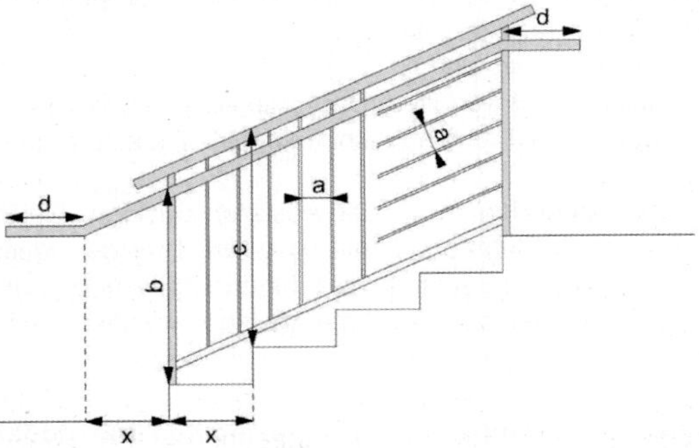

Bild 9: *Geländermaße nach unterschiedlichen Anforderungen (Quelle: Fauth)*

a) größte Öffnung in Geländern

BG/GUV–SR S2	max. 11 cm (Kindergarten)
	max. 8,9 cm (Kinderkrippe)
DIN 18065	max. 12 cm
ASR 12/1-3	max. 18 cm

b) Handlaufhöhen (unabhängig von Geländerhöhe)

DIN 18065	0,85–1,15 m
DIN 18040 (barrierefrei nutzbar)	0,85–0,9 m
Krippen und Kindergärten	0,6–0,8 m

c) Geländer-Umwehrungshöhen (Absturzsicherung)

(LBO)	min. 0,9 m
bei mehr als 12 m	1,1 m
bei Arbeitsstätten min.	1,0 m
gilt auch für Schulen, Versammlungsstätten etc.	

d) Verlängerung des Handlaufes

DIN 18040 (barrierefrei nutzbar)	min. 30 cm
x Länge des Auftritts	

Handläufe sind Festhalte- und Führungsmöglichkeiten, die das Begehen von Treppen erleichtern, und somit wichtiges Sicherheitskriterium beim Bau von Treppen.

Die Notwendigkeit zum Einbau von Handläufen an Treppen ist in den Landesbauordnungen unterschiedlich ausgelegt. Teilweise wird der Einbau eines Handlaufs an jeder Treppe gefordert. Treppen ab einer Steigung von 1:4 sollten aber in jedem Fall mind. einseitig mit einem Handlauf versehen werden. An breiten Treppen mit einer Treppenlaufbreite über 2,5 m sollte zudem ein Zwischenhandlauf vorgesehen werden.

Handläufe sind in einer Höhe von 80–115 cm, gemessen lotrecht über der Stufenvorderkante, an treppenbegleitenden Geländern bzw. Mauern anzubringen. Der Durchmesser von Handläufen sollte zwischen 30–45 mm liegen. Zu benachbarten Bauteilen muss ein Seitenabstand von mind. 5 cm eingehalten werden.

Beim Einbau von Handläufen und Geländern ist darauf zu achten, dass sich die **nutzbare Treppenlaufbreite** verringert. Die Treppenlaufbreite ist dann je nach Anforderungen entsprechend zu verbreitern.

Für die barrierefreie Gestaltung von Geländern und Handläufen sind die in „Barrierefreie Nutzung nach DIN 18040-1 bzw. -3“ aufgeführten Bestimmungen zu beachten.

Sonderform Stufenrampe

Die Stufenrampe bildet eine Übergangsform zwischen Treppe und Rampe. Sie wird bei langgezogener Geländeneigung mit mehr als 17 %, also Bereichen, die für die Anlage von Rampen zu steil sind, eingesetzt. Im Unterschied zur Treppe folgt auf jede Stufe ein deutlich geneigtes Podest. Die Podeste sollten für eine gerade Zahl von Schritten dimensioniert sein, damit jede Stufe mit einem anderen Fuß begonnen werden kann.

Barrierefreie Nutzung nach DIN 18040

Allgemeines

Wege und Plätze sowie Zugänge und Gebäude sind barrierefrei, wenn diese für alle Benutzer, mit und ohne Behinderung ohne Einschränkung oder Hilfe in der allgemein üblichen Weise genutzt werden können. Nach DIN 18040 ist ein barrierefreier Ausbau nicht nur für Rollstuhlbenutzer und gehbehinderte Menschen vorzusehen. Zu den Benutzergruppen gehören neben blinden, sehbehinderten, gehörlosen und hörgeschädigten Menschen und Menschen mit weiteren sensorischen und motorischen Einschränkungen u. a. auch kognitiv Beeinträchtigte, ältere Menschen, Kinder sowie klein- und großwüchsige Menschen.

Die barrierefreie Nutzung von Gebäuden und Außenanlagen wird heute in vielen Lebensbereichen gesetzlich vorgeschrieben. Die Notwendigkeit eines barrierefreien Zugangs ist im Einzelfall anhand der gültigen Rechtsvorschriften zu überprüfen.

Die Anforderungen an barrierefreies Bauen im Freiraum werden in der DIN 18040-3 formuliert.

Die DIN-Norm gilt für Planung, Ausführung und Ausstattung von barrierefreien Verkehrs- und Außenanlagen im öffentlichen Verkehrs- und Freiraum.

Grundprinzipien der barrierefreien Gestaltung nach DIN 18040-3

- stufenlos zusammenhängende Wegeverbindungen, v. a. für Rollstuhl- und Rollatornutzer
- einheitliche Ausbildung von Leitsystemen, v. a. für Blinde und Sehbehinderte
- taktil und optisch deutlich wahrnehmbare und sichere Abgrenzung verschiedener Funktionsbereiche
- erschütterungsarm berollbare, ebene und rutschhemmende Beläge
- visuell und taktil kontrastreiche Ausbildung von Gefahrenbereichen und Hindernissen
- Umsetzung des Zwei-Sinne-Prinzips

Geradlinige und rechtwinkelige Wegeführungen unterstützen dabei die Raumerfassung und taktile Orientierung. Auch für denkmalgeschützte Bereiche sind Lösungen zur Herstellung der Barrierefreiheit zu suchen.

Flächen- und Raumbedarf

Grundvoraussetzung für die unabhängige Fortbewegung mobilitätseingeschränkter Menschen ist das Bereitstellen ausreichend dimensionierter Bewegungsflächen.

Den größten Flächenbedarf besitzen situationsbedingt i. d. R. Nutzer von Rollstühlen, Gehhilfen und Langstöcken. Nachfolgend werden Mindestmaße nach DIN 18040-3 aufgeführt.

Tabelle 1: *Platzbedarf von Menschen in Rollstühlen nach DIN 18040-3 (Quelle: Fauth)*

Situation	Maß [in m]
Breite der Begegnung	1,8
Fläche für Richtungswechsel	1,5x1,5
Breite in Durchgängen	0,9

Tabelle 2: *Allgemeine Anforderungen und Mindestmaße nach DIN 18040-3 (Quelle: Fauth)*

Situation	Maß
lichte Durchgangshöhe	2,25 m
Achsmaß von Greif- und Bedienhöhen	0,85 m
Längsneigung von Bewegungsflächen/Gehwegen	≤ 3 %
Längsneigung von Bewegungsflächen/Gehwegen mit Zwischenpodesten (mind. alle 10 m)	≤ 6 %
Querneigung von Bewegungsflächen/Gehwegen	≤ 2 %

Sind bei sehr kurzen Neigungsstrecken von bis zu 1,0 m Länge aufgrund von z. B. topografischen Gegebenheiten größere Neigungen notwendig, sollte für diese kurzen Strecken eine Neigung von 12 % nicht überschritten werden.

Treppen

Treppen stellen i. A. keine barrierefreie Höhenverbindung dar, da sie nicht für alle Benutzergruppen ohne Hilfe begehbar sind. Durch die Einhaltung der Anforderungen nach DIN 18040 gilt diese jedoch als „barrierefrei nutzbar" und erleichtert somit die Nutzung für einen Teil der Benutzergruppe. Sie ersetzt dennoch keine stufenlose Erschließung, die, wenn erforderlich, durch alternative Zugangsmöglichkeiten, wie Rampen und Aufzüge, herzustellen ist.

Geländer

Treppen sind, unabhängig von benötigten Geländern und Umwehrungen, beidseitig mit Handläufen zu versehen. Diese sind auf einer Höhe von 85–90 cm (bis zu 115 cm bei Kombination als Umwehrung) über der Stufenvorderkante anzubringen. Für eine gute Griffigkeit muss der Durchmesser des Handlaufs im Bereich von 3–4,5 cm liegen.

Der innere Handlauf am Treppenauge und zusätzliche Zwischenhandläufe, die bei einer größeren nutzbaren Treppenlaufbreite vorgesehen werden sollten, müssen durchgängig sein. Der äußere Handlauf muss 30 cm waagerecht über den Anfang und das Ende der Treppe hinausragen. Dabei muss der schräge Teil des Handlaufs am Ende der Treppe um eine Auftrittstiefe fortgeführt werden, bevor er knickt.

Stufen

Stufenunterschneidungen sind grundsätzlich unzulässig. Zur Signalisierung des seitlichen Treppenrands sollte an freien seitlichen Stufenenden eine mind. 2 cm hohe Aufkantung vorgesehen werden. Gebogene Treppen sind nur ab einem Innenradius von 100 cm zulässig.

Oberflächenbeschaffenheit

Die Oberflächen der Stufen und Bewegungsflächen sind ausreichend rutschhemmend auszubilden, sodass sie bei jeder Witterung gefahrlos und leicht begeh- und befahrbar sind. Dies wird durch einen SRT-Wert > 55 bzw. einen R-Wert von mind. 11 bzw. R10/V4 erfüllt. Besonders Pflasterflächen sind eben und erschütterungsarm zu gestalten.

Orientierungshilfen

An Treppen mit drei Stufen muss jede Trittstufe auf ihrer gesamten Breite mit einem 4–5 cm breiten Streifen auf der Trittstufe und einem 1–2 cm breiten Streifen auf der Setzstufe optisch markiert werden. Der Streifen muss einen deutlich erkennbaren Kontrast zur restlichen Oberfläche darstellen.

Besteht der Treppenlauf aus mehr als drei Stufen, so ist die entsprechende Markierung auf der ersten und der letzten Stufe auszuführen.

An jedem Treppenlauf sind weiterhin taktile Orientierungshilfen anzubringen, die den Anfang und das Ende signalisieren. Dies kann entweder durch die Markierung des Handlaufs oder durch Aufmerksamkeitsfelder erfolgen.

Vor der obersten bzw. untersten Stufe wird deshalb empfohlen, ein taktil erfassbares Feld z. B. durch Belagswechsel oder Bodenindikatoren vorzusehen, um die Auffindbarkeit der Anlage zu erleichtern und die Absturzgefahr zu senken. Dieses sollte in einer Tiefe von 60 cm (eine Schrittlänge) und in der vollen Breite der Treppe angelegt werden. Weiter sollte ein optischer Kontrast zu den Stufenmarkierungen hergestellt werden.

Sind Treppenpodeste länger als 3,5 m, sind zusätzliche Aufmerksamkeitsfelder erforderlich.

Durchgangshöhen

Die Mindestdurchgangshöhe unter einer Treppenanlage muss 2,2 m betragen. Bis zum Erreichen dieser Durchgangshöhe ist die Unterseite des Treppenlaufs geschlossen auszubilden.

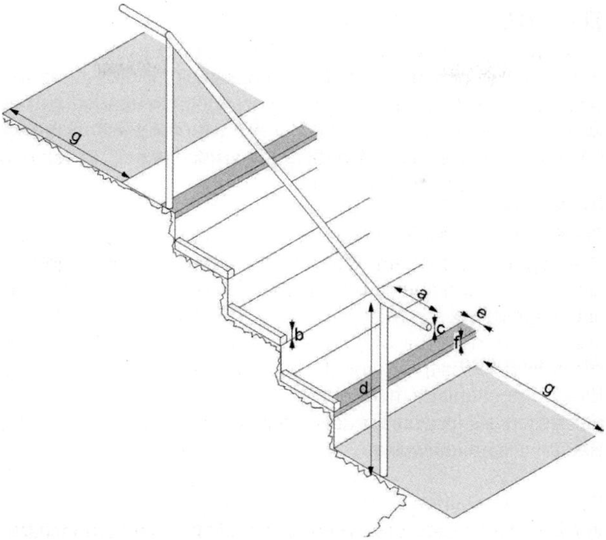

Bild 1: *Systemzeichnung barrierefrei nutzbare Treppe (Quelle: Fauth)*

a Verlängerung des äußeren Handlaufs über den Anfang und das Ende des Treppenlaufs 30 cm
b Aufkantung an den freien Stufenenden mind. 2 cm
c Durchmesser des Handlaufs 3–4,5 cm
d Höhe des Handlaufs 85–90 cm
e optische und taktile Kennzeichnung des Auftritts über die gesamte Treppenlänge in einer Breite von 4–5 cm
f optische und taktile Kennzeichnung der Stellstufe über die gesamte Treppenlänge in einer Breite von 1–2 cm
g Aufmerksamkeitsfeld mind. 60 cm tief und über gesamte Treppenlänge

Rampen

Rampen sind oftmals die einzige Möglichkeit für Menschen mit Behinderungen, Wege ohne Hilfe von Außenstehenden zu bewältigen. Für die Benutzbarkeit und Ausführung von Rampen i. S. d. Barrierefreiheit gelten folgende Vorschriften:

Steigungen

Zur Einhaltung der Barrierefreiheit darf die Steigung der Rampe 6 % nicht überschreiten. Eine Querneigung der Rampenfläche ist zu vermeiden, aber lt. DIN 18040-3 bis zu 2 % in Bewegungsflächen möglich.

Abmessungen

Eine Rampenanlage muss eine nutzbare Breite von mind. 1,2 m, gemessen als Innenbreite zwischen den Handläufen bzw. den Radabweisern, aufweisen.

Die maximale Länge einer Steigung beträgt 6,0 m. Danach muss ein Zwischenpodest mit einer Mindestlänge von 1,5 m vorgesehen werden, bevor eine weitere Steigung, wiederum nur bis zu einer max. Länge von 6,0 m, erfolgen kann. Bei Richtungswechsel eignen sich Zwischenpodeste mit einer Fläche von 1,5 x 1,5 m.

Bewegungsflächen

Am Anfang und Ende der Rampenanlage ist eine Bewegungsfläche von mind. 1,5 x 1,5 m einzuplanen, auf welcher der Rollstuhl oder Kinderwagen für etwaige Richtungsänderungen positioniert werden kann.

Oberflächenbeschaffenheit

Die Oberflächen der Rampe und Bewegungsflächen sind so auszubilden, dass sie bei jeder Witterung gefahrlos und leicht begeh- und befahrbar sind. Dies wird nach DIN 18040-1 durch einen R-Wert von 12 erfüllt. Besonders Pflasterflächen sind erschütterungsarm und eben zu gestalten.

Handläufe

Rampen und Zwischenpodeste sind mit beidseitigen Handläufen auf einer Höhe von 85–90 cm und einem lichten Abstand von mind. 1,2 m zu versehen. Für die bessere Griffigkeit muss der Durchmesser des Handlaufs im Bereich von 3–4,5 cm liegen. Im Gegensatz zu Treppenanlagen sollten Handläufe für

Rampen nicht in die Bewegungsflächen fortgeführt werden, da dies zu Konflikten führen kann.

Radabweiser

An Rampen sowie an benötigten Zwischenpodesten sind beidseitig 10 cm hohe Radabweiser vorzusehen, solange sie nicht bereits durch eine Mauer oder ein anderes geschlossenes Bauteil geführt werden. Der Radabweiser kann entweder als Aufkantung oder als separater Holm am Geländer ausgebildet werden. Der lichte Abstand muss mind. 1,2 m betragen und darf gleichzeitig nicht den Abstand zwischen den Handläufen unterschreiten. Der Radabweiser sollte mit dem Handlauf laufseitig möglichst senkrecht in einer Linie angeordnet werden.

Rampenausbildung

Abwärts führende Treppen dürfen nach DIN 18040-1 nicht in Verlängerung einer Rampe angeordnet werden. Abweichend davon ist in DIN 18040-3 geregelt, dass dies im Außenraum unter bestimmten Bedingungen zulässig ist. Abwärts führende Treppen dürfen demnach bei einem Sicherheitsabstand von 10 m am unteren Ende der Rampe und 3 m am oberen Ende der Rampe in deren Verlängerung platziert werden.

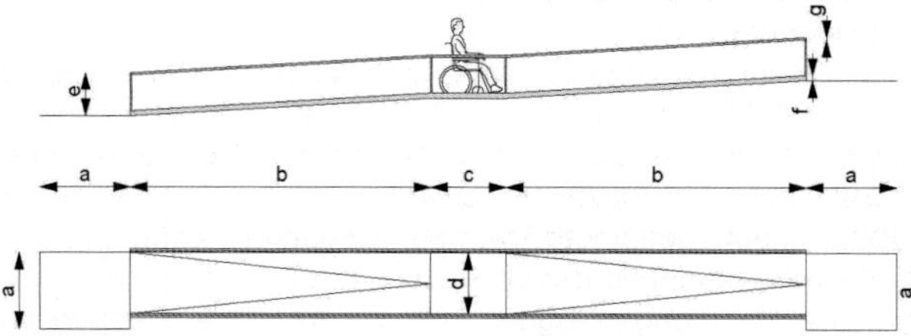

Bild 2: *Systemzeichnung behindertengerechte Rampe (Quelle: Fauth)*

a Bewegungsfläche von mind. 1,5 x 1,5 m am Anfang und Ende einer Rampenanlage
b Länge der Rampe max. 6,0 m mit einer Steigung von max. 6 %
c erforderliches Zwischenpodest mind. 1,5 m ab einer Rampenlänge von 6,0 m
d Rampeninnenbreite mind. 1,2 m
e ideale Geländerhöhe für Rampenanlagen 0,85–0,9 m
f Höhe des Radabweisers 0,1 m
g Handlaufdurchmesser zwischen 3 und 4,5 cm

Checkliste zur Ausführung: Zugänge – Treppen, Rampen, barrierefreie Nutzung nach DIN 18040

Treppen: Allgemein

- ☐ **Entspricht das Steigungsverhältnis einer gültigen Bemessungsregel?**
  Vorzugsweise ist die Schrittmaßregel anzuwenden. Die Steigung sollte 14–21 cm nicht unter- bzw. überschreiten. Im Außenbereich sind geringere Steigungen mit 14 bis 16 cm zugunsten eines größeren Auftritts zu wählen.
- ☐ **Müssen Zwischenpodeste vorgesehen werden?**
  Nach spätestens 18 Steigungen sollte ein Podest vorgesehen werden. Die Dimensionierung erfolgt auf Grundlage des durchschnittlichen menschlichen Schrittmaßes. Die Regeln für die bequeme Begehbarkeit der Treppe sind zu beachten:
  Podestlänge
  p = Auftritt a + Anzahl Schritte n x 62 cm ± 3 cm
- ☐ **Ist die Treppenlaufbreite ausreichend für den zu erwartenden Verkehr?**
  Vorschriften der Länder und Gemeinden sind zu beachten. Im Weiteren sind gängige Richtwerte sowie Grenzwerte gemäß DIN 18065 heranzuziehen.
- ☐ **Ist eine ausreichende Entwässerung der Treppenanlage gewährleistet?**
  Stufen im Außenbereich sind mit einem Gefälle von 1 % zu planen. Daraus resultierende Änderungen der Treppenhöhe sind zu beachten. Vor und nach langen Treppenläufen sind Entwässerungsrinnen vorzusehen.
- ☐ **Wurde eine geeignete Treppengründung gewählt?**
  Die Frostsicherheit der Gründung ist zu gewährleisten. Unstarre Gründungen eignen sich nur für kurze Treppen im Privatbereich. Das Eigengefälle der Stufen ist zwingend zu beachten.
- ☐ **Wird ein Handlauf benötigt?**
  Vorschriften sind der jeweils gültigen Landesbauordnung zu entnehmen. Ab einer Steigung von 1:4 sollte aber in jedem Fall ein Handlauf vorgesehen werden.
- ☐ **Wird ein Treppengeländer benötigt?**
  Die Notwendigkeit für Treppengeländer als Absturzsicherung richtet sich nach den Absturzhöhen gemäß der jeweiligen Landesbauordnung. Höhe und Ausführung des Geländers nach DIN 18065 sowie die Lastaufnahmen nach DIN 1055-3 sind zu überprüfen.

Treppen: Barrierefreie Nutzung nach DIN 18040

- ☐ **Ist ein barrierefreier Zugang notwendig?**
  Treppen stellen keine barrierefreie Höhenverbindung dar. Durch die Einhaltung bestimmter Vorgaben soll die Begehbarkeit von Treppen für einen Teil der Benutzergruppe erleichtert werden. Alternative barrierefreie Zugangsmöglichkeiten sind vorzusehen.
- ☐ **Wurden die besonderen Anforderungen an Treppengeländer/Handläufe eingehalten?**
  Vorschriften zu Höhe, Durchmesser und Gestaltung des Handlaufs nach DIN 18040 sind zu beachten.
- ☐ **Wurde der erhöhte Platzbedarf berücksichtigt?**
  Treppenbreite, Podestgröße und Durchgangshöhen nach DIN 18040
- ☐ **Wurden die Vorschriften zu Gestaltung der Treppenstufen beachtet?**
  Keine Unterschneidung, Randbegrenzung zur taktilen Kennzeichnung des Stufenrands. Gebogene Treppen sind nur ab einem Innenradius von 100 cm zulässig.
- ☐ **Sind die geplanten Belagsoberflächen bei jeder Witterung gefahrlos und leicht begeh- bzw. befahrbar?**
  Belagsoberflächen sollten einen R-Wert von mind. 11 besitzen und erschütterungsarm gestaltet sein.
- ☐ **Sind ausreichend Orientierungshilfen vorgesehen?**
  Optische und taktile Orientierungshilfen und Markierungen an Stufen, Podesten und Handläufen gemäß DIN 18040 und E DIN 32984.

Rampen: Barrierefreie Nutzung nach DIN 18040

- ☐ **Ist die maximal zulässige Steigung für die barrierefreie Nutzung eingehalten?**
  Die max. Steigung von 6 % bei behindertengerechten Rampen nach DIN 18040 ist zu beachten. Die Länge einer Steigung darf höchstens 6,0 m betragen, danach ist ein Zwischenpodest nach DIN 18040 vorzusehen. Querneigungen der Rampe sind zu vermeiden.
- ☐ **Wurde der erhöhte Platzbedarf beachtet?**
  Die nutzbare Mindestbreite von 1,2 m muss eingehalten werden. An Anfang und Ende der Rampe sind Bewegungsflächen mit einer Mindestgröße von 1,5 x 1,5 m vorzusehen.
- ☐ **Sind die geplanten Belagsoberflächen bei jeder Witterung gefahrlos und leicht begeh- bzw. befahrbar?**
  Belagsoberflächen sollten einen R-Wert von mind. 12 besitzen und erschütterungsarm gestaltet sein.

- ☐ **Wurden die besonderen Anforderungen an Treppengeländer/Handläufe eingehalten?**
  Vorschriften zu Höhe, Durchmesser und Gestaltung des Handlaufs nach DIN 18040 sind zu beachten.
- ☐ **Sind Radabweiser gemäß DIN 18040 vorgesehen?**

Mauern im Garten- und Landschaftsbau

Einführung und Überblick

***Bild 1:** Mauern in der Landschaft, im öffentlichen und im privaten Freiraum (Quelle: Fotoarchiv Freiraumplanung Diebel)*

Aufgabe, Anspruch und Bedeutung

Der Bau von Mauern umfasst im Garten- und Landschaftsbau einen großen Bereich. Mauern übernehmen vielfältige Aufgaben: Böschungs-Mauern reduzieren im Hangbereich die Geländeneigung. Terrassen-Mauern schaffen im hängigen Gelände nutzbare Bereiche. Freistehende Mauern schützen vor Wind, dienen zur Einfriedung, tragen zu Sicht- und Schallschutz bei und übernehmen Funktionen zur Raumgliederung. Mauerelemente fassen Hochbeete ein. Sitzmauern als fest eingebautes Mobiliar steigern die Aufenthaltsqualität des Freiraums.

Die Planung, Neuerstellung und Sanierung einer Mauer muss stets alle die Standsicherheit beeinflussenden Faktoren in Hinsicht auf Mauermaterial und Mauerdimension berücksichtigen, und auch alle Stoffe, die den Erdbau betreffen, im Blickfeld haben. Die Mauer muss dem anstehenden (aktiven) Erddruck genügend Widerstand entgegensetzen und hat eine ggf. geplante Verkehrslast einzubeziehen. Die Mauer darf sich weder setzen, noch neigen, kippen oder gleiten. Baugrund und Hinterfüllung erfordern daher besondere Aufmerksamkeit. Auf die geforderten geotechnischen Voruntersuchungen der DIN 18300 (ATV Erdarbeiten) bezüglich der Homogenbereiche und der geotechnischen Einteilung wird hier gesondert hingewiesen. Bei freistehenden Mauern ist zusätzlich die Berücksichtigung des Winddrucks erforderlich.

Neben grundsätzlichen bautechnischen Anforderungen prägt die Mauer in der Ausformung und mit der Materialwahl den Freiraum. Bedeutsame, erhaltenswerte Mauern in der Landschaft, wie z. B. eine Trockenmauer im Weinberg oder ein Steinlesewall, formen und bereichern als wichtige Landschaftselemente unsere Kulturlandschaft.

Eine Mauer übernimmt eine Vielzahl weiterer Funktionen: die Trockenmauer mit ihren vielen Nischen und Hohlräumen bietet Platz für Pflanzen und Kleinlebewesen. Auch trägt die Hangmauer zu einem verzögerten Abfluss des Oberflächenwassers bei.

Im Garten- und Landschaftsbau hat der Bau von Mauern, v. a. der Naturstein-Mauerbau, eine lange handwerkliche Tradition, die sich auf altbewährte und ortsübliche Bauweisen bezieht und die nach wie vor im Landschaftsbau ihre berechtigte Anwendung findet. Der Schwerpunkt in diesem Abschnitt liegt auf Mauern aus Naturstein, die in einem gestrafften Überblick dargestellt werden. Darüber hinaus umfasst der landschaftsgärtnerische Mauerbau eine Vielzahl weiterer Formen; wie Steinkörbe (Gabionen), Mauern aus Ziegeln, Mauern aus Ort- und Fertigbeton. Auf weitere Mauermaterialien, wie Stampfbeton, Lehmmauern und Recycling-Material, wird kurz eingegangen. Eine tiefere Betrachtung dieser Bautechniken überschreitet jedoch den Rahmen dieser Abhandlung.

Bild 2: *Trockenmauer, in qualitativ hoher handwerklicher Steinsetzung aus Rotem Meissener Granit am Burgberg in Meissen; Mischform von hammerrechtem Bruchstein-Zyklopen-, zu Bruchstein-Schicht- u. Wechselmauerwerk. (Quelle: Fotoarchiv Freiraumplanung Diebel)*

Mauerwerks-Arten aus Naturstein nach DIN EN 1996-1-1/NA

Die Norm unterteilt die Mauerwerksarten in fünf Bereiche:

- tragendes Mauerwerk
- Schwergewichtsmauerwerk
- Verblendmauerwerk
- Vorsatzschalen
- Trockenmauerwerk

Im Landschaftsbau stellen Trocken- und Schwergewichts-Mauerwerk die wichtigsten Bereiche dar. Tragendes Mauerwerk nimmt neben der Eigenlast auch andere Lasten auf und wird auch zur Gebäudeaussteifung verwendet. Verblendmauerwerk und Vorsatzschalen spielen im Landschaftsbau eine eher untergeordnete Rolle.

Schwergewichtsmauerwerk, Definition nach DIN 1996

Schwergewichtsmauerwerk findet Anwendung bei einer freistehenden Wand oder Stützwand. Um alle einwirkenden Lasten aufzunehmen, sind diese Mauern in der erforderlichen Dicke auszuführen.

Trockenmauerwerk, Definition nach DIN 1996

Eine Trockenmauer wird aus Natursteinen ohne Bindemittel erstellt. Fugen und Hohlräume sind charakteristische Eigenschaften einer Trockenmauer. Größere Hohlräume zwischen den Steinen sind mit kleinerem Steinmaterial so einzukeilen, dass Spannung zwischen den Mauersteinen entsteht. Trockenmauern sind nur als Schwergewichtsmauern auszuführen. Maximal 75 % der Stein-Rohdichte ist als Berechnungswert der Eigenlast zu verwenden.

Die Mauerwerks-VERBÄNDE

***Bild 1:** Zusammenstellung der Mauerwerksverbände*
(Quelle: Diebel nach DIN EN 1996-1-1/NA)

Mauerwerks-Verbände in Ansicht und Ausprägung

Von einer Mauer wird neben der Höhe und der Ansichtsfläche besonders das Ausgangsmaterial, die Steinbearbeitung und die Steinsetzung wahrgenommen. Jede Mauerwerksart zeigt ihr charakteristisches Ansichts-Bild. Mauern werden in vielen Variationen erstellt. Für jeden Verband gibt es neben der typischen „Ansicht" weitere unterschiedliche Ausprägungsmerkmale. DIN 1996 gliedert die Mauerwerks-Verbände in den Polygonalen- und den Orthogonalen Verband. Die FLL fügt als weiteren Verband den Diagonalverband an. Bezüglich der Ansicht macht DIN 1996 keinen Unterschied, ob Mauern in Mörtel oder trocken aufgesetzt werden. Dieser Abschnitt behandelt insbesondere Trockenmauern.

Die polygonalen (vieleckigen) Mauerwerksverbände

Tabelle 1: *Polygonale Mauerwerksverbände (Quelle: Diebel nach DIN 1996-1-1/NA: Teilausschnitt)*

Kriterien	**Polygonale Mauerwerksverbände**		
	P1 Findlings-Mauerwerk	**P2 Bruchstein-Zyklopen Mauerwerk**	**P3 Zyklopen Mauerwerk**
1. Güteklasse	-	N1	
2. Steinform	rundlich	polyedrisch	
3. Steinbearbeitung			
3.1 Bearbeitung	keine - gering	bruchrauh	hammerrecht
3.2 Dicke Lagerfuge d_L	-		≤ 30
3.3 $d_L \div l_u$	-	≤ 0,25	≤ 0,2
4. Verband und Fugenverlauf			
4.1 Übertragungsfaktor	-	≥ 0,5	≥ 0,5
4.2 Fugenneigung	-	-	-
4.3 Fugenverlauf, Steinhöhen, Schichthöhen	wilder Polygonalverband		-
	-	Polygonalverband	
	keine differenzierten Lager- u. Stoßfugen		

Findlingsmauerwerk [P1]

Findlinge, annähernd runde und rundliche Steine, werden unbearbeitet zu einer Mauer aufgesetzt. Eine Bearbeitung der Steine findet nicht oder in nur sehr geringem Maße statt. Die wichtigsten Kriterien sind Steingröße und Fugengröße. Materialbedingt entstehen auch größere Fugen. Die Mauer erzielt ihre Stabilität durch möglichst viele und große Reibungsflächen und durch den gewählten Anlauf. Bei so verbandsartig gefügten Findlingen ist ein zu großes Verzwickeln der Steine weder erforderlich noch gewünscht.

Zyklopenmauerwerk [P2, P3]

Verwendung finden polyedrische Steinformen. Ein Polyeder ist ein von mehreren ebenen Flächen umgebener Körper. Bei Natursteinen zeigen z. B. Basaltsäulen diese Polyeder-Form. Die rundlichere und glattere Seite kommt in die Ansichtsfläche, eine sich verjüngende Seite zeigt nach hinten und wird dort verkeilt. Die Steine am Haupt sind gut auszusuchen und beim Setzen einzupassen. Unterschiede in der Qualität des Mauerwerks zeigen sich an der Fugen- und Steingröße. Die Fugenbreite reicht somit von 1 cm bis zu mehreren cm und zeichnet ein netzartiges Bild. Die DIN EN 1996 unterscheidet:

- Zyklopenmauerwerk mit Verwendung bruchrauer Steine und
- Zyklopenmauerwerk mit hammerrecht bearbeiteten Steinen

Der Hauptunterschied zwischen diesen Mauerarten ist die Fugengröße, die bei nach DIN EN 1996 hammerrechtem Zyklopenmauerwerk 3 cm nicht überschreiten sollte. Je kleiner die Fugenbreite, umso ansehnlicher und stabiler, jedoch auch zeitaufwendiger ist das Mauerwerk. Sind bei der Verwendung bruchrauer Steine Zwickel erforderlich, sind bei hammergerechten Zyklopen diese nicht erwünscht. Die Kantenlänge der einzelnen Steine sollte bei einem trocken aufgesetzten Zyklopenmauerwerk nicht unter 25 (20) cm Kantenlänge liegen. Die Ausbildung der Ecken und die oberste Lage der Mauer erfordern größere Steine und eine aufwendige Steinbearbeitung.

Bild 2: *Findligsmauerwerk (Quelle: Fotoarchiv Freiraumplanung Diebel)*

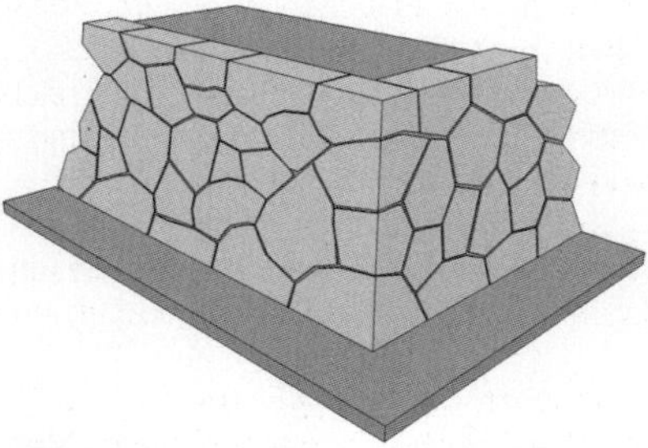

Bild 3: *Hammerrechtes Zyklopenmauerwerk*
(Quelle: Diebel, Meier, Hübner)

Orthogonale (rechteckige) Mauerwerksverbände

Stehen Lager- u. Stoßfuge in einem Mauer-Verband senkrecht oder annähernd senkrecht zueinander, spricht man von einem Orthogonalen Verband. Die Fugenausbildung mit dem Kriterium der Fugen-Dicke gliedern die Ortho-Verbände.

***Tabelle 2:** Orthogonale Mauerwerksverbände*
(Quelle: Diebel nach DIN 1996-1-1/ NA: Teilausschnitt)

Kriterien	**Orthogonale Mauerwerksverbände**			
	O1 Bruch-stein-Schichten Mauerwerk	**O2 Schichten Mauerwerk**		**O3 Quader Mauer-werk**
1. Güte-klasse	N1	N2	N3	N4
2. Steinform	annähernd quader-förmig bis wildförmig polyedrisch	quader-förmig bis annä-hernd quaderför-mig	quaderförmig	
3. Stein-bearbeitung 3.1 Bear-beitung	bruchrauh	hammer-recht min. 120 mm Tiefe	bearbeitet min. 150 mm Tiefe	maßge-recht auf ganzer Tiefe
3.2 Dicke Lagerfuge d_L	-	≤ 0,30 mm	≤ 0,30 mm	nach Maß ≤ 0,20 mm
3.3 $d_L \div l_U$	≤ 0,25	≤ 0,20	≤ 0,13	≤ 0,07
4. Verband und Fugen-verlauf				
4.1 Übertra-gungsfaktor	≥ 0,5	≥ 0,65	≥ 0,75	≥ 0,85
4.2 Fugen-neigung	≤ 0,30	≤ 0,15	≤ 0,10	≤ 0,05

Tabelle 2: *Orthogonale Mauerwerksverbände*
(Quelle: Diebel nach DIN 1996-1-1/ NA: Teilausschnitt)

<table>
<tr><th rowspan="2">Kriterien</th><th colspan="3">Orthogonale Mauerwerksverbände</th></tr>
<tr><th>O1 Bruch-stein-Schichten Mauerwerk</th><th>O2 Schichten Mauerwerk</th><th>O3 Quader Mauer-werk</th></tr>
<tr><td rowspan="3">4.3 Fugen-verlauf, Steinhöhen, Schichthö-hen</td><td colspan="3">unregelmäßiges Schichtenmauerwerk
mit versetzten Lagerfugen und wechselnden Schicht-höhen</td></tr>
<tr><td>-</td><td colspan="2">regelmäßiges Schichtenmauerwerk mit durchgehenden
Lagerfugen und wechselnden Schichthöhen</td></tr>
<tr><td colspan="2">-</td><td>regelmäßiges Schichten-mauerwerk
mit durchgehenden Lagerfugen
und konstanten Schicht-höhen</td></tr>
</table>

Parameter, Teil 1 aus Tabelle 1 u. 2: Erläuterungen

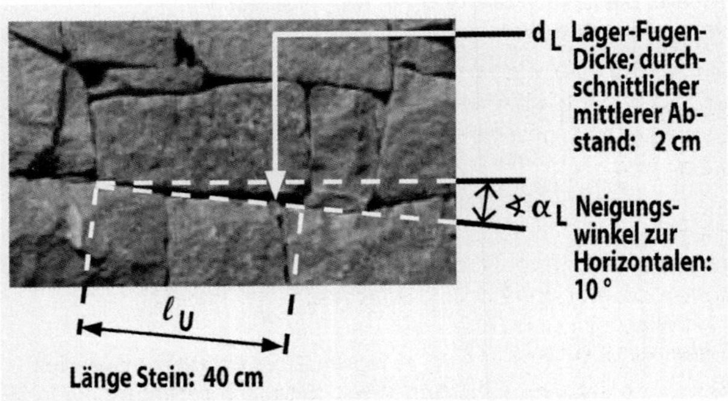

***Bild 4:** Beispiel-Darstellung an einem Mauerausschnitt, Parameter (Quelle: Diebel nach DIN 1996-1-1/ NA)*

Parameter; d_L, ℓ_u, d_L/ℓ_u, α_L

Verband:	Bruchstein-
Schichten-	Mauerwerk
Güteklasse:	N1

Steinlänge:	ℓu	40 cm
Lagerfuge:	d_L	2 cm
Winkel:	α_L	10°

	Soll	Ist		Soll	Ist
$d_L \div \ell u$	≤ 0,25	0,05	$\tan \alpha_L$	≤ 0,30	0,18

Beispiel-Ist-Werte und Soll-Werte nach DIN 1996

$\tan \alpha_L$	≤ 0,30	≤ 0,15	≤ 0,10	≤ 0,05
$\alpha_L{}^\circ$	≤ 16,7°	≤ 8,5°	≤ 5,7°	≤ 2,9°

Umrechnung Winkel-Werte der Tabellen 1 und 2

Parameter: η_t

Der Übertragungsfaktor η_t wird errechnet mit der Division:

- Überlappungsflächen (der übereinanderliegenden Steine) und
- dem Wandquerschnitt (im entsprechenden Grundriss)

An einer bestehenden Mauer ist der Übertragungsfaktor nachträglich kaum zu bestimmen. Anwendung findet dieser Faktor z. B. bei Erstellung von in Zementmörtel gesetzten Steinen einer Mauer in Zusammenhang mit der Druckfestigkeit des Mauerwerks.

Parameter, Teil 2 aus Tabelle 1 u. 2: Erläuterungen

Hammerrechte Bearbeitung

Die Natursteine werden mit Werkzeugen im Lager- und Stoßfugenbereich bearbeitet. Ziel ist es, die Stoß- und Lagerfugen so aufeinander anzupassen, damit die angestrebte Fugenbreite erzielt wird.

Güteklasse N1

Werden bruchraue Steine aufeinandergesetzt, entspricht dies, neben den Parametern aus Teil 1, der Güteklasse N1.

Güteklasse N2, N3, N4

Werden annähernd quaderförmige Steine aufeinandersetzt, ist neben den Parametern aus Tabelle 1 die Bearbeitungstiefe der Steine ein Kriterium.

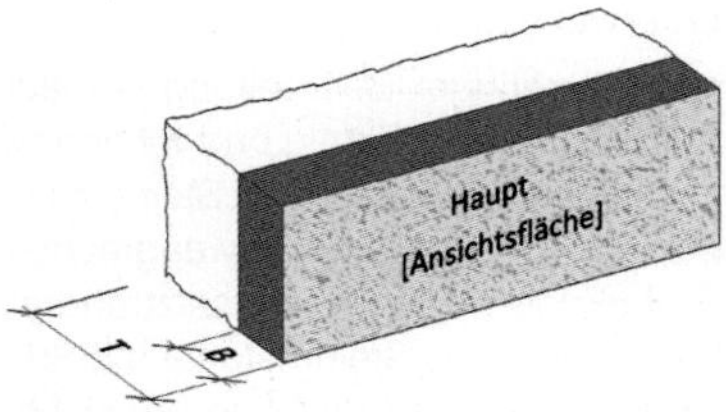

Bild 5: *Bearbeitungstiefe eines Mauersteins (Quelle: Diebel, Meier, Hübner)*

Die DIN 1996 unterscheidet drei Bearbeitungstiefen der Steine an den Stoß und Lagerflächen. Diese Bearbeitungstiefen werden in drei Güteklassen [N2, N3, N4] gegliedert:

- hammerrecht in einer Tiefe [B] von mind. 12 cm: N2
- bearbeitet in einer Tiefe [B] von min. 15 cm: N3
- bearbeitet in gesamter Tiefe [T]: N4

Werkzeuge zur Steinbearbeitung

***Bild 6:** Steinbearbeitungswerkzeuge: Fäustel, Spitzeisen (rechts), Sprengeisen (Mitte), Spalteisen (links) (Quelle: Diebel)*

Das Zurichten der Steine an Lager- u. Stoßfuge verlangt nach speziellen Werkzeugen. Für die Baustelle bewähren sich Eisen mit besonders gehärtetem WiDia-Stahl-Einsatz.

Bruchstein-Schichten-Mauerwerk [01]

Bruchraue Steine werden unter geringer Bearbeitung verbaut. Die Form der Steine ist annähernd quaderförmig und wildförmig polyedrisch. Das Zusammensetzen der passenden Steine zu einer Lage weicht materialbedingt von einem exakt waagrechten Fugenverlauf ab. Der vertikale Fugenverlauf ist versetzt und erfolgt nicht immer senkrecht. Lagerhaftes Steinmaterial mit Steinen unterschiedlicher Höhe und schrägen Stoß- und Ansichtsflächen findet Verwendung. Keile gleichen unebene Steine auch an der Ansichtsfläche aus.

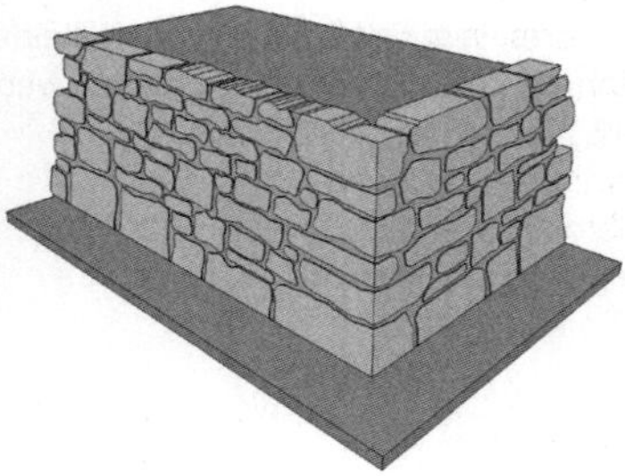

***Bild 7:** Bruchstein-Schichten-Mauerwerk-Schema (Quelle: Diebel, Meier, Hübner)*

Schichten-Mauerwerk [02] regelmäßig

Beim regelmäßigen Schichtenmauerwerk werden die Schichthöhen durch Steine gleicher Höhe gebildet. Die einzelnen Schichthöhen können variieren.

***Bild 8:** Schichten-Mauerwerk regelmäßig-Schema (Quelle: Diebel, Meier, Hübner)*

Schichten-Mauerwerk [02] unregelmäßig

Beim unregelmäßigen Schichtenmauerwerk fehlen durchlaufende Schichten. Die Steinlängen und Schichthöhen variieren in mäßigen Grenzen. Wechsler und Ansetzer lösen die einzelnen Schichten auf. Dieses Mauerwerk aus versetzten Lagerfugen mit unterschiedlichen Schichthöhen wird im GaLA-Bau auch Wechselmauerwerk genannt. Material- und Fugengrößen sowie Art und Ausbildung der Wechsler ergeben die typische, ruhige und abwechslungsreiche Wechselmauerwerk-Ansicht. Die Erstellung einer Wechselmauer ist in vielen Variationen möglich, vom bruchrauen Stein bis hin zur Bearbeitung von Stoß- und Lagerfugen. Diese sind so bearbeitet, dass das Steinmaterial exakt zueinander gefügt werden kann und Fugen geringer Breite und Höhe entstehen.

Mauerwerks-Arten aus Naturstein nach DIN EN 1996-1-1/NA

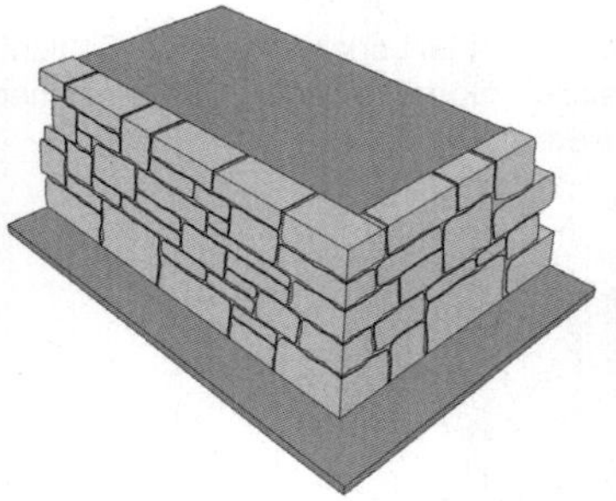

Bild 9: *Unregelmäßiges Schichten-Mauerwerk* **GK: N2** *mit versetzten Lagerfugen und wechselnden Stein- und Schichthöhen (Quelle: Diebel, Meier, Hübner)*

Bild 10: *Unregelmäßiges Schichten-Mauerwerk* **GK: N3** *mit versetzten Lagerfugen und wechselnden Stein- und Schichthöhen (Quelle: Diebel, Meier, Hübner)*

Die Bearbeitung der Steine zur Erzielung hoher Güteklassen der verschiedenen Arten des Schichtenmauerwerks auf der Baustelle ist aufwendig. Viele Natursteinanbieter bieten Mauersteine in exakt gesägten Schichtstärken an. Gängige Schichtstärken bewegen sich in den gängigen Maßen von 7,5/15/22,5 cm mit freien Längen. Größere Schichthöhen (z. B. 45 cm) sind ebenso herstellbar. Die aufeinander abgestimmten, unterschiedlichen Schichthöhen sind gut als Schichten- oder Wechselmauerwerk kombinierbar. Die gesägten Lagerflächen sollten, um eine bessere Reibung zu gewährleisten, aufgeraut werden.

Bild 11: *Regelmäßiges Schichtenmauerwerk Kalkstein mit im Werk vorgefertigten, unterschiedlichen Schichthöhen (Quelle: Fotoarchiv Freiraumplanung Diebel)*

Quadermauerwerk [O3]

Quadermauerwerk ist an allen Stoß- und Lagerfugenflächen bearbeitet. Die Quadermaße in Länge, Breite und Tiefe sind anzugeben. Die Schichtstärken bleiben konstant.

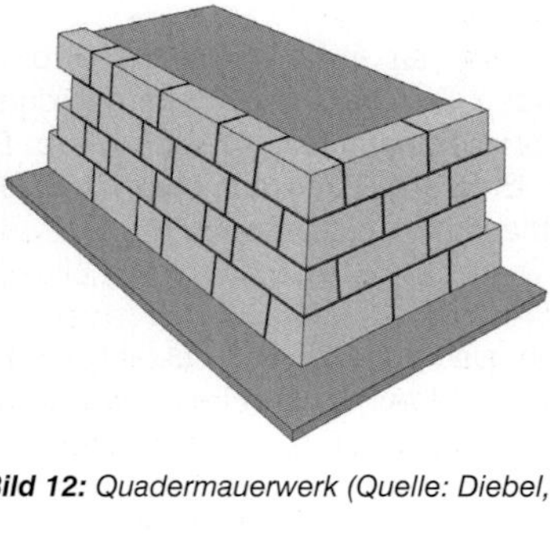

Bild 12: *Quadermauerwerk (Quelle: Diebel, Meier, Hübner)*

Mauerwerksarten trockene und gebundene Bauweisen

Die DIN EN 1996-1-1/NA macht bei allen beschriebenen Verbandsarten keinen Unterschied, ob die Steine in Zementmörtel oder Beton, der starren oder gebundenen Bauweise, oder trocken, als unstarre oder ungebundene Bauweise, aufgesetzt werden. Grundsätzlich lassen sich alle beschriebenen Verbandsarten mit oder ohne Bindemittel versetzen. Bei Mauerwerksarten, wie tragendem Mauerwerk, Verblendmauerwerk und Vorsatzschalen, ist der Einsatz von Zementmörtel/Beton angebracht. Ein Schwergewichtsmauerwerk kann sowohl trocken als auch gebunden aufgesetzt werden. Bei Trockenmauer besagt der Name, dass die Mauer unstarr aufzusetzen ist.

Verblendmauerwerk

Verblendmauerwerk wird mit der Hintermauerung erstellt und muss mit dieser eine Verzahnung aufweisen. Verblendmauerwerk muss ein Überbindemaß von mind. 40 mm aufweisen und mind. dem 0,25-fachen des kleinsten Steinmaßes entsprechen. Rechnet Verblendmauerwerk zum tragenden Querschnitt gerechnet gelten weitere Bedingungen.

Vorsatzschalen

Vorsatzschalen stehen vor der Wand und sind von dieser durch einen Luftraum getrennt.

Schwergewichtsmauer

Schwergewichtsmauern können als freistehende Mauer oder Stützmauer verwendet werden. Die Dicke der Schwergewichtsmauer richtet sich nach der aufzunehmenden Last, wie z. B. Winddruck, Verkehrslast, Erddruck. Trockenmauern werden meist als Schwergewichtsmauer hergestellt.

Trockenmauer

Natursteine werden trocken, also ohne Bindemittel, aufgesetzt, im handwerksgerechten Verband bei engen Fugen und geringen Hohlräumen.

Fachbezeichnungen mit Praxis-Regeln im (Naturstein-) Mauerbau

Dieser Abschnitt umfasst Fachbezeichnungen und fachspezifische Regeln mit Anforderungen im Mauerbau in alphabetischer Auflistung. Der Schwerpunkt liegt auf dem Naturstein-Mauerbau.

Abdeckung

Jede Mauer sollte eine Abdeckung erhalten, die in der Dimension von Länge, Breite und Höhe zur Mauer passt, und die durch ihr Gewicht dauerhaft lagerhaft ist. Die Mauer wird so vor eindringendem Wasser geschützt. Abdeckungen können neben künstlichen und natürlichen Steinen auch aus anderen Materialien bestehen, wie z. B. Cortenstahl.

Anlauf

Auch andere Formulierungen, wie Anzug oder Dossierung, sind gebräuchlich. Der Anlauf bezeichnet die Abweichung von der Senkrechten, mit der sich eine Mauer in Richtung zu stützendes Gelände neigt. Dabei bedeuten z. B. 15 % Anlauf einer 1,00 m hohen Mauer, dass die Mauer in 1,00 m Höhe um 15 cm von der Senkrechten abweicht. Um den Anlauf auf die gesamte Mauerfläche zu übertragen, ist die Erstellung eines Schnurgerüsts unumgänglich.

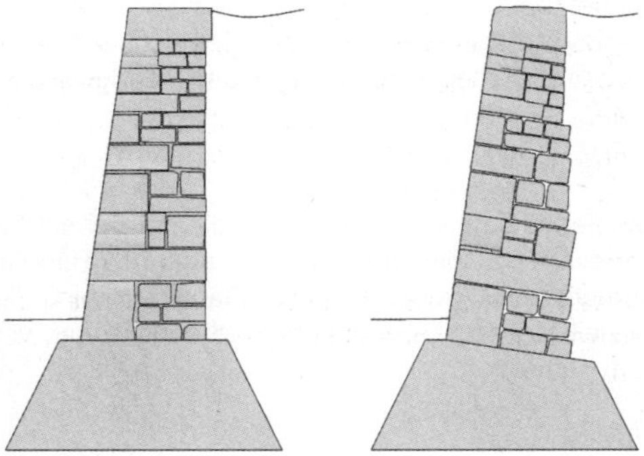

Bild 1: *Der Anlauf wird entweder in den Ansichts-Stein eingearbeitet (linkes Bild) oder mit schräg gesetzten Steinen erzielt (rechtes Bild). (Quelle: Diebel, Meier, Hübner)*

Ausgleich

Nach DIN EN 1996-1-1/NA sind alle Verbandsarten mit Ausnahme der polygonalen Mauerwerksverbände bei mehr als 1,50 m hohen Mauern nach 1,50 m auszugleichen. Darunter versteht man eine horizontale, über die gesamte Mauer laufende Fuge, die rechtwinklig zur Kraftrichtung verläuft. Eine Schicht, die einen Ausgleich erzielt, wird als Ausgleichsschicht bezeichnet.

Binder

Mauerstein, der im Idealfall so lang ist wie die gesamte Mauerstärke. Er wird senkrecht zur Ansichtsfläche (A) eingebaut. Die Vorgaben der DIN EN 1996-1-1/NA lauten:

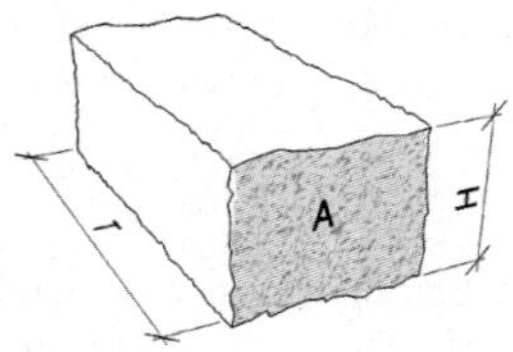

- Tiefe (T) ≥ Wanddicke x 0,6 - 0,7
- T ≥ 1,5 x H
- Einbindetiefe in Hintermauerung: 0,4-fache der Binderlänge, mind. jedoch 12 cm
- Binderabstand: ≤ 1.00 m in horizontal. u. vertikaler Richtung

***Bild 2:** Binderstein (Quelle: Diebel, Meier, Hübner)*

Bearbeitung der Ansichtsfläche

Die Sichtfläche (Ansichtsfläche) der Natursteine kann entweder bruchrau oder bearbeitet sein. Häufig verwendete Bearbeitungsformen im Landschaftsbau sind bossiert, gestockt, scharriert. Weniger häufig anzutreffen sind gesägte und sandgestrahlte Ansichtsflächen.

Bossen

Eine reliefbetonte, strukturierte Oberfläche, die, im Schnitt betrachtet, leicht oval von Oberkante zu Unterkante des Hauptes führt und in bruchrauher Art bearbeitet ist. Damit wird eine Tiefenwirkung erzielt. Je nach Ausbildungsgrad spricht man von stark und leicht gebosst.

Blockschlichtung

Die Blockschlichtung ist in der DIN 18918 „Ingenieurbiologische Sicherungsbauweisen“ beschrieben. Blockschlichtungen sind aus lagerhaften, verwitterungsbeständigen Gesteinsblöcken von mind. 0,3 m³ zu errichten. Dabei sind die Blöcke im Regelfall im Verband mit der erforderlichen Anzahl von Bindern entsprechend der Neigung der zu sichernden Böschung anzuordnen. Zur Wasserableitung ist an der Rückseite der Blockschlichtung durchlässiges, filterstabiles Material einzubauen. Ein Beispiel zu den Abmessungen: Gesteinsblock 0,3 m³ ≙ Länge/Tiefe/Höhe 1,20/0,50/0,50 m.

***Bild 3:** Geländeabstufung mit trocken aufgesetzten Kalksteinblöcken, einzelne Schichten mit Höhen von ca. 50 cm (Quelle: Fotoarchiv Freiraumplanung Diebel)*

Eckausbildung

Die Eckausbildung einer Mauer erfordert erhöhten Aufwand. Bei Bruchstein-Schichten- und unregelmäßigem Schichtenmauerwerk sind größere und höhere Steine, die über zwei Fugen laufen, vorteilhaft. Ein Eckstein hat bei einer einhäuptigen Mauer (Mauer mit einer Ansichtsfläche) ein oder zwei Ansichtsflächen. Bei einer zweihäuptigen, freistehenden Mauer (Mauer mit zwei Ansichtsflächen) weist ein Eck-Binderstein, der über die gesamte Mauertiefe läuft, drei Ansichtsflächen auf. Bei Mauern mit Anlauf muss an jeder Ansichtsfläche der Anlauf eingearbeitet werden.

***Bild 4:** Eckausbildung mit gleichmäßigem Schichten-Mauerwerk, mit Anlauf, Sandstein mit Bossen und Abdeckplatte; Verlegung in Mörtel (Quelle: Fotoarchiv Freiraumplanung Diebel)*

Entwässerung

Um das auf der Mauerrückseite anfallende Sickerwasser schadlos abzuleiten, ist an der tiefsten Stelle des Fundaments ein Dränrohr mit abgestuftem Kies (Filterkies) einzubauen, oder eine Ummantelung mit einem Geotextil vorzunehmen. Das Dränrohr ist an eine Versickerungseinrichtung anzuschließen, wie z. B. Rigole oder Sickerschacht. Das anfallende Wasser kann auch über einen Sickerschlitz im Mauerfuß zur Ansichtsfläche geleitet werden. Die Ausbildung hat so zu erfolgen, dass Ausspülungen an der Mauer vermieden werden. Das Gefälle des an den Mauerfuß angrenzenden Geländes fällt stets von der Mauer aus in Richtung Gelände. Muss aus konstruktiven Gründen das Gelände zur Mauer hinfallen, sind entsprechende Entwässerungseinrichtungen vorzusehen, wie z. B. Pflasterrinne, Rasenmulde usw. Diese Entwässerungseinrichtungen sollten nicht unmittelbar am Mauerfuß zum Einbau vorgesehen werden.

Fugenverlauf - Treppeneffekt

Treppeneffekte im Fugenverlauf sind zu vermeiden. Dies ist durch den Einbau von längeren Läufern zu erzielen. Ein gutes Fugenbild, der sog. Fugenschnitt, wird erzielt, wenn die Überdeckung der Stoßfugen mit ca. $^1/_3$ des Steines erfolgt.

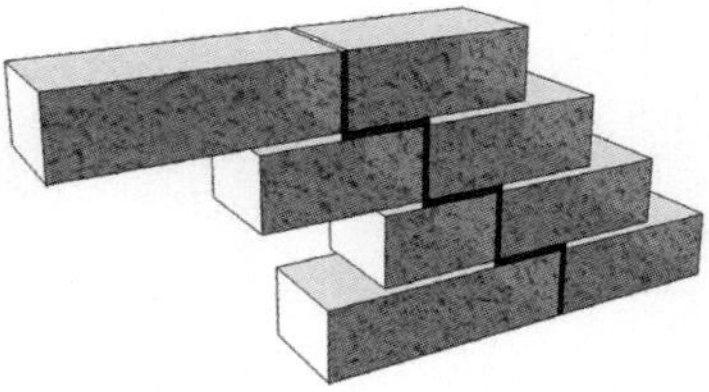

Bild 5: *Treppeneffekt (Quelle: Diebel, Meier, Hübner)*

Fundament

Dauerhafte Mauern benötigen ein Fundament. Das Eigengewicht der Mauer, Windkräfte oder die auf die Mauer einwirkenden Kräfte des Erddrucks werden über das Fundament in den Baugrund geleitet.

Bei starrer Bauweise der Mauer ist ein Betonfundament (Streifenfundament), ggf. aus Stahlbeton, einschließlich Sauberkeitsschicht und Schalung erforderlich. Die starre Bauweise erfordert eine Gründung bis in frostfreie Tiefe. Die Frosteindringtiefe ist regional unterschiedlich und von der Topographie abhängig. Diese Tiefe kann von 0,80–1,40 m reichen.

Bei der unstarren Bauweise einer Mauer wird ein lagenweise verdichtetes Fundament aus Kiessand oder Schotter der Körnung 0/32 oder 0/46 verwendet. Die Dicke der Tragschicht erfordert nicht zwingend eine frostfreie Tiefe, da das Mauerwerk spannungsausgleichend wirkt. Die Dicke ist vielmehr abhängig von der Tragfähigkeit des Baugrunds und den Homogenbereichen. Die Dicke der Fundament-Tragschicht wird i. d. R. mit 30-50 cm zu bemessen sein. (Der Homogenbereich ersetzt die Bodenklassen der DIN 18300. Ein Homogenbereich ist ein begrenzter Bereich. Er besteht aus einer einzelnen oder mehreren Boden- oder Felsschichten. Ein Homogenbereich weist für einsetzbare Erdbaugeräte vergleichbare Eigenschaften auf.)

Futtermauer und Stützmauer

Die Futtermauer [F] nimmt den Erddruck des anstehenden, gewachsenen Bodens, die Stützmauer [S] den des geschütteten Bodens auf.

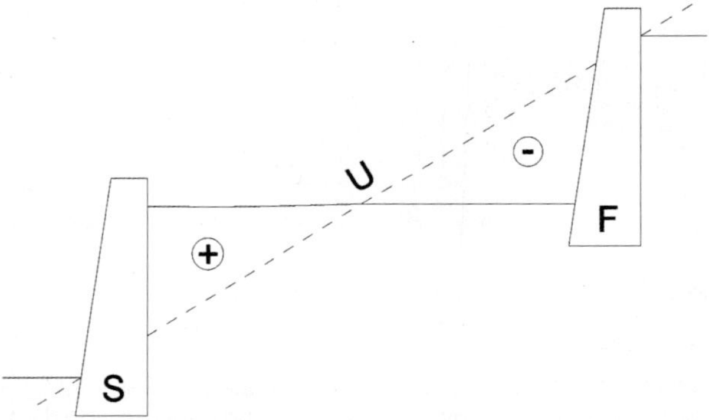

Bild 6: *Die gestrichelte Linie zeigt das ursprüngliche Gelände [U]. Kennzeichnung: Bodenauftrag (+) Bodenabtrag (-) (Quelle: Diebel)*

Haupt

Das Haupt ist der der sichtbare Teil einer Mauer. Nach Anzahl der Ansichtsflächen werden unterschieden:

Tabelle 1: *Haupt-Bezeichnungen*

Haupt-Bezeichnung	Ansichtsflächen	Beispiel
einhäuptig	1	Stützmauer
zweihäuptig	2	Sichtschutzmauer
vierhäuptig	4	Pfeiler

Handwerksgerechte Ausführung (nach DIN EN 1996-1-1/NA)

Handwerksgerechtes Natursteinmauerwerk beinhaltet den gesamten Querschnitt mit folgenden Haupt-Merkmalen:

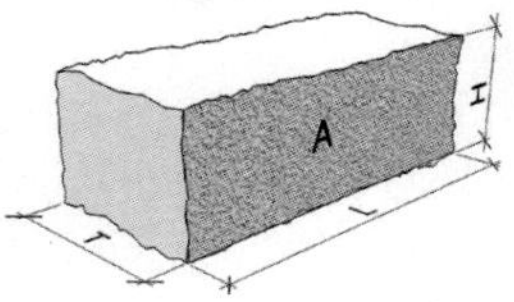

Läufer-Maße:
Tiefe, Breite (T): ≥ H, jedoch min. 10 cm
(A Ansichtsfläche)

Bild 7: *Läufer*
(Quelle: Diebel, Meier, Hübner)

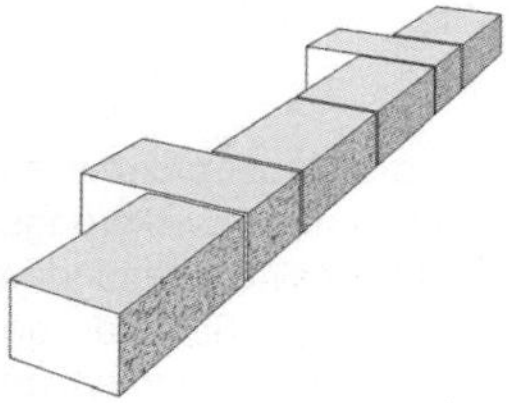

nach mindestens zwei Läufern ist ein Binder einzubauen;

Maße Binder siehe Binder

Bild 8: *Läufer-Binder*
(Quelle: Diebel, Meier, Hübner)

- max. drei Fugen dürfen (sowohl auf der Vorder- als auch auf der Rückseite) aufeinandertreffen;
- Stoßfugen dürfen maximal über zwei Schichten laufen
- Überbindung Stoßfugen

Tabelle 2: *Überbindung nach DIN EN 1996-1-1/NA*

Ü Orthogonales Mauerwerk	≥ 0,4 Stein-Höhe
Ü Schichtenmauerwerk	≥ 10 cm
Ü Quadermauerwerk	≥ 15 cm

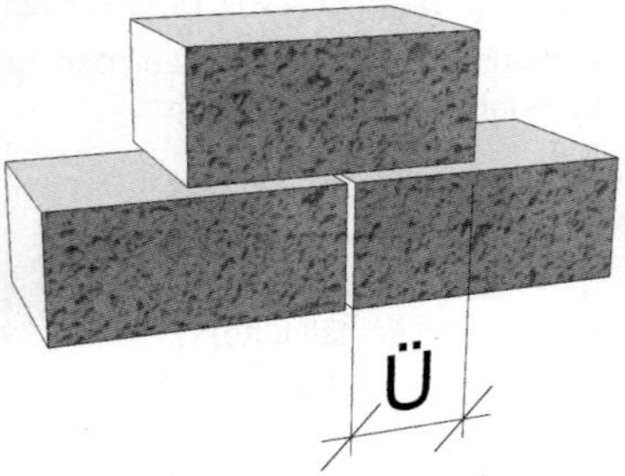

Bild 9: *Überbindung (Quelle: Diebel, Meier, Hübner)*

in der untersten Schicht und an den Ecken sind die größten Steine einzubauen, ggf. in Höhe von zwei Schichten)

Hinterfüllung

Niederschlags- und Hangwasser ist von der Mauer abzuhalten. Unmittelbar hinter der Mauer ist ein Bereich mit versickerungsfähigem Material vorzusehen. Geeignet hierfür sind nichtbindige Böden, insbesondere Kies und Schottermaterial. Schotter (gebrochenes Korn) der Körnung 16/32 verkeilt sich gut und hat genügend Hohlraum, um anfallendes Wasser schnell und schadlos nach unten zu führen. Dieser wasserdurchlässige Bereich hinter der Mauer wird beim Bau mit nach oben gezogen und unter Schonung der aufgesetzten Mauer mit geeignetem Gerät verdichtet. Um Schottermaterial einzusparen, wird zwischen der Schotterschicht und Böschungswand anfallender und für Hinterfüllungszwecke geeigneter Rohboden eingebracht. Der Einbau eines Geotextils als Filter zwischen Schotterschicht und Rohboden verhindert, dass Feinteile des angrenzenden Bodens in die Schotterschicht transportiert werden. Mit Mauer und Schotterschicht wachsen Vlies und Rohboden lageweise mit, ggf. unter Verwendung von Ziehblechen. Eine Aufrauung oder Abtreppung der Baugrubenwand bewirkt eine gute Verzahnung der anstehenden Böschungswand mit dem hinterfüllten Rohboden. Die oberste Schicht hinter der Mauerkrone bildet der Oberboden. Der Übergang zur Mauer ist auszumulden. In diesem Bereich sollte der Oberboden eine gute Wasserdurchlässigkeit aufweisen, was z. B. mit einem Sand-Oberboden-Gemisch erreicht wird.

Bei Ortbetonmauern, L-Steinen oder auch verblendeten Betonmauern ist ggf. auf der hinterfüllten Seite eine Isolierung gegen Feuchtigkeit aufzubringen. Die Angaben der Statik und der Hersteller sind hierbei zu beachten.

Hintermauerung

Allein die Binder einer Mauer werden ggf. über die gesamte Mauertiefe laufen. Läufer und andere Mauersteine müssen bis zur Erzielung der Mauertiefe hintermauert werden. Größere und kleinere Steine werden im Verband zusammen mit der Vormauerung gesetzt und mit Zwickeln auf Spannung verkeilt.

Bild 10: *Hintermauerung (Quelle: Diebel, Meier, Hübner)*

Für die starre Bauweise schreibt DIN EN 1996-1-1/NA vor, dass die Zwischenräume der Hintermauerung allseits mit Mörtel zu verfüllen sind, ebenso wie breiten Fugen an den Ansichtsflächen.

Mauerwerk-Arten nach DIN EN 1996-1-1/NA

Tragendes Mauerwerk, Schwergewichtsmauerwerk, Verblendmauerwerk, Vorsatzschalen, Trockenmauerwerk

Mauerwerk-Verband:

Siehe Abschnitt Mauerwerk-VERBÄNDE

Mauerkrone:

der obere Abschluss der Mauer

Mauerfuß

der an das Fundament reichende Teil der Mauer

Mauerstein

Stein aus künstlichem oder natürlichem Material, mit dem eine Mauer erstellt wird; mit bestimmten Maßen, wie Länge, Tiefe (Dicke), Höhe; mit bestimmten Angaben der Oberflächenausbildung der Ansichtsfläche, der Lager und Stoßflächen; weiter mit bestimmten insbesondere physikalischen Eigenschaften.

Mauermörtel

Die Mörtel werden bei der starren Bauweise eingesetzt, sie verbinden die Steine untereinander und gleichen Unebenheiten aus. Von den fünf Mörtelgruppen (MG) wird die MG III mit 10 MN/m² und MG IIIa mit 20 MN/m² Druckfestigkeit verwendet.

Tabelle 3: *Mauermörtel*

Die Gruppen der Mauermörtel	
Mörtelgruppe I	Kalkmörtel
Mörtelgruppe II, IIa	Kalkzementmörtel
Mörtelgruppe III, IIIa	Zementmörtel

Nach DIN EN 1996-1-1/NA soll die Festigkeit des Mauermörtels die Festigkeit des Mauersteins nicht überschreiten.

Mauertiefe (Mauerdicke)

Die Tiefe (Dicke) der Mauer ist abhängig von der Höhe der Mauer, dem auf die Mauer wirkenden Erddruck, dem Anlauf, der Geländeneigung vor und hinter der Mauer und dem verwendeten Mauermaterial. In Richtung Mauerkrone wird der Erddruck auf die Mauer geringer, die Mauerdicke kann im oberen Teil der Mauer reduziert werden. Für das Verhältnis von Mauertiefe zu Mauerhöhe von Trockenmauern bestehen in der Praxis mehrere Faustformeln. Eine Faust-Formel besagt, dass die Breite des Mauerfußes der halben Mauerhöhe entsprechen soll. Insbesondere bei größeren Mauern dienen diese Berechnungen nur als Überschlag und können geotechnische Untersuchungen, verbunden mit einer Statikberechnung, nicht ersetzen. Im GaLa-Bau sind die Faustformeln Mauerdicke = ½ und $^1/_3$ der Höhe oft zu finden. Liegt die Festlegung bei ½ noch auf der sichereren Seite, ist die pauschale Verwendung von $^1/_3$ bedenklich. Zur genaueren Mauerdickenbestimmung siehe gesondertes Kapitel: Berechnung der Mauerdicke nach FLL.

Tabelle 4: *Beispiele für Mauertiefe in Abhängigkeit von der Mauerhöhe T^1, T^2: Faustformeln, T^3 (Quelle: Forschungsgesellschaft für Straßen- und Verkehrwesen: Merkblatt für einfache landschaftsgerechte Sicherungsbauweisen, Köln 1991)*

H [m]	T^1=1/3 H	T^2=1/2 H	T^3= 1/4 H + 0,45	
0,50	0,20	0,25	0,60	*T = Mauertiefe (dicke) am Fuß*
1,00	0,25	0,50	0,70	*H = Mauerhöhe*
1,50	0,50	0,75	0,85	*(Aufgerundete Werte, auf 5cm)*
2,00	0,70	1,00	0,95	
2,50	0,85	1,25	1,10	

Formel T1 liefert bei kleinen und insbesondere höheren Mauern kleine Mauertiefen.

Formel T3 zeigt bei kleinen Mauern zu hohe, bei höheren Mauern realistische Werte.

Naturstein

Über die Art der Entstehung lassen sich die Natursteine in drei Hauptgruppen einteilen, die hier mit typischen Vertretern angesprochen sind:

- magmatische Gesteine (Erstarrungsgesteine, im Erdinneren erstarrt), z. B. Granit, Syenit, Diorit
- Ergussgesteine (an der Erdoberfläche erstarrt), z. B. Basalt, Diabas, Porphyr/Rhyolith
- Sedimentgesteine (Ablagerungsgesteine), z. B. Sandstein, Grauwacke, Kalkstein, Dolomit
- metamorphe Gesteine (Umwandlungsgesteine), z. B. Schiefer, Quarzit, Gneis

Petrographie (Gesteinslehre)

Die Norm DIN EN 771-6, Festlegungen für Mauersteine aus Naturstein, verweist neben anderem auf DIN EN 12440. Hier sind die Kriterien zur Bezeichnung aufgeführt, wie z. B. wissenschaftlicher Gesteinsname, petrographische Familie und Name, Beschreibung, Bezeichnung und Klassifizierung. Die Lieferfirmen der Natursteine sind verpflichtet, diese Angaben, ggf. nach Aufforderung, zu erbringen.

Pfeiler, Stützpfeiler

Stützpfeiler werden zur Verbesserung der Standsicherheit von Mauern eingesetzt. Mit ihrem Gewicht lehnen sie sich gegen die Mauer. Meist haben sie einen höheren Anlauf als die Mauer, einen breiten Fuß und verjüngen sich nach oben.

Bild 11: *Stützpfeiler (Quelle: Fotoarchiv Freiraumplanung Diebel)*

Statik

Grundsätzlich sollten bei allen Mauern geotechnische Voruntersuchungen vorliegen, die alle die Mauer beeinflussenden Faktoren (Untersuchungen zum Baugrund, Grundwasser, Schichtenwasser, Sickerwasser, Oberflächenwasser, Kennzeichnung von Schichten und Homogenbereichen, Erstellen wichtiger Bodenkennwerte, Gründungsbemessung und Gründungsart, Auffüllmaterial, Geländeneigungen, Mauerhöhe, Mauerart, Anlauf, Winddruck, Verkehrslasten usw.) berücksichtigen.

In der DIN EN 1996-1-1/NA wird neben dem Verweis, dass Trockenmauerwerk nur für Schwergewichtsmauern verwendet werden darf, darauf hingewiesen, dass als Bemessungswert der Eigenlast höchstens 75 % der Rohwichte des zu verwendeten Steines anzusetzen ist.

Steinlänge

Vorgabe DIN DIN EN 1996-1-1/NA: Steinlängen in der Ansichtsfläche: Stein-Länge: ≥ H, ≤ 5 x H (Steinhöhe)

Wechsler, Wechselmauerwerk

Im GaLa-Bau findet auch der Ausdruck Wechselmauerwerk Verwendung, der gleichbedeutend mit dem unregelmäßigen Schichtenmauerwerk ist. Weiter wird ein Mauerstein in der Ansichtsfläche, der zwei Schichten aufnimmt, als Wechsler oder Wechsel (W) bezeichnet. Die beiden an den Wechsler stoßenden Steine werden als Ansetzer (A) angesprochen.

- Bei Wechselmauerwerk ist nach drei bis sechs Steinen ein größerer Stein, der Wechsler, zu setzen. Links und rechts vom Wechsler sind die Steine nicht in gleichen Schichtstärke einzubauen.
- Steine sind mit der größten Länge liegend einzubauen. Steine, die auf ihrer schmalen Seite stehen, „Steher“, sind zu vermeiden.
- Ein gutes Fugenbild (Fugenschnitt) wird erzielt, wenn die Überdeckung der Stoßfugen mit ca. $^1/_3$ des Steines erfolgt
- Vermeidung von über mehrere Schichten verlaufende Stoßfugen
- Zwischen zwei große Steine sind nicht nur kleine Steine zu setzen.

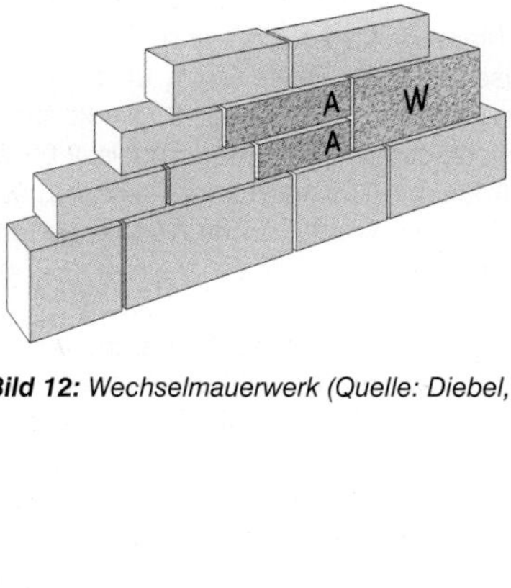

Bild 12: *Wechselmauerwerk (Quelle: Diebel, Meier, Hübner)*

Widerstandsfähigkeit der Natursteine

Vorgabe DIN DIN EN 1996-1-1/NA: Es ist nur gesundes Material zu verwenden. Wenn Natursteine ungeschützt der Witterung ausgesetzt sind, muss das Mauerwerk ausreichend widerstandsfähig sein. Vor Verwendung und in Anbetracht der vielen Gesteinsarten mit den vielen Sorten aus In- und Ausland sind die Natursteine auf nachfolgende Kriterien zu überprüfen. Die Hersteller können dies mit der Zertifizierung nachweisen. Zur Orientierung dienen diese Anhaltswerte:

Tabelle 5: *Haupt-Prüfkriterien*

Prüfung	Prüf-Norm
Widerstandsfähigkeit gegen Frost: Frost-Tau-Wechsel, ggf. Tausalz	DIN EN 1342, Nr.4.2 DIN EN 1367 T.6
Druckfestigkeit	DIN EN 1342, Nr.4.4
Wasseraufnahme	DIN EN 1342, Nr.4.7

Tabelle 6: *Neben-Prüfkriterien*

Abriebwiderstand Abriebwiderstand nach Böhme	DIN EN 1342, Nr.4.4 DIN 51028
Gleit/Rutschwiderstand	DIN EN 1342, Nr.4.7

Windlast bei freistehenden Mauern, Einfluss auf Mauerdicke

Für die Festlegung der Mauerdicke ist die Windlastzone, die Steinwichte, die Verbandsart, die Bauweise (starr, unstarr) und der Anlauf von grundlegender Bedeutung. Eine Statik ist anzustreben. Als grobe Überschlagsformel für Mauern bis 2.00 m Höhe, Wichte von ca. 26 kN/m^2, Trockenmauer-Wechselmauerwerk, Anlauf von ca. 15 %, bis Windlastzone 4 kann gelten: Mauer-Dicke = Mauer-Höhe ÷ 2,3.

Zwischenräume und Zwickel

Zwickel sind kleine, keilförmige oder spitz zulaufende Steine. Diese sind zwischen oder unter die Steine zu setzen. Damit sind die Steine verwacklungsfrei aufgesetzt, und damit ist ein fester Kraftschluss gewährleistet. Durch das Einkeilen entsteht Spannung zwischen den Mauersteinen. Solche Verkeilungen kommen insbesondere bei Trockenmauern mit nicht lagerhaftem Material zum Einsatz, auch an der Ansichtsfläche und bei Hintermauerungen aller Mauertypen. Die Stabilität einer Trockenmauer hängt zu weiten Teilen von den Reibungsflächen der Steine untereinander ab. Der unter einem Stein eingepasste, eingespannte Keil verhindert das Wackeln des Steines und soll möglichst große Reibungsflächen zwischen den Steinen herstellen. Diese Keile müssen beim Bau der Mauer – und nicht nachträglich – mit eingefügt werden. Soweit möglich, sind kleinere Keile zur Stabilisierung der Steine in der Ansichtsfläche zu vermeiden.

Vorgabe DIN DIN EN 1996-1-1/NA: Größere Hohlräume im Inneren und an den Ansichtsflächen des Mauerwerks sind mit in Mörtel gesetzten Steinstücke auszufüllen (Anmerkung: bei starrer Bauweise).

Trockenmauer – Regelquerschnitt

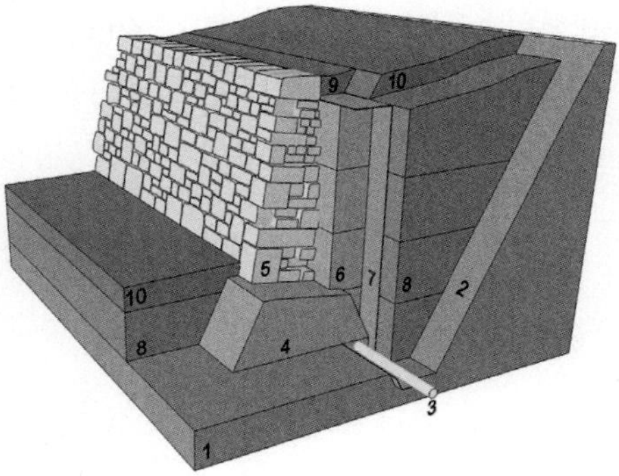

Bild 1: *Trockenmauer – Regel-Querschnitt*
(Quelle: Diebel, Meier, Hübner)

1 Baugrund z. B. GK 1 nach DIN 4020 (Geotechn. Kategorie)
2 Böschung/Hang
3 Entwässerung, Dränrohr (z. B. DN 80, Dränkies, Filtervlies)
4 Fundament (z. B. Schotter 0/32)
5 Trockenmauer mit Anlauf 15 %, und Hintermauerung
6 Hinterfüllung (z. B. Schotter 16/32)
7 Filtervlies/Geotextil 250-350 g/m^2
8 Auffüllung, z. B Boden GK 1 nach DIN 4020
9 Sandiger Oberboden, Bodengruppe 2, DIN 18915, Mulde
10 Oberboden, z. B. Bodengruppe 2, DIN 18915

Berechnungen zur Mauertiefe

Bodenkenngrößen

Eine Schwergewichtsmauer muss den aktiven Erddruck schadlos aufnehmen. Je dicker die Mauer ausgebildet ist, um so größere Kräfte des Erddrucks kann die Mauer aufnehmen. Die Berechnung des Erddrucks erfordert wichtige Eigenschaften, die Kenngrößen des Bodens, auf dem die Mauer errichtet wird, der hinter einer Mauer ansteht und eingebaut wird.

Körnungskurve

Die Körnungskurve gibt Auskunft über wichtige bautechnische Eigenschaften des Bodens. Die Korngrößen und ihr prozentualer Massenanteil werden bis zum Korndurchmesser von 0,063 mm durch Absiebung und Wägung, kleinere Bodenteilchen als 0,063 mm über Sedimentation und Wägung bestimmt. Die gefundenen Ergebnisse werden als Korngröße auf der x-Achse (Korngrößen im logarithmischen Maßstab) und der dazugehörende Massenanteil auf der y-Achse (Massenanteil im linearen Maßstab) in das Diagramm der Kornverteilung eingetragen. Verbindet man die gefundenen Punkte, so ergibt sich für eine für den untersuchten Boden typische Kurve. Auf dem Diagramm liegt im linken Bereich die Ton- und Schlufffraktion, im rechten Bereich die Sand- und Kiesfraktion. Die Körnung 0.063 trennt Schluff und Sand. Hat ein Boden 15 % Anteile an 0.063 mm, so spricht man von einem bindigen Boden. Liegen die Anteile darunter, handelt es sich um einen nicht bindigen Boden. Hat z. B. ein Boden einen Anteil bei 0.063 von < 5 %, kann der Boden als frostfrei angesprochen werden. Im Körnungsdiagramm sind drei Böden eingetragen:

_____	Kiessand	→ nicht bindiger Boden
_ _ _	Gemischtkörniger Boden	→ bindiger Boden
……..	Toniger Schluff	→ bindiger Boden

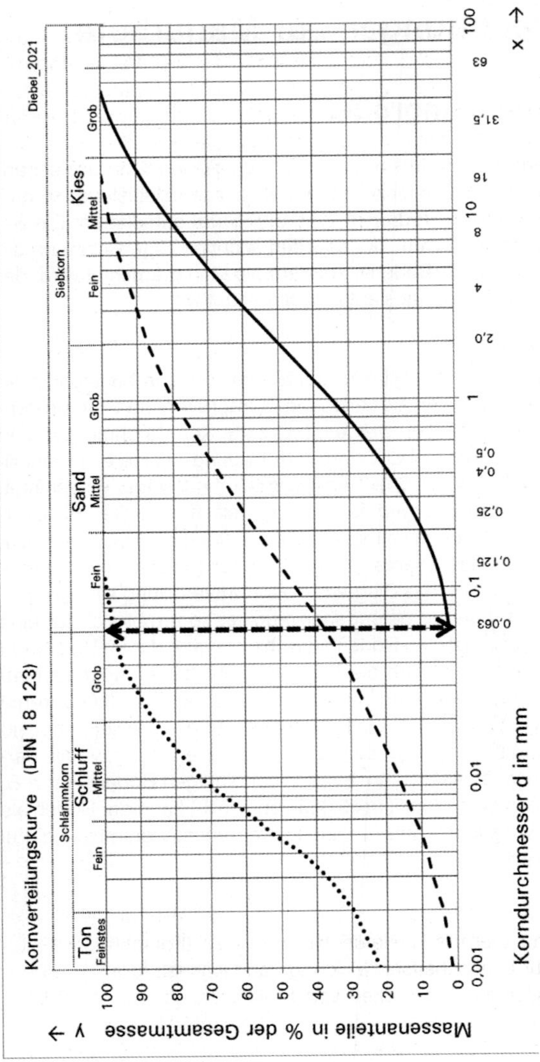

Bild 1: *Körnungskurve mit Bodenarten (Quelle: Diebel)*

Reibungswinkel

Der Reibungswinkel gehört neben dem Kohäsionswert zu den Scherfestigkeitsparametern eines Bodens. Bodenart, Kornform, Kornoberfläche, Lagerungsdichte, Wassergehalt wirken sich auf die Parameter aus. Der Reibungswinkel beruht auf der inneren Reibung der Bodenkörner zueinander. Bei nicht bindigen Bodenarten, so wird der Reibungswinkel einfach erklärt, stellt sich beim Schütten eines Bodens ein natürlicher Böschungswinkel ein, der dem Reibungswinkel entspricht, z. B. beim Abkippen eines Kiessandes von der Ladefläche eines LKW. Der Reibungswinkel wird bodenspezifisch im Erdbaulabor ermittelt. Folgende Werte sind Überschlagswerte:

Kiese, Sande:	30–35°
Schluffe:	22–27°
Tonböden:	15–22°

Daten-Quelle: vereinfacht nach Baustellenhandbuch Tiefbau, Forum-Verlag

Bestimmung der Mauerdicke nach FLL

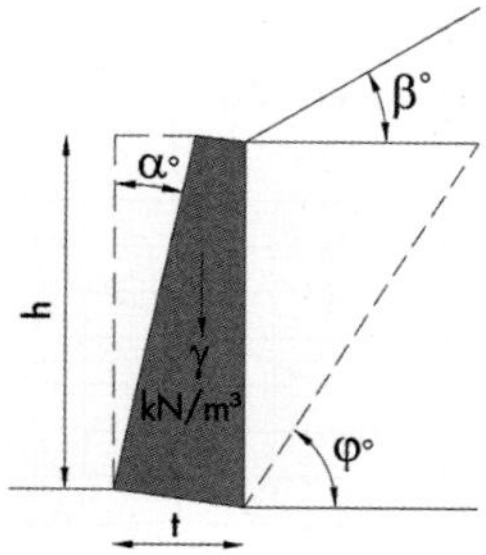

φ Reibungswinkel

β Geländeneigung

α Anlauf

γ Wichte

h Mauerhöhe

t Mauertiefe am Mauerfuß

***Bild 2:** Mauerquerschnitt, Trapez*
(Quelle: Diebel)

Die Empfehlungen für Planung, Bau und Instandhaltung von Trockenmauern aus Naturstein der FLL (Forschungsgesellschaft für Landschaftsentwicklung Landschaftsbau e. V) zeigen zur Festlegung der Dicken von Stütz-Trockenmauern 16 Diagramme, die zur Findung von Mauertiefen für Rechteck- u. Trapezquerschnitte bei Anlauf von 10 % und 20 % und Steinwichten von 20 und 26 kN/m², mit Reibungswinkeln von 25, 30, 35 und 40° dienen. Die Daten zu den beiden Diagrammen entstanden aus Interpolation dieser Datenquelle.

Vorgehensweise zur Ermittlung der Mauer-Tiefe t

Geplante Mauer-Höhe auf x-Achse suchen, senkrecht nach oben gehen bis zum Schnittpunkt des Reibungswinkels φ des Bodens und im Schnittpunkt weiter senkrecht zur y-Achse. Die gesuchte Tiefe t wird auf der y-Achse abgelesen.

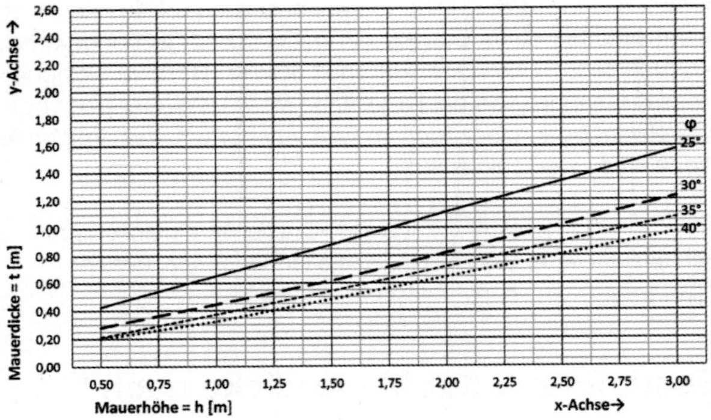

Bild 3: *Q -Trapez | γ 26 kN/m² |* **β 0°** *| α 15 % ≙ 8,5°*
(Quelle: FLL-Daten aus Tabellen 7.1-7.2 interpoliert auf 15%)

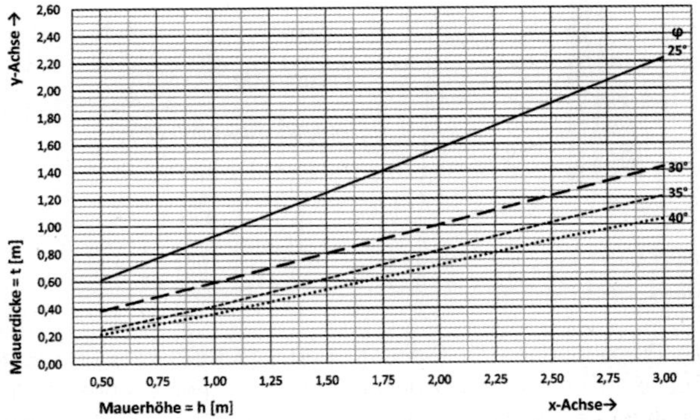

Bild 4: *Q -Trapez | γ 26 kN/m² |* **β 20°** *| α 15 % ≙ 8,5°*
(Quelle: FLL-Daten aus Tabellen 8.1-8.2 interpoliert auf 15%)

<u>Beispiel</u>: h 2,25 | α 15° | β 20° | φ 30° Ablesung: t = 1,17 m

Gegenseitige Beeinflussung von Stützmauern

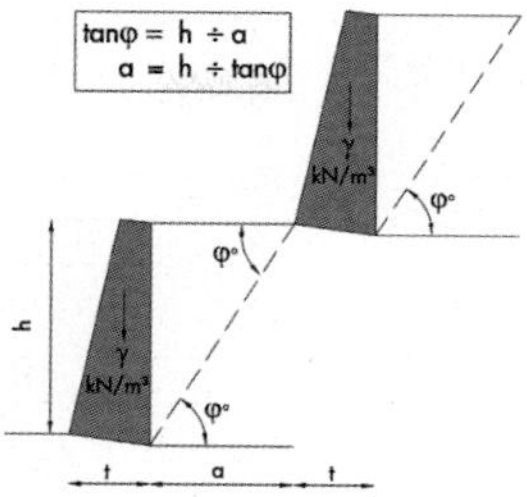

Bild 5: *Stützmauern, übereinander liegend (Quelle: Diebel)*

Bei übereinander angeordneten Mauern wird jede Mauer-Tiefe einzeln ermittelt, wenn:

a ≥ h ÷ tan φ

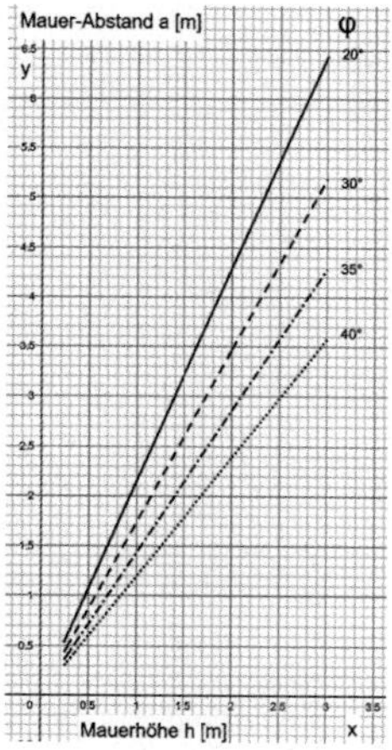

Bild 6: *f(x) = h ÷ tan φ (Quelle: Diebel)*

Beispiel:
Mauerhöhe: 2,00 m
φ: 30°

Auf y-Achse ablesen:
a ≈ 3.50 m

Ab einem Abstand von a = 3.50 m kann jede Mauer einzeln in der Tiefe (z. B. nach Diagramm 2) berechnet werden.

Bei a < h ÷ tan φ sind die übereinanderliegenden Mauern als ein gemeinsames Bauwerk zu betrachten und statisch gemeinsam zu berechnen, unabhängig von den Diagrammen.

Mauerwerk aus künstlichen Steinen

Nach Vorgabe der DIN EN 1996-1-1/NA dürfen nur genormte Mauersteine verwendet werden, wie Mauerziegel (DIN 105-1 bis -5), Kalksandsteine (DIN 106-1 bis -2), Hüttensteine (DIN 398), Porenbetonsteine (DIN 4165) oder Leichtbetonsteine (DIN 18151 bis 18153). Aus der Fülle dieser Materialien werden die Mauerziegel nach DIN 105 herausgegriffen, hier speziell Vormauer-Vollziegel (VMz) oder Keramikvollklinker (KK).

Ziegelmaße in cm:	24,0 x 11,5 x 7,1
Dicke der Lagerfuge:	1,3 cm
Dicke der Stoßfuge:	1,0 cm

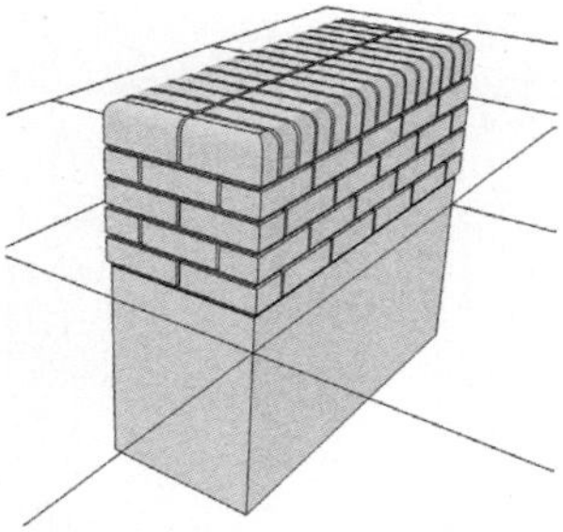

Bild 1: *Sitzmauer aus Vollziegel im Läuferverband (Quelle: Diebel)*

Die Längsseite der Mauer der Zeichnung 1 des Kapitels Trockenmauern besteht aus Läuferschichten, die jeweils um einen halben Stein versetzt sind. Die Eckausbildung jeder zweiten, versetzten Schicht erfolgt über Binder. Die oberste Schicht der Sitzmauer ist aus hochkant stehenden Klinkern, der Rollschicht, erstellt. Hier in einem Sonderformat mit abgerundeter Kante. Alle Fugen sind mit Mörtel der MG III verfugt, einschließlich Glattstrich der Fuge als Hohlkehle. Die Zeichnung hier zeigt den Läuferverband. Weitere Verbände sind z. B. der Holländische, der Kreuz-, der Märkische, der Gotische oder der Flämische Verband. Die Mauer ist auf einem frostfreien Betonfundament gegründet. Zwischen Fundament und Mauerwerk liegt eine Feuchtesperrschicht.

Tabelle 1: *Klinker-Sitz-Mauer: L = 124, B = 49, H = 46 [cm] (Quelle: Diebel)*

Berechnung der Länge, Breite und Höhe der Sitzmauer aus Vollziegel im Läuferverband aus Bild Sitzmauer/ Vollziegel								
L — Länge *B — Breite* *H — Höhe*		Stückzahl	Maße in cm					
			L	*B*	*H*	Fuge		
			24	11,5	7,1	Stoß	Lager	Σ
Länge	1. Lage (unten)							
	Klinker	4	24					96
	Klinker	2		11,5				23
	Fugen	5				1		5
	1.Lage *L-Gesamt*							124
	2. Lage							
	Klinker	5	24					120
	Stoßfugen	4				1		4
	2.Lage *L-Gesamt*							124
Breite	1. Lage (unten)							
	Klinker	2	24					48
	Fuge	1				1		1
	1. Lage *B-Gesamt*							49
	2.Lage							
	Klinker	2		11,5				23
	Klinker	1	24					24
	Fuge	2				1		2
	2. Lage *B-Gesamt*							49
Höhe	1. - 4. Lage	4			7,1			28,4
	Roll-schicht	1		11,5				11,5
	Fuge	5					1,23	6,2
	H-Gesamt							46,1

Weitere, im GaLa-Bau verwendete Mauerarten

Gabionen

Gabionen, auch als Drahtschotterbehälter bezeichnet, bestehen aus sechs einzelnen Gittermatten, die vor Ort herstellerspezifisch miteinander verbunden werden. Querverstrebungen verbinden die vordere und hintere Gittermatte. Die Drahtdurchmesser reichen von ca. 3,5–6 mm. Alle Drähte sind verzinkt. Gängige Gabionen zeigen eine Maschenweite von 5 x 5 cm oder 10 x 10 cm auf. Die Gabionenmaße in Länge, Breite und Höhe reichen von 0,50/0,50/0,50 m bis zu einer Länge von ca. 3–4 m und einer Breite bis zu 2 m und springen meist im 50 cm Abstand. Die Höhen liegen im Regelfall bei 0,50 und 1,00 m. Die Verfüllung der Körbe erfolgt i. d. R. mit geeignetem Steinmaterial. Die Ansichtseite kann in Art einer Trockenmauer mit natürlichen oder künstlichen Mauersteinen von Hand aufgeschichtet werden. Der restliche hangseitige Raum der Gabione wird mit Steinmaterial hintermauert oder mit einem auf die Maschenweite abgestimmtem Schottermaterial geschüttet. Mit diesem Schottermaterial kann auch die gesamte Gabione verfüllt werden. Schüttgüter müssen lageweise von Hand nachverdichtet werden. Jede Nachsackung des Verfüllmaterials führt bei übereinander gestapelten Körben zu Verformungen und Ausbauchungen der Gabionen. Viele Natursteinwerke bieten mit unterschiedlichen Materialien gefüllte Gabionen an, die als Steinkörbe bezeichnet werden. Weiter stehen sehr schmale Gabionen mit einer Breite von ca. 25–30 cm und in unterschiedlichen Höhen als Sichtschutzelemente zur Verfügung. Eine Befestigung auf einem Betonfundament ist hierfür erforderlich. Die DIN 18918 unterteilt die Gabionen in Steingabione (Drahtschotterkasten) und Erdgabione (bewehrter Erdkörper, Geotextilkörper). Die FLL (Forschungsgesellschaft Landschaftsentwicklung Landschaftsbau) hat 2012 eine Empfehlung für Planung, Bau und Instandhaltung von Gabionen veröffentlicht.

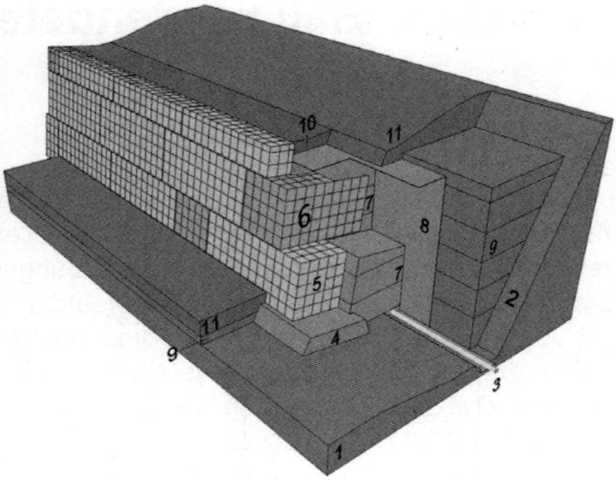

***Bild 1:** Steingabione (Quelle: Diebel, Meier, Hübner)*

1 Baugrund
2 Böschung, Hang
3 Entwässerung, Dränrohr, z. B. DN 80, Dränkies, Filtervlies
4 Fundament, z. B. Schotter 0/32
5 Gabione als Läufer, Anlauf 15 %, Füllung Mauersteine
6 Gabione als Binder, Anlauf 15 %, Füllung Mauersteine Binder sind dunkelgrau dargestellt
7 Hinterfüllung (z. B. Schotter 16/32)
8 Filtervlies/Geotextil
9 Auffüllung Boden, z. B. GK1 DIN 4020
10 sandiger Oberboden (z. B. Bodengruppe 2, DIN 18915)
11 Oberboden (z. B. Bodengruppe 4, DIN 18915)

L-Steine

L-Steine bestehen aus unbewehrtem Beton, die „Stuttgarter Mauerscheiben“ (SMS) aus bewehrtem Beton. Die SMS-Höhen reichen von ca. 0,55 m in 0,25-m-Schritten bis 3,05 m. Die Standardlängen betragen meist 0,50 m und 1,00 m. Serienmäßig sind auch 90°-Eckelemente und weitere Winkel-Eckelemente als Außen- oder Inneneck verfügbar. Die Gründung der L-Steinmauer richtet sich nach der anstehenden Bodenart und ist mit der Herstellerfirma bez. Entwässerung, Tragschicht, Betonfundament, Verlegebett und Einbindetiefe abzustimmen. Hierbei ist stets auch das Hinterfüllmaterial mit Verdichtung, die geplante Nutzung (Verkehrslast, Lastfall, z. B. Fußweg, Feuerwehrzufahrt usw.) und der Geländeverlauf oberhalb der L-Steine mit einzubeziehen.

Nach dem Versetzen werden bei L-Steinen mit Mauerhöhen bis zu 1,55 m Rundstähle durch die Transportlaschen geschoben und die Schlaufen umgeklopft. Bei größeren Höhen werden die L-Steine mit Stahllaschen untereinander verschraubt. Zur Abdichtung der senkrechten Fugen wird ein ca. 25 cm breiter Streifen, z. B. einer Bitumenbahn, vor der Verfüllung angebracht.

Doppelfuß-Stellwände

Stahlbeton-Stellwände mit Doppelfuß in verschiedenen Höhen und Längen mit Wandstärken von 15–20 cm finden Anwendung als freistehende Mauer oder werden kombiniert mit einer Verblendung, z. B. aus Naturstein oder Holz.

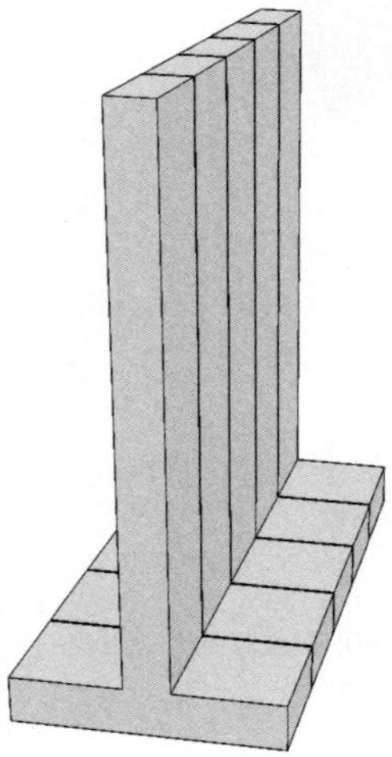

Bild 2: *Doppelfuß-Stellwand (Quelle: Diebel, Meier, Hübner)*

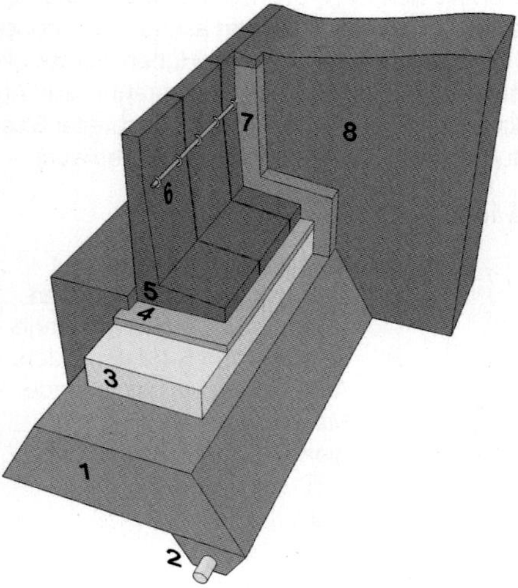

Bild 3: *L-Stein (Quelle: Diebel, Meier, Hübner)*

1 Fundament (z. B. Schotter 0/32)
2 Entwässerung, Dränrohr (z. B. DN 80, Dränkies, Filtervlies)
3 Betonfundament, geschalt (z. B. C 16/20)
4 Verlegebett (z. B. MG IIIa)
5 Mauerscheibe, Stahlbeton, Fertigteil
6 Rundstahl-Verbindung
7 Hinterfüllung, wasserdurchlässig
8 Auffüllung Boden, z. B. GK1 nach DIN 4020 oder Bodengruppe SU* nach DIN 18196

Mauern aus Stelen und Palisaden

Als Materialien finden Beton, Holz und Naturstein Verwendung. Stelen und Palisaden kommen als freistehende Mauer oder als Geländeabstützung zum Einsatz. Bei Geländeabstützungen muss eine statische Überprüfung vorliegen. Ebenso soll bei freistehenden Mauern eine Überprüfung des Winddrucks stattfinden. Die Grundregel bei Fundamentierung lautet, dass mind. $^{1}/_{3}$ der Gesamtlänge im Fundament eingebunden sein muss. Verbundpalisaden aus Beton verstärken mit der angeformten Hohlkehle den Verbund und verhindern ein Durchrieseln des Hinterfüllmaterials. Bei Holzpalisaden ist die Holzart, der Durchmesser, der chemische Holzschutz und v. a. die konstruktive

Ausbildung im Hinblick auf die Lebensdauer von Bedeutung. Wasser und Feuchtigkeit sind vom Holz weitgehend abzuhalten. Die Holzpalisade steht auf einer Sauberkeitsschicht aus Beton-Einkornmaterial, und in einem Betonfundament ebenfalls aus Beton-Einkornmaterial. Bei hinterfüllten Palisaden muss eine Dichtungsschicht (Bitumenbahn, stabile Folie) den Schutz gegen Feuchtigkeit gewährleisten und verhindern, dass zwischen den Fugen Hinterfüllmaterial herausrieselt.

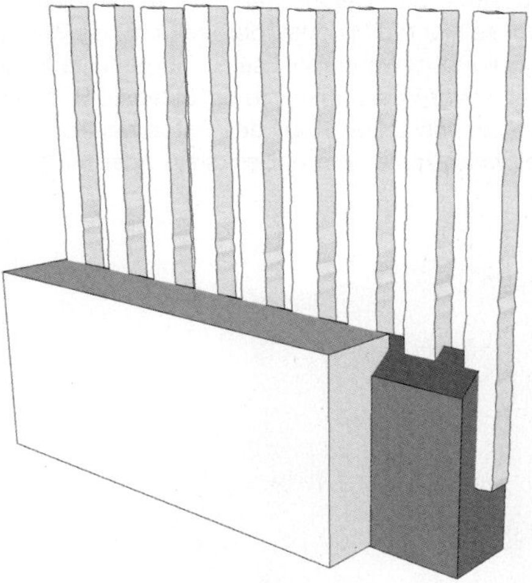

Bild 4: *Freistehende und mit Abstand in Beton gesetzte Natursteinstelen (Quelle: Diebel, Meier, Hübner)*

Mauern aus Ortbeton

Mauern aus Ortbeton werden auf der Baustelle mit Transportbeton erstellt. Eine Ortbetonmauer ist bis in frostfreie Tiefe zu gründen. Ortbetonmauern können in gerader, geschwungener und runder Form erstellt werden. Betongüte, Baustahl, Angaben zu Maßen des Fundaments und der Wand sowie Fugenabstand einschließlich Fugenausbildung werden durch die Statik in einem Ausführungsplan vorgegeben.

Auf eine Tragschicht aus Schotter wird eine ca. 10 cm dicke Sauberkeitsschicht aus Beton erstellt. Darauf wird die Schalung erstellt. Die gemäß Statik vorbereiteten Baustahlkörbe werden so eingesetzt und miteinander verbunden, dass der Mindestabstand zur Schalung (spätere Betonüberdeckung) eingehalten wird. Der Transportbeton wird dann in die Schalung gegossen und verdichtet. Schalungsbau, Einbau der Eisen ggf. Flechten, Betonieren – dies erfolgt in zwei Arbeitsschritten, einmal für das Fundament und einmal für die aufgehende Wand.

Die Ansichtsfläche der Wand kann mit verschiedenen Oberflächen z. B. glatt oder sägerau hergestellt werden. Bei sandgestrahlten oder gestockten Oberflächen der Ansichtsfläche sind die Zuschlagsstoffe des Betons dementsprechend abzustimmen. Weiter muss hier die Mindestüberdeckung des Betonstahls nach Bearbeitung gewährleistet sein. Die verfüllte Seite der Ortbetonmauer ist vor Feuchtigkeit zu schützen, z. B. durch einen isolierenden Anstrich. Der Kopf der Betonmauer ist zu schützen, beispielsweise mit einem Abdeckstein oder mit einer Metallabdeckung.

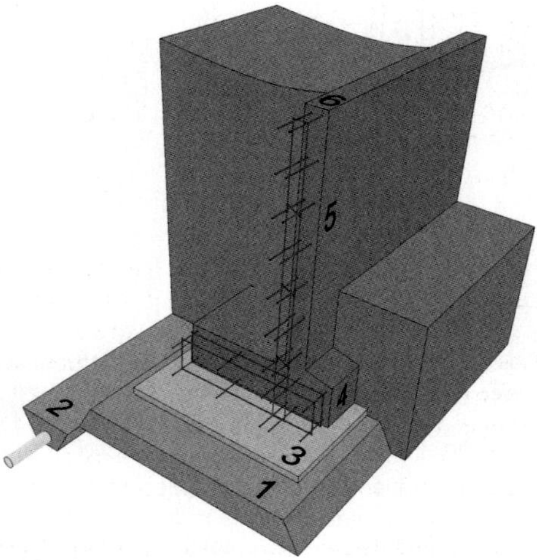

***Bild 5:** Ortbeton-Stützmauer Schemaaufbau einer starren Bauweise (Quelle: Diebel, Meier, Hübner)*

1 Fundamentschicht (z. B. Schotter 0/32)
2 Entwässerung, Dränrohr (z. B. DN 80), Dränkies, Filtervlies
3 Sauberkeitsschicht (z. B. Beton C 16/20)
4 Stahlbeton-Fundament, geschalt (z. B. C 25/30)
5 Stahlbeton-Wand, Ansichtsfläche, geschalt (z. B. C 25/30)
6 Abdeckung

Mauer aus Stampfbeton

Der Stampfbeton wurde früher häufig für Fundamente verwendet. Die Stampfbetonmauer benötigt ein frostfreies Fundament. Ein Stampfbeton ist ein unbewehrter Beton, der im erdfeuchten Zustand lagenweise zwischen einer Schalung eingebracht und dann gestampft wird. Eine gewisse Porigkeit verbleibt im Beton. Charakteristisch sind die Oberflächen, an denen die Einbaulagen ablesbar sind. Je nach Stampfqualität im Schalungsbereich sind auch größere oder kleinere Kiesnester an der Maueroberfläche zu finden.

Bild 6: *Stampfbetonmauer (Quelle: Diebel)*

Mauer aus gestampftem Lehm

Dieser Mauertyp eignet sich für freistehende Mauern. Auf ein frostfreies Fundament wird zwischen eine massive Schalung der erdfeuchte Lehm lagenweise eingebaut und verdichtet. Zum Schutz gegen Feuchtigkeit ist die Mauer dauerhaft abzudecken. Zwischenschichten aus festen Materialien (z. B. liegende, mit einem Überstand eingebrachte Natursteinplatten) haben bewehrende Funktion und verringern Angriffs- u. Erosionskraft eines aufprallenden und ablaufenden Schlagregens.

Mauer aus Bepflanzungssteinen (Garten-Böschungssteine)

Diese Betonsteine sind kammerförmig ausgebildet. Die Kammern werden mit Substrat gefüllt und bepflanzt. Die Anordnung der Steine erfolgt treppenartig übereinander in einhäuptiger, (z. B. an einer Böschung) oder in zweihäuptiger Bauweise (z. B. bei einem Lärmschutzwall).

Mauern und Pflanzen

Bäume und Großsträucher sollten nicht unmittelbar hinter Mauern gepflanzt werden. Das Dickenwachstum übt einen nicht unerheblichen Druck auf das Mauerwerk aus und zerstört angfristig den Mauerverband, v. a. der Trockenmauern. Mit Stauden jedoch kann eine Trockenmauer bepflanzt werden. Standortgerechte (Exposition, Feuchtigkeit, Mauerkonstruktion) Pflanzen tuffartig in die Mauer gesetzt, zeichnen reizvolle Bilder.

Bei Trockenmauern wird Stein auf Stein gesetzt und mit Zwickeln verkeilt, um eingeleitete Kräfte von Stein zu Stein zu führen. Die Steine dürfen nicht auf organischem Material, wie z. B. Oberboden, liegen. Auftretende Hohlräume können jedoch mit Substrat verfüllt und bepflanzt werden. Sinnvoll ist es, die Stauden beim Mauerbau mit einzubringen und die gesamte Mauertiefe in diesem Bereich mit Substrat zu füllen. Als Material ist ein bindiger Boden zu verwenden, der auch organische Bestandteile aufweist, z. B. lehmiger Oberboden. Anzustreben ist, dass die Pflanzen Kontakt mit dem anstehenden rückwärtigen Rohboden bekommen, was bedingt durch die Hinterfüllung meist nur bei Futtermauer möglich ist.

Bild 1: *Begrünte Gabionenwand im Schatten (Quelle: Fotoarchiv Freiraumplanung Diebel)*

Bild 2: *Grasbewuchs auf einer Mauer im Halbschatten (Quelle: Fotoarchiv Freiraumplanung Diebel)*

Kleine Pflanzenauswahl für Trockenmauern

Tabelle 1: *Vorschläge zur Pflanzenauswahl*

Kleingehölze	
Cotoneaster dammeri i. S.	Zwergmispel
Cytisus decumbens	Frühlingszwergginster
Helianthemum Arten u. Sorten	Sonnenröschen
Moltkia petraea	Felsen-Moltkie
Stauden, Farne; Standort: sonnig	
Alyssum saxatile	Felsen-Steinkraut
Aubrietia Arten + Sorten	Blaukissen
Cerastium biebersteinii	Silber-Hornkraut
Ceterach officinarum	Mauerfarn
Geranium robertianum	Storchschnabel
Iberis sempervirens	Schneekissen
Phlox subulata i.S.	Teppich-Phlox
Sedum acre	Scharfer Mauerpfeffer
Sempervivum Arten + Sorten	Hauswurz
Thymus serpyllum	Kriechender Thymian
Stauden; Standort: halbschattig	
Campanula poscharskyana	Glockenblume
Corydalis lutea	Gelber Lerchensporn
Corydalis cheilanthifolia	Farnlerchensporn
Cymbalaria muralis	Zimbelkraut
Chiastophyllum oppositif.	Goldköpfchen
Dryas suendermannii	Silberwurz
Moehringia muscosa	Moosmiere
Saxifraga Arten + Sorten	Steinbrech
Farne; Standort: halbschattig bis schattig	
Adiantum pedatum	Zwerg-Hufeisenfarn
Asplenium trichomanes	Strichfarn

Normen, Empfehlungen, Hinweise

In Bezug auf die entsprechenden Allgemeinen Technischen Vertragsbedingungen für Bauleistungen wird hier auf die Punkte -Geltungsbereich, -Stoffe/Bauteile, -Ausführung und Abrechnung eingegangen.

ATV DIN 18330 Mauerarbeiten

Geltungsbereich

Diese ATV (Allgemeine technische Vorschriften) gilt für Mauerwerk jeder Art aus:

- natürlichen Steinen
- künstlichen Steinen

Diese ATV gilt nicht für:

- Quadermauerwerk (siehe ATV DIN 18332 „Naturwerksteinarbeiten“)
- Versetzen von Betonwerksteinen (siehe ATV DIN 18333 „Betonwerksteinarbeiten“)

Stoffe/Bauteile

Eine Einteilung wird in natürliche und künstliche Steine vorgenommen. Für Natursteinmaterial nennt die ATV folgende Anforderungen: wetterbeständig, genügend druckfest und lagerhaft, keine Spalten, Risse, Brüche, Blätterungen oder schieferige Absonderungen.

Bei den künstlichen Steinen wird auf die entsprechenden DIN-Normen verwiesen bspw. auf DIN V 105-100 „Mauerziegel – Teil 100: Mauerziegel mit besonderen Eigenschaften“ (z. B. VMz Vormauer-Vollziegel, KK Keramikvollklinker).

Weiter wird hier verwiesen auf DIN EN 771-1 „Festlegungen für Mauersteine – Teil 1: Mauerziegel“.

Ausführung

Unter dem Abschnitt Mauerwerk Ziffer 3.2 wird u. a. darauf hingewiesen, dass Mauerwerk jeder Art sowohl aus natürlichen als auch aus künstlichen Steinen nach DIN 1053-1 „Mauerwerk – Teil 1: Berechnung und Ausführung“ zu erstellen ist. Die DIN 1053-1 wurde inzwischen zurückgezogen und durch die DIN EN 1996-1-1/NA ersetzt.

ATV DIN 18332 Naturwerksteinarbeiten

Geltungsbereich

Diese ATV gilt auch bezüglich Mauerarbeiten für:

- Quadermauerwerk aus Naturwerkstein
- Verblendmauerwerk aus Naturwerkstein

Diese ATV gilt nicht bezüglich Mauerarbeiten für:

- Mauerwerk aus natürlichen Steinen (siehe ATV DIN 18330 „Mauerarbeiten“)

Stoffe/Bauteile

Hier sind die Prüfnormen aufgeführt, nach denen der Naturstein geprüft wird, z. B. Frost-Tau-Wechsel-Versuch, Verwitterungsbeständigkeit, Verschleißprüfung mit Schleifscheibe, Rohdichte und Wasseraufnahme, Druckfestigkeit, Biegefestigkeit usw. Auch sind hier Grenzmaße für Werkstücke und Ebenheitstoleranzen zu finden. Bei Bindemitteln, sind Mörtel und Zuschlagsstoffe genannt und es wird auf die einschlägigen Normen verwiesen.

Ausführung

Hier wird vorgegeben, dass Quadermauerwerk nach DIN 1996-1-1/NA herzustellen ist. Zu finden ist weiter die Angabe, dass die Fugen bei massiven Werkstücken mind. 10 mm breit sein müssen.

Abrechnung nach ATV DIN 18330 und 18332

In der ATV 18330 und 18332 finden sich Abrechnungsmöglichkeiten über Längenmaß, Flächenmaß und Raummaß. Für eine Abrechnung der Arbeiten zur Erstellung einer Mauer kann, bei feststehenden Profilausbildungen, nach Längenmaß abgerechnet werden. Aufwendiger, aber bei ggf. notwendigen Änderungen vor Ort leichter abzurechnen, nachzuprüfen und nachzuvollziehen ist eine Aufgliederung nach einzelnen Leistungspositionen. Dabei ist eine Abrechnung nach festen Massen, vor Abtrag bzw. nach Auftrag sinnvoll. Diese Festlegungen sollten über das Leistungsverzeichnis und das Angebot Vertragsbestandteil werden und tragen zu einer ordnungsgemäßen Bauausführung und Abrechnung bei.

Beispiele für auszuführende Arbeiten mit möglichen Abrechnungseinheiten:

Erdarbeiten	
• Oberbodenabtrag, -auftrag, -lieferung	m^3
• Bodenabtrag, -auftrag, Rohboden und Hinterfüllung	m^3
• Planie, Verdichtungsleistungen	m^2
Entwässerung mit	
• Dränrohr/ Dränkies/Filtervlies nach Regelprofil	m
• Tragschicht/ Frostschutzschicht	m^3
Beton, Fundament und aufgehende Wand	m^3
• Baustahl	t
• Schalung	m^2
• Dehnungsfugen	m
Ansichtsfläche Mauer aus natürlichen künstlichen Steinen	m^2
Abdeckungen	m
Eckausbildung (ggf. Zuschlagsposition)	m
Hintermauerung und Verfüllung	m^3
Gabionen, nach gleichen Größen (L/B/H)	St

Übermessregeln nach DIN 18330 (Auszug):

Bei Abrechnung nach Flächenmaß werden übermessen:

- Öffnungen und Durchdringungen bis 2,50 m² Einzelgröße
- Unterbrechungen bis 30 cm

Bei Abrechnung nach Längenmaß werden übermessen:

- Unterbrechungen bis 1,00 m

Übermessregeln nach DIN 18332 (Auszug):

Bei Abrechnung nach Flächenmaß werden übermessen:

- Aussparungen bis 0,1 m² Querschnittsfläche
- Öffnungen, Aussparungen mit einer Einzelgröße von bis zu 0,5 m³

Bei Abrechnung nach Längenmaß werden übermessen:

- Unterbrechungen bis 1,00 m

Bei Abrechnung nach Raummaß werden übermessen:

- Öffnungen, Aussparungen, eingebundene Bauteile bis 0,5 m³
- Schlitze, Rohrleitungen usw. bis 0,1 m² Querschnittsfläche

Weitere Normen, Vorschriften, Empfehlungen, Hinweise

In der DIN EN 771-6 „Festlegung für Mauersteine – Teil 6: Natursteine“ werden die Prüfverfahren genannt, die bei Verwendung von Natursteinen einzusetzen sind. Zu diesen Untersuchungen zählen die Druckfestigkeit (DIN EN 772-1), die kapillare Wasseraufnahme (DIN EN 772-11) und die Dauerhaftigkeit mit der Bestimmung des Frostwiderstandes (DIN EN 12371). Weiter werden in der DIN EN 771-6 die Maße und Grenzabmaße für Mauersteine aus Naturstein festgelegt.

In der DIN EN 998-2 finden sich Festlegungen für Mörtel im Mauerwerksbau.

Die FLL (Forschungsgesellschaft Landschaftsentwicklung Landschaftsbau e.V. Bonn) hat zwei Empfehlungen heraus-gegeben: Empfehlungen für Planung, Bau und Instandhaltung von Trockenmauern aus Naturstein (Bonn, 2012)

Empfehlungen für Bau und Instandhaltung von Gabionen (Bonn, 2012)

Merkblatt der FGSV über Stützkonstruktionen aus Betonelementen, Blockschlichtungen und Gabionen, (Köln, 2003)

Weiter sei hingewiesen auf folgende Veröffentlichung: Naturstein für Trockenmauern zur Böschungsabstützung, Hang und Dammsicherung, Anwendungshinweise, Freistaat Thüringen, Landesamt für Bau und Verkehr

Die Landesbauordnungen enthalten z. B. Festlegungen für Umwehrungen ab gewissen Absturzhöhen, genehmigungspflichtige und genehmigungsfreie Anlagen wie Mauern, Einfriedungen, Aufschüttungen, Abgrabungen etc.

Checkliste zur Planung und Ausführung: Mauern und Stützmauern

Genehmigungspflicht

☐ **Wurden die Vorgaben der Landesbauordnungen berücksichtigt?**

Hinweis: insbesondere Festlegungen zu
- Erdbewegung, max. Bodenauftrag und Bodenabtrag,
- Höhe der Mauer,
- erforderliche Umwehrungen u.dgl.

Baugrund

☐ **Wurde der Baugrund im Rahmen der Voruntersuchungen dementsprechend geprüft, dass eine angemessene Charakterisierung des Baugrundes vorliegt?**

Der Baugrund ist in Homogenbereiche nach DIN 18300 2015-08 einzuordnen.

Die Geotechnische Kategorie (GK) nach DIN 4020 ist festzulegen.

Die Bodenhauptgruppe nach DIN 18196 ist zu bestimmen.

Die erforderlichen Untersuchungen für GK 1 (bei einfachen Baugrundverhältnissen) sowie für GK 2 (bei durchschnittlichem Baugrund) und GK 3 (bei schwierigem Baugrund) sind gemäß DIN 18300 durchzuführen.

Bei Vorliegen von umweltrelevanten Inhaltsstoffen: Festlegen der Sicherungsmaßnahmen.

☐ **Können Angaben zur Frostsicherheit, Tragfähigkeit, Setzungsverhalten usw. des Baugrundes abgeleitet werden?**

☐ **Wie steil kann die Böschungsneigung hergestellt werden?**
z. B. bei Futtermauern

☐ **Ist die Wasserdurchlässigkeit (K_f-Wert) des Baugrundes geprüft?**

☐ **Fällt Oberflächenwasser oder Schichtenwasser an, das abgeführt werden muss?**

☐ **Wie hoch steht das Grundwasser an?**
Hinweis: Es müssen sowohl MHQ (Mittlerer Hochwasserabfluss) als auch HHQ (Höchster jemals gemessener Hochwasserabfluss) beachtet werden.

☐ **Sind Entwässerungseinrichtungen vor oder hinter der Mauer erforderlich?**
z. B. Einbau einer Dränage

Statik

☐ **Liegen Aussagen zur Statik vor?**
Im Bezug auf Baugrund, Wasserverhältnisse, Mauerart, starre oder unstarre Bauweise, Geländeverlauf, Verkehrs-last, ggf. Windlast?

☐ **Sind Angaben getroffen zum Fundament bezüglich Maßen und Material?**

☐ **Sind Angaben zum aufgehenden Mauerwerk getroffen bzgl. Mauerdicke, Mauerart und Material?**

☐ **Sind Angaben zu den Entwässerungseinrichtungen und Hinterfüllmaterialien getroffen?**

Erdarbeiten

☐ **Sind die Abtrags- und Auftragsmassen berechnet?**

☐ **Welche Erdbaumaschinen können eingesetzt werden?**

☐ **Ist eine Baustraße erforderlich?**

☐ **Muss Material abgefahren, zwischengelagert, geliefert, und eingebaut werden?**

☐ **Ist das Material für eine Hinterfüllung geeignet?**

Mauerbau - Naturstein

- ☐ **Ist die Bauweise der Mauer geklärt?**
  starr, unstarr, oder Kombination aus beiden
- ☐ **Welche Art von Fundament kommt zum Tragen?**
  Fundament aus Schotter oder Kies (z. B. nach TL SoB-StB 2004). Ist die Fundamentgröße in Breite und Tiefe festgelegt?
- ☐ **Unbewehrtes oder bewehrtes Betonfundament?**
- ☐ **Ist die Beton-Festigkeitsklasse (DIN 1045) festgelegt?**
- ☐ **Sind Dehnungsfugen erforderlich?**
- ☐ **Werden die Mauersteine trocken aufgesetzt oder in Mörtel verlegt?**
- ☐ **Wird die Mauer mit oder ohne Anlauf gesetzt?**
  Bei Mauern mit Anlauf ist die Größe des Anlaufs festzulegen.
- ☐ **Welcher Verband aus Natursteinen wird ausgeführt?**
  Zyklopen-, Bruchstein-, Quadermauerwerk, Schichtenmauerwerke, Verblendmauerwerk nach DIN EN 1996-1-1/ NA, Blockschlichtung nach DIN 19918. Hinweis: Die Eignung der vorgesehen Steine für die gewählte Ausführungsart ist zu prüfen.

Gabionen und Mauern aus künstlichen Steinen

- ☐ **Welche Füllmaterialien kommen zum Einsatz?**
  Hinweis: Die Maschenweite und das Hinterfüllmaterial müssen aufeinander abgestimmt sein!
- ☐ **Ist Drahtstärke und Korrosionsschutz für den Einsatz geeignet?**
- ☐ **Wird ein Verband aus künstlichen Steinen erstellt?**
- ☐ **Werden Fertigteile, Fertigelemente gesetzt?**
- ☐ **Sind die Herstellerangaben und -anforderungen berücksichtigt und ggf. mit den Herstellern abgestimmt?**

Mauersteine und weitere Baumaterialien

- ☐ **Kommt Naturstein oder künstliches Material zum Einsatz?**
- ☐ **Liegen Qualitätsnachweise gemäß DIN vor?**
  bzgl. Frostsicherheit, Wasseraufnahme, Druckfestigkeit, Maßtoleranzen, usw.
- ☐ **Stehen die Maße für Läufer und Binder fest?**
  Angabe von Längen, Tiefen und Höhen
- ☐ **Sind Eckausbildungen erforderlich?**
  Hierfür muss ausreichend geeignet dimensioniertes Material zur Verfügung stehen.

- ☐ **Wie wird die Mauerkrone abdeckt?**
- ☐ **Welche Bearbeitungsweise zeigen die Ansichtsflächen der Mauersteine?**
- ☐ **Wie sollen Lager- und Stoßfugenflächen ausgebildet sein?**
- ☐ **Ist die Fugenbreite und ggf. Fugenfüllung festgelegt?** Hinweis: Falls Mörtel zum Einsatz kommt muss die entsprechende Mörtelgruppe festgelegt werden!

Entwässerung und Hinterfüllung

- ☐ **Ist die Nennweite des Dränrohres hinter der Mauer festgelegt?**
- ☐ **Sind die Anschlüsse für das Dränrohr geklärt?**
- ☐ **Ist die Kiesummantelung filterstabil?**
- ☐ **Ist ein geotextiler Filter erforderlich?**
- ☐ **Sind Entwässerungsschlitze in der Mauer erforderlich?**
- ☐ **Sind Entwässerungseinrichtungen vor der Mauer erforderlich?**
- ☐ **Ist eine ausreichende Wasserdurchlässigkeit des Materials im unmittelbaren Mauerbereich gewährleistet?** Die Wasserdurchlässigkeit kann durch den Einbau von Schotter verbessert werden.
- ☐ **Ist im Bereich hinter dem wasserdurchlässigen Material eine Filterschicht erforderlich, z. B. durch den Einbau eines Geotextils?**
- ☐ **Liegt geeigneter Rohboden vor, mit dem eine Verfüllung hinter dem Geotextil erfolgen kann?**
- ☐ **Ist geklärt mit welchem Gerät Hinterfüllmaterial und Rohboden verdichtet werden können?**
- ☐ **Sind die notwendigen Verdichtungswerte festgelegt, z. B. D_{Pr} und E_{V2}?**

Vegetationstechnische Boden- und Pflanzarbeiten

- ☐ **Muss Oberboden abgefahren, zwischengelagert, oder geliefert, werden?**
- ☐ Die Bodengruppe des Oberboden ist nach DIN 18915 zu bestimmen und oder festzulegen.
- ☐ **Wie kann der Oberboden eingebaut werden?**
- ☐ (Hand- Einbau, Einsatz von Maschinen)
- ☐ Ist **der Oberboden für vegetationstechnische Zwecke geeignet?**

- ☐ **Ist eine ausreichende Wasserdurchlässigkeit des Oberbodens vor allem im Mauerkronenbereich gewährleistet?**
- ☐ **Sind die Pflanzbereiche in der Mauer richtig ausgebildet?**
- ☐ **Ist das Pflanzsubstrat für die Pflanzbereiche in der Mauer geeignet?**
- ☐ **Sind die Pflanzen im Hinblick auf standorttypische Eigenschaften der Mauer ausgewählt?**

Holzbau

Grundlagen

Holz zählt als Naturbaustoff zu den nachhaltigen Rohstoffquellen und findet im Garten- und Landschaftsbau vielfach Verwendung. Vor allem heimisches Holz aus kontrolliertem Forst mit kurzen Transportwegen gilt als umweltfreundlich, da es nachwachsend und verrottbar ist. Sollen dauerhafte Bauten im Innen- und Außenbereich entstehen, sind insbesondere die Eigenschaften Langlebigkeit, Belastbarkeit und Haltbarkeit des Werkstoffs Holz neben seines hohen gestalterischen Wertes von Bedeutung.

Literatur / Normen

- DIN 1052-10 Entwurf, Herstellung und Ausführung von Holzbauwerken - Teil 10: Ergänzende Bestimmungen
- DIN 68800-1 Holzschutz – Teil 1: Allgemeines
- DIN 68800-2 Holzschutz – Teil 2: Vorbeugende bauliche Maßnahmen im Hochbau
- DIN 68800-3 Holzschutz – Teil 3: Vorbeugender Schutz von Holz mit Holzschutzmitteln
- DIN 68800-4 Holzschutz – Teil 4: Bekämpfungsmaßnahmen gegen Holz zerstörende Pilze und Insekten und Sanierungsmaßnahmen
- DIN EN 335 Dauerhaftigkeit von Holz und Holzprodukten-Gebrauchsklassen: Definitionen, Anwendung bei Vollholz und Holzprodukten; Deutsche Fassung EN 335
- Terrassen- und Holzbeläge; Herausgeber Gesamtverband Deutscher Holzhandel, Berlin, 4. Auflage
- Risse bei Massivholz-Terrassendielen und massiven Bohlenbelägen im bewitterten Ausseneinsatz; Herausgeber GD Holz e.V.
- Terrassenbeläge aus Holz; Herausgeber Lignum Holzwirtschaft Schweiz
- Terrassenbeläge aus Holz; Herausgeber Holzforschung Austria
- Empfehlungen für Planung, Bau und Instandhaltung von Bauwerken und Bauteilen aus Hölzern, Holz- und Verbundwerkstoffen im Garten- und Landschaftsbau; Herausgeber FLL e.V.

Begriffe

Kern- und Splintholz

Splintholz ist das junge, physiologisch aktive Holz unterhalb des Kambiums im Stamm eines Baums. Seine Kapillaren leiten Wasser und Nährsalze in die Baumkrone und speichern Zucker und Stärke in den Parenchymzellen, die nur eine begrenzte Lebenserwartung aufweisen. Sind diese abgestorben, entsteht das sog. Kernholz.

Splintholz weist als Nutzholz keine natürliche Dauerhaftigkeit auf. Für Holz im Außeneinsatz wird der Splint daher bei der Verarbeitung entweder entfernt oder dessen Dauerhaftigkeit durch Einbringen chemischer Holzschutzmittel erhöht.

Hirnholz/Stirnholz

Als Hirnholz oder Stirnholz bezeichnet man die Querschnittsfläche, die entsteht, wenn Holz quer zur Faser durchgeschnitten wird, sodass die Jahresringe sichtbar werden. Bei Hirnholz dringt Feuchtigkeit leichter ein als bei Längsholz.

Lignin, Cellulose und Hemicellulose – die Inhaltsstoffe

Holz besteht hauptsächlich aus diesen drei Komponenten. Cellulose und Hemicellulose sind Polysaccharide. Sie bilden lange Fasern und verleihen dem Holz seine Zug- und Biegefestigkeit. Lignin ist ein aromatisches Polymer, das zwischen den Cellulosefasern eingelagert ist und dem Holz seine Druckfestigkeit verleiht. Lignin ist nach der Cellulose der mengenmäßig wichtigste Rohstoff im Pflanzenreich. 20–40 % vom Trockengewicht des Holzes bestehen aus diesem „Verholzungsstoff“. Bei Nadelhölzern ist dieser Anteil höher als bei Laubhölzern.

Kesseldruckimprägnierung

Dies ist ein Verfahren des vorbeugenden chemischen Holzschutzes (Tiefenschutz), bei dem die Hölzer in unterschiedlichen Verfahren dauerhafter gemacht werden. Das Grundprinzip der verschiedenen Verfahren besteht darin, das in einem Kessel zu imprägnierende Holz mit Holzschutzmittel zu fluten. Unter Druck werden die Holzschutzmittel in das Holz gepresst und dringen so tief in das Holz ein. Dabei können Harze im Holz mit den Kupfersalzen des Imprägniermittels reagieren, und es entstehen sog. Salzausblühungen, kleine weiße bis hellgrüne Punkte, die i. d. R. mit der Zeit verblassen.

Quell- und Schwindverhalten

Die Verformung des Holzes aufgrund von Feuchtigkeitsschwankungen bezeichnet man als Quellen und Schwinden (arbeitendes Holz). Laubhölzer haben grundsätzlich ein höheres Quell- und Schwindverhalten als Nadelhölzer.

Weich- und Hartholz

Die Begriffe Weichholz und Hartholz gehen ursprünglich auf die zolltarifliche Einordnung von 1938 zurück. Sie wurden für Hölzer mit einer Darrdichte unter bzw. über 0,55 g/cm³ verwendet. Als Weichhölzer gelten Pappel, Erle, Birke, Ahorn, Weide und fast alle Nadelbäume. Zu den Harthölzern zählen z. B. Eiche, Buche, Buchsbaum, Esche, Kastanie Lärche etc.

Verwitterung/Vergrauung

Die ganz natürliche Vergrauung wird durch Ligninabbau aufgrund von UV-Lichteinwirkung und Auswaschung durch Regen verursacht. Dadurch wird das Holz in seiner Substanz nicht zerstört, es verändert lediglich seine Optik. Mit durchlässigen Lasuren oder Pflegeölen kann diesem Effekt gegensteuert werden.

WPC (Wood-Plastic-Composite)

Auch als Holz-Polymer-Werkstoff bezeichnet, wird WPC als Recyclingprodukt aus Holzspänen bzw. Holzmehl sowie Kunststoffbeimischungen und weiteren Additiven hergestellt. Im Außenbereich wird WPC beispielsweise in Form von Terrassendielen in sehr unterschiedlichen Qualitäten eingesetzt. Bei der Verwendung muss auch die spätere Entsorgung bedacht werden.

Die wichtigsten Kennwerte des Baustoffs Holz

Dauerhaftigkeit

Dauerhaftigkeit ist die Widerstandsfähigkeit einer Holzart gegen Holz zerstörende Organismen. Die je nach Holzart spezifische Dauerhaftigkeit des unbehandelten Holzes bezeichnet mal als die natürliche Dauerhaftigkeit. Gemäß DIN 68800 Teil 1 werden die Hölzer dazu in sogenannte Dauerhaftigkeitsklassen eingeteilt. Sie bezieht sich immer auf das unbehandelte Holz.

Holzhärte/Brinellhärte

Die Brinellhärte gibt die durchschnittliche Druckfestigkeit einer Holzart an und bestimmt die Bearbeitbarkeit und Abnutzung. Sie wird im „Prüfverfahren nach Brinell" ermittelt. Dazu wird eine Stahlkugel mit einem Durchmesser von 10 mm mit einer festgelegten Kraft in das Holz gedrückt. Aus dem mittleren Durchmesser des Eindrucks im Holz lässt sich die Eindrucksfläche errechnen. Je größer der Wert, desto härter ist das Holz. Je höher der Wassergehalt des Holzes ist, desto weicher ist es.

Holzfeuchte

Als Holzfeuchte bezeichnet man den Anteil an Wasser in den Holzzellen in Bezug auf die Trockenmasse des Holzes. Sie wird in Prozent angegeben und beeinflusst nicht nur die Eigenschaften und Verwendungsmöglichkeiten des Holzes, sondern hat zudem einen großen Einfluss auf die Gefährdung durch Holzschädlinge wie Pilze und Insekten.

Absolut trockenes Holz (0 % Holzfeuchte) bezeichnet man als darrtrocken. Im Holz, das nicht direkter Befeuchtung ausgesetzt ist (z. B. durch Regen oder Erdfeuchte), stellt sich mit der Zeit eine bestimmte, von der relativen Luftfeuchtigkeit und der Temperatur abhängige Ausgleichsfeuchte ein. Die Holzfeuchte im Freien (ohne direkte Bewitterung) kann zwischen 8 % und 16 % schwanken. Mit zunehmendem Wassergehalt nimmt auch die Holzhärte ab. Die sog. Einbaufeuchte ist die Feuchte, die das Holz zum Zeitpunkt des Einbaus hat. Es sollte stets mit der Feuchte eingebaut werden, die sich im Gebrauchszustand im Mittel einstellt. Für den Außenbereich mit Bewitterung sollte das Holz daher einen ungefähren Einbaufeuchtegehalt von ca. 18 % bis 20 % haben. Es wird empfohlen, diesen Wert vor Ort mit Feuchtigkeitsmessgeräten zu überprüfen. Diese Werte weisen i. d. R. nur kammergetrocknete Hölzer auf. Luftgetrocknete Hölzer dagegen liegen meist bei 30 % Feuchtigkeit. Wird Holz im zu feuchten Zustand eingebaut, führt dies in aller Regel zu unerwünschten Verwerfungen und Schüsselungen.

Reindichte

Als Reindichte (rH) von Holz wird die Dichte der wasser- und hohlraumfreien Holzhauptbestandteile bezeichnet. Für alle Holzarten ergibt sich dabei im Mittel ein Wert von etwa 1.500 kg/m^3. Mit dem Begriff Normal-Rohdichte (rO,N) wird das Verhältnis der Masse des Holzes, die sich bei einem mittleren Holzfeuchtesatz von 12 Gew.-% einstellt (Holzgleichgewichtsfeuchtesatz), zu dem bei diesen Bedingungen erreichten Volumen beschrieben. Je nach Holzart liegt der Wert für die Normal-Rohdichte zwischen 450 und 800 kg/m^3.

Festigkeit

Unter Festigkeit versteht man den Widerstand in N/mm^2, den das Holz äußeren Kräften, wie Zerdrehen, Abscheren und Zerbrechen, entgegensetzt. Unterschieden wird u. a. in Zug-, Biege- und Druckfestigkeit.

Rohdichte

Die Rohdichte stellt das Verhältnis von Masse und Rauminhalt dar. Die Rohdichte bzw. Darrdichte (rO) von Holz ist die Dichte des wasserfreien Holzkörpers. Dabei werden alle Hohlraumanteile (Kapillarsystem, Zell- und Gefäßvolumen) sowie alle eingelagerten Holzinhaltsstoffe berücksichtigt. Je nach Holzart, Wuchsbedingungen eines Baums und Baumteil variiert die Darrdichte zwischen 60 und 1.300 kg/m^3.

Elastizitätsmodul

Das E-Modul ist ein Materialkennwert, der den Zusammenhang zwischen Spannung und Dehnung infolge der Verformung eines festen Körpers beschreibt. Diese Kennzahl ist einer der wichtigsten Indikatoren in der Festigkeitssortierung von Holzprodukten.

Qualitäts- und Klassifikationskriterien

Dauerhaftigkeit

Die Einteilung der Hölzer nach ihrer natürlichen Dauerhaftigkeit gegen holzzerstörende Organismen erfolgt gemäß Definition nach DIN EN 350-2.

Dauerhaftigkeit gegen holzzerstörende Pilze

Tabelle 1: *Dauerhaftigkeitsklassen gemäß DIN EN 350-2*

Klasse	Dauerhaftigkeit	Lebenserwartung unter gemäßigten Klimabedingungen (Richtwert)
1	sehr dauerhaft	über 25 Jahre
2	dauerhaft	15–25 Jahre
3	mäßig dauerhaft	10–15 Jahre
4	wenig dauerhaft	5–10 Jahre
5	nicht dauerhaft	weniger als 5 Jahre

Die Lebenserwartung ist bezogen auf die Gefährdungsklasse 4. Sie kann durch entsprechenden Einbau des Holzes, konstruktiven Holzschutz, durch Holzschutzmittel etc. deutlich verlängert werden.

Dauerhaftigkeit gegen holzzerstörende Käfer

Die Einteilung gegen holzzerstörende Käfer erfolgt in zwei Klassen: D = dauerhaft und S = anfällig.

Dauerhaftigkeit gegen holzzerstörende Termiten

Diese Klassifikation spielt v. a. in den Subtropen und Tropen eine Rolle und wird in drei Klassen eingeteilt: D = dauerhaft, M = mäßig dauerhaft und S = anfällig.

Klassifikation der Tränkbarkeit

Tränkbarkeit ist die Fähigkeit des Holzes, Tränkflüssigkeiten (z. B. Holzschutzmittel) aufzunehmen. Die Einteilung erfolgt in vier Klassen: Klasse 1 = gut tränkbar, Klasse 2 = mäßig tränkbar, Klasse 3 = schwer tränkbar, Klasse 4 = sehr schwer tränkbar.

Sortier-/Qualitätskriterien von Terrassenhölzern

Terrassenbeläge aus Holz sind weder baurechtlich noch normativ geregelt. Auch die Anforderungen an die Sortierung für Bodenbeläge im Außenbereich sind für den Verwender und Verbraucher normativ nur unzureichend geregelt. Die Sonderveröffentlichung des Gesamtverbands Deutscher Holzhandel „Risse bei Massivholzdielen und massiven Bodenbelägen im bewitterten Außenbereich" kann mit vielen Beispielfotos hierzu wichtige

Hinweise liefern, welche Unregelmäßigkeiten an Holzdielen unvermeidbar und hinzunehmen sind.

Verwendung von zertifizierten Hölzern

Ziel der Zertifizierung von Hölzern ist die Sicherstellung von nachhaltigem und umweltverträglichem Holzabbau. Die Verwendung von zertifiziertem Holz wird inzwischen von vielen Auftraggebern gefordert. Die wichtigsten internationalen Zertifizierungssysteme sind FSC (Forest Stewardship Council) und PEPC (Program for the Endorsement of Forest Certification Schemes).

Das FSC-Sigel unterscheidet zwischen

- Produkten, die aus 100 % FSC-Holz bestehen. Diese tragen lediglich das FSC-Zeichen, einen Erklärungssatz sowie die Zertifizierungsnummer des Herstellerbetriebs,
- Produkten, die aus weniger als 100 % FSC-Holz bestehen. Diese können das FSC-Zeichen, einen Erklärungssatz und die Herstellernummer tragen, wenn der Inhalt an FSC-Holz in Prozent angegeben ist.

Holzarten für den Außenbereich

Bangkirai/Yellow Balau (Sharea laevis u. a. Arten)

Yellow Balau, im Handel oft nicht eindeutig als „Balau“ oder „Bangkirai“ bezeichnet, ist ein Laubbaum, der in Südostasien in verschiedenen Arten vorkommt, die alle unter dem gleichen Handelsnamen verkauft werden. Die Einstufung der natürlichen Dauerhaftigkeit gegen holzzerstörende Pilze nach DIN EN 350-2 erfolgt in Klasse 2 (dauerhaft). Die Lebenserwartung unter gemäßigten Klimabedingungen beträgt 15–25 Jahre. Es wird oft völlig unbehandelt einbaut. Die Farbe im frischen Zustand ist gelblich bis hellbraun und dunkelt zu olivbraun bis dunkelbraun nach. Aufgrund seines natürlichen Wechseldrehwuchses können eingebaute Hölzer zum Verdrehen neigen. Inhaltsstoffe im Bangkirai reagieren mit verzinkten Metallen, schwarze Flecken sind die Folge. Edelstahlschrauben sind daher unverzichtbar.

Ausbluten: Bei der Verwendung von Bangkirai im Außenbereich kann es anfangs zum Austreten der Gerbsäure bzw. zum Auswaschen von Inhaltsstoffen kommen.

Gelegentlich treten bei einzelnen Hölzern schmale Spalten auf, die mit weißen Harzkristallen gefüllt sind. Harzgallen sind für Bangkirai und einige anderen Holzarten typische Merkmale und stellen keinen Mangel dar. Manche Dielen weisen 1–2 mm große Insektenlöcher auf, sog. „pinholes“. Diese sind Teil der natürlichen Oberfläche des Materials und stellen ein rein optisches Merkmal, ohne Auswirkung auf Haltbarkeit oder Statik dar.

Bambus

Das Holz des Bambus ist sehr hart und zäh, dennoch elastisch und sehr leicht. Die Zug- und Druckfestigkeit ist außerordentlich hoch. Der Vorteil gegenüber Bäumen besteht darin, dass er sehr schnell nachwächst. Im Gegensatz zu Massivholz handelt es sich bei Terrassendielen aus Bambus um zusammengesetzten, geklebten Faserwerkstoff mit synthetischen Zusatzstoffen, der nach einiger Zeit spröde und rissig werden kann. Bambus ist daher nicht für statische Belastungen geeignet. Für Sichtschutzwände dagegen wird zumeist der ganze naturbelassene Halm verarbeitet.

Brillantnuss/Sucupira/Cutiuba

Dieses Holz stammt in erster Linie aus Brasilien sowie aus dem nördlichen Südamerika und ist eines der härtesten und widerstandsfähigsten Hölzer mit Dauerhaftigkeitsklasse 1. Die Holzhärte (Brinnel) ist extrem hoch. Gegen Insekten- und Wurmbefall ist Sucupira sehr resistent und weist ein sehr geringes Schwindverhalten auf. Die Farbe ist dunkelbraun mit wenig Maserung und vergraut nur sehr langsam. Es ist für Terrassen und Holzbauten sowohl im privaten wie auch im öffentlichen Bereich sehr gut geeignet.

Cumaru

Cumaru stammt aus Südamerika und gehört gemäß DIN EN 350-2 zur Dauerhaftigkeitsklasse 1 (Cumaru rot wird gelegentlich etwas unterhalb eingeordnet). Es ist ein gut geeignetes Außenbauholz mit einem Farbspektrum von gelb bis rotbraun. Das braune Cumaru ist extrem hart, sehr schwer und zäh und noch etwas härter als das rote Cumaru. Ein Vorbohren ist unbedingt erforderlich. Farblich ist das Cumaru dem Bangkirai sehr ähnlich. Die Poren sind mittelgroß und zerstreut angeordnet. Zudem enthalten sie helle Inhaltsstoffe, die jedoch kaum in Erscheinung treten. Cumaru hat einen häufig vorkommenden Wechseldrehwuchs, besitzt jedoch ein sehr gutes Stehvermögen bei verhältnismäßig geringer Neigung zur Rissbildung. Es verfügt über eine gute Formstabilität und einen ausgewogenen Eigenfettanteil, weshalb es im Vergleich zu spröderen Hölzern kaum splittert. Einziger Nachteil dieses Materials kann die anfänglich sehr starke Farbvarianz sein. Typische Anwendungsbereiche sind der Terrassen- und Brückenbau.

Douglasie (Pseudotsuga menziesii)

Diese Baumart stammte ursprünglich aus Nordamerika und wird inzwischen auch in Europa kultiviert. Sie gehört zu den mittelschweren Hölzern (Darrdichte 470 kg/m^3). In der Härte liegt sie wie die Lärche knapp über der Grenze zu den weichen Hölzern (Brinellhärte 20 N/mm^2). Die Bearbeitbarkeit ist von der Jahrringbreite abhängig. Engringiges Holz lässt sich gut bearbeiten, breitringiges Holz ist oft spröde und spaltet leicht; ein Vorbohren beim Nageln und Schrauben ist unbedingt erforderlich. In der natürlichen Dauerhaftigkeit ist Douglasie in der Klasse 3 und 4 eingeordnet (mäßig bis wenig dauerhaft), die Imprägnierbarkeit ist im Kern sehr schlecht, im Splint mäßig bis schlecht. Das Holz ist rötlichgelb, rasch auf rötlichbraun nachdunkelnd. Der Splint der Douglasie ist gelblichweiß. Als Bau- und Konstruktionsholz dient es im Außenbereich für Balkone, Sichtschutzwände, Wasserbauten, Bootsstege usw. Pigmentierte Imprägnierlasuren sowie Dispersionsfarben haben sich zur Oberflächenbehandlung als wirtschaftlich und dauerhaft bewährt. Unbehandeltes Holz verfärbt sich schnell grau. Es ist ein preiswertes Holz, das als Terrassenholz eingesetzt nur über eine recht kurze Lebensdauer verfügt.

Doussi (Afzelia bipindensis)

Dieses Holz mit hellbrauner bis rötlichbrauner Färbung stammt aus Kamerun und weist eine deutlich höhere Härte als Eiche oder Teak auf. Im trockenen Zustand ist wegen der Reizwirkung durch Staubentwicklung eine gute Absauganlage erforderlich. Beim Nageln, Schrauben und Verkeilen sind Vorbohren bzw. genaue Passungen notwendig. Das Schwindverhalten ist außerordentlich niedrig. Das Kernholz ist wie Teak besonders widerstandsfähig gegen Pilze und Insekten. Die Oberflächenbehandlung dient nur der Farberhaltung und der Feuchteabweisung. Maßnahmen zum Pilz- oder Insektenschutz des Kernholzes sind nicht erforderlich. Lasuranstriche sind für stärker bewitterte Außenflächen zu empfehlen. Vereinzelt treten bis 3 cm große graue oder gelbliche, nicht nachdunkelnde Flecken durch wachsartige Einlagerungen auf sowie fast schwarze, unregelmäßige „Adern", die einen Pilzbefall vortäuschen können. Es ist besonders gut geeignet für Terrassenbeläge.

Eiche

Eichenholz zählt mit einer Dauerhaftigkeit (Klasse 2) von mind. 15–25 Jahren neben der Robinie zu einem interessanten einheimischen Außenholz. Es sind mittelschwere Hölzer mit überwiegend guter Bearbeitbarkeit. Im Außenbereich eingesetzt, macht sich ihr holztypisches hohes Quell- und Schwindmaß durch starke Rissbildung bemerkbar, wobei die auftretenden Risse in der Regel umso höher sind, je weniger das Holz vor der Verlegung abtrocknen konnte. Denn die empfohlene Holzfeuchte bei Verlegung liegt bei 16-18 %, oftmals aber werden die Hölzer feuchter ausgeliefert und verlegt. Daher ist Eiche als Terrassenholz nur mit viel Sorgfalt einzusetzen und ggfs. sollte bei hohen Qualitätsansprüchen auf ein anderes Holz ausgewichen werden. Roteichen (Quercus rubra) sind, im Gegensatz zu Weißeichen (Quercus robur und petraea) aufgrund der meist offenen Poren für Flüssigkeiten durchlässiger und tränkbarer. Durch Eisenmetalle treten bei nassen Hölzern durch den hohen Gerbsäuregehalt starke Reaktionsverfärbungen auf. Die

Widerstandsfähigkeit gegen Pilzbefall ist bei Weißeichen gut, bei Roteichen (ungeschützt) nicht ausreichend für eine dauerhafte Außenverwendung. Im Einsatz, bei dem Biegefestigkeit und Elastizität bedeutend sind, sind (kesseldruckimprägnierte) Roteichen zu bevorzugen.

Garapa

Garapa ist ein schweres und hartes Holz mit Festigkeitseigenschaften, die in etwa im Bereich von Afzelia oder Robinie liegen. Die Dauerhaftigkeit gegenüber Holz verfärbender und zerstörender Pilze und Insekten ist sehr variabel, die Einstufung des Holzes reicht von sehr dauerhaft bis mäßig dauerhaft. Garapa verfügt über ein mäßiges bis befriedigendes Quell- und Schwindverhalten und vergraut im bewitterten Außenbereich sehr rasch (wird gelegentlich bereits mit Grauschleier angeliefert). Als Konstruktionsholz im Außenbereich ist es ohne Erdkontakt für eine mittlere Beanspruchung gut geeignet.

Ipé/Lapacho

Ipé ist ein aus Südamerika stammendes, sehr schweres, elastisches und hartes Holz mit Festigkeitseigenschaften, die in etwa im Bereich von Bongossi u. ä. schweren Hölzern liegen. Die Dauerhaftigkeit liegt bei 1–2. Die Farbe ist stark variabel, von braunrot bis olivbraun nachdunkelnd, etwas schneller vergrauend als Sucupira. Die Bearbeitung mit Hand- und Maschinenwerkzeugen ist wegen der großen Härte erschwert. Für Nägel und Schrauben muss vorgebohrt werden. Trotz seiner enormen Härte neigt es kaum zur Rissbildung. Das gegen Pilzbefall und Termiten sehr resistente Holz kann im Außenbau ohne spezielle Schutzmaßnahmen langfristig eingesetzt werden. Als Konstruktionsholz im Außenbau, auch für tragende Bauteile mittlerer bis hoher mechanischer Beanspruchung sowie für Terrassendielen, Brücken, Schwimmstege, Schwellen, Lärm- und Sichtschutzwände, Zaunanlagen etc. geeignet.

Kiefer (Pinus sylvestris)

Die aus Europa stammende, raschwüchsige Kiefer weist eine Dauerhaftigkeit von 3–4 auf, wobei das Holz bläueempfindlich ist. Kiefernholz ist nach Beseitigung evtl. Harzstellen mit jedem Mittel und nach jeder Methode, deckend oder lasierend, gut zu behandeln. Es verhält sich diesbezüglich ähnlich vorteilhaft wie z. B. Fichte, Lärche und Douglasie. Nach längerer Wasserlagerung kann im Splintholz durch Bakterienbefall eine ungleiche Aufnahme der Mittel und dadurch eine Fleckenbildung entstehen. Der Holzstaub der Kiefer kann Hautreizungen verursachen. Es findet Verwendung für Zäune und Tore, für Terrassen ist das, recht preiswerte, Holz weniger gut geeignet.

Lärche (Larix decidua, Larix sibirica)

Das Holz der schnell wachsenden Europäischen Lärche ist mäßig bis wenig dauerhaft (Klasse 3–4), das der Sibirischen Lärche dagegen dauerhaft bis mäßig dauerhaft (Klasse 2 bis 3) und bei Außenanwendung daher vorzuziehen. Unter den europäischen Nadelhölzern ist es trotz der oft starken Unterschiede je nach Herkunft das schwerste und härteste Holz mit guten Festigkeitswerten und einem geringen Quell- und Schwindverhalten. Unter Wasser ist das Lärchenholz in seiner Dauerhaftigkeit mit Eichenholz vergleichbar. Harzreiche Qualitäten sind in hohem Maße säureresistent. Das Kernholz ist gelblichbraun bis rötlichbraun und stark nachdunkelnd. Das Holz enthält wasserlösliche, auswaschbare Inhaltsstoffe, bei feuchtem Holz können Eisenmetalle daher zu Verfärbungen führen. Eine Korrosion der Befestigungsmittel ist möglich. Verwendung findet die einheimische Lärche als Alternative zu Tropenhölzern für Holzspielgeräte, Bodenbeläge, Zäune, Palisaden etc.

Massaranduba

Das Angebot auf dem deutschen Markt basiert fast ausschließlich auf Importen aus Südamerika und ist derzeit weitgehend auf profilierte Terrassendielen sowie Holz für die Unterkonstruktion beschränkt. Das homogene, dunkel bis rotbraune Holz ist mit einer Dauerhaftigkeit von 1 (–2) eingestuft. Es weist ein höheres Quell- und Schwindverhalten als Bangkirai auf. Bei Trocknung besteht eine hohe Gefahr der Rissbildung (Oberflächen- und Hirnholzrisse). Die Inhaltsstoffe sind besonders aggressiv, der Feinstaub beim Verarbeiten problematisch und kann Nasenbluten verursachen. Das harte und schwere Holz mit hoher Elastizität ist als Konstruktionsholz, an das keine hohen Anforderungen an Maßhaltigkeit gestellt werden, gut für den Außenbereich geeignet. Schnittkanten sollten grundsätzlich mit einem filmbildenden Anstrichmittel versehen werden.

Modifizierte Hölzer

Als Holzmodifizierung bezeichnet man die dauerhafte Veränderung wesentlicher Holzeigenschaften über den gesamten Holzquerschnitt. Unterschieden werden sie gemäß DIN 68800-1 in thermisch und chemisch modifiziere Hölzer. Hauptziel der Modifizierung ist die Verbesserung der biologischen Dauerhaftigkeit und der Formstabilität durch Reduzierung der hygroskopischen Feuchtigkeitsaufnahme und – abhängig von Holzart und Verfahren – der kapillaren Wasseraufnahme. Die Wirkungen werden durch chemische oder physikalische Veränderungen der Holzsubstanz selbst erzielt. Soll modifiziertes Holz für tragende oder aussteifende Bauteile verwendet werden, ist aufgrund der veränderten Festigkeitseigenschaften ein bauaufsichtlicher Verwendbarkeitsnachweis erforderlich.

Thermisch modifizierte Hölzer (kurz TMT) haben eine erhöhte Dauerhaftigkeit gegenüber holzzerstörenden Pilzen. Gegenüber z.B. Bläue- und Schimmelpilzen haben sie dennoch keine bioziden Eigenschaften. Die für modifizierte Hölzer angegebenen Dauerhaftigkeiten gelten meist für die Gebrauchsklasse 3. Daher kann Erdkontakt oder eine regelmäßige Durchfeuchtung insbesondere bei thermisch modifiziertem Holz zu einem Befall durch holzzerstörende Pilze führen.

Für chemisch modifizierte Hölzer werden im Tränkverfahren nicht-biozide, reaktionsfähige Stoffe in das Holz eingebracht, die sich in den Zellwänden mit Holzkomponenten chemisch verbinden. Die Zellwände werden dadurch dicker und „quellen“ dauerhaft an. Die chemische Modifizierung erfolgt nur im durchtränkten Bereich, weshalb in erster Linie gut tränkbare Hölzer für dieses Verfahren geeignet sind. Die Erhöhung der Festigkeit ist im Vergleich zu TMT geringer. Wegen des erhöhten Säuregehaltes sind beim Einbau ausschließlich korrosionsbeständige Beschläge und Verbindungsmittel zu verwenden.

Robinie (Akazie)

Die Robinie ist von allen europäischen Terrassenhölzern das härteste und dauerhafteste. Mit einer Dauerhaftigkeit der Klasse 1 entspricht es der von Cumaru. Wie Esche und Hickory zeichnet sich Robinie durch eine überdurchschnittliche Belastbarkeit bei dynamischer Beanspruchung aus. Die Schwindmaße sind, gemessen an der hohen Rohdichte, niedrig. Einmal getrocknet, besitzt das Holz ein gutes Stehvermögen. Das Kernholz besitzt eine hohe natürliche Resistenz gegen holzzerstörende Pilze und Insekten. Damit gehört Robinie zu den wenigen europäischen Holzarten der Resistenzklasse 1. Das Holz ist stark sauer und wird in Verbindung mit Feuchtigkeit durch Metalle verfärbt, welche korrodieren. Für Befestigungen sind Holzverbindungen oder rostfreier Stahl zu verwenden. Spezifische Inhaltsstoffe (Flavonoide) können bei empfindlichen Personen allergische Reaktionen der Haut hervorrufen. Im Außenbereich kann es aufgrund seiner guten Eigenschaften vielseitig verwendet werden. Aufgrund des natürlichen Wuchses mit dünnen, unregelmäßigen Stämmen sind längere geradwüchsige, stärker dimensionierte Holzteile selten. Im Spielplatzbau spielt das Robinienholz gerade aufgrund seiner hier gewünschten Unregelmäßigkeit eine große Rolle.

Teak

Teak zählt zu den am längsten bekannten und wertvollsten Hölzern Asiens. Das derzeit in Europa verarbeitete Teakholz stammt zum überwiegenden Teil aus Aufforstungen. Teak ist ein mittel schweres Holz mit Festigkeitseigenschaften ähnlich der Eiche. Es ist im Allgemeinen gut zu bearbeiten und ergibt glatte Flächen und Kanten, Für Nägel und Schrauben ist vorzubohren. Die Resistenz des Kernholzes gegen Pilze und Insekten ist in der Regel sehr gut. Holz aus Aufforstungen kann jedoch relativ großen Schwankungen unterliegen (sehr dauerhaft bis mäßig dauerhaft), je Standort und Alter der Bäume. Teak ist aufgrund des sehr guten Stehvermögens und der hohen Resistenz gegen Pilzbefall besonders geeignet für konstruktive Anwendungen im Außenbereich mit hohen Anforderungen an die Maßhaltigkeit.

Thermoholz

Siehe auch unter modifizierte Hölzer. Für Thermoholz wird meist Esche, Buche oder Kiefer hitzebehandelt, um eine höhere Dauerhaftigkeit (1–2) zu erzielen. Durch diese Hitzebehandlung wird die im Holz befindliche Hemizellulose abgebaut. Das Holz wird dadurch stabiler und haltbarer. Die Wasseraufnahmefähigkeit wird geringer, ebenso die Anfälligkeit für holzzerstörende Faktoren. Es ist nicht für konstruktive Bauteile geeignet. Thermisches Holz ist weniger elastisch und spröder als mehrfettiges Holz, was zu Splitterbildung führen kann. Gegen UV-Strahlung wie auch gegen Oberflächenpilze ist das Thermoholz nicht resistent und muss entsprechend nachbehandelt werden. Verbindungen müssen unbedingt nichtrostend sein. Aufgrund der Sprödigkeit sollten Verschraubungen vorgebohrt werden, Verbindungen mit Nägeln sind nicht ausreichend dauerhaft. Verwendung findet das Thermoholz vorwiegend als Terrassenholz. Als Bauholz mit einer statischen Belastung (tragende Funktion) darf es ohne Vorliegen eines bauaufsichtlichen Verwendbarkeitsnachweises nicht verwendet werden.

Holzschutz

Ziel des Holzschutzes ist, neben der Verlängerung der Lebensdauer und der damit verbundenen Erhaltung der Holzbauten ebenso der weitest gehende Erhalt der Optik und der typischen Holzfarbe (Vermeidung von Vergrauungen und Verfärbungen).

Holzzerstörende Faktoren

Holzzerstörend wirken folgende Faktoren:

Biotische Faktoren:

Pilze und Insekten. Diese beiden sind stark abhängig vom jeweiligen Feuchtigkeitsgehalt des Holzes.

Abiotische Faktoren:

Witterungseinflüsse wie UV-Strahlung, Temperaturveränderungen sowie Feuchtigkeit

Konstruktiver Holzschutz

Die Grundsätze des konstruktiven Holzschutzes sind bei der Planung und Ausführung von Holzbauten vorrangig vor allen anderen Methoden anzuwenden. Durch eine richtige Anwendung kann in vielen Fällen auf chemischen Holzschutz verzichtet bzw. dieser stark eingeschränkt werden. Die Grundregel des konstruktiven Holzschutzes lautet, dass jegliche Feuchtigkeit vom Holz ferngehalten bzw. anfallendes Niederschlagswasser möglichst schnell abgeleitet werden soll. Er beginnt nicht erst mit dem Einbau, sondern bereits beim witterungsgeschützten Transport und bei der fachgerechten Lagerung durch Vermeidung von direkten Erdkontakt und Ablage auf Unterleghölzern.

In Fällen, in denen nach dem Einbau ein Kontakt mit Feuchtigkeit nicht vermieden werden kann, ist eine Holzart zu wählen, die möglichst wenig anfällig gegen Pilzbefall ist. Gemäß DIN 68800-1 müssen derart geeignete Maßnahmen für tragende Bauteile für die geplante Nutzungsdauer zum Schutz des Holzes gegen zerstörende Organismen vorgenommen werden. Für nichttragende Bauteile sind diese dagegen zwar nicht bindend, werden aber empfohlen.

Zusammengefasst gilt:

- Einsatz von für den Verwendungszweck geeigneten Holzarten (Gebrauchsklassen)
- Verwendung von Kernholz
- Gehobelte Hölzer sind sägerauen Holzteilen vorzuziehen (besserer Wasserablauf).
- Hirnholzflächen, die direkt der Witterung ausgesetzt sind, werden abgedeckt (Pfostenkappen), abgeschrägt, zugespitzt oder abgerundet, sodass kein Niederschlagswasser stehen bleiben kann.
- Konstruktionshölzer an Ober- und Unterkanten sind dachförmig oder schräg auszuführen.
- Die Überdachung von Holzbauten wie Carports, Pergolen etc., sind auskragend einzubauen.
- Das Holz ist so einzubauen, dass es von allen Seiten belüftet wird, also keine Durchdringungen, keine Berührungen an Wänden, Mauern ohne Luftdurchzug u. Ä.
- Holzverbindungen sind so auszuführen, dass Wasser stets ablaufen kann. Stahlverbindungen sind rein mechanischen Verbindungen (Schlitz- und Zapfverbindungen) vorzuziehen.
- Es sind ausschließlich nichtrostende Metallverbindungen zu verwenden, bevorzugt Edelstahlschrauben (V2A bzw. V4A).
- Verbindungen sind mit Abstandshaltern (Unterlegscheiben) herzustellen.
- Direkter Boden- und Erdkontakt ist bei allen Bauteilen aus Holz zu vermeiden.
- Bei Pfosten von Pergolen, Carports, Sichtschutzzäunen etc. empfiehlt sich daher unbedingt die Verwendung von Pfostenschuhen (H-Ankern).
- Bei Terrassen wird die Unterkonstruktion nie direkt auf den Untergrund verlegt. Stattdessen sollten Unterlagen aus Schotter, Betonfundamenten, Betonplatten, Tiefborde o. Ä. verwendet werden.
- Bei Zäunen und Palisaden ist ein wasserdurchlässiger Unterbau (Kies etc.) ratsam. Alternativ Pfostenschuhe, wie es die DIN 18320 vorsieht.
- Der Abstand von Erdreich zum Belag sollte wegen Spritzwasser immer ca. 10-15 cm betragen, z. B. durch Verwendung von Pfostenschuhen.
- Bei Terrassen, die an Rasenflächen angrenzen, sollte der Abschluss so ausgebildet sein, dass keine Feuchtigkeit aus der Rasenfläche in die Unterkonstruktion einwandert.

Chemischer Holzschutz

Vorbeugender chemischer Holzschutz

Vorbeugende chemische Verfahren sind nach jeder mechanischen Bearbeitung durchzuführen. Vorher sind Rinde und Bast vollständig zu entfernen. Das Holzschutzmittel ist auf die jeweilige Gefährdungs- und Gebrauchsklasse abzustimmen. Der Feuchtigkeitsgehalt des Holzes ist vor der Verwendung zu beachten, siehe Herstellerangaben.

Es wird je nach Durchdringung unterschieden in Oberflächenschutz (< 1 mm), Randschutz (wenige mm) und Tiefenschutz (Durchdringung von wenigen mm bis einige cm).

Kesseldruckimprägnierung

Liegt eine vollständige und fachgerechte Imprägnierung vor, so können die kesseldruckimprägnierten Hölzer in die Resistenzklasse 1 eingeordnet werden. Da jedoch überwiegend nur das Splintholz die Imprägnierung aufnimmt, behält das Kernholz meist seine natürliche Dauerhaftigkeit bzw. wird max. in den Randbereichen etwas verbessert.

Bekämpfender chemischer Holzschutz

Maßnahmen gegen den Befall von Insekten oder Pilzen sind gemäß DIN 68800-4 auszuführen. Die Zulassung des ausgewählten Mittels ist in jedem Fall sicherzustellen, ggf. ist ein Sachkundiger hinzuzuziehen und zu prüfen, ob als Alternative ein physikalisches Bekämpfungsverfahren (Kälte- oder Hitze-Thermoverfahren) mit gleichem Erfolg eingesetzt werden kann.

Gebrauchsklassen

Die Einteilung der Gebrauchsklassen und damit die Anforderung an das jeweilige Holzschutzmittel erfolgen nach DIN 68800-1.

- Gebrauchsklasse 0: Unter Dach verbautes Holz, ständig trocken (< 20 %), Gefahr von Bauschäden durch Insekten kann ausgeschlossen werden.
- Gebrauchsklasse 1: Unter Dach verbautes Holz, keiner Befeuchtung und keiner Bewitterung ausgesetzt, ständig trocken (< 20 %)
- Gebrauchsklasse 2: Unter Dach verbautes Holz, nicht der Witterung ausgesetzt, mit teils hoher Umgebungsfeuchte, gelegentlich feucht (> 20 %)

- Gebrauchsklasse 3.1: Nicht unter Dach und daher mit Bewitterung, ohne Erdkontakt, keine Wasseranreicherung, gelegentlich feucht (> 20 %)
- Gebrauchsklasse 3.2: Nicht unter Dach und daher mit Bewitterung, ohne Erdkontakt, Wasseranreicherung – räumlich begrenzt – zu erwarten, häufig feucht (> 20 %)
- Gebrauchsklasse 4.1: Erdkontakt bei mäßiger Beanspruchung, vorwiegend bis ständig feucht (> 20 %)
- Gebrauchsklasse 4.2: Erd- oder Süßwasserkontakt, starke Beanspruchung, ständig feucht (> 20 %)
- Gebrauchsklasse 5: im Meerwasser, ständig feucht (> 20 %)

Kurzzeichen von im Handel erhältlichen Holzschutzmitteln

P wirksam gegen Pilze (Fäulnisschutz)

Iv vorbeugend wirksam gegen Insekten

Ib bekämpfend wirksam gegen Insekten

W wirksam auch bei Holz, das der Witterung ausgesetzt ist, aber keinen ständigen Kontakt mit dem Erdreich oder mit Wasser hat

E auf Holz wirksam, das ständigen Erd- und/oder Wasserkontakt hat

Pflege

Holz im Außenbereich ist normalerweise wartungs- und pflegearm. Um sich jedoch möglichst lange daran erfreuen zu können, sollte sowohl bei kesseldruckimprägnierten Produkten als auch bei natürlich dauerhaften Holzarten Folgendes beachtet werden: Kesseldruckimprägnierte Hölzer für den Außenbereich benötigen normalerweise keinerlei Pflege. Ein chemischer „Nachschutz" kann bei ihnen i. d. R. vollständig entfallen. Ausnahme: Nachträgliche Bearbeitungsstellen (Schnittstellen, Bohrlöcher o. Ä.) sowie oben liegende, größere Trockenrisse (die nachträglich entstehen können) müssen mit einem geeigneten Holzschutzmittel nachbehandelt werden.

Gegen natürliches Vergrauen helfen offenporige Anstriche. Sie gewährleisten außerdem einen gewissen Schutz vor Witterungseinflüssen. Wirksamen Schutz der Holzoberfläche und der nachfolgenden Anstriche vor Verfärbungen bieten gegen Bläue wirksame Holzschutzmittel mit dem Gütezeichen RAL-GZ 830.

Andere Anstriche sind ungeeignet, da bei ihnen das notwendige „Atmen“ des Holzes nicht immer gewährleistet ist. Offenporige Anstriche dagegen sind elastisch und reißen nicht, wenn das Holz quillt und schwindet. Um den UV-Schutz sicherstellen zu können, müssen sie einen bestimmten Anteil an Pigmenten aufweisen. Bei sehr dunklen Farben kann sich die Oberfläche jedoch durch Sonneneinstrahlung stärker erhitzen, was zu einer verstärkten Rissbildung führen kann.

Hölzer, die im Schatten von Bäumen und Häusern oder in Wassernähe eingebaut wurden, neigen dazu, im Laufe der Zeit einen mehr oder weniger starken Grünbelag anzusetzen. Gerade bei Holzterrassen kommt zur optischen Beeinträchtigung die mögliche Rutschgefahr hinzu. Es empfiehlt sich daher, diesen Grünbelag regelmäßig mit viel Wasser und einer weichen Bürste oder Schwamm zu entfernen.

Laub, Sand und Schmutz, die sich insbesondere in Ecken und Winkeln von Holzkonstruktionen ablagern, sollten von Zeit zu Zeit gründlich entfernt werden, da sich ansonsten Feuchtestellen bilden können, die optimale Lebensräume für holzzerstörende Pilze darstellen.

Feuchtequellen sind ebenso Pflanzgefäße, Sonnenschirmständer etc., die direkt auf der Holzterrasse stehen. Hier sammelt sich regelmäßig Wasser, was auf Dauer problematisch sein kann. Auch hier sollte man für einen guten Wasserabfluss sorgen (Abstandshalter o. Ä.). Ebenfalls problematisch können Möbel und Gefäße aus Eisen sein, da die Eisenoxide auf dem Holz schwarze Flecken verursachen. Vorsicht auch bei frisch gedüngten Rasenflächen. Handelsübliche Dünger enthalten Eisen, deren Reste beim Ausbringen unschöne Flecken hinterlassen können.

Hochdruckreiniger sollten nach Möglichkeit nicht verwendet werden, da sie die Struktur des Holzes irreversibel schädigen können. Falls dies nicht zu vermeiden ist, sind diese nur mit äußerster Vorsicht und mit vermindertem Druck anzuwenden.

Es empfiehlt sich, in regelmäßigen Zeitabständen v. a. sicherheitsrelevante, tragende Konstruktionen einschließlich der Befestigungselemente auf etwaige Schäden hin zu kontrollieren und ggf. auszutauschen. Dies gilt insbesondere bei Kinderspielgeräten!

Harthölzer können nicht sofort nach dem Einbau geölt werden, da deren Inhaltsstoffe eine gleichmäßige Aufnahme verhindern. Es sollte daher erst nach ausreichender Bewitterung, frühestens zwei bis drei Monate, je nach Lage (sonnig/schattig, überdacht, frei), nach dem Verlegen geölt werden und dann zweimal pro Jahr.

Holzverbindungen

Zimmermannsmäßige Verbindungen

Zimmermannsmäßige Verbindung nennt man die Holzverbindungen, die im traditionellen Holzbau zur Verbindung von starkem Bauholz verwendet wurden. Es handelt sich ursprünglich um formschlüssige Verbindungen zweier Holzteile, wie z.B. Nut- und Falz, Stoß, Gehrung, Schlitz-Zapfen, Zinkung. Geregelt sind einige Verbindungen noch in der DIN 1052. Sie werden heute aufgrund ihrer recht aufwändigen Herstellung und kleinerer Holzdimensionen mehr und mehr ersetzt durch die unten beschriebenen ingenieurmäßigen Verbindungen.

Ingenieurmäßige Verbindungen

Werden Metallteile als Verbindungsmittel eingesetzt, so bezeichnet man dies als ingenieurmäßige Holzverbindung. Die Verwendung von nichtrostenden Stahlverbindungen ist grundsätzlich zu beachten. Schrauben im Stirnholz sind drei- bis viermal länger zu dimensionieren als quer ins Holz geschraubte Schrauben. Besonders bei Astholzstellen in Vollholz sollte vorgebohrt werden, ebenso bei allen tropischen und nichttropischen Harthölzern. Stellen am Rand, besonders an der stirnseitigen Kante, sollten wegen der Gefahr des Ausbrechens zum Schrauben oder Nageln vermieden werden.

Es steht für solche Verbindungen neben Schrauben und Nägeln eine große Auswahl an Lochblechen und Lochbändern, Winkelverbindern, Klammern und Pfostenhaltern zur Verfügung.

Holzterrassen

Glatte oder geriffelte Holzoberfläche bei Terrassendielen

Die auf dem Markt angebotenen glatten Dielenoberflächen haben einige bedeutende Vorteile gegenüber denen mit geriffelter Oberfläche. Bei diesen ist die Oberfläche aufgefräst und somit anfälliger für Pilzbefall. Sie neigen im Unterschied zur glatten, geschlossenen Oberfläche eher zum Splittern. Barfuß laufen ist in diesem Fall nur noch bedingt möglich. Zudem lässt sich eine glatte Oberfläche einfacher reinigen und ist im Unterschied zur geriffelten auch renovierbar, da man den Boden abschleifen kann. Dagegen sind bei glatten Hölzern Risse und Holzfehler deutlicher sichtbar. Neue Untersuchungen in Bezug auf Rutschfestigkeit ergaben, dass geriffelte Hölzer keinen nennenswerten Vorteil gegenüber den glatten aufweisen.

Konstruktion

Anforderungen an Unterkonstruktion/Unterbau

Der Untergrund muss ausreichend stabil, eben und tragfähig sein, z. B. eine ca. 15–20 cm dicke Schotterschicht, darauf ggf. ein wasserdurchlässiges Geotextilvlies, um den Wildkrautwuchs von unten her in die Holzterrasse zu verhindern oder zumindest einzudämmen.

Die Unterkonstruktion ist so stark zu dimensionieren, dass sie dem natürlichen Bewegungsbestreben (Drehen, Quellen und Schwinden) der Deckbretter standhält und zur Aufnahme entsprechend großer Schrauben geeignet ist.

Die Unterkonstruktion sollte nie direkt auf dem Schotter aufliegen, sondern auf festem, dauerhaftem Material. Dies kann z. B. ein alter Terrassenbelag, bei dem beispielsweise jede zweite Reihe für den besseren Wasserabfluss entfernt wird, sein. Ebenso eignen sich Rabatten/Tiefborde, kleine Punktfundamente oder besonders auf begehbaren Dächern (höhenverstellbare) Stelzlager.

Als Holz für die Unterkonstruktion muss immer eine Holzart mit ähnlichen Eigenschaften (v. a. gleiche oder bessere Holzhärte und Dauerhaftigkeit) wie die des späteren Belags ausgewählt werden. Angelim Pedra ist beispielsweise ein hartes Holz und als Unterlage geeignet für Bangkirai, Cumaru etc. Wird dieser Grundsatz nicht beachtet, lässt sich die Verbindung nicht dauerhaft verschrauben.

Abstände der Unterkonstruktion

Die Hölzer werden senkrecht verlegt und sollten einen maximalen Abstand von 40–50 cm, abhängig von der Dielenstärke, aufweisen. Bei WBC-Dielen wie auch bei modifizierten Hölzern sind unbedingt die Angaben der Hersteller zu beachten. Teilweise sind hier kleinere Abstände einzuhalten.

Mindestdicke der Bohlendiele

Je dünner die Diele, desto kürzer muss der Abstand gewählt werden

Tabelle 1: *Mindestdicke der Bohlendiele in Abhängigkeit von der Brettdimensiorierung und der Auflageabstände (Quelle: Bund Deutscher Zimmermeister, BDZ 2008)*

Breite der Diele in cm	Abstand der Unterlage in cm				
	50	60	80	100	120
10	3	3,2	3,7	4,2	4,6
12	2,7	3	3,4	3,8	4,2
14	2,5	2,7	3,2	3,5	3,9
16	2,3	2,6	3	3,3	3,6
18	2,2	2,4	2,8	3,1	3,4
20	2,1	2,3	2,6	3	3,2

Die kurzen Lagerabstände stellen sicher, dass dem „Arbeiten" einzelner Dielen durch Quellen und Schwinden entgegengewirkt werden kann und die Fläche möglichst eben bleibt.

Ein leichtes Gefälle ist in Profilrichtung der Dielen einzubauen, damit Wasser gut und vollständig ablaufen kann.

Außerdem ist die Holzfeuchte vor dem Verlegen der Dielen zu überprüfen. Nach den Richtlinien des Zimmerhandwerks soll die Einbaufeuchte unter 20 % liegen. Optimal sind Werte von 16 bis 20 %. Besonders wichtig ist eine Prüfung der Holzfeuchte bei

Tropenhölzern, die oft nicht ausreichend getrocknet angeliefert werden. Bei Bedarf sind diese zwischenzulagern und zu trocknen oder ggf. zum Lieferanten zurückzubringen.

Verschraubung

Für die Verschraubung stehen im Wesentlichen zwei Methoden zur Verfügung: Verschraubung von oben durch die Hölzer oder unsichtbar durch seitlich eingelegte Edelstahlplättchen, wie sie inzwischen von vielen Herstellern angeboten werden. Die erste Methode hat den Vorteil, dass ein Austauschen einzelner Dielen sehr einfach ist.

Die zweite Methode hat den Vorteil, dass zum einen das Holz gestalterisch in den Vordergrund tritt, zum anderen, dass eine versenkte Verschraubung durch das Holz entfällt und damit kein Wassereintritt von oben her möglich ist. Jedes Brett ist auf der Breite mit mind. zwei Edelstahlschrauben (V2A/V4A) auf der Unterkonstruktion zu befestigen. Je nach Holzart ist dabei mit niedrigen Drehzahlen vorzubohren. Die Schrauben sollten ungefähr die 2,5–3-fache Länge der Dielenstärke haben. Der Abstand der Schrauben sollte ca. 10 cm betragen. Dies reduziert ein späteres Schüsseln der Dielen.

Bei hohem Salzgehalt der Luft bzw. in Schwimmbadbereichen eignen sich HCR-Schrauben (high corrosion resistent).

Verlegung

- Die Verlegerichtung sollte nach Möglichkeit quer zur Hauptlaufrichtung verlaufen. Bei Terrassen, die um ein Hauseck verlaufen, ist ggf. die Verlegerichtung zu ändern, so dass die Dielen auf beiden Seiten parallel zum Haus liegen.
- Beim Verlegen von Hartholzdielen sollte ein Abstand von 3–5 mm, bezogen auf das Nennmaß von 145 mm, zwischen den Dielen eingehalten werden. Beim Einstellen auf das örtliche Klima schwinden die Dielen meist in der Breite, sodass sich die Fugenbreite noch etwas vergrößern wird. Bei einem Ist-Maß von sehr trockenen Hölzern von weniger als 145 mm dagegen sind die Fugen entsprechend um die Differenz zu vergrößern. Als Faustformel kann man 145 mm breite Dielen auf ein Maß von 150 mm verlegen (Mitte Diele/Mitte Diele). Damit können die Hölzer ausreichend quellen und schwinden, ohne dass die Fugen zu eng werden.
- Damit das Holz ausreichend arbeiten kann, darf der Mindestabstand von 8 mm zu Bauwerken (Fassaden, Mauern) nicht

unterschritten werden. Längenstöße sind mit einem Abstand von 3 mm zu verlegen. WPC dehnt sich auch in der Länge um einige Millimeter aus. Hier sind zwingend die Herstellerangaben einzuhalten!

- Im Randbereich der Unterkonstruktion sind die Dielen mit möglichst geringem Überstand anzubringen, um Schaukelbewegungen beim Betreten zu vermeiden.
- Die Brettenden sind werkseitig mit einer wachs- bzw. paraffinartigen Lösung behandelt, um Rissbildungen vorzubeugen. Bei der Verarbeitung müssen diese Enden abgeschnitten werden. Das Paraffin verflüssigt sich bei Hitze, was zu unerwünschten Flecken führen kann. Jeweils 3–5 mm sind als Verschnitt einzurechnen. Nach Einbau sollten diese Flächen mit Hirnholzwachs erneut versiegelt werden.
- Dielen erst nach der Verlegung auf ihre fertige Länge schneiden, mit 1 cm Überstand. Gerade Schnitte am besten mit einer Tauchsäge mit Schiene durchführen, während runde, bogige Schnitte am einfachsten mit der Stichsäge oder Handkreissäge hergestellt werden können.
- Bei vielen Harthölzern kann es anfangs zu Auswaschungen von Holzinhaltsstoffen kommen, was darunterliegende Bauteile dauerhaft verschmutzt. Für ausreichende Abdeckung oder gezielte Entwässerung ist zu sorgen, damit angrenzende Fassaden und Beläge nicht verschmutzt werden.
- Um die jahreszeitlich bedingten Schwind- und Quellvorgänge zu reduzieren, kann eine Oberflächenbehandlung mit wasserabweisenden Mitteln durchführt werden (bei Tropenhölzern erst zwei bis drei Monate nach der Verlegung). Diese verzögern auch den natürlichen Vergrauungsprozess, bei dem das Holz mit der Zeit eine silbergraue Patina erhält. Harthölzer der Dauerhaftigkeitsklasse 1 können problemlos ohne Anstrich im Freien verbaut werden.

Aufbau einer Holzterrasse

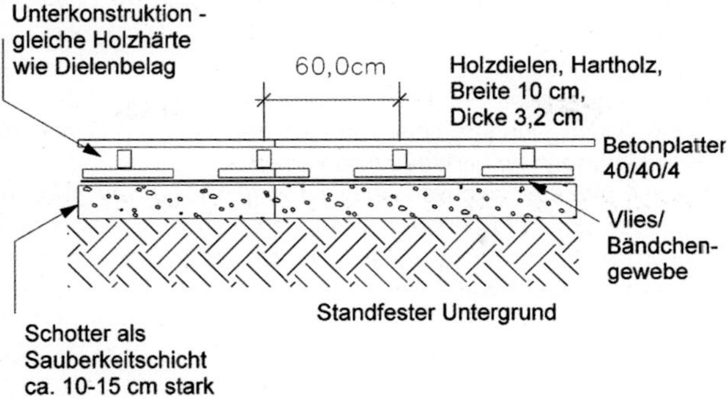

Bild 1: *Schnitt einer Holzterrasse (Quelle: Andres)*

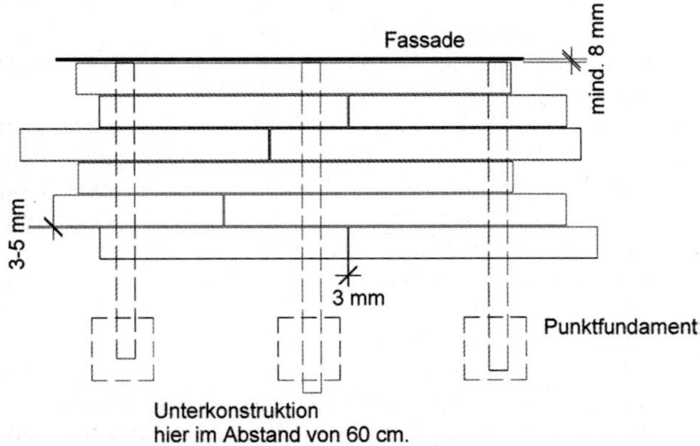

Bild 2: *Schematische Draufsicht einer Holzterrasse (Quelle: Andres)*

Holz- und Sichtschutzzäune

Grundlagen

Für Einfriedungen aller Art sind bezüglich Ausführung, erlaubter Höhe und des notwendigen Grenzabstands die Bestimmungen des Nachbarrechtgesetzes des jeweiligen Bundeslandes sowie, falls vorhanden, die des jeweiligen Bebauungsplans zwingend zu beachten. Sofern ein solcher vorhanden ist, hat dieser gegenüber dem Nachbarrecht immer Vorrang. Zäune werden zum einen unterschieden nach ihrer Funktion, z. B. Lärm- und Windschutzzäune, Sichtschutzzäune, Schutz- und Grenzzäune. Zum anderen nach ihrer Konstruktion wie Jäger-, Latten-, Staketen- oder Flechtzaun. Bestandteile der Zäune sind Pfosten und Fundament, Querriegel sowie Latten/Bretter. Die jeweilige Ansichtsfläche mit Vorder- und Rückseite ist beim Einbau stets zu beachten. Üblicherweise schaut die Ansichtsfläche immer zum benachbarten Grundstück (öffentliche Straße/Weg oder auch Nachbargrundstück). Die Rückseite dagegen schaut in der Regel in das eigene Grundstück. Angaben zum Bau und zur Abrechnung von Holzzäunen macht die DIN 18320 seit ihrer Ausgabe 2016: Die Bespannung soll mit waagerechten Riegeln und einer senkrechten Lattung aus Bauschnittholz gemäß DIN 68365 erfolgen. Für Pfosten sollen Vierkantholzpfosten verwendet werden in Kombination mit feuerverzinkten H-Ankern, die in Betonfundament C12/15 einbetoniert werden.

Zaunführung

Bei ebenen Grundstücken werden die Querriegel i. d. R. parallel zum Geländeverlauf eingebaut. Bei Grundstücken mit Gefällen sind folgende Varianten möglich:

- waagerechte Anordnung der Bretter, Anpassung an den Geländeverlauf durch Abtreppung der oberen und unteren Zaunbegrenzung. Je nach Gelände können hierbei recht große Lücken entstehen, die nicht immer erwünscht sind. Alternativ könnte der Zaun daher auch auf Sockelmauern aufgesetzt werden, die dem Geländeverlauf folgen. Lücken werden dadurch vermieden.
- senkrechte Anordnung der Bretter, Anpassung der unteren Zaunbegrenzung an das Gelände, obere Zaunbegrenzung verläuft waagerecht

- senkrechte Anordnung der Bretter, Anpassung mit unterer und oberer Zaunbegrenzung an das Gelände

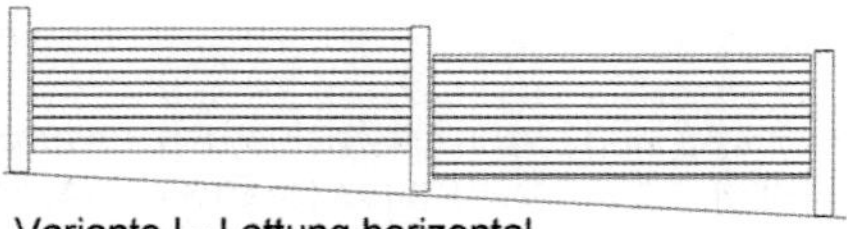

Variante I - Lattung horizontal

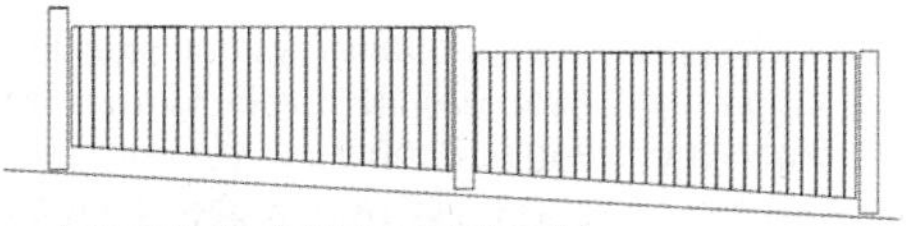

Variante II - Lattung senkrecht,
Rahmen unten schräg verlaufend

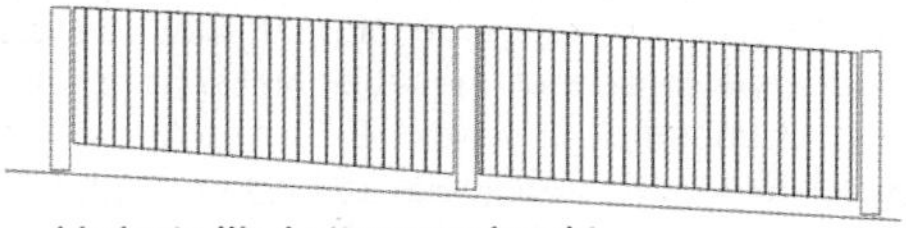

Variante III - Lattung senkrecht,
Rahmen ober- und unterseitig schräg verlaufend

***Bild 1:** Mögliche Einbauvarianten von Zäunen bei schrägem Geländeverlauf (Quelle: Andres)*

Sichtschutzzäune

Übliche Höhen sind 1,5–1,8 m. Je nach Höhe sind Pfosten mit den Maßen 7 x 7 oder 9 x 9 cm zu verwenden. Die Länge der Pfosten ist auf die Höhe des Sichtschutzes bzw. auf die Art der Fundamentierung und der Verankerung sowie auf den Abstand zum Belag abzustimmen. Vor allem bei recht dichten Sichtschutzzäunen sind zwingend die zu erwartenden Windlasten zu berücksichtigen. In windexponierten Lagen müssen solche Zäune so gesichert werden, dass ein Kippen ausgeschlossen ist. Dies kann z.B. durch eine entsprechende Fundamentierung, mittels Verankerungen an der Hauswand oder durch Versteifen der Ecken geschehen.

Pfostenverankerungen

Einschlaghülse

Nur für leichte Belastung, v. a. im Hausgartenbereich geeignet, da der Einschlaganker ohne Beton oder weitere Befestigung in den gewachsenen Boden eingeschlagen wird.

H-Anker

Aufgrund seiner guten Stabilität wird dieser v. a. bei Carports, Pergolen, Sichtschutzzäunen etc. verwendet. Er wird in ein Betonfundament der Mindestgüte C12/15 versetzt. Der Pfosten sitzt auf der Stahlkonstruktion auf, Bodenkontakt wird dadurch vermieden. Der Abstand zum Boden sollte wegen Spritzwasser mind. 10–15 cm betragen. Gemäß der DIN 18320 sind H-Anker nun für sämtliche Holzzäune zu verwenden.

Stützenschuh

Für geringe Auflasten, wie z. B. niedrige Zäune, ist der Stützenschuh in L-Form geeignet. Der Einbau erfolgt ebenfalls in ein Betonfundament. Etwas stabiler sind die U-förmige Variante und die T-Form. Da bei dieser Verankerung die Verbindung kaum zu sehen ist, hat dies gestalterische Vorteile. Gegen Spritzwasser ist diese Variante jedoch nicht so gut geschützt wie der H-Anker da dieser größere Bodenabstände ermöglicht. Diese Formen sind auch in Varianten für größere seitliche Lasten erhältlich.

Als weitere Variante sind höhenverstellbare Stützenschuhe erhältlich, die sich z. B. als Verankerung auf Mauern eignen und mit Dübeln und Schrauben befestigt werden.

Bau von Holz- und Palisadenwänden

- Es sollten ausschließlich kesseldruckimprägnierte Hölzer verwendet werden.
- Bei senkrechtem Einbau der Palisaden sind diese zu 1/3 ihrer Gesamtlänge im Fundament einzubinden.
- Die Fundamentierung hat nur seitlich zu erfolgen, damit Niederschlagswasser nach unten ablaufen kann. Unter die Hölzer ist auf dem verdichteten Untergrund eine wasserdurchlässige Schicht aus Kies oder auch Dränbeton ratsam.
- Bei waagerechtem Einbau (schlechterer konstruktiver Holzschutz) werden die einzelnen Hölzer mit Bohrungen und Stahlverbindungen miteinander befestigt.
- Hinter verfüllten Palisaden ist hangseitig eine Isolierung gegen nichtdrückendes Hangwasser mit Bitumen- oder Kunststoffbahnen anzubringen.
- Je nach Örtlichkeit und Bodenverhältnisse sollte außerdem eine Dränage und eine wasserführende Schicht (wasser-

durchlässiger Schotter, Kies etc.) hinter den Palisaden eingebaut werden.

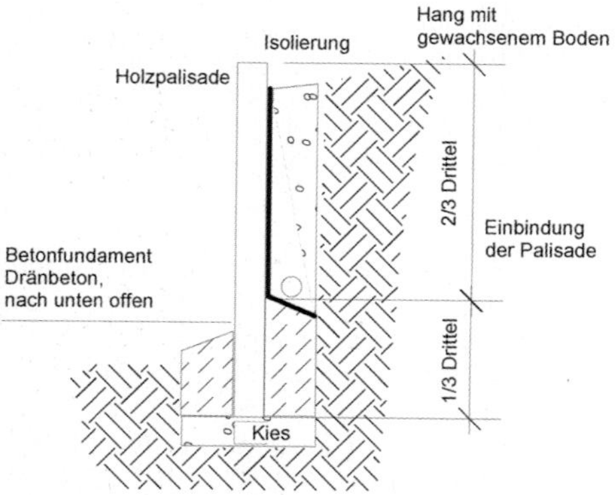

Bild 2: *Einbau von Holzpalisaden mit rückseitiger Dränage im Hang (Quelle: Andres)*

Checkliste: Holzbau

- ☐ **Ist die Holzart für den jeweiligen Verwendungszweck geeignet?**
  Thermoholz oder auch Bambus sollten keiner statischen Belastung ausgesetzt werden. Poolbereiche sind wegen ihres Spritzwassers der Gebrauchsklasse 4 zuzuordnen. Viele Hölzer sind hierfür nicht geeignet.
- ☐ **Wurden sämtliche Prinzipien des konstruktiven Holzschutzes beachtet oder gibt es noch Optimierungen?**
- ☐ **Je konsequenter der konstruktive Holzschutz umgesetzt wird, desto länger die Lebensdauer.**
- ☐ **Reicht die vorhandene Aufbauhöhe für einen fachgerechten Aufbau mit ausreichend Durchlüftung aus?**
  Falls nein und dies ist häufig auf vorbetonierten (Dach-) Terrassen der Fall, sollte ggfs. lieber auf einen anderen Belag ausgewichen werden.
- ☐ **Ist der Kunde vollumfänglich über den Baustoff Holz aufgeklärt worden?**
  bezüglich Lebensdauer, Pflege, Vergrauung, Rissbildung, natürliche Erscheinungen wie Ast- und Bohrlöcher
- ☐ **Wurde eine sog. „Barfußdiele“ vereinbart?**
  Vorsicht vor solchen Vereinbarungen, denn „Barfußdiele“ ist eine vereinbarte Beschaffenheit, die gemäß VOB/B über vier Jahre zu gewährleisten ist. Nicht jede Holzart eignet sich

zum Barfußlaufen. Je höher der Fettanteil, desto weniger unerwünschte Splitter bilden sich. Dennoch sind Spreisser nie völlig auszuschließen.

- ☐ **Liegt für das zu verwendende Holzschutzmittel eine bauaufsichtliche Zulassung vor?**
  Im Außenbereich sind für tragende und aussteifende Bauteile, wie z. B. Carports, Pergolen, Pavillons, Geräteschuppen, Zäune ab 1,80 m Höhe etc., nur Holzschutzmittel, egal ob vorbeugend oder bekämpfend, mit bauaufsichtlicher Zulassung, erlaubt. (Im Zweifelsfall kann im Verzeichnis der Holzschutzmittel des deutschen Instituts für Bautechnik nachgeschlagen werden.)

Stauden

Grundlagen

Allgemeine Hinweise

Als Stauden werden mehrjährige (ausdauernde, perennierende), krautige Pflanzen bezeichnet, die im Gegensatz zu Gehölzen nicht verholzen. Kennzeichnend für Stauden ist, dass sie ihre oberirdischen Triebe am Ende der Vegetationszeit einziehen und in Form von Rhizomen, Wurzeln, Zwiebeln oder sonstigen Wurzelspeicherorganen überwintern, bevor sie im Frühjahr wieder neu austreiben. Abweichend von dieser Regel gibt es unter den Stauden auch einige wintergrüne Arten, deren oberirdischer Teil vor dem Winter nicht abstirbt. Per Definition gelten ein- und zweijährige Pflanzen nicht als Stauden, während Gräser, Farne, bestimmte Geophyten (soweit sie im Topf oder Container verkauft werden) Halbsträucher, Wasserpflanzen, verholzende und/oder ausdauernde Gewürzkräuter dazugezählt werden.

Anmerkung: Auch wenn der Bambus juristisch häufig als Gehölz betrachtet wird, so zählt er botanisch gesehen als Staude. Dagegen zählt Digitalis genau genommen nicht dazu, weil er nur 1 x zur Blüte kommt und ohnehin nur zweijährig ist.

Wichtige Regelwerke und sonstige Literatur

- DIN 18916 Vegetationstechnik im Landschaftsbau – Pflanzen und Pflanzarbeiten Ausgabe 2016
- DIN 18919 Entwicklungs- und Unterhaltungspflege von Grünflächen, Ausgabe 2016
- Gütebestimmungen für Stauden, Ausgabe 2015, Hausgeber FLL
- Fachbericht Staudenverwendung im öffentlichen Grün – Staudenmischpflanzungen für trockene Freiflächen, Ausgabe 2014, Herausgeber FLL

Begriffe

Lebensbereiche der Stauden

Zur Charakterisierung der Ansprüche von Stauden an ihre Umgebung hat sich das System der „Lebensbereiche“ nach Hansen/Stahl bzw. Sieber durchgesetzt. Für jede Staude werden Angaben zu den (natürlichen) „Lebensbereichen“ gemacht.

Diese geben Aufschluss darüber, welche Standortverhältnisse von der Pflanze bevorzugt und welche Feuchtigkeits- und Lichtverhältnisse benötigt werden. Da manche Stauden durchaus in mehreren Lebensbereichen gedeihen können, werden diesen in den Staudenkatalogen, Pflanzenlisten und Nachschlagewerken den „vorwiegenden“ wie auch „zusätzlichen“ Lebensbereichen zugeordnet. Die Feuchtezahlen (1–8) geben Aufschluss über trockene Böden bis hin zu Standorten im Wasser:

Für die Lebensbereiche Gehölz (G), Gehölzrand (GR), Freiflächen (Fr), Steinanlagen (St), Alpinum (A) und Beet (B) gelten folgende Zahlen:

1 = trockener Boden
2 = frischer bis mäßig trockener Boden
3 = feuchter Boden
4 = feuchter bis dauernasser Boden

Für die Lebensbereiche Wasser und Wasserrand dagegen folgende:

5 = flaches Wasser
6 = Schwimmblattpflanzen
7 = untergetauchte, submerse Pflanzen
8 = freischwimmende Pflanzen

Die Lichtverhältnisse machen Angaben zu bevorzugt sonnigen bis hin zu schattigen bzw. absonnigen Lagen:

so = sonnig
hs = halbschattig
sch = schattig
ab = absonnig

Von einem sonnigen Standort geht man aus, wenn die direkte Besonnung mind. von Sonnenaufgang bis Mittag oder von Mittag bis Sonnenuntergang dauert. Dabei können kurze Schatteneinwirkungen auftreten. Pflanzen für sonnige Standorte sind den Lebensbereichen Freiflächen oder Beet zugeordnet.

Ein halbschattiger Standort wird nur wenige Stunden am Tag besonnt. Je früher oder später am Tag, desto länger darf die Sonneneinwirkung sein. Und umso kürzer, je mehr sie sich auf die Mittagsstunden verteilt. Eine halbschattige Lage entspricht dem Lebensbereich Gehölzrand.

Ein schattiger Standort wird meist nur in den frühen Morgenstunden oder in den späten Abendstunden besonnt. Über Mittag liegt die Besonnungszeit bei rund einer Stunde. Diese Verhältnisse entsprechen dem Lebensbereich Gehölz.

Ein absonniger Standort, also ohne direkte Sonneneinwirkung liegt dann vor, wenn sich die Pflanzfläche beispielsweise im Schlagschatten eines Gebäudes oder an einem Nordhang befindet.

Geselligkeitsstufen

Stauden können einzeln oder in unterschiedlich großen Gruppen, also „gesellig“, miteinander kombiniert werden. Je nachdem, in welcher Geselligkeit die Stauden gesetzt werden, verändert sich das Erscheinungsbild der Pflanzung.

Staudenmischungen

(Mischpflanzungen) haben zum Ziel, eine vielgestaltige und dynamische, pflegeextensive Staudenpflanzung zu schaffen. Ein Pflanzplan entfällt, stattdessen werden die für einen bestimmten Standort vorgesehenen Arten mit genau festgelegten Mengenanteilen und Stückzahlen pro Quadratmeter als Pflanzlisten angegeben.

Staudensichtung

Der Arbeitskreis Staudensichtung des Bundes deutscher Staudengärtner prüft an 17 Standorten in Deutschland, Österreich und in der Schweiz bestimmte Staudensortimente drei Jahre lang auf Sortenechtheit, Gesundheit, Vitalität, Langlebigkeit und Attraktivität. Die Auswertung liefert Planern und Ausführenden hilfreiche Hinweise auf die Eignung der verschiedenen Sorten. Die besten Sorten erhalten ein bis drei Sterne, Liebhabersorten oder regional bedeutende Pflanzen werden gesondert gekennzeichnet. Folgender Bewertungsschlüssel wird dabei angewandt:

*** ausgezeichnet
** sehr gut
* gut
Li Liebhabersorte
Lo Lokalsorte

Die Ergebnisse können unter http://www.staudensichtung.de eingesehen werden.

Statische und dynamische Pflanzplanung

Bei statischen Bepflanzungstypen bilden die räumlichen Beziehungen der Arten untereinander den eigentlichen Gestaltungsaspekt. Die Pflege dient dazu, ein mehr oder weniger statisches Bild zu erhalten. Bei dynamischen Bepflanzungstypen stehen dagegen standortgerechte Kriterien im Vordergrund. Es werden Pflanzengemeinschaften nach natürlichen Vorbildern zusammengestellt. Daher sind solche Pflanzenkombinationen i. d. R. besonders pflegeextensiv.

Anforderungen an Stauden gemäß den FLL-Gütebestimmungen

Stauden müssen gemäß DIN 18916 „Vegetationstechnik im Landschaftsbau – Pflanzen und Pflanzarbeiten" den „Gütebestimmungen für Stauden" der FLL entsprechen. Diese Richtlinie wird seit 1988 von der FLL herausgegeben. Die derzeit geltende Fassung aus dem Jahr 2015 entspricht der 4. Auflage.

Herkunft, Sortenechtheit gemäß FLL-Richtline

Stauden müssen durch gärtnerischen Anbau gewonnen werden. Es sei denn, sie werden für besondere Zwecke, wie z. B. Rekultivierungsmaßnahmen, verwendet. Hierfür ist eine solche Wildware entsprechend zu kennzeichnen. Stauden müssen zudem durch vegetative Vermehrung stets sortenecht sein. Mittels Samen vermehrte Pflanzen müssen als Sämling (S) gekennzeichnet werden.

Qualitätsanforderungen bei der Lieferung

Die Pflanzen müssen ihrer Art und Sorte und der Jahreszeit entsprechend entwickelt und ausgereift sein. Die Pflanzen, deren Erde und Töpfe müssen bei der Auslieferung frei von Krankheiten, Schädlingen sein. Ebenso müssen die Pflanzen frei von unerwünschtem Aufwuchs und Samen sein, die die weitere Entwicklung hemmen könnten. Die Töpfe und Container müssen zu 90 % mit Erde gefüllt und gleichmäßig durchwurzelt sein. Dies ist insbesondere bei Stauden, die bereits zum Winter hin eingezogen sind, eine wichtige Qualitätskontrolle. Der Topf soll sich mit etwas Schwung lösen lassen. Ein Auseinanderfallen des Erdballens, weil nicht ausreichend durchwurzelt, sollte dabei nicht auftreten. Die Pflanzen dürfen trotzdem nur in einem geringen Maße aus den Töpfen gewurzelt sein, denn sie wurden sonst zu lange im Topf kultiviert. Das Anwachsen kann bei beiden Extremen problematisch sein. Bei Stauden aus dem Freiland ohne Topfballen dürfen die Hauptknospen nicht durchschnitten sein.

Kennzeichnung und Verpackung

Die Stauden sind pro Verpackungseinheit eindeutig mit einem dauerhaften Etikett mit der exakten Bezeichnung durch Gattung, Art und Sorte zu kennzeichnen und gegen Transportschäden zu sichern. Sumpf- und Wasserpflanzen sind im Besonderen vor Austrocknen, Sonnen- und Windeinwirkung zu schützen. Die Gütebestimmungen schreiben zudem vor, welche Stauden in welchen Topfgrößen zu liefern sind:

- für das Standardsortiment P 0,5 (Dies entspricht einem Topf mit 500 cm³ bzw. einer Topfgröße von 9 x 9 x 9,5 cm.)
- für halbhohe bis hohe Solitär- und Leitstauden mindestens P 1,0. (Dies entspricht einem Topf mit 1.000 cm³ bzw. einer Topfgröße von 11 x 11 x 12 cm.)
- Für Wasser- und Steingartenpflanzen dürfen dagegen ggf. auch kleinere Töpfe zur Anwendung kommen.
- Ab einem Inhalt von 2.000 cm³ (C2 mit 2 l Inhalt) spricht man von Containern, die beispielsweise für hohe, ornamentale Gräser empfohlen werden. Diese Container können bis zu 5 l Inhalt haben (C5).

Repositionspflanzen

Repositionspflanzen sind Pflanzen, die für Ufer- und Bodenschutz, Wasserreinigung, zur Rekultivierung, zur Bodenreinigung und Schlammvererdung etc. eingesetzt werden. An diese werden zum Teil über die vorher genannten Gütebestimmungen zusätzliche Anforderungen gestellt, wie z. B. Mindestalter, bestimmte Herkunft, Art der Vermehrung, Verwendung bestimmter Substrate und Topfformen etc. Diese zusätzlichen Vorgaben sind in der Ausschreibung bzw. im Kaufvertrag anzugeben.

Stauden zur extensiven Dachbegrünung

Besonderen Bestimmungen unterliegen Stauden für extensive Dachbegrünungen. Bei diesen sind Aufzuchtsubstrate mit hohem mineralischen Anteil zu verwenden, die dem Kornverteilungsbereich für extensive Dachbegrünungen entsprechen. Die Ballenhöhe muss auf die Schichtdicke der Vegetationstragschicht abgestimmt sein. Eine kräftige Entwicklung und Abhärtung sowie eine nur mäßige Stickstoffdüngung sollen außerdem dafür sorgen, dass die Stauden auf dem Extremstandort Dach gut anwachsen. Werden Sedumsprossen ausgebracht, sollen deren Blütentriebe max. 5 % des Gesamtvolumens betragen und so verpackt werden, dass sie die Zeit von max. drei Tagen (Transport und Lagerung) schadlos überstehen (siehe Kap. Dachbegrünung).

Planungsgrundsätze – die Auswahl der Stauden

Staudenpflanzungen können bei fachgerechter Planung außerordentlich ansprechende, attraktive und pflegeleichte Vegetationsflächen bilden. Für eine dauerhafte und funktionsgerechte Staudenpflanzung sind allerdings verschiedene Grundsätze zu beachten. Vor der Planung muss stets eine exakte Erhebung der Standortbedingungen wie vor allem Boden- und Lichtverhältnisse, Klima, Frosteinwirkung etc. des zu planenden Beetes vorausgehen. Nach folgenden Kriterien sollte dann die Auswahl der jeweils passenden und standortgerechten Stauden erfolgen. Dabei ist zu beachten, dass Stauden aus den angegebenen Lebensbereichen bei entsprechender Planung und passenden Standortverhältnissen auch in ähnlichen Lebensbereichen eingesetzt werden können.

Planungsgrundsätze

- Standortansprüche (Lebensbereiche) der einzelnen Stauden
- Geselligkeit
- Wuchsformen, Verwendungstyp und Funktion
- Charakter und Größe des Staudenbeets
- einzubringende Pflegeintensität
- Winterhärte

Standortansprüche (Lebensbereiche)

Richard Hansen und Hermann Müssel entwickelten 1973 ein Kennziffernsystem zur Gliederung der Gartenstauden für deren Verwendung auf ökologischer Grundlage. Im Jahre 1978 erfolgte eine Weiterentwicklung durch Prof. Dr. Josef Sieber mit den zeichnerischen Darstellungen und Kurzformeln. Die Zuordnung der Stauden zu den folgend beschriebenen Lebensbereichen erfolgt dabei nach ihren Ansprüchen am Naturstandort, unabhängig von ihrer geografischen Herkunft. Die Lebensbereiche selbst wiederum werden untergliedert in die Ansprüche der Stauden nach Licht (sonnig bis absonnig) und Feuchtigkeit (trocken, frisch, feucht, Wasser etc.).

Die Lebensbereiche nach Prof. Dr. J. Sieber

Gehölz (Abkürzung G): Hierzu zählen Waldstauden, die im lichten Schatten oder Halbschatten locker gepflanzter Bäume oder Sträucher wachsen. Sie tolerieren neben der dort herrschenden Lichtarmut auch den Wurzeldruck der Gehölze. Da im Frühjahr, also im unbelaubten Zustand der Gehölze, noch bessere Lichtbedingungen herrschen, blühen die meisten Stauden des Lebensbereichs Gehölz vorwiegend in dieser Zeit. Die von den Bäumen und Sträuchern abfallenden Blätter sollten auf der Staudenfläche verbleiben, da sie für den erforderlichen humosen Gehalt des Bodens sorgen. Stauden dieses Lebensbereichs gedeihen i. d. R. auch im Schatten von Gebäuden.

Gehölzrand (GR): Am Rande von Baum- und Strauchpflanzungen mit humosen, nährstoffreichen Bodenverhältnissen und wechselnden Lichtverhältnissen gedeihen zahlreiche Stauden optimal. Diese Stauden unterscheiden sich in ihren Ansprüchen wie folgt: Während einige Stauden den offenen, sonnigen, warmen Gehölzrand (GR so) bevorzugen, gedeihen andere besser im bodenfrischen kühlen, halbschattigen, dem wechselschattigen oder auch nordseitigen Gehölzrand (GR hs). Andere Stauden wachsen, meist ohne Wurzeldruck von Gehölzen, optimal im absonnigen Bereich von Mauern und Hauswänden (GR abs).

Freiflächen (Fr): Am natürlichen Standort sind dies in aller Regel Stauden, die auf (kultivierten) sonnigen Wiesen oder Hochstaudenfluren ohne Gehölzaufwuchs wachsen. Die Stauden für die Freiflächen weisen meist einen wildstaudenähnlichen Charakter auf. Daneben gibt es aber auch anspruchsvollere Arten mit beetstauden-ähnlichem Wuchscharakter. Diese sind in den Katalogen stets mit dem Zusatz **b** gekennzeichnet. Arten für warme, vollsonnige Standorte mit durchlässigem, trockenem Boden sind gekennzeichnet mit **Fr_1**. Stauden für mäßig trockenen Boden mit **Fr_2**. Und Stauden für frische, feuchte Böden mit **Fr_3**. Für sehr warme und sonnige Bereiche in trockenen, kalkhaltigen Lagen eignen sich die Stauden für die Steppenheide (SH), eine Unterzone der Freiflächen. Ähnliche Ansprüche haben die Stauden der Zone Heide (H). Sie jedoch bevorzugen bodensaure und nährstoffärmere Böden.

Steinanlagen (St): Innerhalb des Lebensbereichs Steinanlagen gibt es weitere vier Zonen, und zwar Felssteppe (FS), Matten (M), Steinfugen (SF) und Mauerkronen (MK). Viele Stauden des Lebensbereichs Stein sind nässeempfindlich. Diese wachsen besonders gut in einem von Felsen, Steinen, Schotter oder Kies durchsetzten wasserdurchlässigen und nährstoffreichen Boden, der Felssteppe (FS). Anderen Stauden reichen die dünnen, flachgründigen Bodenschichten über Felsen und Steinen aus, der Bereich der Matten (M). Die Stauden der Steinfugen (SF) und der Mauerkronen (MK) wurzeln oft an kühlen Stellen.

Alpinum (A): Die Pflanzen des Alpinums sind meist anspruchsvolle, konkurrenzschwache Pflanzen. Oftmals sind es Hochgebirgspflanzen, die auf bestimmte pH-Werte und Gesteinsarten angewiesen sind. Einige benötigen wasserdurchlässige Böden ohne Feinanteile oder Splitt im Bereich des Wurzelhalses.

Beet (B): Der Lebensbereich Beet ist geprägt von humosen, nährstoffreichen, frischen Böden. Stauden dieses Lebensbereichs benötigen einen möglichst konkurrenzfreien Standort. Meist sind dies Stauden mit auffälligen Blüten (Prachtstauden), aber auch hohen Ansprüchen. Sie benötigen i. d. .R. einen Boden, der durch flaches Hacken, gelegentliches Graben oder Mulchen offen gehalten werden sollte. Bei den Beetstauden gibt es, neben den Leitstauden mit dominierender und gerüstbildender Funktion, die sog. Begleitstauden.

Wasserrand (WR): Der Lebensbereich Wasserrand umfasst die Zone des feuchten bis sumpfigen Bodens wie auch die Zone des flachen Wassers. Er wird daher unterteilt in Sumpfzone (WR4) und Röhrichtzone (WR_5). Während Erstere für feuchte bis nasse, zeitweise überflutete und zeitweise abgetrocknete Bereiche steht, benötigen Stauden der Röhrichtzone einen feuchten bis dauernassen Boden bis hin zu ca. 20 cm flachem Wasser. In solche Bereiche können auch viele Stauden des Lebensbereichs Freiflächen gepflanzt werden, und zwar alle diejenigen deren Feuchtezahl mit 3 oder 4 angegeben ist.

Wasser (W): Der Lebensbereich Wasser teilt sich nach den Wuchsformen der Wasserpflanzen auf. Und zwar

1. Wasserpflanzen, die im Boden wurzeln und deren Triebe und Blätter sich überwiegend oberhalb der Wasseroberfläche befinden. (W5 und WR5).
2. Wasserpflanzen, die im Boden wurzeln, deren Blätter aber auf der Wasseroberfläche aufliegen (Schwimmblattpflanzen, W6)
3. Submerse Pflanzen, deren Triebe und Blätter sich unterhalb der Wasseroberfläche befinden (W7).

4. Frei schwimmende Pflanzen, die häufig nährstoffarmes Wasser (z. B. aus Moorböden) benötigen (W8).

Die meisten Arten des Lebensbereichs Wasser benötigen volle Sonne (so), nur wenige vertragen auch halbschattige (hs) Situationen.

Beispiele:

Eine Staude mit der Angabe **GR/Fr2-3 abs-so** eignet sich sowohl für den Gehölzrand ohne Wurzeldruck von Bäumen, wie auch für die Freifläche. Der Boden muss dabei jedoch frisch bis feucht sein. Unter diesen Bedingungen kann die Stauden sonnig bis absonnig stehen.

Eine Staude mit der Angabe **ST2/FS2/SF2 so** gedeiht an sonnigen Standorten mit frischen, durchlässigen Böden und ist sowohl für kühle Steinfugen wie auch Steinanlagen/Kiesgärten geeignet.

Eine Staude mit der Angabe **WR4/B3/FR3 so-hs** eignet sich für sonnige bis halbschattige Bereiche. Sie kann sowohl in der Sumpfzone wie auch im Beet und in der Freifläche mit feuchtem Boden eingesetzt werden.

Geselligkeitstufen

Richard Hansen & Hermann Müssel haben die in der Vegetationskunde üblichen Geselligkeitsstufen auf die Verhältnisse im Garten wie folgt übertragen. Die Beachtung der Geselligkeitsstufen minimiert i. d. R. den Pflegeaufwand, weil das Ausbreitungsverhalten der Stauden am natürlichen Standort zugrunde gelegt wird und Möglichkeiten zur Selbstregulation der Pflanzung geschaffen werden.

Geselligkeitsstufe	Merkmal
I	möglichst einzeln oder in kleinen Gruppen pflanzen
II	in kleinen Trupps von 3–10 Pflanzen gruppieren

III	in größeren Gruppen von 10–20 Pflanzen verwenden
IV	in großen Stückzahlen und meist flächig pflanzen
V	vorwiegend großflächig verwenden

Funktionen

Im direkten Zusammenhang mit den Geselligkeitsstufen stehen die Funktionen der Stauden. Jede gelungene Pflanzung besteht aus Stauden mit verschiedenen Funktionen. Jedoch können Stauden auch verschiedene Funktionen übernehmen, sodass nicht zwangsläufig sämtliche unten aufgeführten Funktionen in einem Beet vorhanden sein müssen. Wichtig ist in diesem Zusammenhang jedoch eine durchdachte Höhenstaffelung, das Verwenden unterschiedlicher Texturen und Strukturen, um ein lebendiges Pflanzenbild zu schaffen.

Solitärstauden: Wegen ihrer Blüte, Wuchsform, Höhe oder ihres Blattwerks zur Einzelstellung besonders geeignete, meist standfeste und formprägnante Großstauden. Ihre Funktion erfüllen sie i. d. R. über mehrere Monate. Solitärstauden haben eine Geselligkeitsstufe von I bis II.

Gerüststauden: Standfeste, in Gruppen gepflanzte Stauden, die durch Formcharakter, Sprossaufbau oder dauerhaften Blattschmuck vor allem außerhalb der Hauptblütezeit, raumgliedernd wirken. Ihre Funktion erfüllen sie i. d. R. über mehrere Monate.

Leitstauden: Die Leitstauden verkörpern das Thema der Pflanzung. Ihre Funktion erfüllt sie über mehrere Wochen. Sie sollten mehrmals in sich wiederholenden Gruppen eingesetzt werden.

Aspektbildner: Sie sind das Pendant zur Leitstaude. Sie sind i. d. R. weniger auffällig, dafür zahlenmäßig aber umso häufiger vertreten.

Begleitstauden: Stauden, die sich für eine dichte Pflanzung eignen und in Einzelstellung oft nicht standfest oder wirkungsvoll genug sind. Sie sollen die Leitstauden in ihrer Wirkung unterstützen, z. B. durch Setzen von (Farb-)Kontrasten oder durch ergänzende Farbtöne.

Bodendeckerstauden: Niedrig bleibende Stauden, die einen großflächigen, geschlossenen Bewuchs bilden und ober- oder unterirdische Ausläufer treiben. Neben Wüchsigkeit und Robustheit sollten diese Stauden über attraktives Blattwerk verfügen, da deren Textur mit maßgeblich für die Attraktivität der Pflanzung ist.

Streupflanzen: Niedrige bis mittelhohe Stauden oder kurzlebige Pflanzen, die aufgrund von geringer Blattmasse oder frühem Einziehen nur in mehreren Exemplaren in einen niedrigeren Teppich eingestreut zur Wirkung kommt. Ihnen kommt die Aufgabe zu, temporäre Lücken, z. B. in jungen Pflanzungen zu schließen. Zu den Streupflanzen zählen aber auch viele Geophypten, die sich im Sommer einziehen und daher ausschließlich dem Frühjahrsaspekt dienen.

Füllpflanzen: Füllstauden sollen dauerhaft Zwischenräume schließen. Daher dürfen sie einerseits nicht zu konkurrenzstark sein, andererseits nicht zu konkurrenzschwach, damit sich zwischen ihnen kein unerwünschter Aufwuchs ansiedeln kann.

Beetrandstauden: Die Funktion der Beetrandstauden liegt darin, Rahmen und Übergang zwischen Beetinnerem und der Außenfläche zu schaffen. Randpflanzen sollten neben einer guten Blattstruktur über eine hohe Wüchsigkeit verfügen, damit keine Lücken entstehen, in die sich in diesem Bereich sehr auffälliger, unerwünschter Aufwuchs einsiedeln kann.

Charakter und Größe des Staudenbeetes

Die Wahl der geeigneten Stauden beschränkt sich nicht nur auf die örtlichen Standortverhältnisse, Ansprüche und Eigenschaften der Pflanzen. Ebenso sind Kriterien maßgeblich wie:

- Größe des Beetes: Je kleiner das Beet, desto weniger verschiedene Pflanzen können und sollten verwendet werden, um deren Geselligkeitsstufen weiterhin einhalten zu können. Denn eine Staude, die in großen Tuffs eingesetzt werden sollte, kommt als Solitärpflanze oder in kleinen Gruppen nicht ausreichend zu Geltung. Gleiches gilt, wenn zu viele verschiedene, gleichwertige Solitärpflanzen in einem zu kleinen Beet verwendet werden.

- Charakter des Beetes: Soll das Beet eher einen naturnahen, ökologischen Charakter erhalten sind andere Stauden auszuwählen als wenn vor allem Prachtstauden gewünscht sind. Bspw. ist in solchen Fällen ungefüllten Blüten der Vorzug zu geben. Denn bei den züchterisch veränderten gefüllten Blüten sind die Staubblätter in Blütenblätter umgewandelt, d. h. gefüllt blühende Stauden ohne Staubgefäße produzieren keine Pollen mehr und können daher von Insekten nicht als Nahrungsquelle genutzt werden.
- Attraktivität: Liegt das Beet ganzjährig unter Betrachtung und sollte daher ganzjährig attraktiv sein? Oder soll das Beet nur saisonale Höhepunkte aufweisen? Bei der Auswahl der geeigneten Pflanzen kann die Erstellung eines Blütezeitkalenders hilfreich sein. In diesem werden die Blühzeiträume der einzelnen Pflanzen tabellenartig aufgelistet, wodurch auf einfache Weise erkennbar wird, wann sich ggfs. blüharme oder besonders blütenreiche Zeiten ergeben.
- Sind besondere Themen vorgegeben? Duftgärten? Bestimmte Farbkonzepte? Sind architektonische Besonderheiten zu beachten bzw. mit der Pflanzung zu schaffen?
- Handelt es sich um Spielbereiche für Kinder, in denen ausschließlich ungiftige Stauden verwendet werden müssen? Als **giftig** gelten zum Beispiel:
  - Aconitum napellus, Eisenhut
  - Adonis vernalis, Adonisröschen
  - Aquilegia vulgaris, Akelei
  - Arum maculatum, Gefleckter Aronstab
  - Colchicum, Herbstzeitlose
  - Convallaria majalis, Maiglöckchen
  - Digitalis purpurea, Roter Fingerhut
  - Euphorbia cyparissias und peplus, Zypressen- und Garten-Wolfsmilch
  - Helleborus niger, Christrose
  - Heracleum, Bärenklau
  - Iris pseudoacorus, Iris
  - Lupinus luteus und angustifolius, Lupine
  - Paeonia officinalis, Pfingstrose
  - Pulsatilla vulgaris, Kuhschelle
  - Ruta graveolens, Weinraute

Pflegeintensität

Staudenpflanzungen können, soweit sie fachgerecht geplant sind, eine pflegeleichte Alternative zu Rasenflächen oder sonstigen Vegetationsflächen darstellen. Soll ein Staudenbeet möglichst pflegearm gestaltet sein, sollten neben den o.g. Grundsätzen zu Standortgerechtigkeit etc. weitere Kriterien beachtet werden:

- Als Liebhaberstauden gekennzeichnete Stauden sollten ebenso wie als „entbehrlich" beurteilte Arten möglichst vermieden werden, stattdessen Einsatz von bewährten Stauden.
- In sonnigen Beeten auf reine Beetstauden verzichten, lieber anspruchslosere Stauden aus dem Lebensbereich Freifläche verwenden.
- Beachtung der notwendigen Stückzahlen pro qm. Als grobe Faustzahl rechnet man mit durchschnittlich ca. 5 bis 7 Stauden je m^2. Im Einzelnen richten sich die Stückzahlen nach der Wuchshöhe der Stauden:
  - Breitwüchsige Solitär- und Leitstauden ca. 1 bis 3 Stück pro m^2. Sie werden in der Regel einzeln oder in Zweiergruppen verwendet und sollten zu allen benachbarten Stauden ca. 60 cm Pflanzabstand haben.
  - Beet- und Rabattenstauden, sowie Schnittstauden mit Wuchshöhen von ca. 40 bis 60 cm, ca. 4-6 Stück pro m^2.
  - Gehölzrand und Schattenstauden, ca. 40 bis 60 cm hoch, ca. 6-8 Stück pro m^2.
  - Bodendeckende Stauden, sowie Steingartenstauden (Wuchshöhe ca. 20 bis 40 cm) ca. 8 bis 12 Stück pro m^2.
  - Zwergige Stauden (Wuchshöhe 5 bis 20 cm) und Pflanzungen, die sehr schnell geschlossen sein sollen (z. B. für temporäre Ausstellungen, Grabbepflanzungen) 10 bis 16 Stück pro m^2.
  - Sumpf- und Wasserpflanzen: für die Sumpf- oder Uferzone 4-6 Pflanzen pro m^2, für die Flachwasserzone ca. 3 Pflanzen pro m^2, für die Tiefwasserzone je Seerose 1-3 m^2, als Unterwasser- oder Schwimmpflanzen 2 Stück pro m^2 Wasserfläche.

Alternativ ist die Berechnung der erforderlichen Stückzahlen nach der Wuchshöhe möglich; für Leit-und Gruppenstauden ergibt ein Drittel der Endgröße den ungefähr notwendigen Pflanzabstand. Bei den Füllstauden hängt der erforderliche Pflanzabstand mehr vom Wuchsverhalten ab. Stauden, wie der

Storchenschnabel, der sich durch Bodentriebe ausbreitet, sollten ungefähr mit 30 cm Abstand gesetzt werden. Stauden, die horstig wachsen, wie z. B. der Nelkenwurz sollte mit maximal 20 cm Abstand gepflanzt werden.

Die in Staudenkatalogen oder Pflanzplänen übliche Angabe Stückzahl / qm lässt sich auf der Baustelle in die erforderlichen Abstände in cm umrechnen wie folgt:

100 / Anzahl der Pflanzen pro Quadratmeter x 2 = Pflanzabstand in cm

Winterhärte

Neben den sonstigen Standortfaktoren, ist die Winterhärte einer Staude wesentliches Merkmal, ob diese langfristig am gedachten Standort überdauern kann. Die Staudenkataloge machen in ihren Sortimentslisten daher zunehmend auch Angaben zur jeweiligen Winterhärtezone. In Verbindung mit der von Heinze und Schreiber im Jahr 1984 veröffentlichten Karte der Winterhärtezonen für Mitteleuropa (in Anlehnung an die USDA-Map, US Department of Agriculture) lässt sich dann ableiten, in welcher „kältestmöglichen Zone bzw. in welcher Gegend die jeweilige Pflanze einen üblichen "Durchschnitts-Winter" mit einer Wahrscheinlichkeit von mind. 80 % überstehen sollte.“ Dabei beziehen sich die zu den Zonen gehörigen Temperaturangaben auf das mittlere jährliche Minimum der Lufttemperatur.

Zone	Temperatur in °C	Bemerkung
Z1	-45,5	
Z2	-45,5 bis -40,0	
Z3	-40,1 bis -34,5	
Z4	-34,5 bis -28,9	
Z5	-28,8 bis -23,4	
Z6	-23,4 bis -17,8	v. a. wintergrüne Pflanzen bei Kahlfrost schützen
Z7	-17,8 bis -12,3	v. a. wintergrüne Pflanzen bei Kahlfrost schützen

Z8	12,3 bis -6,7	Winterschutz notwendig, z. B. aus Laub und/oder Reisig; in rauen Lagen möglichst drinnen hell und kühl überwintern
Z9	-6,7 bis -1,2	intensiver Winterschutz (z. B. mit Vlies); besser drinnen hell und kühl überwintern
Z10	-1,2 bis +4,4	frostfreie Überwinterung notwendig, 5-15 °C z. B. Wintergarten, Treppenhaus, Garage
Z11	über +4,4	

Die Angaben zur Winterhärtezone stellen jedoch nur Anhaltswerte dar. Denn die Winterhärte ist keine absolute Größe, sondern wird von verschiedensten Faktoren (z. B. Nährstoff-/Wasserversorgung und Temperaturverlauf) beeinflusst. Außerdem sind nicht nur das großräumige Klima (Makroklima), sondern insbesondere auch die regionalklimatischen (Mesoklima) und mikroklimatischen Verhältnisse ausschlaggebend. In ungünstigen Tallagen mit Kaltluftstau können durchaus niedrigere Winterhärtezonen als in der Umgebung auftreten oder umgekehrt innerstädtische Wärmeinseln deutlich mildere Bedingungen als das ländliche Umland aufweisen. Die Lage in Tälern, die Nähe zu Seen oder Mauern kann außerdem die Minimaltemperatur erheblich verändern. Ebenso relevant können mikroklimatische Unterschiede auf kleinstem Raum sein. Innerhalb eines Gartens können im Unterholz, in geschützten Nischen oder entlang von höheren Strauchpflanzungen und Mauern günstigere Bedingungen herrschen als an nahe gelegenen windexponierten, zugigen Stellen.

In der Regel vertragen Stauden aus Mitteleuropa bis Japan, aus den nördlichen USA und Kanada unsere Winter recht gut, während Arten aus dem Mittelmeerraum nur bedingt winterhart sind. Viele dieser winter- und immergrüne Stauden, aber auch solche mit eigentlich unproblematischer Herkunft leiden dennoch an sonnigen und schneefreien Frosttagen, weil über die Blätter weiterhin assimiliert wird, aber aus dem gefrorenen Boden kein Wasser aufgenommen werden kann. Die Pflanzen vertrocknen. Vorbeugend sollten daher nach Süden ausgerichtete Flächen mit Wintersonne mit Tannenreisig, Mulch oder Vlies abdeckt werden. Weitere Faktoren und Ursachen für Frostschäden sind:

- Einbruch der Temperaturen im zeitigen Frühjahr
- Herbstpflanzung einiger Arten wie z. B. Astern und Anemonen
- junge Pflanzungen in den ersten 1-2 Jahren sind meist frostgefährdeter als eingewachsene
- zu späte und intensive Stickstoffdüngung
- zu geringe Kaliversorgung

Checkliste zur Staudenwahl

- ☐ **Welche Standortansprüche haben die Stauden?**
- ☐ **Was für eine Geselligkeit wird angestrebt?**
- ☐ **Welche Funktion müssen die Stauden im Beet erfüllen?**
- ☐ **Größe des Staudenbeets?**
- ☐ **Wie viele Pflegegänge sind gewünscht?**
- ☐ **Winterhärte**

Pflanzung von Stauden

Für die Bodenvorbereitung sind die Empfehlungen der DIN 18915, für die eigentliche Pflanzung DIN 18916 zu beachten. Darüber hinaus sollten bei Stauden folgende Besonderheiten beachtet werden:

- Für die Zwischenlagerung auf der Baustelle sollte stets ein schattiger Ort gewählt werden, vor allem dann, wenn die Zwischenlagerung über einen längeren Zeitraum geht.
- Stauden, die ohne Topf geliefert werden, müssen fachgerecht eingeschlagen und vor Austrocknung geschützt werden. Dies sind i. d. R. Pfingstrosen, Schwertlilien und Lilien.
- Je nach Witterung und Lagerungszeit sind die Stauden regelmäßig zu wässern.
- Pflanzen, die im zeitigen Frühjahr schon ausgetrieben haben, müssen vor Frost geschützt werden.
- Der Boden sollte frei von Wurzelunkräutern und tiefgründig gelockert sein.
- Je nach Bodenverhältnissen ist eine bedarfsgerechte Grunddüngung vorzunehmen.
- Nach Erstellen des Feinplanums werden die Stauden beginnend mit den Leitstauden ausgelegt,
- Vorher sind die Topfballen gründlich zu wässern.
- Das Austopfen geschieht erst beim Pflanzen, nicht bereits beim Auslegen, da vor allem in windexponierten, sonnigen Lagen der Ballen zu schnell austrocknet, insbesondere bei größeren Beeten, die nicht innerhalb kurzer Zeit gepflanzt werden können.
- Nach der Pflanzung wird nochmals gründlich gewässert
- Ein Abdecken mit Rindenmulch ist für Staudenflächen nicht geeignet.

Jährliche Pflegemaßnahmen

Die Fertigstellungs-, Entwicklungs- und Unterhaltungspflege richtet sich auch bei Staudenpflanzungen nach den Empfehlungen der DIN 18916 bzw. DIN 18919:

- Bei Schmuckstauden, Beetrosen und Sommerblumen sind abgeblühte und abgestorbene Teile auszuputzen bzw. auszuschneiden.
- Als Düngegaben werden Jahresgaben pro m² empfohlen: für starkzehrende Stauden bis zu 10 g Stickstoff (N), 4–6 g Phosphat (P_2O_5), 6–8 g Kali (K_2O) und 0,8–1,2 g Magnesium (MgO). Für schwachzehrende Stauden bis zu 5 g Stickstoff (N), 2–4 g Phosphat (P_2O_5), 4–6 g Kali (K_2O) und 0,6–0,8 g Magnesium (MgO).
- Als Wassermengen pro Wässerungsgang werden je Pflanze in Abhängigkeit von Pflanzengröße und Bodenart empfohlen: 3 l in Sandböden und in lehmigen Sanden sowie 4 l in sandigen Lehmen, Lehmen und Tonböden.

Bei Beetstauden muss zudem der Boden regelmäßig durch Harken oder Jäten offen gehalten werden. Stauden aus anderen Lebensbereichen sind diesbezüglich weniger anspruchsvoll. Bei ihnen reicht das Entfernen von unerwünschtem Aufwuchs, abgestorbenen Trieben etc.

Düngung

Die jährliche Hauptdüngung sollte im zeitigen Frühjahr nach dem ersten Jäten und dem Rückschnitt der Stauden erfolgen. Klassische Beetstauden wie Delphinium und Phlox sind Starkzehrer. Sie benötigen im Frühsommer eine Nachdüngung. Auch bei gut durchlässigen Böden, wie Sandböden, bei denen die Nährstoffe schnell ausgewaschen werden, ist eine zweite Düngung sinnvoll. Iris gehört zu den Stauden, die wenig Stickstoff benötigen. Auch hier sind zwei Düngergaben empfehlenswert, jedoch ausschließlich mit Düngern, die einen stickstoffreduzierten Anteil aufweisen.

Stauden aus dem Lebensbereich Gehölz oder Gehölzrand können mit Lauberde oder Rindenkompost bedeckt werden, der auch als Winterschutz verwendet werden kann.

Umpflanzen/Teilen von Stauden

Grundsätzlich gilt: Frühlingsblüher werden im Herbst, Herbstblüher im Frühling umgepflanzt, Sommerblüher sowohl im Frühling als auch im Herbst.

Stauden, die im Laufe der Zeit von innen her verkahlen (z. B. Astern und Iris sibirica) oder bei denen die Blütenfülle abnimmt (z. B. Monarda und Echinacea), sollten geteilt werden. Dazu werden die Stauden nach der Blüte ausgegraben, von Hand oder mit dem Spaten geteilt und wieder eingepflanzt. Bei Stauden wie Iris wird das vergreiste Mittelstück entfernt und nur die frischen äußeren Triebe wieder eingesetzt. Stauden wie Rittersporn, Pfingstrose, Tränendes Herz vertragen ein Teilen nicht gut. Stauden mit Pfahlwurzeln können dagegen grundsätzlich nicht geteilt werden.

Remontierschnitt

Der Remontierschnitt wird unmittelbar nach der Blüte je nach Gattung und Art etwa 10 cm über dem Boden durchgeführt. Er soll einen zweiten Blütenflor und einen gesunden Neuaustrieb fördern und die Selbstaussaat von Stauden verhindern. Eine gleichzeitige Nachdüngung ist zu empfehlen. Stauden wie Achillea, Alchemilla und Brunnera, die nach der Blüte zum Teil unansehnlich werden, entwickeln nach einem Rückschnitt des alten Laubs innerhalb von kurzer Zeit neues, gesundes Laub, welches für den Rest des Jahres ansprechend aussieht. Polsterstauden, wie z. B. Alyssum (Steinkraut), Iberis (Schleifenblume) und Phlox subulata (Polsterphlox) können nach der Blüte mit einer Rasenkantenschere kräftig zurückgeschnitten werden. Auf diese Weise bleiben die Polster kompakt. Viele hohe Beetstauden können Mitte/Ende Mai um etwa ein Drittel zurückgeschnitten werden, um die Bildung neuer Seitenknospen mit neuen Blütentrieben und guter Standfestigkeit zu fördern. Dazu gehören z. B. Astern, Helenium (Sonnenbraut), Helianthus (Staudensonnenblume), Monarda (Indianernessel), Phlox (Flammenblume) und Sedum (Fetthenne). Alchemilla (Frauenmantel), Aquilegia (Akelei), Astrantia und Centranthus (Spornblume) säen sich sehr leicht aus, was durch einen Rückschnitt der Samenstände verhindert werden kann. Der rechtzeitige Rückschnitt kann zudem einen Pilzbefall verhindern oder eindämmen.

Typische Stauden für Remontierschnitte sind:

- Achillea in Arten und Sorten, Schafgarbe
- Bergenia cordifolia, Bergenie
- Bistorta officinalis, Staudenknöterich
- Campanula (hohe Arten und Sorten), Glockenblume
- Delphinium elatum, Rittersporn
- Erigeron x hydridus, Feinstrahl
- Geranium pratense, Wiesen-Storchschnabel
- Geranium phaeum, Brauner Storchschnabel
- Linum perenne, Leinkraut

- Lupinus polyphyllus, Lupine
- Salvia nemorosa, Salbei
- Tanacetum coocineum, Bunte Margerite

Rückschnitt von Gräsern

Gräser dienen im Winter als wichtiges Gestaltungselement und sollten daher erst im Frühjahr zurückgeschnitten werden. Folgende Besonderheiten sind zu beachten:

- Carex (Segge), Festuca-Arten (Schwingel) und Waldmarbel (Luzula sylvatica) nicht komplett zurückschneiden, sondern nur vorsichtiges Entfernen brauner, abgestorbener Blätter.
- Früh treibende Gräser (z. B. Calamagrostis) können im zeitigen Frühjahr bodennah von Hand oder maschinell mit Heckenschere oder Freischneider zurückgeschnitten werden.
- Präriegräser wie z. B. Panicum, Miscanthus, Pennisetum Sporobolus, Schizachyrium können dagegen aufgrund ihres späten Austriebs bis ca. Ende April geschnitten werden.
- Wintergrüne Gräser mit dichten Horsten, wie Blaustrahlhafer oder Atlasschwingel (Festuca mairei) oder Deschampsia (Rasenschmiele) werden nicht geschnitten, sondern abgedreht bzw. „ausgeharkt" oder „gerauft". Im Abstand von drei bis fünf Jahren sollten dichte Horste aufgenommen und geteilt werden.

Staudenkrankheiten

Echter Mehltau: Er ist eine der häufigsten Pilze im Garten. Viele Stauden aus dem Lebensbereich Beet werden typischerweise vom Echten Mehltau befallen. Er beginnt an der Oberseite der Blätter und befällt erst später Stängel und Blattunterseite. Meist sieht der Mehltau nur optisch störend aus und muss nicht zwingend bekämpft werden. Blätter, die nach einem Regenschauer oder nach dem Gießen schnell abtrocknen, werden weniger häufig befallen. Daher können weite Pflanzabstände helfen. Fungizide können im Notfall den Befall reduzieren.

Rost: Dies ist ein Pilz, der sich mit auffälligen gelben bis rötlichbraunen Pusteln an der Blattunterseite bemerkbar macht. Befallen werden meistens Stockrose, Malve, Bartnelke, Löwenmäulchen, Chrysanthemen. Die Bekämpfung von Rostpilzen ist schwierig und verspricht nur bei frühzeitigem und wiederholtem, vorbeugendem Einsatz von Pflanzenschutzmittel Erfolg. Sind die Pflanzen schon stark befallen, sollte auf Spritzungen verzichten werden.

Blattrand- oder Blattdürre: ist ebenfalls eine Pilzkrankheit, die sich meist nach einem feuchten Frühjahr mit runden oder länglichen Flecken von der Blattspitze her ausbreitet. Dieser Pilz schädigt die Pflanze eigentlich nur optisch. Das befallene Laub kann abgeschnitten oder im Herbst abgesammelt werden. Vorbeugend kann mit Fungiziden behandelt werden.

Botrytis-Rhizomfäule: Der Erreger der Rhizomfäule ist ein Pilz, der jahrelang im Boden überleben und nicht bekämpft werden kann. Schwere und stark verdichtete Böden fördern diese Krankheit. Er tritt beispielsweise an Iris auf, wodurch die Rhizome im Frühjahr schlecht austreiben und sich braun verfärben. Die unangenehm riechenden Befallsstellen können ausgeschnitten und die Schnittstellen desinfiziert werden.

Staudenmischungen

Staudenmischpflanzungen stellen eine wirtschaftliche und attraktive Alternative zu herkömmlichen Staudenpflanzungen dar. Der Grundgedanke von Staudenmischungen, der im Jahr 1993 in Veitshöchheim entstand, ist, möglichst schnell eine geschlossene Pflanzendecke aus standortgerechten Stauden für unterschiedlichste Lebensbereiche zu schaffen, um so den Pflegeaufwand auf ein Minimum zu reduzieren. Staudenmischpflanzungen bestehen aus etwa zehn bis 35 verschiedenen Einzelarten. Hochwüchsige Stauden machen ca. 5–15 % der verwendeten Arten aus und bilden das Gerüst. Etwa 30–40 % entfallen auf halbhohe Stauden, die als Begleitung fungieren. Ergänzt werden sie von mindestens 50 % niedrigen bodendeckenden Stauden. Hinzu kommen wahlweise noch kurzlebige bzw. einjährige Füllpflanzen sowie Zwiebel- und Knollengewächse. Die relativ kurzlebigen, aber sich selbst aussäenden Füllpflanzen sind dabei wichtiger Bestandteil jeder Mischung. Denn sie füllen aufkommende Lücken recht schnell, sodass die Etablierung von Wildkräutern deutlich erschwert ist. Ein Mulchen mit Splitt oder Kies trägt zusätzlich zur Unterdrückung von unerwünschtem Aufwuchs bei. Im Handel gibt es unterschiedliche Mischungen in abgestimmten Farbtönen, die für die verschiedensten Standorte von trocken und heiß bis schattig und feucht geeignet sind und die inzwischen zum Teil mit Gehölzen ergänzt werden.

Folgende Grundsätze sind bei der Pflanzung einzuhalten:

- Je nach gewählter Staudenmischung sollten die Beete mindestens 20–30 m² groß sein.
- Die beste Pflanzzeit ist von März bis Ende Mai oder von September bis Mitte November. Die Zwiebeln werden im Spätsommer bis Herbst einzeln oder in kleinen Tuffs zwischen die Stauden gepflanzt.
- Da in einem Staudenbeet kein Herbizideinsatz möglich ist, muss der Boden vor der Pflanzung gut vorbereitet und frei von Wurzelunkräutern wie Quecke, Winde oder Schachtelhalm sein.
- Zudem muss der Boden locker und durchlässig sein. Bei schweren Lehmböden ist z. B. eine Strukturverbesserung mit Sand, Splitt, Kies und Schotter in Korngrößen von 2–16 mm gut geeignet.

- Das gleiche Material kann für Stauden des Lebensbereichs Freifläche nach der Pflanzung in der Körnung 8 bis 16 mm auch als Mulchschicht in einer Auftragsstärke von ca. 5–7 cm Verwendung finden.
- Alternativ ist es möglich, den Boden gegen eine 20–30 cm starke Schicht eines rein mineralischen Substrats der Körnung 0–16 mm auszutauschen. Strohmulch, wie z. B. Miscanthus-Häcksel, bietet eine gute Alternative für Pflanzungen im Lebensbereich Gehölz und Gehölzrand. Organische Bodenverbesserer und Mulchabdeckungen in Form von Kompost oder Rindenhumus sind dagegen nicht notwendig. Die Mulchschicht sollte bei größeren Flächen vor dem Pflanzen aufgebracht werden.
- Die Pflanzung erfolgt in zufälliger Anordnung und vorher festgelegter Pflanzdichte.
- Vor dem Pflanzen sind alle Töpfe durchdringend zu wässern, und erst beim Pflanzen wird ausgetopft.
- Das Auslegen wird begonnen mit den Stauden mit den niedrigsten Stückzahlen.
- Gegossen wird nur in der Anwachsphase und bei sehr langen Trockenperioden.
- Ab dem zweiten Jahr reduziert sich die Pflege auf einen Rückschnitt der Stauden im Spätwinter. In der Regel durch maschinelles Abmähen mit einem Freischneider o. Ä.
- Im eingewachsenen Zustand reicht ein durchschnittlicher jährlicher Pflegeaufwand von rund 2–6 Minuten/m^2 bei rund zwei bis drei Pflegegängen im Jahr.
- Bei erkennbarem Nährstoffmangel sollte eine bedarfsgerechte Düngung durchgeführt werden, z. B. mit langzeitwirksamen Mehrnährstoffdüngern. In der Regel reichen Intervalle von rund drei Jahren aus.
- Nach einigen Jahren kann es erforderlich sein, die Mulchschicht zu ergänzen.
- In älteren Pflanzungen ist das Artengleichgewicht zu erhalten, indem ausbreitungsstarke Arten reduziert werden.

Stauden für besondere Verwendungszwecke

Blattschmuckstauden

- Arum maculatum, Aronstab
- Asarum europpaeum, Haselwurz
- Bergenia cordifolia, Bergenie
- Brunnera macrophylla, Kaukasusvergissmeinnicht
- Epimedium grandiflorum, Elfenblume
- Eupatorium rugosum 'Braunlaub', 'Chocolate', Wasserdost
- Hosta in Arten und Sorten, Funkenlilie
- Heuchera in Arten und Sorten, Purpurblatt
- Ophiopogon planiscapus, Schlangenbart
- Rodgersia aesculifolia, Schaublatt

Stauden für Tröge und Kübel

- Campanula poscharskyana, C. portenschlagiana, Glockenblume
- Coreopsis verticillata, Mädchenauge
- Erodium x variable, Reiherschnabel
- Gentiana acaulis, Enzian
- Helianthemum x cultorum, Sonnenröschen
- Sempervivum, in Arten und Sorten, Hauswurz
- Veronica in Arten und Sorten, Ehrenpreis

Schnittstauden

- Alchemilla mollis, Frauenmantel
- Echinacea purpurea, Purpursonnenhut
- Echinops banaticus, Kugeldistel
- Eryngium in Arten und Sorten, Edeldistel
- Helenium in Arten und Sorten, Sonnenbraut
- Helianthus decapetalus, Staudensonnenblume
- Lythrum salicaria, Blut-Weiderich
- Paeonia officinalis, Pfingstrose
- Phlox paniculata, Flammenblume
- Rudbeckia in Arten und Sorten, Sonnenhut

Stauden für Mauerkornen und Mauerfugen

- Aubrieta x cultorum, Blaukissen
- Alyssum montanum, Steinkraut
- Cerastium tomentosum var. columnae, Hornkraut
- Corydalis lutea, Lerchensporn
- Globularia punctata, Kugelblume
- Gypsophila repens, Schleierkrat
- Saponaria officinalis, Seifenkraut
- Sedum spectabile, Fetthenne
- Thymus serpyllum, Thymian

Duftstauden

- Dictamnus albus, Dictam
- Filipendula rubra, Mädesüß
- Galium ordoratum, Waldmeister
- Hemerocallis in Arten und Sorten, Taglilie
- Nepeta x faassenii, Katzenminze
- Primula veris, Schlüsselblume
- Salvia officinalis, Salbei

Buntlaubige Stauden

- Arabis ferdinandi-coburgii 'Variegata', Weißbunte Gänsekresse
- Astrantia major 'Sunningdale Variegated', Gelbbunte Sterndolde
- Carex morrowii 'Variegata', Segge
- Heuchera micrantha 'Palace Purple'
- Imperata cylindrica 'Red Baron', Japanisches Blutgras
- Pulmonaria Hybride 'Trevi Fountain', Geflecktes Lungenkraut
- Salvia officinalis 'Tricolor', Bunter Gewürz-Salbei
- Symphytum grandiflorum 'Goldsmith', Beinwell

Bienenweide

- Ajuga reptans, Günsel
- Astern in Arten und Sorten, Aster
- Campanula in Arten und Sorten, Glockenblume
- Centaurea montana, Flockenblume
- Coreopsis in Arten und Sorten, Mädchenauge
- Hyssopus officinalis, Ysop
- Lavandula angustifolia, Lavendel
- Origanum vulgare, Oregano
- Prunella grandiflora, Braunelle

Stauden für trockenen Schatten

- Anemone tomentosa in Sorten, Filzige Herbst-Anemone
- Asarum europaeum, Haselwurz
- Astilbe chinensis, Prachtspiere
- Bergenia cordifolia in Sorten, Bergenie
- Brunnera macrophylla, Kaukasus-Vergissmeinnicht
- Carex montana, Segge
- Corydalis lutea, Lerchensporn
- Cyclamen coum, Alpenveilchen
- Hepatica nobilis, Lederblümchen
- Helleborus in Arten und Sorten, Christrose
- Pachysandra terminalis, Pachysander
- Pulmonaria rubra, Lungenkraut
- Symphytum grandiflorum, Beinwell
- Waldsteinia geoides, Waldsteinia

Gehölze

Grundlagen und Planungsgrundsätze

Grundlagen

Allgemeine Hinweise

Der Begriff Gehölz oder Gehölzpflanze umfasst ausdauernde Pflanzen, deren Achsen verholzen und dauerhaft erhalten bleiben, sodass ihr oberirdisches Sprosssystem im Lauf der Jahre an Größe zunimmt. Zu den Gehölzen zählen z. B. Bäume, Sträucher, Rosen, Obstgehölze und Kletterpflanzen. Sträucher sind im Gegensatz zu Bäumen mehrjährige verholzende Pflanzen, die keinen Hauptstamm ausbilden, sondern durch Förderung der Seitentriebe aus vielen kräftigen, seitlichen Trieben bestehen (Basitonie und Mesotonie), wobei die Hauptachse (im Gegensatz zum Baum) meist verkümmert. Ein Baum wird als ausdauernde und verholzende Pflanze definiert, die eine dominierende Sprossachse (Akrotinie) aufweist, welche durch sekundäres Dickenwachstum an Umfang zunimmt. Ein wesentliches Unterscheidungsmerkmal für den Aufbau des Baums ist also ein Stamm, der als Hauptachse fungiert (fehlt bei Sträuchern). Allerdings können Bäume auch mehrstämmig sein, was deren eindeutige Zuordnung manchmal etwas erschweren kann. Auch gibt es Sträucher, die von der Baumschule oder ihrem Besitzer als Stamm gezogen werden, die aber dennoch nicht als Baum einzuordnen sind.

Wichtige Regelwerke und sonstige Literatur

- DIN 18916 Vegetationstechnik im Landschaftsbau – Pflanzen und Pflanzarbeiten
- DIN 18919 Entwicklungs- und Unterhaltungspflege von Grünflächen
- Gütebestimmungen für Baumschulpflanzen, Ausgabe 2004, Hausgeber FLL
- ZTV Baumpflege, Ausgabe 2017, Herausgeber FLL
- ZTV Großbaumverpflanzung, Ausgabe 2005, Herausgeber FLL
- Baumpflanzungen Teil 1, Ausgabe 2015, Herausgeber FLL
- Baumpflanzungen Teil 2, Ausgabe 2017, Herausgeber FLL
- Baumkontrollrichtlinien, Ausgabe 2010, Herausgeber FLL
- Baumuntersuchungsrichtlinien, Ausgabe 2013, Herausgeber FLL

Begriffe

Akrotonie, Basitonie und Mesotonie

Die charakteristischen Verzweigungsmuster von Bäumen und Sträuchern unterscheidet man in Akrotonie, Basitonie und Mesotonie. Akrotonie ist die Förderung und Verzweigung über die Spitzentriebe. Diese Form der Verzweigung betreiben in der anfänglichen Jugendzeit noch viele Gehölze, später ist sie aber fast ausschließlich den Bäumen vorbehalten. Basitonie ist die Förderung des Wachstums durch Verzweigung vom Boden aus. Durch jährliche Neubildung von Sprossen aus bodennahen Knospen wird der Aufbau von vielen Sträuchern gebildet. Ein typischer Vertreter ist der Ranunkelstrauch. Mesotonie ist die Förderung und Verzweigung über die Triebe im mittleren Bereich, wodurch sich ebenfalls die typische Strauchform ausbildet. Dabei neigen sich ältere Triebe an der Spitze, wodurch sich auf der Oberseite der dadurch entstandenen Krümmungen neue Sprosse bilden, die zum weiteren Aufbau des Strauchs führen. Ein typischer Vertreter für mesotonen Wuchs ist der Sommerflieder. Daneben gibt es Mischformen, die Kennzeichen eines basitonen und mesotonen Wuchses aufweisen. Die Kenntnis über die jeweilige Wuchsform ist entscheidend für einen fachgerechten Schnitt.

Autochtone Gehölze

Autochtone Gehölze sind Gehölze, die seit sehr langer Zeit an einem Naturstandort beheimatet sind und sich dort vermehrt haben. Die Gehölze sind „gebietsheimisch“.

Habitus

Der Habitus beschreibt die äußerlichen, sichtbaren natürlichen Merkmale eines Gehölzes und zwar hinsichtlich seiner Wuchsform und -höhe, seiner Kronenausbildung sowie dessen Astbild.

Pflanzenschutzmittel und wachstumsfördernde Stoffe

Pflanzenschutzmittel sind chemische oder biologische Wirkstoffe, die dazu bestimmt sind, (Nutz-)Pflanzen und deren Erzeugnisse vor Schadorganismen zu schützen oder ihrer Einwirkung vorzubeugen, das Wachstum von Pflanzen zu beeinflussen und unerwünschte Pflanzen oder Pflanzenteile zu vernichten. Oder ein unerwünschtes Wachstum von Pflanzen zu hemmen oder einem solchen Wachstum vorzubeugen. Sie müssen vom „Bundesamt für Verbraucherschutz und Lebensmittelsicherheit“ für die vorgesehene Verwendung zugelassen oder genehmigt sein.

Pflanzenschutzmittel werden im Garten- und Landschaftsbau im Wesentlichen klassifiziert in Herbizide (gegen Beikraut), Fungizide (gegen Pilze) und Insektizide (gegen Insekten).

Anforderungen an Gehölze gemäß den FLL-Gütebestimmungen

Gehölze müssen gemäß DIN 18916 „Vegetationstechnik im Landschaftsbau – Pflanzen und Pflanzarbeiten" den „Gütebestimmungen für Baumschulpflanzen" der FLL entsprechen. Diese Richtlinie wird seit 1986 von der FLL herausgegeben. Die derzeit geltende Fassung aus dem Jahr 2004 entspricht der 4. Auflage.

Abweichungen von diesen Gütebestimmungen (z. B. Wuchsform, Behältergröße etc.) bedürfen i. d. R. der ausdrücklichen Vereinbarung. Die speziellen Gütebestimmungen regeln die Qualitätsanforderungen für die unterschiedlichen Produkte wie Sträucher, Hochstämme, Rosen etc.

Kennzeichnung und Verpackung

- Gehölze müssen mit einem dauerhaften Etikett versehen sein mit Angabe des Gattungs-, Art- und Sortennamens.
- Anzugeben sind zusätzlich die Anzuchtform, die Verpflanzungsmerkmale sowie die Sortierung (Größe, Stärke, Triebzahl etc.).
- Die Verpackung ist so auszuführen, dass Beschädigungen z. B. durch Austrocknung, Frost, Überhitzen oder Verletzungen vermieden werden.
- Töpfe (bis 2 l Inhalt) und Container (ab 2 l Inhalt) müssen der Art/Sorte sowie der Größe der Pflanze entsprechen und gut durchwurzelt sein. Das gilt sinngemäß auch für die Ballen von Gehölzen. Sie sind mit einem Ballentuch zu versehen (ausgenommen Rhododendron). Zusätzlich sind auch Ballierringe, Maschendraht oder Drahtkörbe zugelassen. Diese Materialien müssen spätestens eineinhalb Jahre nach der Pflanzung überwiegend verrottet sein. Das Gleiche gilt für verrottbare Töpfe und Container.

Qualitätsanforderungen bei der Lieferung

- Pflanzen müssen sortenecht sein.
- Pflanzen müssen gesund, ausgereift und abgehärtet sein, sodass das Anwachsen und die weitere Entwicklung nicht gefährdet sind. Sie dürfen keine durch Krankheiten, Schädlinge oder Kulturmaßnahmen hervorgerufenen Mängel aufweisen, die die Entwicklung gefährden könnten.
- Die Bewurzelung von ballenlosen Pflanzen muss der Art/Sorte, der Größe, Triebzahl sowie den Bodenverhältnissen entsprechen.
- Höhe, Breite, Triebzahl und -länge, Verzweigung und Beastung sowie Belaubung/Benadelung müssen ein ausgewogenes Verhältnis zueinander haben und der Art/Sorte im jeweiligen Alter entsprechen. Das gilt auch für Hochstämme (Verhältnis Stamm – Krone, Kronenaufbau).
- Solitärgehölze sind Einzelexemplare, die besonders charakteristisch gewachsen und artspezifisch beastet sein müssen.
- Veredelungen müssen gut verwachsen sein.
- Die angegebenen Größen und Qualitäten sind Toleranzwerte. Sofern alle Pflanzen das angegebene Mindestmaß aufweisen, ist die Sortierung korrekt.
- Der Stammumfang wird in 1 m Höhe gemessen. Bei mehrstämmigen Gehölzen ergibt sich der Gesamtstammumfang aus der Summe der Einzelstämme.
- Gehölze müssen so oft verpflanzt worden sein, dass sie nach dem fachgerechten Auspflanzen und entsprechender Pflege arttypisch weiter wachsen.

Planungsgrundsätze – die Auswahl standortgerechter Gehölze

Um eine Gehölzpflanzung dauerhaft zu etablieren, spielen neben den gestalterischen Aspekten die Auswahl standortgerechter Gehölze eine maßgebliche Rolle. Als standortgerecht gelten Gehölze, die an einem bestimmten Ort mit den dort gegebenen Wachstumsfaktoren gut zurechtkommen und diese im besten Fall für eine optimale Entwicklung sogar benötigen. Die wesentlichen Faktoren, die vor der Auswahl geeigneter Gehölze zu erheben sind, sind

- Bodenverhältnisse,
- Sonneneinstrahlung,
- Niederschläge,
- besondere Klimabedingungen am Standort (Mikroklima), Strahlungshitze,
- Windeinflüsse sowie
- sonstige Einflüsse wie Frosttausalz, vorhandene Schadstoffe, gelegentliche Überschwemmungen.

Darüber hinaus ist die Funktion der späteren Pflanzung festzulegen, und daraus sind entsprechend geeignete Pflanzen abzuleiten:

- Straßenbaum
- Sichtschutzgehölz
- Windschutz
- Ziergehölz/repräsentative Pflanzung
- Schattenspender
- bodendeckende Gehölze
- Einfriedung (geschnittene, freiwachsende Hecken)
- Bepflanzungen an Sonderstandorten wie Repositionsbegrünungen/Haldenbegrünungen, ingenieurbiologische Sicherungen, Bodenschutz, Hangsicherungen, Lärmschutzbepflanzungen etc.

Aus der gewünschten Funktion ergibt sich die minimal notwendige oder auch maximal erreichbare Wuchshöhe des passenden Gehölzes. Sträucher oder Bäume, die nur mit regelmäßigen, in den natürlichen Habitus eingreifenden Schnittmaßnahmen auf ihre max. gewünschte Höhe und Breite gehalten werden können, sind nicht standortgerecht.

Bei der weiteren Auswahl sind außerdem Aspekte zu berücksichtigen, wie z. B.:

- Pflegeaufwand und Schnittverträglichkeit
- Blütezeit und Blütefarbe
- Fruchtbildung
- Wurzelsystem (z. B. bei Dachbegrünungen oder in der Nähe von Pflasterflächen)
- immergrün/laubabwerfend
- Dornen, Stacheln
- Giftigkeit
- Lebenserwartung

- Widerstandsfähigkeit gegen Krankheiten und Schädlinge,
- Stand- und Bruchsicherheit, Verkehrssicherheit
- Verfügbarkeit
- Pflanzzeit

Pflanzung von Gehölzen

Lagerung auf der Baustelle

- Bäume dürfen nur am Ballen bzw. am Container angehoben werden, nicht aber am Stamm.
- Nach der Anlieferung sollte unverzüglich gepflanzt werden.
- Müssen Pflanzen zwischengelagert werden, so sind die Pflanzen, insbesondere wurzelnackte Ware, durch Abdecken und Wässern so zu schützen, dass Schädigungen durch Austrocknung, Frost oder Überhitzung ausgeschlossen sind. Die Zwischenlagerung sollte 48 Stunden nicht überschreiten.
- Ist eine Pflanzung innerhalb von 48 Stunden nicht möglich, so sind in Abhängigkeit von der Jahreszeit, den Witterungsbedingungen, dem Zeitraum bis zur Pflanzung, der Art der Transportgefäße und der Beschaffenheit der Pflanzen (Ballen, Topf, Container) die genannten Maßnahmen zu intensivieren oder die Pflanzen einzuschlagen.
- Hierzu sind die Pflanzen anzufeuchten, die Wurzeln oder Ballen sind allseitig mit lockerem Boden, Mulchstoff oder Substrat zu umgeben, anzudrücken und ggf. einzuschlämmen.
- Im Winter sind empfindliche Pflanzen z. B. mit einer lockeren Abdeckung aus Stroh oder Nadelholzreisig zu schützen.
- In entsprechenden Gebieten ist ggf. ein Schutz gegen Wildverbiss herzustellen.
- Können Pflanzen bis zum 30. April nicht gepflanzt werden, sind besondere Maßnahmen erforderlich, z. B. mit art- und größenentsprechendem Abstand aufzuschulen und zu pflegen. Topf- und Containerpflanzen müssen nicht zwingend aufgeschult werden, solange eine entsprechende Pflege möglich ist.

Bodenvorbereitung und Pflanzarbeit

Für die Bodenvorbereitung sind die Empfehlungen der DIN 18915, für die eigentliche Pflanzung die Angaben der DIN 18916 zu beachten. Das Feinplanum darf demnach auf der 4-m-Messstrecke nicht mehr als 5 cm von der Ebenheit abweichen. Anschlüsse müssen bündig sein und können nach unten bis 3 cm abweichen. Das Feinplanum ist nach der Pflanzung wiederherzustellen.

Darüber hinaus sollten bei Gehölzen folgende grundsätzliche Besonderheiten beachtet werden:

Gehölze können in der Vegetationsruhe, frostfreie Witterung und frostfreier Boden vorausgesetzt, gepflanzt werden. Dabei sind Herbstpflanzungen ab ca. Anfang November der Vorzug zu geben, da hierbei i. d. R. die Anwuchsbedingungen günstiger sind. Frühjahrspflanzungen bis ca. Ende April sind dann vorzusehen, wenn Schäden durch Schneedruck, Hochwasser oder Auftausalze zu erwarten sind. Bei Containerware kann der Pflanzzeitraum verlängert werden. Für manche Pflanzen gelten Besonderheiten:

Birken, Hainbuchen und Lärchen sollten im Frühjahr mit schwellender Knospe gepflanzt werden. Ballenlose, immergrüne Nadelbäume dagegen im zeitigen Herbst oder im Frühjahr.

Gemäß DIN 18916 sind folgende Punkte zu beachten:

Bei Pflanzungen muss der durchwurzelbare Bereich ausreichend bemessen sein. Kann eine dauerhafte Versorgung mit Luft, Wasser und Nährstoffen nicht sichergestellt werden, ist die Vegetationstragschicht nach DIN 18915 zu verbessern. Zudem sind bei bestehender oder zu erwartender Staunässe geeignete Maßnahmen zu ergreifen.

Bei Pflanzungen von Bäumen, Solitärsträuchern oder Stammbüschen ist bei nicht ausreichend durchwurzelbarem Bereich eine Pflanzgrube nach den FLL-„Empfehlungen für Baumpflanzungen — Teil 1: Planung, Pflanzarbeiten, Pflege“ und „Teil 2: Standortvorbereitungen für Neupflanzungen; Pflanzgruben und Wurzelraumerweiterung, Bauweisen und Substrate“ vorzusehen.

Pflanzlöcher müssen so breit ausgehoben werden, dass diese mindestens dem 1,5-fachen Durchmesser des Wurzelwerks oder des Ballens entsprechen. Pflanzlochsohlen müssen gelockert werden. Die Wände des Pflanzlochs werden aufgeraut. Beim Aushub des Pflanzlochs wird der Oberboden vom übrigen Aushub getrennt, um bei der Pflanzung wieder als oberste Schicht eingesetzt zu werden.

Die Pflanzen werden bei guten Bodenverhältnissen mit Pflanzmaschinen, Pflanzhacken und dergleichen gepflanzt. Dabei müssen die Wurzeln in ihrer natürlichen Lage eingebracht werden. Container, Töpfe und anderes Verpackungsmaterial werden entfernt.

Bei Ballenpflanzen werden nach dem Einsetzen in das Pflanzloch die Verknotungen des Ballentuchs und der Spanndraht der Drahtballierung geöffnet. Wurzeln oder Ballen werden mit geeignetem Boden oder Substrat verfüllt und gleichmäßig angedrückt. Danach werden die Pflanzen durchdringend gewässert. Wurzelnackte Pflanzen und Topfballen müssen bereits vorher gewässert werden.

Das Austopfen geschieht erst beim Pflanzen, nicht bereits beim Auslegen, da vor allem in windexponierten, sonnigen Lagen der Ballen zu schnell austrocknet, insbesondere bei größeren Beeten, die nicht innerhalb kurzer Zeit gepflanzt werden können.

Organische Stoffe dürfen nur so tief eingebracht werden, dass keine pflanzenschädigenden Produkte durch den Abbau entstehen können.

Im Regelfall sind die Pflanzen so hoch zu pflanzen, wie sie vorher gestanden haben. Ist mit Setzungen zu rechnen, muss entsprechend höher gepflanzt werden. Dabei gelten folgende Ausnahmen:

- Wildrosen werden ca. 5 cm tiefer als im Aufzuchtbeet gepflanzt.
- Steckholzvermehrte Jungpflanzen werden ca. 5 cm tiefer als im Anzuchtbeet gepflanzt.
- Bei niedrig veredelte Rosen muss die Veredelungsstelle ca. 4 cm mit Boden bedeckt sein.

Bei größeren Gehölzen sowie bei empfindlichen Pflanzen können Maßnahmen zur Reduzierung der Verdunstung z. B. durch verdunstungshemmende Stoffe oder durch Schattierung notwendig sein.

Gießen

Stammbüsche, Solitärsträucher, Halb- und Hochstämme sind mit Gießrändern zu versehen. Sie sind so auszubilden, dass die Innenseite des Gießrands über dem äußeren Rand des Ballens liegt. Bei Hanglagen können zusätzliche Maßnahmen erforderlich sein.

Pflanzschnitt

Der Pflanzschnitt dient grundsätzlich der Wiederherstellung eines Gleichgewichts zwischen dem durch Rodung gekürzten Wurzelkörper und der Laubkrone: Wurzelvolumen gleich Kronenvolumen.

Prinzipiell gilt:

- Je ungünstiger der Standort und damit die Anwachsbedingungen, desto höher wird der Umfang des Rückschnitts ausfallen müssen.
- Abgestorbene, verletzte, gebrochene, reibende und arttypisch zu dichte Triebe werden entfernt.
- Der natürliche Habitus soll beibehalten werden. Dabei bilden Obstgehölze und Sonderformen Ausnahmen.
- Der oberirdische Pflanzschnitt wird üblicherweise unmittelbar vor der Pflanzung vorgenommen, bei Hecken erst nach der Pflanzung.
- Ein Rückschnitt von Schling- und Kletterpflanzen sowie von bodendeckenden Laubgehölzen wird nur vorgenommen, wenn sie so stark ausgetrieben haben, dass das Anwachsen gefährdet ist.

Für Wurzelschnitte gilt:

- Verletzte, abgerissene und beschädigte Wurzeln ballenloser Pflanzen sind vor der Pflanzung zu schneiden. Es sind möglichst kleine, glatte Schnittflächen herzustellen, dabei darf keine Reduzierung des vorhandenen gesunden Wurzelvolumens vorgenommen werden.
- Bei Containerpflanzen beschränkt sich der Schnitt darauf, Spiralwurzeln zu durchschneiden und den Wurzelfilz aufzureißen.
- Beschädigte Wurzeln werden mit möglichst kleinen Schnittflächen glatt nachgeschnitten.

Für Kronenschnitte gilt:

- Der durchgehende Leittrieb (Stammverlängerung) soll nicht angeschnitten oder eingekürzt werden.
- Der Leittrieb wird freigestellt, indem konkurrierende Seitentriebe in der Baumspitze entfernen werden.

- Eine arttypische Auslichtung der Krone durch Entfernung aller Konkurrenztriebe, Zwiesel und nach innen wachsenden Zweige ist vorzunehmen.

Verankerungen

Holzpfähle müssen unbehandelt und mindestens zwei Jahre haltbar sein. Der Durchmesser von Holzpfählen zur Verankerung von Bäumen sollte 7–9 cm beim Einsatz geschälter Holzpfähle und 8 cm bei Verwendung von gefrästen Holzpfählen nicht unterschreiten.

Für die Verankerung von Gehölzen kommen ansonsten verschiedene Arten zum Einsatz. Diese sollen nicht länger als notwendig den Baum fixieren. Die Wahl der Verankerung ist abhängig von der Größe des Gehölzes, dem Standort, dem Umfeld und Art der Fläche.

Die Pfähle sollen vor dem Pflanzen bzw. vor dem Verfüllen eingesetzt werden, und zwar rund 30 cm unter die Pflanzlochsohle. Dabei ist zu beachten:

- Einzelpfähle und Zweibock sind für geringe Stammumfänge und an windgeschützten Standorten zu empfehlen. Senkrechtpfähle sind nur für wurzelnackte Gehölze geeignet. Einzelpfähle sind im Regelfall zur Hauptwindrichtung anzuordnen, in Überschwemmungsgebieten stromaufwärts. Bei Schrägpfählen sollten die Köpfe in Hauptwindrichtung zeigen, in Fahrbahnnähe jedoch stets in Fahrtrichtung.
- Drei- und Vierbock mit Querriegeln sind für größere Stammumfänge geeignet. Sie sollen bis kurz unterhalb des Kronenansatzes reichen. Gelegentlich werden sie auch als Verankerungsböcke mit 1 m Höhe ausgeführt. Die Bindung muss höher angebracht werden als an der Verankerung, weil sich der Baum möglicherweise noch setzen kann. Stamm und Krone müssen stets beweglich bleiben.
- Für Unterflurverankerungen sind möglichst große Wurzelballen mit einer guten Durchwurzelung notwendig. Mindestdurchmesser 60 cm. Die Verankerungen müssen so angebracht sein, dass das Dickenwachstum des Stammfußes nicht beeinträchtigt wird, die Verankerungen nicht einwachsen oder scheuern können. Spanndraht der Drahtballierung und die Verknotungen des Ballentuchs sind hierfür zu öffnen. Außerdem ist hierbei im Besonderen darauf zu achten, dass die Bäume nicht zu tief gepflanzt werden.

Stammschutz

Beim Stammschutz wird unterschieden zwischen Schutz gegen thermische Schäden aufgrund von Sonneneinstrahlung, Wildverbiss, Schäden durch Mähwerkzeuge und Anfahrschäden durch Fahrzeuge.

Zum Schutz gegen Sonneneinstrahlung sind folgende **flexible Matten** aus Schilfrohr, Bambusstäben, Weidenruten oder Kokosfasergeflechten oder aber auch **Schutzanstriche** geeignet. Beim Einbau von Matten sind über die Empfehlungen der DIN hinaus folgende Punkte zu beachten:

- Die Schutzmatten müssen dauerhaft locker mit leichtem Abstand am Stamm angebracht werden.
- Unmittelbar nach der Pflanzung ist der Stammschutz locker vom Wurzelhals bis zum Kronenansatz einzubauen. Die Baumanbindungen sind auszusparen. Gegebenenfalls ist eine zweite Matte oberhalb der Baumverankerung anzubringen.
- Nach durchgeführten Aufastungen ist der Stammschutz zu verlängern.
- Stammschutzmatten sind mindestens fünf Jahre (nach DIN nur zwei Jahre) am Baum zu belassen. Drahtbindungen sind dauerhafter als Kunststoffbindungen und eignen sich daher besser.
- Die Schutzmatten sind mit beginnendem Dickenwachstum des Stamms regelmäßig zu überprüfen und ggf. zu lockern. Dazu kann bereits beim Anbringen eine Materialreserve mittels Überlappung vorgesehen werden. Diese sollte stets auf der Nordseite des Stamms angebracht sein. Liegen sie zu dicht am Stamm an, ist ihre Funktion nicht mehr vorhanden.

Beim Anbringen von **Schutzanstrichen** sind folgende Punkte zu beachten:

- Anstrich unmittelbar nach der Pflanzung und zwar vom Stammfuß bis mindestens Kronenansatz.
- Nur bei trockener Witterung und Temperaturen von über 5 °C auftragen. Nicht bei nassen und gefrorenen Stämmen anbringen.
- Stammschutzfarbe sollte mindestens fünf Jahre verbleiben. Hierfür sind eine vorherige Reinigung des Stamms und ein Voranstrich mit einer Grundierung erforderlich.

- Nach dem Antrocknen des eigentlichen Schutzanstrichs sollte die dunkle Rinde nicht mehr durchscheinen.
- Wenn der Anstrich sorgfältig durchgeführt wurde, ist ein Nachanstrich in den Folgejahren nicht erforderlich.

Gegen **Wildverbiss** sind folgende Materialien möglich:

- Zäune, Kunststoffmanschetten, Drahthosen und Vergrämungsmittel
- Kunststoffmanschetten müssen eine ausreichende Belüftung des Stamms sicherstellen.
- Vergrämungsmittel dürfen nur entsprechend ihrer Zulassung verwendet werden.
- Drahthosen und mechanischer Schutz aus Kunststoff müssen eine Haltbarkeit von zwei Jahren aufweisen. Sie dürfen das Wachstum nicht behindern.

Schutz für Hochstämme gegen **Mähwerkzeuge**:

- Geeignet sind Kunststoffmanschetten. Sie müssen eine ausreichende Belüftung des Stamms sicherstellen.
- Sie müssen den Stamm bis mindestens 15 cm über dem Gelände wirksam gegen Fadenmäher (Freischneider) schützen.
- Gegen andere Mähwerkzeuge kann ein mechanischer Anfahrschutz erforderlich sein, wie z. B. Holzpfähle.

Anfahrschutz:

- Geeignet sind: Baumschutzbügel, Poller, Pfähle.
- Mindesthöhe 70 cm, um vom Fahrer gesehen werden zu können. Einzelne Natursteinfindlinge erreichen i. d. R. diese Höhe nicht und sind daher nicht optimal geeignet.
- Mindestabstand zur Verkehrsfläche 70 cm
- Abstand des Anfahrschutzes zum Stamm sollte größer als dessen Höhe sein.
- Innerhalb der Baumscheibe sollte auf unterirdische Betonfundamente verzichtet werden.

Mulchen

Mulchstoffe dienen dem Schutz der Vegetation und des Oberbodens. Das ungehinderte Eindringen von Wasser und Luft muss stets gesichert sein. Organische Mulchstoffe müssen den „Qualitätsanforderungen und Anwendungsempfehlungen für organische Mulchstoffe und Komposte im Landschaftsbau" entsprechen.

Rhizomsperren

Bei ausläufertreibenden/rhizombildenden Gehölzen, wie einigen hainbildenden Bambusarten, v. a. Phyllostachys, Pleioblastus, sind Rhizomsperren einzubauen. Verwendet werden i. d. R. dazu stabile Folien aus Kunststoff, die z. B. mit Metallschienen entsprechend verschlossen werden. Der Einbau muss dabei mindestens 65 cm (besser 80 cm) tief in den Boden erfolgen und ca. 5 cm über der Oberkante des Pflanzbeets liegen. Diese Kante von 5 cm dient dazu, die Rhizome, die die Sperre oben verlassen wollen, zu erkennen und rechtzeitig entfernen zu können.

Baumpflanzungen

Gemäß DIN 18916 (Ausgabe 2016) sind für Baumpflanzung die Empfehlungen der FLL-Richtlinie „Empfehlungen für Baumpflanzungen – Teil 2", Ausgabe 2010, zu beachten. Demnach muss eine Pflanzgrube mindestens 12 m^3 betragen. Gemäß den „Zusätzlichen Technischen Vorschriften für die Herstellung und Anwendung verbesserter Vegetationstragschichten" (ZTV-Vegtra-Mü), Ausgabe 2016, ist für Großbäume 1. Ordnung sogar ein Mindestvolumen von 36 m^3 notwendig. Das entspricht einem Flächenbedarf von mind. 24 m^2 bei einer Baumgrubentiefe von mind. 1,5 m.

Für (innerstädtische) Baumpflanzungen mit begrenztem Wurzelraum werden in den FLL-Empfehlungen für Baumpflanzungen und der ZTV-Vegtra-Mü drei Substratarten unterschieden:

- FLL- Bauweise 1 bzw. ZTV-Vegtra-Mü Substrat A:
  Substrat nicht verdichtbar, für den offenen und nicht überbauten Wurzelraum in Pflanzgruben oder -gräben. Die Qualitätsanforderungen der ZTV sind hier umfangreicher als bei der FLL.
- FLL- Bauweise 2 bzw. ZTV-Vegtra-Mü Substrat B:
  Verdichtbar, zum Einsatz unter Tragschichten, Tragfähigkeit 45 MN/m^2. Diese 45 MN werden in den „Richtlinien für die Standardisierung des Oberbaus von Verkehrsflächen" (RstO) als Mindestwert für die Tragfähigkeit des Untergrunds unter

Verkehrsflächen gefordert. Dieses Substrat kann also mit einer Verkehrsfläche der Klasse I (Schnellverkehrsstraße) bis VI (Fußgängerzone) überbaut werden.

- ZTV-Vegtra-Substrat B:
  Wie oben beschrieben, als durchwurzelbare Tragschicht, Ev2 jedoch 80–100 MN/m². Nach den Vorschriften der RStO kann auf diese Tragschicht eine Straße der Bauklasse V/VI (Anliegerstraße, Fußgängerzone) gebaut werden.

Folgende Anforderungen gelten für Baumsubstrate:

- struktur- und verdichtungsstabil, auch gegen die Erschütterungen des Verkehrs
- hohe nutzbare Wasserkapazität
- hohe Luftkapazität auch bei hohem Wassergehalt
- hohe Wasserleitfähigkeit zur Vermeidung von Vernässung, wobei die Baumgrubensohle ebenfalls wasserdurchlässig sein muss

Im Leistungsverzeichnis ist gemäß den Richtlinien das jeweilige Baumsubstrat mit festgelegten Eigenschaften zu beschreiben und nicht mehr die vorgegebenen Anteile der einzelnen Mischungskomponenten.

Fertigstellungspflege

Zum Erreichen des sog. Anwuchserfolgs sind nach der Pflanzung Leistungen zur Fertigstellung (Fertigstellungspflege) erforderlich. Mittels dieser soll ein Zustand erreicht werden, der bei der anschließenden Instandhaltungspflege nach DIN 18919 die Weiterentwicklung sicherstellt. Die Leistungen hinsichtlich Art, Umfang und Zeitpunkt richten sich u. a. nach dem Zeitpunkt der Pflanzung, der Art der Pflanzen und den Standortverhältnissen. Bei Gehölzpflanzungen ist der Anwuchserfolg am Durchtrieb zu erkennen, was im Regelfall ab dem 24. Juni (Johannistrieb) nach der Pflanzung möglich ist.

Die durchzuführenden Arbeiten sind im Wesentlichen:

- durch Frost hochgeforene Pflanzen im Frühjahr wieder richten und andrücken, um den Bodenschluss wiederherzustellen
- Wässern

- Düngen
- Schneiden
- Beseitigen von Laub und abgestorbenen Pflanzenteilen, wie auch von Unrat und Steinen (größer 5 cm) sowie von unerwünschtem Aufwuchs durch Lockern, Ausmähen und Jäten
- Unterhalten und Nachrichten von Verankerungen, Gießmulden und sonstigen Schutzvorrichtungen.
- Anwenden von Pflanzenschutz und Schädlingsbekämpfung. Dabei sind mechanische und biologische Methoden zu bevorzugen. Bei chemischen Mitteln sind die aktuell geltenden Bestimmungen des Pflanzenschutzgesetzes und der Pflanzenschutzverordnung zu beachten.

Abnahme

In der Regel erfolgt nach Durchführung der Fertigstellungspflege die Abnahme der Pflanzung. Die Abnahme darf gemäß FLL-Richtlinie verweigert werden, wenn mehr als 10 % der Bäume nicht angewachsen sind oder keinen arttypischen Durchtrieb aufweisen. Treten Ausfälle nur an Teilflächen auf, sind die nicht betroffenen Flächen separat abzunehmen. Eine entsprechende Nachpflanzung ist auf den Teilflächen vorzunehmen. Die Abnahme erfolgt jedoch erst nach deren Erreichen des abnahmefähigen Zustands. Diese zusätzlichen Pflegeleistungen hat der AN auf seine Kosten durchzuführen. Die Pflege bis zur verweigerten Abnahme ist vom AG zu vergüten.

Pflanzenausfall vor der Abnahme: Sind weniger als 10 % ausgefallen, sind die ausgefallenen Pflanzen zu entfernen und entsprechende Pflanzen nachzuliefern. Die Nachpflanzung muss spätestens bis 30. April erfolgen.

Pflanzenausfall nach der Abnahme innerhalb der Verjährungsfrist: Hierzu ist der Nachweis durch den AG erforderlich, dass die Ausfälle auf einen Mangel zurückzuführen sind, der bereits zum Zeitpunkt der Abnahme bestand.

Jährliche Pflegemaßnahmen – Instandhaltungspflege

Diese Pflege schließt an die Fertigstellungspflege an. Ihr Ziel ist die Erzielung und Erhaltung eines funktionsfähigen Zustands.

Es gelten die Empfehlungen der DIN 18919. Folgende Maßnahmen sind demnach notwendig:

- Beseitigen von unerwünschtem Aufwuchs durch Jäten Lockern (sollte ca. 5 cm Bearbeitungstiefe nicht überschreiten) und Ausmähen. Beim Ausmähen anfallende Stoffe können auf der Fläche verbleiben.
- Beseitigen von dauerhaften Wurzelunkräutern. Gegebenenfalls durch Ausstechen, Ausgraben, Ausgabeln, Erhöhen der Anzahl der Arbeitsgänge, Bodenaustausch.
- Beseitigen von invasiven Pflanzenarten wie z. B. Herkulesstaude, Japanknöterich, Sommerflieder, Jakobskreuzkraut, Drüsiges Springkraut, Ambrosia, z. B. Ausstechen, Ausgraben, Ausgabeln, Erhöhen der Anzahl der Arbeitsgänge, Einsatz von Herbiziden, Bodenaustausch.
- Je nach Gattung des Aufwuchses/der invasiven Art und Standortbedingungen sind diese Maßnahmen durchzuführen.
- Beseitigen von Unrat und Steinen, größer 6 cm, sowie von Laub und abgestorbenen Pflanzenteilen.

Schneidarbeiten

- Die artbedingten Besonderheiten und die natürlichen Wuchsformen der Pflanzen sind zu beachten.
- Bei Schnittmaßnahmen an Gehölzen sind Konkurrenztriebe zurückzuschneiden oder zu entfernen; kreuzende und reibende Äste zu entfernen; beschädigte Äste einzukürzen oder zu entfernen; Seitenäste mit eingewachsener Rinde zu entfernen.
- Bei baumartigen Gehölzen mit Leittrieb ist dieser zu erhalten.
- Wildtriebe bei Veredelungen sind zu entfernen.
- Die Schnittwerkzeuge sind nach dem Schnitt befallener Pflanzen zu desinfizieren.
- Schnittgut ist zu entfernen.

Weitere Hinweise zu Gehölzschnitten geben die „Empfehlung für Baumpflanzungen, Teil 1: Planung, Pflanzarbeiten, Pflege“ der FLL.

Folgende Schnittarten werden unterschieden:

Der **Erziehungsschnitt** dient dem funktions- und artgerechten Habitusaufbau.

Beim **Auslichtungsschnitt** werden nicht mehr blühfähige, zu dicht stehende und alte vergreiste Triebe, Äste oder Zweige entfernt oder eingekürzt. Der artgerechte Habitus soll dabei erhalten bleiben. Die Schnitte sollten so rechtzeitig erfolgen, dass größere Schnittstellen vermieden werden.

Alte oder schlecht gewachsene Sträucher werden durch einen sehr starken Rückschnitt der Haupttriebe sowie durch Entfernung von totem Holz verjüngt **(Verjüngungsschnitt).** Ein solcher Eingriff ist nur bei sehr wüchsigen Arten möglich, die aus der Basis oder dem alten Holz neue Triebe bilden können.

Das **Auf-den-Stock-Setzen** dient der Regeneration des gesamten Pflanzenbestands oder nur einzelner Pflanzen. Dabei werden alle Triebe der Pflanze auf ca. 20 cm zurückgeschnitten.

Formhecken (**Heckenschnitt**) sollten 2 x im Jahr geschnitten werden. Zur Vermeidung der Verkahlung von Formhecken ist das Heckenprofil senkrecht oder mit einer Verjüngung bis 15 % nach oben auszuführen.

Düngung

Düngergaben müssen je nach Standort und Pflegeziel festgelegt werden. Sie sollten auf das notwendige Maß beschränkt werden. Die Bemessung von Nährstoffmengen sollte auf Basis von Nährstoffgehaltsbestimmungen des Bodens und dem Bedarf der Pflanzen erfolgen. Ausbringung erfolgt ggf. in mehreren Gaben. Tabelle 66 gemäß DIN 18919 enthält Hinweise für den jährlichen Nährstoffbedarf.

Tabelle 1: *Hinweise für den jährlichen Nährstoffbedarf*

Pflanzenart	N g/m² pro Jahr	P_2O_5 g/m² pro Jahr	K_2O g/m² pro Jahr	MgO g/m² pro Jahr
Gehölze, Bodendecker, Ziergehölze	bis 5	3–4	6–8	0,8–1
Landschaftsgehölze	0–3	0–4	0–6	0–0,8
Rosen	bis 10	6–10	8–16	1–2

Wässern

Immergrüne Pflanzen sind auch im Winter bei frostfreiem Wetter und trockenem Boden durchdringend zu wässern. Folgende Wassermengen pro Gießgang werden gemäß DIN 18919 in Abhängigkeit von der Bodenart empfohlen. Angaben in l je Pflanze.

Tabelle 2: *Wassergaben in l je Pflanze*

Pflanzenart	Sand, lehmiger Sand	Sandiger Lehm, Lehm, Ton
Bodendecker	3	4
Sträucher, Jungpflanzen	15	20
Heister, Solitärsträucher bis 1,75 m	35	50
Solitärsträucher über 1,75 m, Hochstämme mit StU 10–18 cm	80	120
Hochstämme mit StU 20–25 cm	100	150
Hochstämme mit StU 40–50 cm	200	300

Winterschutz

Frostempfindliche Pflanzen sollten im Winter gegen Frost, Sonneneinstrahlung und Wind durch Abdecken oder Einbinden, Anhäufeln von Rosen, durchdringendes Wässern von Immergrünen, Herausnehmen und Lagern frostempfindlicher Knollen und Zwiebeln geschützt werden. Der Winterschutz ist rechtzeitig im Frühjahr zu entfernen.

Mulchen

Hierbei gelten dieselben Anforderungen wie bei der Fertigstellungspflege.

Gehölze für besondere Verwendungszwecke

Straßenbäume

Die sog. GALK-Liste gibt unter http://www.galk.de Hinweise für die Auswahl geeigneter Bäume in Straßenbereichen. Sie wird vom Arbeitskreis Stadtbäume der Deutschen Gartenamtsleiterkonferenz in regelmäßigen Abständen überarbeitet und ergänzt. Ihr liegen überregionale Erkenntnisse, Erfahrungen und wissenschaftliche Daten über Wachstum, Resistenz, Größe und Verwendbarkeit von Bäumen in Stadt- und Siedlungsräumen vor. Diese Erkenntnisse beziehen sich vorwiegend auf Straßenbäume unter Berücksichtigung sich verändernder Rahmenbedingungen durch Klimaänderungen und deren Folgen. Die jeweils aktuelle Fassung steht im Internet kostenlos zur Verfügung.

Im Straßenbereich nur begrenzt einsetzbar sind Baumarten mit Samenflug, Honigtauabsonderung oder Fruchtfall wie z. B. Linden, Kastanien, Birnen.

Immergrüne Hecken

- Buxus sempervirens, Buchsbaum
- Ilex crenata, Stechpalme
- Photinia fraseri. Glanzmispel
- Prunus laurocerasus, Kirschlorbeer
- Prunus lusitanica 'Angustifolia', Portugiesiche Kirschlorbeere
- Taxus baccata, Eibe

Immergrüne Kletterpflanzen

- Euonymus fortunei, Kriechspindel
- Hedera helix, Efeu
- Hedera colchica
- Lonicera acuminata (wintergrün)
- Lonicera henryi, Immergrünes Geißblatt
- Rubus henryi

Besonders gut Trockenheit vertragend

- Buxus sempervirens, Buchsbaum
- Caryopteris clandonensis, Bartblume
- Cercis siliquastrum, Judasbaum
- Colutea arborescens, Blasenstrauch
- Cytisus in Arten und Sorten, Ginster

- Hippophaea rhamnoides, Sanddorn
- Perovskia abrotanoides, Blauraute
- Pinus in Arten und Sorten, Kiefer

Für Kübel und Tröge geeignet

- Acer ginnala, Feuer-Ahorn
- Acer japonicum, Japanischer Ahorn
- Acer palmatum, Fächerahorn
- Buddleja davidii, Schmetterlingsstrauch
- Caryopteris clandonensis, Bartblume
- Euonymus alatus, Korkspindel
- Hamamelis mollis, Zaubernuss
- Magnolia stellata, Sternmagnolie
- Pieris japonica, Schattenglöckchen
- Prunus tenella, Mandelbäumchen
- diverse Rosen, niedrigbleibende Strauchrosen, Bodendeckerrosen
- Skimmia japonica, Skimmie
- Spiraea decumbenn, Spiere
- Viburnum in Arten und Sorten, Schneeball

Giftige Gehölze

- Aesculus hippocstanum, Kastanie
- Cotoneaster in Arten und Sorten, Zwergmispel
- Cytisus scoparius, Ginster
- Daphne mezereum, Seidelbast
- Euonymus europaeus, Pfaffenhütchen
- Hedera helix, Efeu
- Ilex aquifolium, Stechpalme
- Juniperus sabina, Goldregen
- Ligustrum vulgare, Liguster
- Lonicera nigra und xylosteum, Heckenkirsche
- Mahonia aquifolium, Mahonie
- Prunus laurocerasus, Kirschlorbeer
- Pyracantha cocinea, Feuerdorn
- Robinia pseudoacacia, Robinie
- Sorbus aucuparia, Eberesche
- Symphoricarpos albus, S. Rivularis, Schneebeere
- Taxus baccata, Eibe
- Thuja occidentalis, T. Orientalis, Lebensbaum
- Viburnum lantana, V. opulus. Schneeball

Rasen

Grundlagen

Allgemeine Hinweise

Per Definition der DIN 18917 ist Rasen eine durch Wurzeln und Ausläufer mit der Vegetationstragschicht fest verwachsene Pflanzendecke aus Gräsern, die im Regelfall keiner landwirtschaftlichen Nutzung unterliegt. Je nach Verwendungszweck können auch Leguminosen und sonstige Kräuter enthalten sein. Rasenflächen benötigen einen verhältnismäßig hohen Pflegeaufwand, um ganzjährig attraktiv und nutzbar zu sein. Ganz maßgeblich hängt der erforderliche Pflegeanspruch von der Rasenart, aber auch vom anstehenden Boden ab. Rasengräser bevorzugen lockere, gut durchlüftete Böden, in denen sie schnell und leicht ein dichtes Wurzelwerk bilden können. Sandige Lehmböden sind für Gebrauchsrasenflächen am besten geeignet, weil sich die Wasserdurchlässigkeit des Sands mit der Wasser- und Nährstoffspeicherfähigkeit der bindigen Anteile optimal ergänzt. Für Sportrasenflächen sind dagegen Böden mit höherem Sandanteil besser geeignet, da die Bespielbarkeit von einem schnellen Wasserabzug anhängt. Diese hohe Wasserdurchlässigkeit geht allerdings auch einher mit einer hohen Auswaschung von Nährstoffen.

Wichtige Regelwerke und sonstige Literatur

- DIN 18917 Vegetationstechnik im Landschaftsbau – Rasen und Saatarbeiten
- DIN 18919 Entwicklungs- und Unterhaltungspflege von Grünflächen, Ausgabe 2006
- DIN 18035-4 Sportplätze – Anforderungen und Prüfungen – Teil 4: Rasenflächen, Ausgabe 2018
- DIN EN 12231: Sportböden – Prüfverfahren- Bestimmung der Bodendeckung bei Naturrasen; Ausgabe 2003
- DIN EN 12232: Sportböden – Prüfverfahren – Bestimmung der Filzdicke bei Naturrasen; Ausgabe 2003
- DIN EN 12233: Sportböden – Prüfverfahren – Bestimmung der Schnitthöhe bei Naturrasen; Ausgabe 2003
- DIN EN 12616 Sportböden – Bestimmung der Wasserinfiltrationsrate; Ausgabe 2013
- Saatgutverkehrsgesetz (SaatVerkG) aus dem Jahr 1985
- FLL-Broschüre „Regel-Saatgut-Mischungen Rasen“. Erscheint jährlich als überarbeitete Ausgabe.

- Richtlinie für die Planung, Ausführung und Unterhaltung von begrünbaren Flächenbefestigungen; FLL,
- Empfehlungen für Begrünungen mit gebietseigenem Saatgut, FLL, 2014
- Hinweise für die Ausschreibung von RSM Rasen und Begrünungen mit gebietseigenem Saatgut, FLL (Beiblatt zur RSM Rasen)
- TL Fertigrasen (Technische Lieferbedingungen) für Rasensoden aus Anzuchtbeständen, normativ, FLL, Ausgabe 2016

Begriffe

Aerifizieren und Vertikutieren

Der Begriff Aerifizieren beinhaltet sowohl das lateinische Wort aer = Luft als auch eine mögliche Abwandlung des Verbs facere = machen, womit man es wörtlich mit „Luft machen" übersetzen kann. Vertikutieren dagegen bedeutet wörtlich übersetzt „senkrecht schneiden". Während beim Vertikutieren die Rasenoberfläche behandelt wird, indem Rasenfilz und Moose entfernt werden und Gräser durch den Schnitt zum Wachstum angeregt werden sollen, werden beim Aerifizieren die tieferen Bodenschichten bearbeitet. Ziel des Aerifizierens ist die Belüftung der Wurzeln des Rasens durch die Auflockerung des Bodens.

Autochthones Saatgut

Der Begriff stammt aus dem Griechischen und bedeutet auto = selbst, chthon = Erde; am Fundort entstanden, bodenständig. Autochthones Saatgut wird auch gebietseigenes Saatgut oder Regionssaatgut genannt. Es handelt sich um Saatgut, das durch Besammlung von Wildpflanzen in einer bestimmten Region gewonnen wird, um später, i. d. R. nach einer Zwischenvermehrung, in dieser Region wieder ausgebracht zu werden. Siehe dazu auch das im Jahre 2014 von der FLL herausgegebene Merkblatt „Empfehlungen für Begrünungen mit gebietseigenem Saatgut".

Fertigrasen

Sind zum Verpflanzen vorbereitete Rasenstücke aus Anzuchtbeständen. Rasensoden dagegen sind Rasenstücke aus Nichtanzuchtbeständen. Fertigrasen muss den Anforderungen der TL Rasen entsprechen. Rasensoden unterliegen geringen Anforderungen. Schäldicke und Stückgröße sind jedoch so zu wählen, dass der Rasen zusammenhängt. Gegebenenfalls ist der Rasen vor dem Schälen durch entsprechende Maßnahmen vorzubereiten.

Hybridrasen

Ist Naturrasen, der mittels einer sog. Armierung strapazierfähiger und belastbarer wird. Er stellt für Strapazierrasenflächen eine kostengünstige Alternative zu Kunststoffrasen dar. Zumeist besteht die Armierung aus Kunststofffasern, die in die Rasentragschicht eingemischt werden.

Projektive Bodendeckung

Fläche, die bei senkrechter Betrachtung mit lebenden und den eingesäten, erwünschten Pflanzen bedeckt ist. Die Dichte kann gemäß DIN 18917 nach DIN EN 12231, Verfahren B, festgestellt werden. Hierzu wird zur Bestimmung der Bodendeckung ein Schätzrahmen von ca. 1 m^2 zur Hilfe, genommen. Dieser ist in 100 gleich große Quadrate unterteilt, wodurch eine einfache Schätzung, bzw. Zählung ermöglicht wird.

Rasen

Eine durch Wurzeln und Ausläufer mit der Vegetationstragschicht fest verwachsene Pflanzendecke aus Gräsern (oder auch Kräutern und Leguminosen), die im Regelfall keiner landwirtschaftlichen Nutzung unterliegt.

Regelsaatgutmischung (RSM)

Diese Mischungen basieren auf für den jeweiligen Verwendungszweck erprobten Gräserarten und speziellen Sorten in exakt definierten Anteilen. Sie unterliegen hohen Anforderungen an ihre Reinheit und Mindestkeimfähigkeit. Aktuelle Regelsaatgutmischungen (kurz RSM) sind der FLL-Broschüre „Regelsaatgutmischungen Rasen" zu entnehmen, die jährlich neu erscheint und neue Anforderungen und Erkenntnisse aus der Praxis und die jährlich schwankenden Saatgutverfügbarkeiten nach der Jahresernte berücksichtigt. Regelsaatgutmischungen sind nicht für Begrünungen mit gebietseigenem (autochthonem) Saatgut geeignet.

Regio-Saatgut

Für Regio-Saatgut wird gebietseigenes Saatgut von Wildpflanzen in klimatisch-standörtlich voneinander abgegrenzten Naturräumen innerhalb Deutschlands, den sog. 22 Ursprungsgebieten, gesammelt, vermehrt und zu standortangepassten Mischungen zusammengefügt.

Saatgutverkehrsgesetz

Auf Grundlage der EG-Saatgutrichtlinien regeln das Saatgutverkehrsgesetz (SaatG) und die dazu erlassenen Verordnungen die Zulassung von Pflanzensorten sowie die Anerkennung und das Inverkehrbringen von Saat- und Pflanzgut. Innerhalb der Europäischen Union (EU) darf nur Saatgut zugelassener Pflanzensorten vermarktet werden. Eine Sorte wird zugelassen, wenn sie unterscheidbar, homogen und beständig ist, landeskulturellen Wert hat und ihr Name eintragbar ist. Für die Prüfung und die Zulassung neuer Sorten ist das Bundessortenamt (BSA) zuständig. Nach dem Saatgutverkehrsgesetz müssen alle Rasenmischungen mit einem grünen Etikett gekennzeichnet sein. Bei Schlauchbeutelpackungen dürfen diese Angaben auf die Folie gedruckt werden. Saatgut von Leguminosen und sonstigen Kräutern muss hinsichtlich Reinheit, Keimfähigkeit und max. Fremdartenanteil dem „Saatgutverkehrsgesetz“ und der „Saatgutverordnung“ und ggf. den Anforderungen der „RSM Rasen“ entsprechen.

Zwischenbegrünungen und Voranbau

Solche Ansaaten dienen der Bodenverbesserung und dem Bodenschutz. Innerhalb möglichst kurzer Zeit sollen diese Pflanzen einen intensiv durchwurzelten Bestand bilden und dadurch den Boden vor Erosion schützen. Für Bodenverbesserungsmaßnahmen dagegen möchte man damit erreichen, dass sich eine Masse nicht zu schnell zersetzbarer organischer Substanz bildet.

Rasentypen

Gemäß DIN 18917 werden folgende Rasentypen unterschieden, wobei Überschneidungen möglich sind:

Tabelle 1: Unterschiedliche Rasentypen

Rasentyp	Einsatzgebiet	Eigenschaften
Zierrasen	repräsentative private und öffentliche Flächen	geringe Belastbarkeit bei hohen bis sehr hohen Pflegeansprüchen, gute optische Wirkung durch dichte Narbe mit feinblättrigen Gräsern
Gebrauchsrasen	öffentliches Grün, Wohnsiedlungen, Hausgärten und vergleichbare Flächen	mittlere Belastbarkeit bei mittleren Pflegeansprüchen.
Strapazierrasen	Sport- und Spielflächen, Liegewiesen, Parkplätze	möglichst ganzjährig hohe Belastbarkeit bei mittlerem bis hohem Pflegeaufwand
Landschaftsrasen / Extensivrasen	überwiegend extensiv genutzte und/oder gepflegte Flächen im öffentlichen und privaten Grün, in der Landschaft, an Verkehrswegen, für Rekultivierungsflächen, artenreiche, wiesenähnliche Flächen	Eigenschaften standortabhängig. In der Regel nur gering belastbar, aber widerstandsfähig. Möglichst geringer Pflegeaufwand, der an Sonderstandorten aber auch deutlich erhöht sein kann.

Regel-Saatgut-Mischungen

- RSM 1.1 Zierrasen: Sie wird in zwei Varianten hergestellt. Variante 1 ist mittel bis gering belastbar. Variante 2 nur gering belastbar. Ihr Anwendungsbereich beschränkt sich aufgrund des hohen Pflegeaufwands auf repräsentative Rasenflächen und pflegeintensive Hausgartenflächen. Die Mischung besteht überwiegend aus Festuca rubra und zu einem geringen Teil aus Lollium perenne.
- RSM 2.2 Gebrauchsrasen in Trockenlagen: Erhältlich in zwei Varianten, wobei Variante 2 einen höheren Anteil an Festuca arundinacea hat und sich durch gute Hitzeverträglichkeit und eine sehr tiefe Verwurzelung auszeichnet. Ihre Belastbarkeit ist mittel bis hoch. Die Rasentextur ist grobblättrig. Sie ist

geeignet für Hausgärten, öffentliches Grün mit Nutzung und Wohnsiedlungen.

- RSM 2.3 Gebrauchsrasen – Spielrasen: Der Standardrasen mit normaler Pflegeintensität für öffentliche und private Grünflächen mit intensiver Nutzung.
- RSM 2.4 Gebrauchsrasen – Kräuterrasen: Er weist eine geringere Pflegeintensität auf als RSM 2.3 und findet seine häufigste Verwendung in öffentlichen Grünflächen sowie Wohnsiedlungen. Gelegentlich auch in Hausgärten. Diese Mischung ist durch ein breites Artenspektrum mit 17 % Kräuteranteil geprägt. Diese Rasenmischung ist als Pollen- und Nektarspender sehr insektenfreundlich.
- RSM 3.1 Sportrasen Neuanlage: Diese Saatgutmischung ist für die Neuanlage von Sportplätzen geeignet. Ihre Belastbarkeit ist hoch bei mittleren bis hohen Pflegeansprüchen. Sie besteht aus Poa pratenis und Lollium perenne.
- RSM 3.2 Sportrasen Regeneration: Dient der Nachsaat von Rasensportplätzen, er kann aus 85 % Lolium perenne in mehreren Sorten und 15 % Poa pratensis zusammengesetzt werden.
- RSM 4.1 Golfrasen Grün, Vorgrün: Diese Mischung ist in vier verschiedenen Varianten erhältlich. Varianten 1 und 2 sind für höchste Ansprüche bei besonders hohem Pflegebedarf, Variante 3 für hohe Ansprüche und hohen Pflegebedarf, Variante 4 ist für mäßige Beanspruchung bei gleichzeitig niedrigem Bedarf an Wasser und Nährstoffen. Variante 1 ist eine Mischung aus Agrostis stolonifera, während die drei anderen Varianten mindestens noch Festuca rubra untergemischt haben. Bei Variante 3 wird Agrostis stolonifera ersetzt durch Agrostis capillaris. Variante 4 weist gar kein Agrostis auf.
- RSM 4.3 Golfrasen Abschlag: zeichnet sich durch eine hohe Belastbarkeit und Regenerationsfähigkeit bei gleichzeitig hohem Pflegeaufwand aus.
- RSM 4.4 Golfrasen Spielbahn, Vorgrün: Auch diese Mischung ist in vier Varianten erhältlich. Während Variante 1 und 4 besonders für erosions-, verschlämmungs- und verunkrautungsgefährdete Flächen vor allem in Hanglagen geeignet sind, sind Variante 2 und 3 für nahezu unkrautfreie Böden, die nicht erosions- und verschlämmungsgefährdet sind. Variante 2 für eher trockene Lagen und Variante 3 für eher feuchte Lagen.
- RSM 4.5 Golfrasen Semirough, Playable Rough: Dieses Saatgut entspricht mit seinen beiden Varianten den Varianten 1 und 2 der RSM 4.4.

- RSM 5.1 Parkplatzrasen, ist für Bankette gleichermaßen geeignet wie für die Anlage von Schotterrasen und natürlich für die Ansaat begrünbarer Pflaster- und Plattenbeläge.
- RSM 6.1 Extensive Dachbegrünung, findet als Gras-Kraut-Vegetation (Verhältnis in %: ca. 65:35) auf Dachflächen Verwendung mit einer Vegetationsschicht von ca. 10–15 cm Dicke. Das breite Artenspektrum wird geprägt von den Gräsern Agrostis capillaris, Anthoxanthum odoratum, Festuca ovina, Festuca rubra commutata, Festuca rubra trichophylla, Poa compressa und Poa pratensis. Der Kräuteranteil kann je nach Standortbedingungen variieren. Durch den hohen Kräuteranteil ist diese Mischung insektenfreundlich.
- RSM 7.1 Landschaftsrasen – Standard: Diese Mischung wird in den Varianten RSM 7.1.1 ohne Kräuter und RSM 7.1.2 mit Kräutern überwiegend in der freien Landschaft, an Verkehrswegen, zur Rekultivierung und im öffentlichen Grün eingesetzt.
- RSM 7.2 Landschaftsrasen –Trockenlagen: Diese Mischung wird als RSM 7.2.1 ohne Kräuter und RSM 7.2.2 mit Kräutern angewendet. Sie findet vor allem Anwendung in Rekultivierungs- und Verkehrsnebenflächen sowie in viel genutzten Flächen des privaten wie auch öffentlichen Grüns.
- RSM 7.3 Landschaftsrasen – Feuchtlagen: Diese Mischung findet bevorzugt bei durch Staunässe gefährdeten Böden in der freien Landschaft sowie im öffentlichen Grün bei extensiv genutzten Flächen Verwendung.
- RSM 7.4 Landschaftsrasen – Halbschatten: Besonders im Halbschatten in der freien Landschaft sowie bei extensiv genutzten Flächen im öffentlichen Grün und bei Privatgärten kommt diese Mischung zum Einsatz.
- RSM 8.1 Biotopflächen/artenreiches Extensivgrünland: Diese Mischung wird in vier Varianten je nach Standort und Anwendungsbereich mit verschiedenen Gras- und Kräuterarten im Verhältnis 70:30 zusammengestellt, sie wird dadurch sehr insektenfreundlich. Alternativ kann die Begrünung solcher Flächen auch mit Heumulch-, Heudrusch- und Ökotypensaatgut oder Grünlandboden hergestellt werden.
- Anmerkung: Es gibt keine RSM-7- und -8-Mischungen mit regionalem Saatgut. Die von der FLL empfohlenen Regiosaatgut-Mischungen, die die nichtregionalen RSM-7-Mischungen (sowie auch die RSM-8-Mischungen) ersetzen sollen, heißen „RSM Regio".

Kennzeichnung von Regelsaatgut

Regelsaatgutmischungen müssen gemäß Saatgutverkehrsgesetz mit einem grünen Etikett folgendermaßen gekennzeichnet sein:

- Packungseinheit > 2 kg/< 10kg
- Kenn-Nr. des Mischbetriebs
- Behördl. Registrierte Mischungs-Nr.
- Verwendungszweck
- Rasentyp
- RSM-Typ „Gebrauchsrasen-Spielrasen“
- Gew.-% Grasart
- Grassorte
- Packungsinhalt

Wenn Verschluss und Kennzeichnung dem „Saatgutverkehrsgesetz“ entsprechen, gelten Reinheit, Keimfähigkeit, Fremdartenbesatz und Arten- und Sortenechtheit als nachgewiesen. In Zweifelsfällen sind Rückstellproben und Kennzeichnungsmaterial zu entnehmen, um Reinheit, Keimfähigkeit, Fremdartenbesatz und Arten- und Sortenechtheit durch Auszählung und Versuche zu überprüfen.

Zusammensetzung der Regelsaatgutmischungen

Alle Rasengräser gehören zur Familie der Süßgräser. Ganz grob können die Rasengräser nach ihrer Wuchsform eingeteilt werden. Horstartig wachsend z. B. Deutsches Weidelgras und Horstrotschwingel. Bei der horstbildenden Wuchsform stehen die Seitentriebe dicht nebeneinander. Sie bilden sich direkt aus der Mutterpflanze und lassen ein kreisrundes Büschel entstehen, der als Horst bezeichnet wird. Unterirdische Ausläufer hat die Wiesenrispe. Oberirdische Ausläufer weist das Flechtstraußgras auf. Charakteristisch für die ausläuferbildende Wuchsform sind die verlängerten Seitentriebe. Diese können oberirdisch von der Stängelbasis aus wachsen oder eben unterirdisch vom Wurzelhals aus. In beiden Fällen entwickeln sich die Triebe seitlich von der Mutterpflanze weg und können neue Pflanzen (Absenker) hervorbringen. Für eine sichere Definition der einzelnen Grasarten gibt es diverse Bestimmungsschlüssel. Die Regelsaatgutmischungen bestehen überwiegend aus folgenden Grasarten:

Agrostis cappillaris (Rotes Straußgras): Wie alle Agrostisgräser ist es eine feinblättrige, meist etwas helle, schon sehr früh gezüchtete Grasart für Zier- und Gebrauchsrasen. Ihr Nährstoff- und Wasserbedarf ist nicht sehr hoch. Es bildet sowohl ober- als auch unterirdische Ausläufer. Rotes Straußgras ist schnittfest und einigermaßen belastbar. Ihre Winterfarbe ist wenig attraktiv.

Agrostis stolonifera (Flechtstraußgras): Eine feinblättrige, meist etwas helle Grasart mit sehr langen oberirdischen Ausläufern. Hauptsächlich für Zierrasen und auf Golfgrüns verwendet. Ihr Nährstoff- und Wasserbedarf ist höher als beim Roten Straußgras, und es gedeiht auch auf feuchten und vernässten Flächen. Sie ist die tiefschnittverträglichste Grasart, und wie alle Straußgräser sehr trittfest und belastbar. Keine schöne Winterfärbung. Anfällig für Fäulniskrankheiten (Schneeschimmel).

Festuca arundinacea (Rohrschwingel): Etwas grobes, trockenheitsverträgliches Horstgras für Gebrauchsrasen. Mit mittleren Nährstoffansprüchen. Schnittverträglich und mäßig belastbar.

Festuca ovina (Schafschwingel): Sammelname für mehrere Arten oder Unterarten (Gemeiner Schafschwingel, Härtlicher Schafschwingel, Feinblättriger Schwingel). Typisches Horstgras mit borstigen Blättern, niedrigwachsend. Geringer Nährstoff- und Wasserbedarf. Schnittfest, aber weniger belastbar.

Rotschwingel (Festuca rubra): Sammelname für hauptsächlich drei Unterarten: Horst-Rotschwingel, Kurzausläufer-Rotschwingel und Ausläufer-Rotschwingel. Der Ausläufer-Rotschwingel (Festuca rubra rubra) bildet lange Ausläufer. Wie alle anderen Rotschwingelarten bildet auch er eine sehr feine Rasennarbe, die zwar dichtwüchsig, aber nur mäßig belastbar ist. Der Ausläufer-Rotschwingel ist ein wichtiger Bestandteil in Rasenmischungen für Gebrauchs- und Landschaftsrasen, aber auch für Kräuterrasen und Blumenwiesen.

Horst-Rotschwingel (Festuca rubra commutata): Unterscheidet sich durch seine horstbildende Eigenschaft von den anderen Unterarten des Rotschwingels. Er bildet geschlossene Horste aus, die sehr dichtwüchsig sind und eine gute Winterfarbe haben. Für Zierrasen, Gebrauchsrasen, Landschaftsrasen, aber auch für Kräuterrasen und Blumenwiesen ist der Horst-Rotschwingel besonders geeignet. Im Gegensatz zum Ausläufer-

Rotschwingel sind für den Kurzausläufer-Rotschwingel (Festuca rubra trichophylla) nur sehr kurze Ausläufer charakteristisch. Wie alle Rotschwingelarten (Festuca rubra) bildet er wegen der typischen schmalen und borstigen Blätter eine sehr feine, aber dennoch dichte Rasennarbe mit schöner Grünfärbung im Sommer. Diese ist allerdings nur mäßig belastbar. Der Kurzausläufer-Rotschwingel ist ein wichtiges Gras für fast alle Rasentypen, so z. B. für Zierrasen, Gebrauchs- und Landschaftsrasen sowie für Kräuterrasen und Blumenwiesen.

Deutsches Weidelgras (Lolium perenne): Horstig wachsendes Gras mit mittelgrünen auf der Unterseite glänzenden Blättern. Wichtigstes Gras für Strapazierrasen (Sportplätze). Hohe Nährstoff- und Feuchteansprüche. Schneller Auflauf und bestes Regenerationsvermögen. Es bildet eine dichte Narbe und ist trittfest. Schnittverträglich und stark bis sehr stark belastbar. Etwas anfällig gegen einige Fäulniskrankheiten. Neben dem Rotschwingel eines der Gräser mit der höchsten Sortenanzahl.

Poa prantensis (Wiesenrispe): Sowohl fein- als auch breitblättrige Sorten mit unterirdischen Ausläufern (Rhizome). Hauptsächlicher Einsatzbereich Strapazierrasen, aber auch im Gebrauchsrasen. Hoher Nährstoff- und mittlerer Wasserbedarf. Schnittverträglich und belastbar. Langsam keimend. Rostempfindlichkeit sortenabhängig.

Poa supina (Lägerrispe): Kurzes, breites und helles Blatt. Bildet oberirdische Ausläufer aus. Hellgrüne Winterfärbung. Beste Schattenverträglichkeit auch bei regelmäßigem Schnitt. Sehr stark belastbar und schnittverträglich (auch Tiefschnitt). Hoher Nährstoff- und Wasserbedarf, sehr konkurrenzstark. Bildet oberirdische Ausläufer, Scherfestigkeit mäßig. Anfällig für Schneeschimmel.

Bodenvorbereitung, Einsaat und Anwachsen

Bodenvorbereitung und Einsaat gemäß DIN 18917

Für die Bodenvorbereitung (Baugrund und Vegetationsschicht) sind die Empfehlungen der DIN 18915, für die Einsaat der DIN 18917 „Rasen und Saatarbeiten" zu beachten.

Auf Grundlage der Voruntersuchungen ist zunächst festzulegen, ob der anstehende Boden für eine Rasenansaat geeignet oder zuvor zu verbessern oder sogar auszutauschen ist. Bei sandigen Böden kann das Anreichern mit organischer Substanz zur Erhöhung der Wasser- und Nährstoffspeicherfähigkeit sinnvoll sein. Bei stark bindigen Böden kann das Einmischen von Sand oder sonstigen mineralischen Hilfsstoffen den Luft-/Wasserhaushalt verbessern.

Die notwendige Dicke der Rasentragschicht hängt vom Verwendungszweck und den Örtlichkeiten ab. In der Regel wird diese oberste Vegetationsschicht 10–30 cm stark eingebaut.

Je nach vorhandenem Boden ist das Einbringen einer stickstoffbetonten Starterdüngung und eines Bodenaktivators sinnvoll.

Vorhandene Verdichtungen durch Baustellentätigkeit etc. sind tiefgründig zu lockern.

Sind Maulwurfsperren zu verlegen, so sind diese mit max. 10 cm Boden zu überdecken.

Für die Herstellung des Feinplanums ist in aller Regel eine Bodenlockerung erforderlich. Erfolgt diese tiefer als 5 cm, ist vor der Herstellung des Feinplanums gleichmäßig z. B. mit Walzen oder Rütteleggen rückzuverdichten. Das Feinplanum für Rasenflächen ist, wenn nicht ausdrücklich anders vereinbart, an die örtlichen Gegebenheiten angepasst und möglichst weitläufig und gleichmäßig ausgezogen zu modellieren. Für Ansaaten sind Anschlüsse an Einfassungen, Beläge und dergleichen im Regelfall bündig herzustellen. Abweichungen nach unten sind bis 2 cm zulässig.

Für die Herstellung der Ebenheit gelten folgende Anforderungen:

Tabelle 1: *Anforderungen an die Bodenebenheit*

<table>
<tr><th colspan="2" rowspan="2">Kategorie</th><th rowspan="2">Anwendung</th><th colspan="2">Stichmaß als Grenzwert bei Messpunktabstand</th></tr>
<tr><th>2 m</th><th>4 m</th></tr>
<tr><td>0</td><td colspan="2">extensive Flächen, Rekultivierungsflächen, Wiesen, Straßenbegleitgrün</td><td colspan="2">keine Anforderung</td></tr>
<tr><td>1</td><td colspan="2">Flächen in der Landschaft, Straßenbegleitgrün, extensive Flächen, Rekultivierungsflächen, Wiesen</td><td>8 cm</td><td>10 cm</td></tr>
<tr><td>2</td><td colspan="2">Flächen in der Landschaft, Straßenbegleitgrün</td><td>5 cm</td><td>7 cm</td></tr>
<tr><td>3</td><td colspan="2">öffentliches Grün, Wohnsiedlungen, Hausgärten, Freizeitsport- und Spielflächen, Liegewiesen, Repräsentationsgrün</td><td>4 cm</td><td>5 cm</td></tr>
<tr><td>4</td><td colspan="2">Hausgarten, Repräsentationsgrün</td><td>2 cm</td><td>3 cm</td></tr>
</table>

Ansaaten benötigen zur Keimung und zum Auflaufen neben einer ausreichenden Bodenfeuchte Bodentemperaturen von mindestens 8 °C. Dies ist i. d. R. von Mai bis September gegeben. Bei starker Trockenheit oder zu kühlen Temperaturen können sich Verzögerungen beim Keimen wie auch unerwünschte Verschiebungen in der Zusammensetzung der Rasenarten ergeben. Bei Saatgutmischungen ist die Saatgutmenge auf den Standort und das Begrünungsziel abzustimmen. Die Regel-Aussaatmengen sind den „RSM Rasen" zu entnehmen:

Tabelle 2: *Regel Aussatmenge nach „RSM Rasen"*

<table>
<tr><th>Regelsaatgutmischung</th><th>Saatgutmenge in g pro m²</th></tr>
<tr><td>1.1 Zierrasen</td><td>Variante 1 und 2:25</td></tr>
<tr><td>2.2 Gebrauchsrasen Trockenlagen</td><td>Variante 1:25 und Variante 2:35</td></tr>
<tr><td>2.3 Gebrauchsrasen/Spielrasen</td><td>25</td></tr>
<tr><td>2.4 Gebrauchsrasen Kräuterrasen</td><td>10</td></tr>
<tr><td>3.1 Sportrasen Neuanlage</td><td>25</td></tr>
<tr><td>3.2 Sportrasen Regeneration</td><td>30</td></tr>
<tr><td>4.1. Golfrasen Grün, Vorgrün</td><td>Variante 1:5, Variante 2:20, Variante 3:20, Variante 4:30</td></tr>
<tr><td>4.3 Golfrasen Abschlag</td><td>25</td></tr>
<tr><td>4.4 Golfrasen Spielbahn, Vorgrün</td><td>25</td></tr>
<tr><td>4.5 Golfrasen Semirough, Playable Rough</td><td>Variante 1 und 2:25</td></tr>
<tr><td>5.1 Parkplatzrasen</td><td>25</td></tr>
<tr><td>6.1 Extensive Dachbegrünung</td><td>5 g bei Kombi mit Sedum-Sprossen 3 g</td></tr>
<tr><td>7.1.1 Landschaftsrasen Standard ohne Kräuter</td><td rowspan="5">20, bei Gefährdung der Bestandsentwicklung durch Erosion 2 g Bromus scalinus oder 2 g Secale cereale zugeben</td></tr>
<tr><td>7.1.2 Landschaftsrasen Standard mit Kräuter</td></tr>
<tr><td>7.2.1 Landschaftsrasen Trockenlagen mit Kräuter</td></tr>
<tr><td>7.3 Landschaftsrasen Feuchtlagen</td></tr>
<tr><td>7.4 Landschaftsrasen Halbschatten</td></tr>
<tr><td>8.1. Biotopflächen artenreiches Extensivgrünland</td><td>5 g (3–7g), bei Erosionsgefahr 15 g und Halbierung des Kräuteranteils</td></tr>
</table>

Das Rasensaatgut ist gleichmäßig auszubringen, flach, jedoch nicht tiefer als 1 cm einzuarbeiten und (durch Anwalzen) anzudrücken. Während der Ansaat ist darauf zu achten, dass sich das Saatgut nicht entmischt. Saatgut mit stark abweichenden Korngrößen, z. B. grobkörnige Leguminosen, feinkörnige Kräuter, ist stets in einem gesonderten Arbeitsgang auszubringen. Auf kleinen Flächen, die von Hand gesät werden, wird das Saatgut in zwei gekreuzten Arbeitsgängen ausgebracht.

Anwuchserfolg durch Fertigstellungspflege

Zum Erreichen eines Anwuchserfolgs sind nach der Ansaat Leistungen zur Fertigstellung (Fertigstellungspflege) erforderlich. Diese haben zum Ziel, einen Zustand zu erreichen, der die Weiterentwicklung gemäß DIN 18919 gewährleistet. Art, Umfang und ggf. Zeitpunkt der Leistungen sind im Einzelnen festzulegen bzw. richten sich nach dem Zeitpunkt der Ansaat, der Art der vorgesehenen Nutzung und den Standortverhältnissen. Eine eingeschränkte Nutzung der Rasenfläche ist u. a. in Abhängigkeit von der Witterung nach Ende der Leistungen zur Fertigstellung (Fertigstellungspflege) möglich. Der voll funktionsfähige Zustand der Rasenfläche wird aber immer erst mit Beginn der Instandhaltungsleistungen zur Entwicklung (Entwicklungspflege) nach DIN 18919 erreicht.

Kriterien für den Anwuchserfolg

- Ansaaten von Zier-, Gebrauchs- und Strapazierrasen müssen einen gleichmäßigen Bestand in Wuchs und Verteilung bilden, der im geschnittenen Zustand eine Bodendeckung von mind. 70 % aus Pflanzen der geforderten Saatgutmischung aufweist.
- Ansaaten von Landschaftsrasen (Extensivrasen) müssen einen möglichst gleichmäßigen Bestand in Wuchs und Verteilung bilden, der im geschnittenen Zustand eine Bodenbedeckung von mind. 40 % aus Pflanzen der geforderten Saatgutmischung aufweist.
- Ansaaten von Landschaftsrasen mit besonderen Begrünungszielen oder auf extremen Standorten (z. B. Magerrasen, Haldenbegrünung) können u. U. andere Anforderung aufweisen.

- Ansaaten mit gebietseigenem Saatgut müssen einen möglichst gleichmäßigen Bestand in Wuchs und Verteilung bilden, der im geschnittenen Zustand eine Bodenbedeckung von mind. 30 % aus Pflanzen der geforderten Saatmischung gebietseigener Herkunft aufweist. Andere nicht störende Gräser und Kräuter dürfen dabei berücksichtigt werden.
- Ansaaten mit Reinsaaten und Mischungen für Zwischenbegrünungen, Untersaaten und Voranbau müssen gleichmäßig aufgelaufen sein.

Pflegemaßnahmen zum Erreichen des Anwuchserfolgs

Mähen: Der erste Schnitt dient insbesondere dazu, ggf. aufgelaufene bodenbürtige Kräuter, z. B. Melde, Gänsefuß, Falsche Kamille, aus der Vegetationstragschicht zu entfernen. Das Mähgut des ersten Schnitts sowie verklumptes Schnittgut sind zu entfernen. Weiterer unerwünschter Aufwuchs wird durch regelmäßige Schnitte bekämpft.

Bei Ansaaten von Zier-, Gebrauchs- und Strapazierrasen ist der Anwuchserfolg in Abhängigkeit von Witterungsverhältnissen, Standortbedingungen und verwendeten Arten im Regelfall mit sechs Schnitten zu erreichen. Bei Ansaaten von Landschaftsrasen (Extensivrasen) ist der Anwuchserfolg im Regelfall mit zwei Schnitten zu erreichen. Die Schnitte erfolgen im Idealfall bei Wuchshöhen zwischen 6 cm und 10 cm. Die Schnitthöhen sollten 4–6 cm betragen.

Wässern: Die Intervalle und Mengen sind auf den Keim- und Wachstumszustand abzustimmen. Das Wasser ist in möglichst feinen Tropfen auszubringen. Ansaaten von Landschaftsrasen sowie von Gebrauchsrasen mit geringen Anforderungen sind i. d. R. nicht zu beregnen.

Düngen: Zur Förderung des Anwuchserfolgs bei Rasenflächen ist eine Düngung mit 5 g/m^2 schnell verfügbarem Stickstoff (Rein-N) nach dem 1. Schnitt zweckmäßig. Besondere Begrünungsziele können davon abweichende Düngergaben notwendig machen.

Für weitere Düngungen ist eine Bestimmung des Nährstoffgehalts zu empfehlen.

Rollrasen/Fertigrasen

Für Fertigrasen gelten einige von Ansaaten abweichende Besonderheiten.

Bodenvorbereitung

Der Anzuchtboden des Fertigrasens ist auf die Vegetationstragschicht abzustimmen. Der Anzuchtboden des Fertigrasens darf z. B. nicht erheblich bindiger aber auch nicht erheblich sandiger sein als die vorhandene Vegetationstragschicht. Für Anzuchtboden und Vegetationstragschicht sind möglichst gleiche oder zumindest benachbarte Bodengruppen nach DIN 18196 anzustreben. Gegebenenfalls ist die Vegetationstragschicht mit Maßnahmen nach DIN 18915 zu verbessern.

Eine phosphorbetonte Düngung der Vegetationstragschicht vor dem Verlegen fördert das Einwurzeln des Fertigrasens.

Verlegung

Fertigrasen darf bei Frost, gefrorenem Boden oder zu hoher Bodenfeuchte nicht verlegt werden. Höhenanschlüsse sind im Regelfall auf die Schäldicke abzustimmen, sodass nach der Verlegung die Oberseite des Anzuchtbodens mit Einfassungen, Belägen und dergleichen bündig ist. Abweichungen nach unten sind bis 2 cm zulässig.

Fertigrasen sollte nach der Anlieferung auf der Baustelle unverzüglich verlegt werden. Die einzelnen Bahnen des Fertigrasens sind eng aneinander zu stoßen. Die Querstöße sind zu versetzen. Nach dem Verlegen sind die Flächen gleichmäßig mit einer Rasenwalze anzudrücken und ggf. schon während des Verlegens durchdringend zu wässern.

Auf Böschungsflächen mit einer Neigung steiler als 1:2 sind die Rasenstücke mit mindestens zwei Rasennägeln je m^2 zu befestigen, jedes Einzelstück jedoch mit mind. einem Nagel. Die Rasennägel sollten eine Länge von etwa 20 cm haben und verrottbar sein, z. B. Holz, Bambus.

Folgende Vorgaben gelten für das Erreichen des Anwuchserfolgs

Fertigrasen muss gleichmäßig und nicht abhebbar mit der Vegetationstragschicht verwurzelt sein. Dies ist i. d. R. nach zwei Rasenschnitten erreicht.

Sollen die Zusammensetzung der Arten und die Bodenbeschaffenheit der Sode geprüft werden, hat die Prüfung nach „TL Fertigrasen" spätestens 14 Tage nach der Verlegung zu erfolgen. Gemäß DIN 18035 ist nach dem 1. Schnitt eine Düngergabe mit 4–6 g Stickstoff aufzubringen, und Rasenschnitte sind durchzuführen bei einer Aufwuchshöhe von 6–8 cm. Fertigrasen darf nicht kürzer als 3 cm geschnitten werden.

Dachbegrünung

Grundlagen

Dachbegrünungen und Begrünungen auf unterbauten Flächen, wie z. B. Tiefgaragen, stellen innerhalb der Leistungen des Garten- und Landschaftsbaus insofern eine Besonderheit dar, als dass einerseits eine Zusammenarbeit mit anderen Planern und Baufirmen (z. B. Architekt, Statiker, Haustechniker, Dachdecker) erforderlich ist und dass andererseits das Schadensrisiko und die Kosten bei eventuellen Schäden erheblich sind. Hinzu kommen logistische Herausforderungen bei den vielfach schlecht erreichbaren Flächen.

Die Grundlagen der Dachbegrünung und die Anforderungen an Planung, Bau und Instandhaltung sind in der Literatur und insbesondere in den FLL-Richtlinien und den Veröffentlichungen des Bundesverbands GebäudeGrün e. V. mittlerweile gut dargestellt. Mindestens die FLL-Richtlinien sind deshalb auch dann als Stand der Technik anzusehen, wenn sie nicht ausdrücklich im Vertrag vereinbart oder über die VOB/B und damit über ATV DIN 18320 in den Vertrag einbezogen sind. Jedoch sind auch Abweichungen davon möglich. Die sollten dann aber bewusst und am besten nur in Absprache mit dem Auftraggeber erfolgen.

Normen und andere Regelwerke

In den Richtlinien für Planung, Bau- und Instandhaltung von Dachbegrünungen – Dachbegrünungsrichtlinien (Ausgabe 2018) der FLL sind Verweise auf viele Normen zu Baustoffen, Entwässerung, Brandschutz, Dachabdichtung, Windlast, Gebäudestatik sowie viele andere Richtlinien, die zu beachten sind, enthalten. Neben den Dachbegrünungsrichtlinien der FLL sollen deshalb hier nur noch die folgenden besonders erwähnt werden:

- Empfehlungen zu Planung und Bau von Verkehrsflächen auf Bauwerken der FLL (2005)
- Hinweise zu Pflege und Wartung von begrünten Dächern der FLL (2002)
- Fachregel für Abdichtungen – Flachdachrichtlinie, des Zentralverbands des Deutschen Dachdeckerhandwerks ZVDH (2017)

- DIN 18531 – Abdichtungen von Dächern sowie Balkonen, Loggien und Laubengängen – nicht genutzte und genutzte Dächer, Teile 1–3 (2017)

Was gilt es, vor Baubeginn zu prüfen:

- Was für eine Dachbegrünung ist vorgesehen (extensiv einschichtig, extensiv mehrschichtig, einfach intensiv, intensiv)? Welche Aufbauhöhe ist dafür erforderlich?
- Ist eine Kombination mit Photovoltaik und/oder einer Solaranlage zur Brauchwassererwärmung vorgesehen?
- Wie ist die Erreichbarkeit des Daches (Kran, Schrägaufzug, Fahrstuhl, Leitern, Treppenhaus)?
- Wo können Material und Maschinen angeliefert, gelagert und die Baustelleneinrichtung vorgesehen werden?
- Ist eine Absturzsicherung vorhanden oder vorgesehen? Wenn Brüstungen oder Geländer während der Bauzeit vom Hochbau gestellt werden, dürfen sie nicht abgebaut werden, bevor die Dachgärtner kommen. Für die spätere Pflege reichen bei Extensivbegrünungen, die nicht für einen dauerhaften Aufenthalt auf dem Dachgarten vorgesehen sind, auch Anschlagvorrichtungen für die persönliche Schutzausrüstung.
- Notwendige Wege zur Wartung technischer Anlagen, Antennen, Telefonmasten, Klimaaggregate, Photovoltaikmodule u. Ä.
- Sind eine regelmäßige Pflege der Dachbegrünung sowie eine Kontrolle der technischen Einrichtungen gewährleistet?
- Gibt es mindestens einen Wasseranschluss zur Bewässerung auf dem Dach?
- Ist die Zugänglichkeit des Daches für die Pflege- und Kontrollgänge gegeben? Sind die Zugänge (Treppe, Leiter, Türe, Luke) ausreichend groß, um Material, Arbeitswerkzeug und Transportgefäße auf das Dach und vom Dach bringen zu können?

Anforderungen an das Bauwerk

- Hat das Dach eine ausreichende Tragfähigkeit für den vorgesehenen Begrünungsaufbau? Ist die Tragfähigkeit auch für die Bauphase ausreichend, wenn Materialien lose, als Sackware, Rollen (Dichtung, Wurzelschutz, Vlies) oder auf Paletten auf dem Dach zwischengelagert werden müssen?
- Gibt es Randeinfassungen bzw. eine Attika in für die vorgesehene Dachbegrünung ausreichender Höhe?
- Beim Steildach: Welche Dachneigung ist vorhanden? Welche Abrutschsicherungen sind vorgesehen oder nötig?
- Lage von Abdichtung und Wärmedämmung (oben liegende Abdichtung könnte leichter beschädigt werden).
- Ist die Dämmung ausreichend druckfest für das Gewicht des Begrünungsaufbaus und der Pflanzen, aber auch für die Lasten beim Bauen (z. B. Materiallager, beladene Paletten, Maschinen).

Entwässerung:

- Ist ein ausreichendes Gefälle zur Entwässerung beim Flachdach vorhanden? Wie ist die Länge des Gefälles (nicht mehr als 20 m)?
- Bei Intensivbegrünung mit Anstaubewässerung: Ist kein Gefälle vorhanden (Null-Grad-Dach) oder muss erst noch ein Gefälleausgleich hergestellt werden?
- Sofern keine Entwässerung über die Dachtraufe erfolgt: Sind Notüberläufe vorhanden und werden diese nicht durch den Begrünungsaufbau in ihrer Funktion beeinträchtigt?
- Gibt es ausreichend Abläufe (bei größeren Flächen für Vegetations- und befestigte Flächen getrennt!)?
- Können die ggf. vor Türen notwendigen Kastenrinnen an die Entwässerung angeschlossen werden?
- Ist gewährleistet, dass von angrenzenden Fassaden und höheren Dächern kein zusätzliches Regenwasser in die Vegetationsflächen gelangt, sondern über Kiesstreifen, Dränage oder Rinnen außerhalb der Vegetationsflächen abgeführt werden kann?
- Falls keine Freispiegel-, sondern eine Druckentwässerung vorhanden ist: Rücksprache mit dem Fachplaner erforderlich, wie weit diese mit Vegetationsflächen funktioniert (da das Ablaufwasser nur verzögert ankommt).

- Dachabläufe in Vegetationsflächen sollten zum Schutz vor Verunreinigung (Laub) und einwachsenden Pflanzen (Wurzeln, Triebe) immer mit einem Kontrollschacht umgeben sein. Kies oder Platten als Schutz um die Kontrollschächte werden empfohlen.
- Bei Steildächern erfolgt die Entwässerung immer an der Dachtraufe, entweder mit außen oder mit innen liegender Dachrinne. Auf jeden Fall ist ein ausreichend dimensionierter Kiesstreifen, ggf. mit einem Dränrohr, innerhalb der Traufe vorzusehen, da Steildächer einen höheren und schnellen Abfluss aufweisen.

Abdichtung

Gemäß den FLL-Richtlinien werden bei An- und Abschlüssen unterschieden:

- aufgehende Bauteile
- Türen
- barrierefreie Übergänge
- Dachdurchdringungen
- Dachränder

Gemäß Flachdachrichtlinie des ZVDH müssen Dachabdichtungen an aufgehenden Bauteilen

- bis 5° Dachneigung mind. 15 cm,
- über 5° Dachneigungen mind. 10 cm

und bei Abschlüssen an freien Dachrändern

- bis 5° Dachneigung 10 cm und
- über 5° Dachneigung 5 cm

betragen. In schneereichen Gebieten sind ggf. größere Anschlusshöhen erforderlich.

Bei nicht ausreichender Attikahöhe oder sogar ganz fehlender Attika liegt der Aufbau der Belags und/oder der Vegetationsflächen nicht hoch genug über der Oberkante der Abdichtung. In diesem Fall muss der Aufbau zurückgesetzt und mit einer Einfassung abgegrenzt werden, um die erforderlichen Anschlusshöhen einzuhalten.

Die an Türen eigentlich nötige Stufe von mind. 15 cm Höhe wird bei regelmäßig begangenen Dächern von den Bauherren und Nutzern meist nicht gewollt. Wird durch besondere Maßnahmen sichergestellt, dass kein Wasser eindringen und die Dachabdichtung hinterlaufen kann, oder dass das Wasser im Türbereich ablaufen kann, sind auch Türschwellen von 5 cm möglich. In Sonderfällen sind ebene Ausgänge möglich, die mit dem Planer, dem Türhersteller und der Einbaufirma abzustimmen sind, weil hier die Abdichtung eben gerade nicht über die Oberkante der wasserführenden Ebene, also i. d. R. den Terrassenbelag vor der Tür, hinausgezogen werden kann. Neben einer besonderen Tür mit speziellem Flanschrahmen und Abdichtung und einem Schlagregen- und Spritzwasserschutz (Überdachung) kann auch vonseiten des GaLaBaus zum Gelingen dieser Konstruktion beigetragen werden: Es muss ein ausreichendes Gefälle im Belag vor der Tür von dieser weg hergestellt werden. Außerdem ist ein Entwässerungsrost oder eine -rinne, ggf. sogar beheizbar (gegen Eisbildung), mit direktem Anschluss an die Entwässerung vor der Tür einzubauen.

Nachträgliche Einbauten und Ausstattungselemente (z. B. Rankgerüste, Leuchten) sollten nicht mehr durch die Abdichtung hindurch in der tragenden Decke befestigt werden, da hierfür der Dachdecker erforderlich wäre und der Streit bei späteren Undichtigkeiten vorprogrammiert ist. Besser ist eine Befestigung an lastverteilenden Platten im oder unterhalb des Begrünungsaufbaus. Dies gilt auch für die Verankerung von größeren Gehölzen, die an aufgehenden Wänden, niedrigen Wänden zwischen Brandschutzabschnitten oder der Attika erfolgen kann, sofern die Gehölze dort in der Nähe stehen.

Wichtige Fragen zum Thema Abdichtung:

- Sind die Anschlüsse an Rändern, aufgehenden Bauteilen und Einbauten, z. B. Lichtkuppeln, Antennen, ordnungsgemäß und dicht hergestellt?
- Ist die Dachabdichtung wurzelfest oder muss eine gesonderte Wurzelschutzfolie eingebaut werden? Liegen aktuelle Prüfzeugnisse der Dichtungsbahn oder Wurzelschutzfolie nach FLL-Prüfung vor?
- Ist ein Leckortungssystem/-gitter unter der Dachabdichtung vorhanden?
- Trennung der Gewerke: Ist eine Prüfung und Abnahme der Vorleistungen (Dachabdichtung, Schutzschichten oder Dränschicht) erfolgt? Gibt es ein Abnahmeprotokoll für die

ordnungsgemäße Herstellung der Fugen der Dichtungsbahnen, der Befestigung an den Rändern und an Einbauten und Durchdringungen?

Sonderthemen:

- Ist das Freihalten von Bauwerksfugen, Brandschutzstreifen und Blitzschutzanlagen berücksichtigt?
- Ist ein Außenaufzug zur Fassaden- oder Fensterreinigung vorgesehen und sind die Schienen dafür auf dem Dach von der Dachbegrünung freigehalten?
- Wie sind die Windströmungsverhältnisse? In Abhängigkeit von der Höhe, anderen Gebäuden und höheren Gebäudeteilen kann es zu erhöhter Winderosion oder Austrocknung kommen, sodass Schutzmaßnahmen erforderlich werden können.
- Der Niederschlag kann durch höhere Gebäudeteile abgelenkt werden oder an aufgehenden Fassaden ablaufen und muss für die Vegetation schadlos abgeleitet werden.
- Sind an den Rändern, vor aufgehenden Bauteilen und um Einbauten Kies- oder Plattenstreifen vorgesehen?

Windsogsicherung

Abhängig vom Standort sowie von Form und Höhe des Gebäudes sind erhebliche Windbelastungen anzusetzen. Sowohl in der Phase der Bauausführung als auch im fertigen Zustand können deshalb Schutzmaßnahmen erforderlich werden; dies betrifft insbesondere die Eck-, Rand und Firstbereiche, vgl. DIN EN 1991-1-4. Beispielsweise müssen Wurzelschutzfolie und Vlies nach dem Auslegen beschwert werden, wenn die Schicht darüber nicht sofort aufgebracht werden kann. Trockene Substrate werden möglicherweise wieder vom Dach geweht, wenn sie nicht feucht gehalten, mit Kleber oder Begrünungsmatten fixiert werden. Größere Pflanzen sollten umgehend befestigt bzw. verspannt werden.

Brandschutz

Größere Gebäude haben Brandschutzstreifen (aufgehende Wände von mind. 30 cm Höhe) oder brauchen 1 m breite Plattenstreifen auf dem Dach, die nicht durch Substrat und Vegetation überdeckt werden dürfen. Um Öffnungen (Lichtkuppeln, Dachluken) sowie vor aufgehenden Wänden mit Fenstern muss ein mind. 50 cm breiter Plattenstreifen angelegt werden.

Während der Bauzeit sind (brennbare) Baustoffe und Verpackungsmaterialien nur in möglichst geringen Mengen und dezentral auf dem Dach zu lagern. Bei der Verwendung von Gasbrennern und Heißluftschweißgeräten (zum Verlegen von Dichtungsbahnen), Trennschneidern und ähnlichen Geräten mit starker Hitzeentwicklung oder der Gefahr von Funkenflug ist äußerste Vorsicht geboten. Brennbare Materialien, wie z. B. Verpackungsreste, sind aus dem Umfeld dieser Geräte zuvor zu entfernen.

Vertrocknete Pflanzenteile sind zu entfernen, Abstandsstreifen von Vegetation freizuhalten. Eine Bekämpfung unerwünschter Vegetation auf Pflaster-, Platten- und Kiesflächen mittels Hitze (Gasbrenner, Infrarotgeräte) sollte wegen des Brandrisikos unbedingt unterbleiben.

Dachbauweisen

Dächer mit Deckungen (Dachziegel, Schindeln) sind i. d. R. nicht für eine Dachbegrünung geeignet. Decken aus WU-Beton, wie z. B. bei Tiefgaragen, können meist ohne eine zusätzliche Wurzelschutzschicht begrünt werden. Bei Dächern mit Abdichtungen („Dachfolie", Dichtungsbahn) können Einschränkungen bei der Dachbegrünung durch die Tragfähigkeit des Daches und die Lage bzw. Verformungsgefahr der Wärmedämmung (wenn diese oberhalb der tragenden Dachkonstruktion liegt) bestehen. Bei belüfteten Dächern besteht die Gefahr, dass das Substrat von unten her durchfrieren kann. Außerdem ist hier meist wenig Last für den Begrünungsaufbau möglich. Bei Umkehrdächern (Wärmedämmung oberhalb der Abdichtung) ist auf eine ausreichende Abführung des Wasserdampfs zu achten; diese muss durch diffusionsoffene Schichten gewährleistet sein.

Dachbegrünung und Solaranlagen

Durch Verdunstung der Vegetation stehen Solarmodule auf einer Dachbegrünung kühler als auf einem unbegrünten Flachdach und haben dadurch einen etwas höheren Wirkungsgrad. Die Dachbegrünung sollte dann allerdings ausreichend mit Wasser versorgt sein (kein trockenes Moos-Sedum-Dach), und die Module können nicht so eng gestellt werden wie auf einem unbegrünten Dach. Die Vegetation darf nicht hoch werden, da eine teilweise Verschattung der Module deren Wirkungsgrad erheblich dämpfen würde. Die Vegetation wird sich unter den Modulen (Regenschatten) und unmittelbar davor (erhöhter Wasserzufluss durch von den Modulen ablaufendes Wasser) unterschiedlich entwickeln. Eine regelmäßige Pflege (Reinigung der Module und Schneiden von zu hohem Aufwuchs davor) ist erforderlich.

Der Begrünungsaufbau kann als Gewicht zur Stabilisierung der Module gerechnet werden, damit diese nicht durch die Dachabdichtung hindurch befestigt werden müssen.

Begrünungsarten und -aufbau

Begrünungsarten

Aufbauhöhe und Vegetation bestimmen den Pflegeaufwand, insbesondere die Bewässerung, und damit die Art der Begrünung:

Intensivbegrünung

Intensivbegrünungen werden mit anspruchsvolleren Pflanzen hergestellt und stellen hohe Ansprüche an den Schichtaufbau und den Pflegeaufwand. Der gesamte Begrünungsaufbau umfasst 15 cm bis über 150 cm, das Gewicht des Begrünungsaufbaus im wassergesättigten Zustand beträgt 150 bis über 500 kg/m². Eine regelmäßige Bewässerung ist erforderlich. Im Grunde sind alle Vegetationsformen bis hin zu Bäumen möglich, die Begrenzung des Wurzelraums erfolgt nur durch die mögliche Aufbauhöhe des Begrünungsaufbaus und die zulässige Dachlast. In Sonderfällen kann der Dachbegrünungsaufbau bei größeren Gehölzen auch dicker ausgebildet („aufgehügelt") werden, wenn das beispielsweise über eine Stütze oder eine tragende Wand statisch unbedenklich ist.

Einfache Intensivbegrünung

Hier beträgt die Gesamtaufbaudicke etwa 12–20 cm, das Gewicht im wassergesättigten Zustand etwa 120 bis 200 kg/m². Eine Bewässerung in längeren Trockenperioden ist erforderlich. Gras-Kraut-Begrünungen und Stauden bis hin zu niedrigen Gehölzen sind möglich.

Extensivbegrünung

Extensivbegrünungen sind dünnschichtige Begrünungsaufbauten von etwa 4 cm bis etwa 20 cm Aufbauhöhe, die i. d. R. ohne Zusatzbewässerung und mit nur ein bis zwei Kontrollgängen jährlich auskommen. Als Gewicht müssen etwa 50–150 kg/m² angesetzt werden. Eine Sonderform stellen dünnschichtige Einschichtbegrünungen (Kostenvorteil durch Einsparen eines Arbeitsgangs) mit möglichst mind. 8 cm Höhe dar, bei denen auf eine Dränschicht verzichtet wird und das Substrat deshalb sehr wasserdurchlässig sein muss, damit es nicht zu Staunässe für die trockenheitsverträglichen Pflanzen kommt. Dünne Substratschichten ohne Bewässerung trocknen schnell aus, weshalb trockenheitsverträgliche Pflanzen erforderlich sind, die Staunässe meist nicht gut vertragen. Dies sind i. A. Moose, Sedum und, wenn die Schichtdicke nicht zu gering ist, trockenheitsverträgliche Kräuter und Gräser.

Eine Sonderform sind Extensivbegrünungen mit Bewässerung oder zumindest mit Wasserbevorratung (Retentionsdach), damit die Luftfeuchte durch Verdunstung erhöht und die Temperatur über dem Dach vermindert wird.

Steildächer

Steildächer werden entweder als Extensivbegrünung, zumeist in einschichtiger Bauweise, oder – bei Rasendächern – als einfache Intensivbegrünung hergestellt. Schon ab einer Dachneigung von 3° muss auf jeden Fall die Dachabdichtung gegen Abrutschen fixiert sein. Ab etwa 10° Neigung sind geeignete Maßnahmen gegen Abrutschen und Verlagerung aufgebrachter Stoffe erforderlich, z. B. Schlinggewebe oder Geogitter im Substrat, eine Dränschicht aus Noppenplatten oder -elementen. Ab 30 ° Dachneigung ist das Erosionsrisiko deutlich erhöht. Die Lastabtragung sollte nur noch über konstruktive Sicherungselemente erfolgen, deren Wirkung statisch berechnet wurde und die gegenüber der Dachabdichtung spannungsfrei eingebaut werden müssen (Schubschwellen, Aufhängungen, kleinteilige Kassetten). Werden die Lasten auf die Traufe abgeleitet, sind deren ausreichende Festigkeit und Tragfähigkeit nachzuweisen. Alle Dachneigungen über 45° sind Sonderkonstruktionen. Das Abrutschen und die Verlagerung des gesamten Aufbaus müssen ähnlich wie bei einer wandgebundenen Fassadenbegrünung durch konstruktive Maßnahmen verhindert werden.

Bei Steildächern ist wegen der expositionsabhängig unterschiedlichen Sonneneinstrahlung, Aufheizung und Austrocknung der Dachseiten mit einem differenzierten Bewässerungsbedarf zu rechnen, die Vegetation für die Dachseiten unterschiedlich auszuwählen und der Auftraggeber auf die sich, wahrscheinlich unterschiedliche Entwicklung der Vegetation bis hin zu einer Umbildung der Bestände, differenziert für die verschiedenen Expositionen, hinzuweisen. Erfahrungsgemäß wird sich auch die Vegetation im Firstbereich langfristig anders entwickeln.

Pflanzenspezifische Faktoren

Der bei höheren Gebäuden i. d. R. stärkere Wind kann empfindliche Pflanzen schädigen und bewirkt eine schnellere Austrocknung des Substrats. Pflanzen für Dachbegrünungen, insbesondere Immergrüne, sind besonders frostgefährdet, da das Substrat wegen seiner geringen Dicke leichter durchfrieren kann und die Pflanzen dann schneller vertrocknen. Abluft (Warmluft, Kaltluft, Abgase) aus Schornsteinen, Klimaanlagen und Lüftungsöffnungen wirkt sich nachteilig auf den Pflanzenwuchs aus. Unter Umständen ist in diesen Bereichen überhaupt gar kein Bewuchs möglich.

Die bei Intensivbegrünungen z. T. beliebten Bambusarten erfordern wegen ihres aggressiven Wurzelwachstums einen zusätzlichen, stärkeren Durchwurzelungsschutz.

Bei den normalerweise für vollsonnige und trockene Standorte geeigneten Pflanzen für Extensivbegrünungen ist durch unterschiedlichen Besonnung (bzw. Beschattung von aufgehenden Gebäudeteilen, Treppenhaus, Fahrstuhlschacht, Klimageräten u. Ä.) und Feuchteverhältnisse (Pfützen bei zu geringem Gefälle) mit einer Umbildung der Vegetation zu rechnen. Der Auftraggeber sollte darauf hingewiesen werden, dass bei Extensivbegrünungen die Vegetation sehr unterschiedliche Aspekte im Jahresverlauf aufweisen wird und es zu einer Umbildung der Vegetation (Sukzession) in Abhängigkeit vom Witterungsverlauf, insbesondere Trockenheit und Frost, kommen kann. In die eher konkurrenzschwachen Pflanzenarten für die Extensivbegrünung können andere Arten einwandern (Fremdaufwuchs).

Begehbare Beläge

Platten- und Pflasterbeläge, Holzroste und Terrassendielen auf Dächern können in Feinsplitt verlegt werden. Dabei erfolgt die Entwässerung meist durch die dann breiteren und teilweise (bei Verwendung von Fugenkreuzen und/oder Stelzlagern) sogar offenen Fugen in die Ebene darunter. Stelzlager dürfen keine Kantenlast auf Wurzelschutz oder Dachabdichtung übertragen. Bei schmalen Fugen ist dagegen das allgemein übliche Oberflächengefälle erforderlich. Bei kleineren Flächen kann das Regenwasser in Kiesstreifen abgeleitet werden, die das Wasser an die Dränage abgeben; bei größeren sind Einzelabläufe oder Rinnen erforderlich.

Bei in Mörtel versetzten Belägen besteht die Gefahr von Karbonatauswaschungen, die sich als Versinterungen in den Abläufen absetzen und diese in ihrem Querschnitt verengen können. Auf die teilgebundene Bauweise sollte deshalb möglichst verzichtet werden.

Auf eine ausreichende seitliche Einspannung ist zu achten. Auch bei aufgehenden Gebäudeteilen mit Außendämmung müssen Platten- und Pflasterbeläge seitlich eingespannt und fixiert werden, z. B. mit Kantensteinen, Rückstützen o. Ä., damit sie nicht die Dämmung beschädigen und die Beläge durch Eindrücken der Dämmung „wandern“.

Bei für Fahrzeuge geeigneten Flächen sind neben der größeren Last vor allem die Scherkräfte beim Anfahren, Beschleunigen, Bremsen und Lenken sowie dynamische Kräfte bei Unebenheiten, z. B. beim schnellen Überfahren von geneigten zu ebenen Flächen oder beim Passieren von Rinnen, von Bedeutung. Werden diese Kräfte nicht in einem, je nach Belastungsklasse, ausreichend dimensionierten Aufbau aufgefangen, können sie auf Durchwurzelungsschutz und Abdichtung übertragen werden. Schutzschichten oder Schutzlagen sind deshalb hier von besonderer Bedeutung, ebenso die seitliche Einspannung der Beläge.

Wie auf bodengebundenen Verkehrsflächen auch, gelten für die Befahrung mit Förderfahrzeugen (z. B. Gabelstapler) mit kleinen, Hartgummi-bereiften Rädern spezielle Anforderungen. Auf Dächern sind ungebundene Pflasterbeläge hierfür keinesfalls geeignet; eine gebundene Deckschicht ist erforderlich (Asphalt, Beton oder Pflaster mit gebundenen Fugen).

Weitere Ausführungen zu begeh- und befahrbaren Belägen auf Dächern (bzw. Tiefgaragendecken) siehe FLL-Empfehlungen zu Planung und Bau von Verkehrsflächen auf Bauwerken.

Einfassungen

Gemäß den FLL-Richtlinien werden unter Einfassungen bei Dachbegrünungen Bauteile verstanden, die einen (höheren) Begrünungsaufbau von den tieferen Platten- und Kiesflächen daneben abtrennen. Dies kann durch aufgehende Teile am Bauwerk, örtlich hergestellte Bauteile oder vorfabrizierte Elemente erfolgen. Dabei darf kein Kantendruck auf die Dachabdichtung oder die Wurzelschutzschicht auftreten. Auch die Wärmedämmung darf durch das Gewicht dieser Bauteile nicht gestaucht werden.

Sofern die Einfassungen nicht auf der Dränschicht versetzt werden, ist eine Schutzlage oder eine zusätzliche Gleitlage auf der Abdichtung oder Wurzelschutzschicht vorzusehen. Beton- oder Mörtelfundamente sind mit kunststoffvergütetem Mörtel herzustellen, damit keine Karbonatauswaschungen erfolgen können. Sofern die Entwässerung der Vegetationsflächen und der Wegebeläge nicht getrennt erfolgt, ist auf ausreichende Entwässerungsdurchlässe unter den Einfassungen zu achten.

Begrünungsaufbau

Durchwurzelungsschutz

Sofern nicht bereits die Dachabdichtung wurzelfest ist, muss ein gesonderter Durchwurzelungsschutz vorgesehen werden. Bei an sich durchwurzelungsfesten Dächern aus WU-Beton ist auf die durchwurzelungsfeste Ausbildung der Bewegungsfugen zu achten (Rücksprache mit dem Hochbau).

Wenn eine zusätzliche Wurzelschutzfolie (Kunststoffbahn) erforderlich wird, muss für diese ein gültiger Eignungsnachweis nach dem FLL-Verfahren vorliegen. Wie schon bei der Dachabdichtung, kommt es auch beim Wurzelschutz auf die ordnungsgemäße Ausführung der An- und Abschlüsse, Durchdringungen und Fugen an. Je nach Material kann eine gesonderte Nahtversiegelung der Fugen erforderlich sein.

Unter der Wurzelschutzbahn ist eine Schutzlage (dünnes Vlies) vorzusehen, wenn die Dachabdichtung zu rau ist und die Wurzelschutzbahn beschädigen könnte. Die Wurzelschutzbahn ist vor Schäden zu schützen (bei der Herstellung der weiteren Dachbegrünungsschichten, Materiallager u. Ä.). Bei längerer Unterbrechung ist eine vorübergehende Abdeckung als UV-Schutz erforderlich, falls der Wurzelschutz nicht ausreichend UV-stabil ist. Bei starker Sonneneinstrahlung kann dies bereits bei einer Unterbrechung von weniger als einer Woche erforderlich werden. Der Wurzelschutz ist auch an den Rändern und Abschlüssen hochzuführen und vor Sonneneinstrahlung zu schützen, z. B. durch vorgehängte Leisten, Folien oder Bahnen.

Schutzmaßnahmen, Schutzlagen, Schutzschichten

Zum Schutz von Dachabdichtung oder Durchwurzelungsschutz gegenüber Beschädigungen während der Herstellung der

Dachbegrünungsschichten und während der späteren Nutzung des Daches (auch Pflege- und Unterhaltungsmaßnahmen) sind Schutzmaßnahmen als Schutzlagen oder Schutzschichten vorzusehen. Diese sind vor allem bei hoher Beanspruchung, wie z. B. unter befahrbaren Belägen, auch bei Befahren der Flächen während der Bauphase anzuwenden. Schutzlagen können sein:

- Vliese (mind. 300 g/m² und 2 mm dick)
- Kunststoffbahnen, auch Matten aus Gummigranulat (Bautenschutzmatten, 6 mm dick) oder Kunststoffgranulat (4 mm dick)
- Dränmatten oder -platten (die gleichzeitig Dränschicht sein können) oder Dämmplatten (bei Umkehrdächern ohnehin vorhanden)

Schutzschichten bestehen aus Beton oder Gussasphalt und weisen ein hohes Flächengewicht auf. Heißeinbau bei Asphalt kann andere Teile auf dem Dach wie z. B. Kunststoff-Lichtkuppeln schädigen. Da ein Hochziehen der Schutzschichten an aufgehenden Bauteilen, Rändern und Durchdringungen nicht möglich ist, müssen hier Schutzlagen zusätzlich eingebaut und gegen UV-Strahlen geschützt werden.

Vor Einbau der Schutzmaßnahmen, -schichten oder -lagen ist der Untergrund zu reinigen, denn es dürfen keine Beschädigungen an Dachabdichtung oder Durchwurzelungsschutz durch z. B. Nägel, Holzsplitter, Kronenkorken oder Kies entstehen. Lose verlegte Schutzlagen sind mind. 10 cm zu überlappen (Vliese, Bahnen) oder dicht aneinanderstoßend zu verlegen (Drän- oder Dammplatten), wobei dann ein Rieselschutz über den Fugen erforderlich ist, wenn unmittelbar darüber Substrat oder eine Dränschicht aus Schüttstoff aufgebracht wird.

Sowohl bei den Überlappungen und Fugen als auch an den aufgehenden Bauteilen, ist darauf zu achten, dass keine Stoffe der Dränschicht oder Substrat hinter oder unter die Schutzmaßnahme oder -lage gelangen kann, z. B. durch Abdeckleisten an den Rändern und Wahl der Arbeitsrichtung beim Aufbringen der Stoffe vom oben liegenden Teil der Überlappung aus. Das ist insbesondere von Bedeutung, wenn Schüttstoffe auf das Dach geblasen werden. Hierbei sollte generell ein Mindestabstand zu den Rändern eingehalten werden, damit kein Material hinter die Schutzlagen geblasen wird.

Werden Schutzmaßnahmen oder -lagen nicht sofort überbaut, ist wegen der Gefahr von Windsog eine vorübergehende Sicherung notwendig.

Schutzschichten aus Beton müssen ausgehärtet und am besten in ihrer Oberfläche behandelt (Anstrich, mind. sehr glatt gestrichen) sein, damit sich keine Karbonate lösen und als Sinter in den Abläufen absetzen können.

Dränschicht

Die Dränschicht dient in erster Linie der Abführung von Überschusswasser. Ihre Dicke sollte nicht zu knapp bemessen sein, damit auch bei größeren Abständen der Dachabläufe, Unebenheiten des Daches oder einem sehr geringen Gefälle eine einwandfreie Entwässerung gegeben ist.

Darüber hinaus kann die Dränschicht, wenn sie aus Schüttstoffen hergestellt wird, auch als zusätzlicher Wurzelraum dienen. Bei Intensivbegrünungen mit Anstaubewässerung wird sie dicker hergestellt und dient auch als Wasserreservoir. Die Höhe des Wasserstands in der Dränschicht ist so einzustellen, dass es zu keiner Vernässung der Filterschicht und der Vegetationstragschicht darüber kommt.

Dränschichten aus Kunststoffplatten oder -matten können auch gleichzeitig Schutzlage sein.

Mit einer Dränschicht aus Schüttstoffen können Unebenheiten der Dachfläche ausgeglichen werden, was bei vorgefertigten Matten und Platten nicht möglich ist. Kies und Splitt kommen bei den meisten Dächern aus Gewichtsgründen nicht infrage. Offenporige Schüttstoffe wie Lava, Bims, Blähton, Blähschiefer, Ziegelsplitt sind leichter und speichern zudem noch Wasser im Material. Am leichtesten, aber nicht so preiswert, ist Schaumglas. Dränmatten oder -platten sind ebenfalls sehr leicht und müssen deshalb ebenso wie Schaumglas nach dem Verlegen beschwert werden, wenn nicht unmittelbar die nächsten Schichten aufgebracht werden können, was bei der Planung der täglichen Arbeitsabschnitte zu berücksichtigen ist. Ein Verlegen bei stärkerem Wind ist kaum möglich.

Dränschichten aus Schüttstoffen können bei einer Dicke von 4–10 cm aus feinen Körnungen (2/8 mm oder 2/12 mm) bestehen. Bei höheren Schichtdicken sind Körnungen von 4/8 mm und 8/16 mm und bei über 20 cm Dicke sogar bis 16/32 mm möglich. Insbesondere bei geringen Schichtdicken und unter höheren Nutzungsbelastungen, Wegebelägen oder Rasenspielflächen sind gebrochene Körnungen vorzuziehen, die eine bessere Lagestabilität aufweisen. Die Baustoffgemische müssen ausreichend frostbeständig sein, damit die Wasserdurchlässigkeit nicht durch Anreicherung von Feinteilen beeinträchtigt wird. Dränmatten und -platten dürfen unter Auflast, z. B. Vegetationstragschicht und Gehölze, Wegebeläge sowie Verkehrslasten durch Benutzung, nur so weit gestaucht werden, dass die Wasserdurchlässigkeit nicht beeinträchtigt wird.

Hinsichtlich der Ansprüche der Vegetation sind pH-Wert (6,0–8,5) und Salzgehalt (bei Intensivbegrünungen ≤ 2,5 g/l, bei Extensivbegrünungen ≤ 3,5 g/l) zu beachten. Zwar gibt es in den FLL-Richtlinien keine Obergrenze für den Karbonatgehalt mehr, doch dürfen Betonrecycling und Kalkschotter für Dränschichten wegen ihres hohen Karbonatgehalts nicht verwendet werden.

Bei der Herstellung der Dränschicht ist darauf zu achten, dass kein Material der Vegetationstragschicht zwischen oder unter das Dränmaterial gelangt. Unter Dränschichten aus scharfkantigen Schüttstoffen ist eine Schutzlage zum Schutz der Dachabdichtung oder der Wurzelschutzschicht einzubauen (siehe oben).

Filterschicht

Eine Filterschicht muss eingebaut werden, wenn verhindert werden soll, dass (Fein-)Teile aus der Vegetationstragschicht in die Dränschicht wandern und deren Funktion beeinträchtigen können. Bei Dränschichten aus Platten oder Matten dürfen keine Bestandteile aus der Vegetationstragschicht in die Fugen zwischen den Dränplatten oder -matten und unter die Dränschicht gelangen.

Filterschichten bei Dachbegrünungen werden aus Geotextil hergestellt. Zum Einsatz kommen Vliese oder Gewebe, die entweder in einem gesonderten Arbeitsgang mit mind. 10 cm Überlappung verlegt werden oder bereits an vorgefertigten Dränmatten ankaschiert sind. In diesem Fall ist auf eine Überdeckung der Fugen zu achten, die ggf. gesondert herzustellen ist, was besonders beim Zuschnitt der Matten nicht vergessen werden darf. An den Rändern sind die Vliese so hochzuführen, dass kein Substrat dahinter gelangen kann. Vliese sind nicht

UV-stabil und dürfen nicht längere Zeit ungeschützt der Sonne ausgesetzt liegen. An den Rändern hochgeführte Vliese sind gegen UV-Strahlung zu schützen, z. B. durch Verblendung. Wegen der Gefahr von Windsog sollten Vliese und Dränmatten mit Vlies umgehend mit Substrat überdeckt werden. Bei auf der Baustelle notwendig gewordenen Unterbrechungen, nachts und am Wochenende, muss auf jeden Fall eine Sicherung gegen Windsog erfolgen.

Die FLL-Richtlinien für Dachbegrünungen verweisen bei Geotextilien für Filterschichten auf das FGSV-Merkblatt über die Anwendung von Geokunststoffen im Erdbau des Straßenbaus. In Anlehnung daran soll das Flächengewicht 100–200 g/m² betragen; bei Schichtdicken der Vegetationstragschicht über 20 cm und stärker geneigten Dächern wird die Verwendung dickerer Vliese empfohlen, die einen höheren Durchdrückwiderstand, eine höhere Zugfestigkeit oder größere Dehnbarkeit aufweisen. Sollen Filterschichten, Vegetationstragschichten oder Pflasterbeläge auf begrünten Dächern mit Fahrzeugen oder Baumaschinen befahren werden, sind stabilere Vliese der Georobustheitsklasse 2 zu verwenden.

Interessant ist der Hinweis in den FLL-Richtlinien, dass Vliesstoffe detektorgeprüft sein müssen, um den Verbleib von abgebrochenen Nadeln im Vlies auszuschließen.

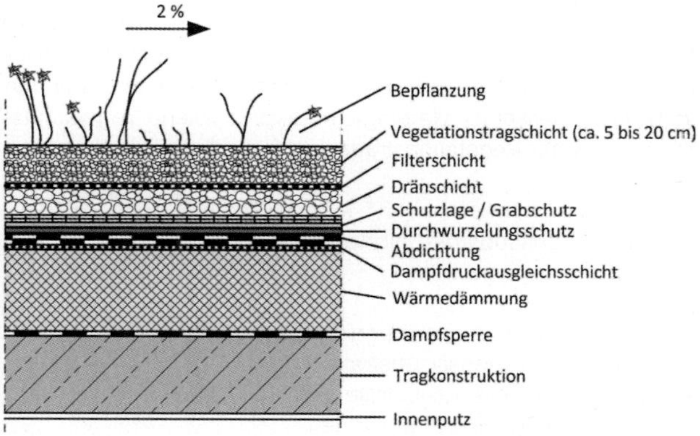

Bild 1: *Aufbau einer extensiven Dachbegrünung (Quelle: Schmidt)*

Vegetationstragschicht

Als Vegetationstragschicht werden zumeist speziell hergestellte Dachgartensubstrate eingesetzt, da Ober- und Unterböden für die meisten Dächer zu schwer sind und nicht die bei Dachbegrünungen erforderlichen vegetationstechnischen Anforderungen erfüllen. Vor allem eine hohe Wasserdurchlässigkeit und ein ausreichendes Luftporenvolumen bei gleichzeitig hoher Wasserkapazität (Wasserspeicherfähigkeit) und Strukturstabilität sind gegensätzliche Anforderungen, die von natürlichen Böden meist nicht in ausreichendem Maß erfüllt werden. Von der Verwendung schlecht oder ungeeigneter Böden, nur weil sie ohnehin auf der Baustelle vorhanden oder preiswert zu bekommen sind, ist dringend abzuraten. Eine nicht funktionierende Dachbegrünung oder Vegetation wäre gegenüber der Einsparung beim Substrat viel teurer in der Sanierung, da man nach der Bauphase oft nicht mehr rationell, sondern nur noch in kleinen Mengen und in Handarbeit auf dem Dach arbeiten kann.

Neben Schüttstoffgemischen (Dachbegrünungssubstrate) für die Extensiv- und die Intensivbegrünung werden bei Extensivbegrünungen auch Substratplatten aus Schaumstoff oder Mineralfasern und vorkultivierte Vegetationsmatten mit einer Trägereinlage und einer Verfüllung mit Extensivsubstrat verwendet. Während bei Flachdächern einer verrottbaren Trägereinlage der Vorzug zu geben ist, bieten dauerhafte und statisch wirksame Trägereinlagen bei Steildächern Vorteile, da sie bis zu einer Neigung von etwa 30° auch ein Abrutschen des Substrats in der Matte verhindern. Bei extrem dünnschichtigen Aufbauten werden nur mit Substrat verfüllte Moos-Sedum-Vegetationsmatten verwendet. Besser ist allerdings, eine vorkultivierte Vegetationsmatte auf einer Vegetationstragschicht aus Extensivsubstrat zu verlegen.

Für Vegetationssubstrate gibt es in den FLL-Richtlinien Anforderungen für

- mehrschichtige Intensivbegrünungen,
- einschichtige Intensivsubstrate,
- einschichtige Rasensubstrate,
- mehrschichtige Rasensubstrate,
- einschichtige Extensivsubstrate und
- mehrschichtige Extensivsubstrate.

Die Substrate unterscheiden sich in ihren Kornverteilungsbereichen, insbesondere beim Anteil an abschlämmbaren Teilen und dem max. zulässigen Größtkorn, aber auch in der Steilheit der Sieblinie. Wasser- und Luftdurchlässigkeit sowie die Struktur und Lagerungsstabilität werden dadurch maßgeblich beeinflusst. Daneben gibt es bodenchemische Anforderungen wie pH-Wert, Salzgehalt, Nährstoffgehalt und Gehalt an organischer Substanz (Humusanteil), die sich auf das Pflanzenwachstum auswirken. Der zulässige Gehalt an keimfähigen Samen und regenerationsfähigen Pflanzenteilen ist begrenzt, da v. a. bei Intensivbegrünungen ansonsten eine große Zahl unerwünschter Pflanzen aufkommen könnte. Fremdstoffe (v. a. Reste von Fliesen, Glas, Metall und Kunststoff) können bei der Produktion im Erdenwerk aus den Ausgangsstoffen oder bei der Umlagerung von verunreinigtem Untergrund in das Substrat gelangen. Auch hierfür gibt es in den FLL-Richtlinien einen max. zulässigen Anteil.

Die Anforderungen müssen in Eignungs- und Kontrollprüfungen nachgewiesen werden. Es ist zu kontrollieren, ob die Prüfzeugnisse aktuell sind und für das tatsächlich gelieferte Substrat gelten. In Zweifelsfällen müsste noch vor dem Einbau eine Probe des angelieferten Substrats untersucht werden. Das ist aber nicht praktikabel, da das Substrat vielfach gleich bei Anlieferung auf das Dach gebracht wird, insbesondere bei blasbaren Substraten, die pneumatisch aus dem Lieferfahrzeug auf das Dach gefördert werden. Bei sehr großen Dachbegrünungen (und bei „schwierigen“ Kunden) sollte eine Rückstellprobe genommen und aufgehoben werden.

Da für die verschiedenen Vegetationstragschichten unterschiedliche Anforderungswerte gelten, sollten die verschiedenen Dachbegrünungssubstrate auch nicht ersatzweise für ein anderes eingebaut werden, z. B. weil von dem anderen noch eine Restmenge übrig ist oder ein Preisunterschied bei den Substraten besteht. Beispielsweise wäre ein Intensivsubstrat für eine Extensivbegrünung nicht durchlässig genug, und ein Extensivsubstrat, erst recht eines für die einschichtige Bauweise, hätte keine ausreichende Wasserkapazität für die Vegetation einer Intensivbegrünung.

Neben FLL-geprüften Substraten können auch andere Dachgärtnererden und Eigenmischungen genommen werden, wenn der Kunde nicht ausdrücklich FLL-konformes Substrat verlangt hat oder ein solches über die Verankerung der FLL-Richtlinien in ATV DIN 18320 der VOB/C bei VOB-Verträgen genommen werden müsste, wenn nichts anderes vereinbart ist. Die Abweichung ist dem Kunden zu erläutern und das u. U. höhere Risiko für die Firma abzuwägen.

Daneben gibt es nach RAL-Gütesicherung geprüfte Dachsubstrate, für die noch strengere Anforderungen als nach den FLL-Richtlinien gelten. RAL-Substrate übertreffen die geforderte Qualität nach FLL in einigen Parametern.

Der Einbau der Vegetationstragschicht erfolgt i. A. mit derselben Schichthöhe in der gesamten Fläche, es sei denn, unterschiedliche Vegetationsaspekte aufgrund der bei differenzierten Substrathöhen wechselnden Standortbedingungen sind gewünscht oder eine Aufhügelung ist zur Pflanzung größerer Gehölze nötig, sofern statisch zulässig.

Die Vegetationstragschicht ist mit etwas Überhöhung einzubauen und leicht anzudrücken, um Setzungen zu verringern. Während Schüttstoffe am besten im erdfeuchten Zustand eingebaut werden, weil es die Gefahr von Winderosion bei und nach dem Einbau minimiert, werden die Gemische von den Lieferanten gerne trocken angeliefert (Transportgewicht) und müssen dann auf der Baustelle angefeuchtet werden. Blasbare Substrate werden immer trocken angeliefert und weisen meist einen geringen, im Grenzbereich liegenden Anteil an abschlämmbaren Teilen auf, weil sie dann besser geblasen werden können. Je nach Witterung (Trockenheit) und Wind ist deshalb u. U. ein sofortiges Festlegen durch Bewässerung oder Kleber erforderlich, vor allem, wenn unmittelbar danach keine Verlegung von Vegetationsmatten oder Fertigrasen erfolgen kann.

Bei Anlieferung von Substraten ist immer darauf zu achten, dass keine größere Menge Substrat auf einer Fläche zu liegen kommt, da die Dächer dafür meist keine Lastreserve haben.

Vegetation und Fertigstellung

Vegetation

Saatgut von Gräsern und Kräutern kann als Trocken- oder Nassansaat, auch mit Kleber und Dünger, ausgebracht werden. Letzteres ist v. a. bei Steildächern von Vorteil, wenn nicht sogar vorkultivierte Vegetationsmatten verwendet werden. Bei deren Verwendung und ebenso bei breiten Fertigrasenrollen, muss besonders auf die zulässige Dachlast geachtet werden, da noch nicht ausgelegte Rollen ein erhebliches Gewicht haben. Im Zweifelsfall sind sie am Kran hängend auszurollen und zu verlegen. Vegetationsmatten müssen deshalb geeignete Trägereinlagen haben. Sie sollen gleichmäßig dick sein, ihr Deckungsgrad soll bei der Verlegung mind. 75 % betragen, und sie dürfen nicht mehr als 3 % der Gesamtfläche ohne Substrat (infolge von Transportverlusten) aufweisen. Die einzelnen Lücken dürfen nicht größer als 30 cm² (entspricht 5 x 6 cm) sein. Vegetationsmatten sind dicht an dicht zu verlegen.

Bei **Extensivbegrünungen** werden häufig auch Sprossteile, vor allem von Sedumarten, ausgestreut. Diese sind etwa 2 bis 5 cm lang und bewurzelungsfähig, sofern sie nicht während der Blüte geerntet wurden. Es sollen mind. 60 g/m² und 100 Stück/m² Sedumsprossen in mind. vier Arten ausgebracht werden. Sempervivum-Rosetten sind generell auch für die Extensivbegrünung geeignet, werden aber selten genommen, da sie deutlich langsamer wachsen.

Eine Pflanzung von in Flachballen-Töpfen mit Extensivsubstrat angezogenen trockenheitsverträglichen Stauden (Wildstauden, keine Zuchtsorten) für die Extensivbegrünung ist ebenfalls möglich, aber arbeitsaufwendig. Diese Stauden sind kleiner als normale Stauden. Die Verwendung herkömmlich angezogener Stauden ist für die Extensivbegrünung nicht sinnvoll, da diese nicht nur einen für die geringen Aufbauhöhen zu hohen Ballen haben, sondern auch zu kräftig entwickelt sind, um den Trockenstress auf einem Extensivdach zu überstehen.

Sedumsprosse, Flachballenstauden und Vegetationsmatten (diese vielfach auch mit Moosen) für die Extensivbegrünung werden von spezialisierten Gärtnereien angeboten. Daneben gibt es auch Ansaatmischungen mit Gräsern und Kräutern der Trocken- und Halbtrockenrasen, die speziell für Extensivbegrünungen im Handel angeboten werden.

Bei **Intensivbegrünungen** können alle normalen Stauden (einschl. Ziergräser), Sommerblumen und Gehölze sowie Rasenmischungen (Ansaat oder Fertigrasen) verwendet werden, soweit nicht vonseiten der Statik bei größeren Gehölzen oder einer größeren Substrathöhe Einschränkungen bestehen. Größere Gehölze sind zu verankern.

Fertigstellung

Leistungen der Fertigstellungspflege sind differenziert für die verschiedenen Begrünungsarten festzulegen und mit dem Auftraggeber zu vereinbaren. Gemäß FLL-Richtlinien können folgende Leistungen erforderlich werden:

- Bewässerung
- Startdüngung
- Folgedüngung
- Entfernen von unerwünschtem Fremdaufwuchs
- Flächenschnitt
- Nachwalzen bei Frosthebung
- Nacharbeiten von Fugen bei Vegetationsmatten
- Gehölzrückschnitt
- Nachsaat
- Schädlingsbekämpfung
- Freihalten der technischen Einrichtungen von Bewuchs
- Freihalten der Rand- und Sicherheitsstreifen und von Bodenbelägen von Laub und Bewuchs

Die **Düngungen** sollten bei Extensivbegrünungen mit einem NPK-Langzeitdünger mit 5 g N/m^2, bei Intensivbegrünungen mit 8 g N/m^2 erfolgen.

Anwuchserfolg (Abnahme)

Extensivbegrünungen sollen erst nach einer Trockenperiode (Sommer) und einer Frostperiode (Winter) abgenommen werden. Ergänzend zu DIN 18916 bei Pflanzarbeiten und DIN 18917 bei Rasenarbeiten gilt für Extensivbegrünungen gemäß den FLL-Richtlinien:

- Der jahreszeitliche Entwicklungszustand ist zu berücksichtigen.
- Sprossenansaat: ≥ 60 % projektive Bodenbedeckung, ≥ 75 % der ausgeschriebenen Arten müssen vorhanden und angewachsen sein.
- Ansaat: ≥ 60 % aus Arten der Ansaatmischung
- Vegetationsmatten müssen verwurzelt (nicht abhebbar) sein und einen Gesamtdeckungsgrad von ≥ 80 % aufweisen
- Durch übermäßige Düngung und Bewässerung mastige und verweichlichte Vegetation ist nicht abnahmefähig.

Entwicklungs- und Unterhaltungspflege

Bei Extensivbegrünungen beschränkt sich der Aufwand auf i. d. R. zwei bis vier Pflege-, Wartungs- und Kontrollgänge jährlich. Bei intensiven Dachbegrünungen ist eine regelmäßige gärtnerische Pflege notwendig.

Zusätzlich zu den bei der Fertigstellungspflege genannten Maßnahmen kann im Einzelfall erforderlich sein:

- Entfernen von Unrat
- Mulchen

Winterschutz

- Prüfen und Nachrichten von Verankerungen
- Kontrolle und Funktionsprüfung der Bewässerungsanlage
- Kontrolle der Entwässerungseinrichtungen
- bei Rasenflächen auch Vertikutieren, Aerifizieren und Besanden
- Kontrolle der Standfestigkeit von Einfassungen und befestigten Belägen

Speziell bei Extensivbegrünungen können folgende Maßnahmen hinzukommen:

- Bewässerung geneigter und sonnenexponierter Flächen
- Rückschnitt zur Abmagerung
- Nachfüllen von Substrat bei Erosion
- Erhaltungsdüngung
- Freihalten von Solarmodulen und Blitzschutzanlagen
- Kontrolle der Schubsicherungen

Checkliste Dachbegrünung:

- ☐ **Dachhöhe und Zugänglichkeit, Kran, Aufzug, Treppenhaus**
- ☐ **Sicherheitseinrichtungen, Absturzsicherung**
- ☐ **zulässige Dachlast**
- ☐ **Dachgefälle**
- ☐ **Entwässerung, Abläufe**
- ☐ **Bewässerung und Bewässerungsmöglichkeit für die Pflege**
  Sind genügend Anschlüsse vorhanden?
- ☐ **Art des Daches (Flachdach, Steildach, Lage von Abdichtung und Wärmedämmung)**
- ☐ **Dachabdichtung, An- und Abschlusshöhen**
- ☐ **Durchdringungen, Bauwerksfugen, Brandabschnitte, Blitzschutz**
- ☐ **Wurzelschutz (FLL-geprüfte wurzelfeste Dachabdichtung oder Wurzelschutzbahn)**
  Wurde der Wurzelschutz nach Vorschrift ausgelegt? Ist er überall vorhanden?
- ☐ **Schutzmaßnahmen, Schutzlage, Schutzschichten**
- ☐ **Art der Dachbegrünung und Dicke des Begrünungsaufbaus**
  Ist eine extensive oder intensive Begrünung geplant?
- ☐ **Abrutschsicherung bei Steildachbegrünungen**
- ☐ **Dachbegrünungssubstrat mit Prüfzeugnis nach FLL oder RAL**
- ☐ **Ausbringungsart der Vegetation**
- ☐ **in Art, Umfang und Anzahl ausreichende Maßnahmen zur Fertigstellungspflege**
- ☐ **Besonderheiten bei der Abnahme von Extensivbegrünungen**

Fassadenbegrünung

Grundlagen

Die Begrünung von Fassaden, Lärmschutzwänden, freistehenden Mauern und Stützmauern sowie von Pergolen, Rankgerüsten, Zäunen usw. mit Kletterpflanzen ist zwar wirtschaftlich für den Garten- und Landschaftsbau insgesamt nur ein Randgebiet. Verglichen mit dem geringen Auftragsvolumen ist das Schadensrisiko und die Höhe der dadurch möglichen Folgeschäden bei Begrünungen an Gebäuden bei unsachgemäßer Ausführung aber hoch. Bei Kletterpflanzen an Gartenmauern, Pergolen und Rankgerüsten dagegen gering. Wandgebundene Fassadenbegrünungen werden nur von wenigen Betrieben ausgeführt. Sie funktionieren nur mit vergleichsweise hohem technischen Aufwand und intensiver Pflege und sind dementsprechend teuer. Hierfür gibt es Systeme einiger weniger Hersteller. Von Eigenkonstruktionen wandgebundener Fassadenbegrünungen wird wegen des technischen Aufwands und der nicht immer erfolgreichen Beispiele in der Vergangenheit dringend abgeraten.

Bei der Begrünung mit Kletterpflanzen werden folgende Formen unterschieden:

- bodengebundene Fassadenbegrünungen
  - mit Selbstklimmern,
  - mit Gerüstkletterpflanzen
- wandgebundene Fassadenbegrünungen

Kletterpflanzen können im Boden vor dem Gebäude, in Pflanztrögen an der Gebäudefassade oder in Dachbegrünungen wachsen.

Meist sind bei Begrünungen mit Gerüstkletterpflanzen die Klettergerüste, Seile und andere Rankkonstruktionen teurer als die Pflanzen. Bei den heutigen Fassaden- und Wandbauweisen und -baustoffen ist erhöhte Sorgfalt bei der Verankerung und Montage von Kletterhilfen geboten.

Bei wandgebundenen Fassadenbegrünungen gibt es noch nicht so langejährige Erfahrungen. Das Pflanzsubstrat an der senkrechten Wand muss gegen Herunterrutschen gesichert sein. Zumeist werden Stauden, z. T. auch Zwerggehölze verwendet. Ein besonderes Problem in Deutschland stellt das Durchfrieren und Austrocknen des Substrats im Winter dar, wenn wandgebundene Fassadenbegrünungen an der Außenfassade anbracht werden. In Innenräumen funktionieren sie dagegen meist besser, obwohl auch hier eine dauerhafte Bewässerung und ein hoher Pflegeaufwand erforderlich sind.

Rechtliche Grundlagen

Klettergerüste sind i. d. R. baugenehmigungsfrei, ebenso die Pflanzung der Kletterpflanzen. Die Anbringung einer wandgebundenen Fassadenbegrünung stellt dagegen einen größeren Eingriff dar und kann baugenehmigungspflichtig sein.

Gleichwohl müssen auch andere Vorschriften beachtet werden, wie z. B. Abstandsvorschiften für Gehölze im Nachbarschaftsrecht, Vorgaben aus dem Denkmalschutz oder in Gestaltungssatzungen.

Bei einer an der Grundstücksgrenze stehenden Gebäudewand kann kein auf das Nachbargrundstück ragendes Klettergerüst angebracht und eine Pflanzung von Klettergehölzen davor im Boden des Nachbargrundstücks ohne Zustimmung des Nachbarn erfolgen. Bei einem unmittelbar am öffentlichen Straßenraum bzw. öffentlichen Fußweg stehenden Gebäude sollte mit einer Anfrage beim Bauamt geklärt werden, ob die Pflanzung von Kletterpflanzen im öffentlichen Raum und die Anbringung eines dort hineinragenden Klettergerüsts zulässig ist. Die Begrünung einer an der Grenze stehenden Nachbarwand mit Selbstklimmern, und erst recht die Montage von Klettergerüsten daran, ist ohne Zustimmung des Nachbarn nicht möglich.

Eine nachträgliche Fassadenbegrünung an einem bestehenden Gebäude stellt eine Änderung der Fassade dar und unterliegt dem Urheberrecht. Die Zustimmung des Planers ist einzuholen.

Normen und Richtlinien

- FLL: Fassadenbegrünungsrichtlinien – Richtlinien für Planung, Bau und Instandhaltung von Fassadenbegrünungen, Ausgabe 2018
- In den FLL-Richtlinien sind die wichtigsten der bei der Ausführung von Fassadenbegrünungen zu beachtenden Normen für Tragwerke, Bauteile und Baustoffe aufgeführt.
- DGUV Informationen, Grundsätze, Regeln und Vorschriften der Unfallversicherungsträger

Brand- und Blitzschutz

Fassadenbegrünungen müssen gepflegt werden, da vertrocknete Pflanzen eine erhöhte Brandlast darstellen. Anforderungen an das Brandverhalten von Kletterhilfen für Gerüstkletterpflanzen und Bauelemente für wandgebundene Fassadenbegrünungen sind von Höhe und Nutzung des Gebäudes abhängig.

Tabelle 1: *Baurechtliche Anforderungen zum Brandverhalten (nach FLL); [1]Höhe = Fußbodenoberkante des höchstgelegenen Geschosses; [2]Brandverhalten nach DIN 4102 und DIN EN 13501*

Anwendungsfall	Brandverhalten[2]
Höhe[1] < 7 m	normal entflammbar
Höhe 7–22 m	schwer entflammbar
Höhe > 22 m	nicht brennbar
Besondere Einbausituationen, z. B. Brandwände, Gebäudeabschlusswände, Laubengänge, Fluchtbalkone, Feuerwehrdurchfahrten etc.	nicht brennbar
Sonderbauten, z. B. Garagen, Krankenhäuser, Versammlungsstätten, Altenpflegeheime, Schulen, Verkaufsstätten etc.	zusätzliche Anforderungen

Metallseile, -stangen und -gitter sind an den Blitzschutz anzuschließen oder zu erden. Die Maßnahmen sind durch einen Fachplaner festzulegen.

Arbeitsschutz

Wegen des Absturzrisikos bei Herstellung, Pflege und Instandhaltung von Fassadenbegrünungen dürfen diese Arbeiten nur von befähigten und geeigneten Personen durchgeführt werden und nur unter Leitung eines fachlich geeigneten Vorgesetzten erfolgen (DGUV-Vorschrift 38). Eine Gefährdungsbeurteilung hat zu erfolgen.

Ab 2 m Höhe sind Arbeitsgerüste, Arbeitsbühnen oder Hubarbeitsmittel einzusetzen. Arbeitsgerüste sind gemäß Herstellervorschrift und Zulassung aufzubauen und in Abhängigkeit von den Wand- und Fassadenbaustoffen zu befestigen.

Wandaufbauten und -konstruktionen, Wandbaustoffe

Ob und wie eine Fassade begrünt werden kann, hängt von den Konstruktionsformen, Bauweisen und Materialien der Außenwände und Fassaden ab. Gemäß FLL werden Außenwände nach Statik, Tragkonstruktion und bauphysikalischer Funktion in Bezug auf ihre Eignung für die Begrünung unterschieden. Die FLL unterscheidet ungedämmte und gedämmte Wände mit den nachfolgenden Unterbauweisen, die aber nochmals in weitere häufige Untergruppen unterteilt sind. In der Praxis gibt es sogar noch Zwischenformen:

- Ungedämmte Außenwände
  - massive Wandaufbauten
  - Ständer- und Fachwerkbauweise
  - Luftkollektor-Fassaden zur Direkterwärmung der Wand
- Gedämmte Außenwände
  - massive Wandaufbauten
  - Ständer- und Fachwerkbauweise
  - mehrschalige, nicht hinterlüftete Wandaufbauten
  - mehrschalige, hinterlüftete Wandaufbauten
  - Luftkollektor-Fassaden zur Erwärmung eines Luftvolumens

Für die Fassadenbegrünung ist dabei entscheidend:

- Welche Tragfähigkeit hat die Fassade bzw. Wand?
- Gibt es Fugen und Zwischenräume, in die Pflanzenteile einwachsen können?
- Wo können Befestigungen der Kletterhilfen erfolgen?
- Welche Befestigung (Dübel und Anker) ist erforderlich?
- Muss die Wand bzw. Fassade in relativ engen Zeitabständen unterhalten werden?

Da Tragfähigkeit und Möglichkeiten der Befestigung von Kletterhilfen an den Wandkonstruktionen meist von außen nicht ausreichend beurteilt werden können, ist die Hinzuziehung eines Architekten oder Fachplaners erforderlich, vor allem, wenn keine Bauunterlagen mehr zur Verfügung stehen.

Massive Wände ohne Wärmedämmung

Massive Wände bestehen aus Ortbeton oder Betonfertigteilen, aus Sichtmauerwerk aus Ziegel, Natur- oder Betonwerkstein, Kalksandstein oder Porenbeton oder aus ein- oder mehrlagig verputztem Mauerwerk. Sie sind für alle Arten von Fassadenbegrünung gut geeignet, sofern etwaige Risse und Fugen im Mauerwerk oder im Putz, in die Pflanzenteile einwachsen könnten, sowie Hohlstellen unter dem Putz, die dessen Tragfähigkeit verringern, zuvor ausgebessert, beseitigt oder verschlossen worden sind. Fugen müssen vollständig vermörtelt sein. Bei mehrlagigen Putzen muss geprüft werden, ob diese auch für die Last eines Bewuchses mit Selbstklimmern geeignet sind. Auch bestimmte Oberflächenbeschichtungen wie z. B. wasserabweisende Beschichtungen, biozid-wirkende Anstriche oder Kunstharzputze können Selbstklimmer beeinträchtigen. Bei zweischaligem Mauerwerk bietet die Vormauerung i. d. R. keine ausreichende Tragfähigkeit zur Verankerung von Kletterhilfen. Diese muss daher in der tragenden Hintermauerung erfolgen. Das gilt ebenso bei einer Verkleidung mit Fliesen oder Platten.

Ständer- und Fachwerkbauweisen ohne Wärmdämmung

Fachwerkbauten haben tragende Pfosten aus Holz oder Metall. Die Ausfachungen haben keine statische Funktion und dürfen deshalb nicht zur Befestigung von Kletterhilfen dienen. Traditionelle Fachwerkbauweisen sind für die Begrünung mit Selbstklimmern ungeeignet, da Risse zwischen Ständern und Ausfachungen unvermeidlich sind.

Luftkollektor-Fassaden

Luftkollektor-Fassaden zur Direkterwärmung der Wand weisen eine vor einem Luftspalt vor die Wand vorgehängte Fassade aus licht- und wärmedurchlässigen Platten (z. B. Glas, Acrylglas) auf. Ist eine Begrünung mit Kletterpflanzen vorgesehen, kommen nur laubabwerfende Gehölze infrage, da eine Aufheizung in der kalten Jahreszeit sonst nicht möglich wäre. Die sommerliche Verschattung durch Kletterpflanzen dagegen ist sogar erwünscht und kann Energiekosten für die Belüftung, eine Klimaanlage oder Außenjalousie einsparen. Eine Verankerung von Kletterhilfen ist jedoch nur bedingt möglich. Selbstklimmer sind nicht geeignet.

Gedämmte Außenwände

Gedämmte Außenwände sind heute bei Neubauten und bei der Sanierung von Gebäuden der Regelfall.

Massive Wände mit integrierter Wärmedämmung bestehen aus Wärmdammbeton, Leichtbeton (Porenbeton) oder porösen Ziegeln und werden mit oder ohne Putz hergestellt. Eine Begrünung mit Selbstklimmern ist möglich. Bei der Montage von Kletterhilfen für Gerüstkletterpflanzen müssen wärmebrückenreduzierte Anker, bei Porenbeton spezielle Verbundanker verwendet werden.

Auch bei **Ständer- und Fachwerkkonstruktionen mit Wärmedämmung** sind wärmebrückenreduzierte Anker vorzuziehen, die wiederum nur in den tragenden Ständern, nicht aber in den Ausfachungen, montiert werden dürfen. Sie müssen zudem besonders lang sein, da sie durch die Dämmung hindurchreichen müssen. Des Weiteren müssen sie stabil oder konstruktiv gegen Verformung gesichert (z. B. abgestützt) sein, damit sie die Dämmung langfristig nicht durch Bewegungen aufscheuern, wodurch an dieser Stelle Wasser eindringen könnte.

Mehrschalige, nicht hinterlüftete Wandaufbauten mit Kerndämmung oder mit außen anliegender Dämmung, darunter auch Wärmedämmverbundsysteme, sowie **mehrschalige, hinterlüftete Wandaufbauten** stellen für die Montage von Kletterhilfen zumeist ein Problem dar, weil in der Vorsatzschale, der Dämmung und natürlich auch im ggf. vorhandenen Luftspalt keine tragfähige Befestigung von Ankern für Kletterhilfen erfolgen kann. Besondere Anker, die die große Hebelwirkung von der Kletterhilfe bis in den tragenden Wandkern ohne Verformung abtragen können, und zudem noch wärmebrückenreduziert sind, sind erforderlich. Eine Herausforderung stellt die nachträgliche Montage dar. Das Haftungsrisiko für Schäden an der Fassade (Wärmedämmung und Dichtigkeit) ist hoch und sollte deshalb nicht einfach von einem GaLaBau-Betrieb übernommen werden. Eine Nachfrage beim eigenen Haftpflichtversicherer dürfte manchen voreiligen Gärtner hier schnell eines Besseren belehren. Und wenn er es doch versuchen will: Es gibt spezielle Anker, Abstützungen, Halter und anderes Zubehör, nur muss man eben wissen, für welche Wandkonstruktion welche Befestigungselemente mit welcher Lastklasse und Ausziehkraft geeignet sind. Standarddübel, -schrauben, -haken und -anker aus dem Heimwerker-Baumarkt sind jedenfalls keine Lösung.

Besser ist es, wenn die erforderlichen Anker schon beim Bau der Wand und der Fassade vom Hochbau oder den Fassadenbauern eingebaut werden können.

Wärmedämmverbundsysteme sind für die Begrünung mit Selbstklimmern ungeeignet. Das gilt auch für vorgehängte Platten und Verkleidungen, für die auch Einschränkungen bei Gerüstkletterpflanzen gelten, da die Befestigung von Kletterhilfen nicht an den vorgehängten Platten erfolgen darf. Ebenso ist ein Eindringen von Pflanzentrieben in die Fugen zwischen den Platten möglich.

Luftkollektor-Fassaden zur Erwärmung eines Luftvolumens vor einer wärmegedämmten Wand können wie Luftkollektor-Fassaden zur Direkterwärmung der Wand begrünt werden.

Für wandgebundene Fassadenbegrünungen gilt hinsichtlich der Befestigung der Module oder des Untergrunds für den flächigen Bewuchs im Grunde dasselbe wie bei der Befestigungen von Kletterhilfen für Gerüstkletterpflanzen: Es sind geeignete Verankerungen in der tragenden Wand erforderlich, die die Dämmung nicht beeinträchtigen. Anschlüsse für die Bewässerung müssen vorhanden sein.

Fazit zur Eignung von Wänden/Fassaden für die Begrünung:

- Für die Fassadenbegrünung ist immer eine ausreichende Statik der Wand, alternativ eine stabile Hilfskonstruktion davor, erforderlich.
- Selbstklimmer sollten am besten nur bei massiven Wänden verwendet werden, keinesfalls aber bei vorgehängten Platten.
- Sowohl für Selbstklimmer als auch für Gerüstkletterpflanzen ist eine intakte Gebäudehülle ohne Risse und offene Fugen erforderlich.
- Dauerhaft feuchte Wände sollen nicht begrünt werden.
- Bei der Anbringung von Kletterhilfen für Gerüstkletterpflanzen und von wandgebundenen Fassadenbegrünungen sind geeignete Verankerungen erforderlich, um Schäden an der Fassade, insbesondere an der Dämmung, zu vermeiden. Die Verankerung darf nur in der tragenden Wand erfolgen. Hierfür gibt es spezielle Verankerungen, die beim Neubau oder der Sanierung einer Fassade am besten schon vom Hochbau oder den Fassadenbauern angebracht werden.
- Fassaden mit häufigem Kontroll- und Instandhaltungsbedarf, wie z. B. Holzfassaden, sollten überhaupt nicht begrünt werden.
- Traditionelles Fachwerk ist für die Begrünung mit Selbstklimmern ungeeignet.

Bodengebundene Fassadenbegrünung

Standortbedingungen

Die meisten Kletterpflanzen benötigen aufgrund ihres natürlichen Standorts im Wald, wo sie im Schutz anderer Bäume stehen, einen lockeren und humosen, feuchten Boden und einen halbschattigen Standort. Steinige und sehr trockene Böden oder Staunässe sind i. A. nicht geeignet. Nur manche Arten, wie z. B. Baumwürger (Celastrus), kommen besser auf trockenen Standorten zurecht. Auch Kletterrosen und Brombeere bevorzugen vollsonnige Standorte. An Gebäuden stehen Kletterpflanzen jedoch einen Teil des Tags in der vollen Sonne und noch dazu vor einer Fassade, die sich stark aufheizen kann und die Strahlung zurückwirft, und den anderen Teil des Tags im vollen Schatten. Dunkle Fassaden und Metallfassaden, die sich extrem aufheizen, sind nicht für eine Begrünung mit Kletterpflanzen geeignet.

Kletterpflanzen für bodengebundene Fassadenbegrünungen sollen nicht trocken unter der Dachtraufe im Regenschatten stehen. Selbstklimmer bilden dort wegen des trockenen Klimas selbst bei zusätzlicher Bewässerung oft nicht so viele Kletterwurzeln aus wie an einem freien Standort. Stark verdichteter bindiger Boden im Auffüllbereich der Baugrube ist ebenso ungeeignet wie Bauschutt oder durchlässiger Kies über einer um das Fundament verlaufenden Dränage.

Kletterpflanzen in Pflanztrögen oder -kübeln auf höheren Etagen haben zudem das Problem der mit größerer Gebäudehöhe zunehmenden Windlast, was zu mechanischen Verletzungen, geringerem Wachstum, gesteigerter Verdunstung der Pflanzen sowie größerer Austrocknung des Bodens führt. Vor allem an den Gebäudeecken ist der Wind in den oberen Etagen so stark, dass auch im Boden vor den Gebäude wachsende und an sich robuste Kletterpflanzen nicht oder nicht so gut wachsen wie an einer windgeschützten Wand.

Einschränkungen im Wurzelraum bodengebundener Fassadenbegrünungen durch Ver- und Entsorgungsleitungen sind möglich. Die Baumscheibe ist im Bereich von Fußwegen oftmals sehr klein.

Schäden durch Urin von Hunden sowie Tausalz und mechanische Schäden durch angeschlossene Fahrräder sind im öffentlichen Bereich häufig anzutreffen. Bei öffentlichen Gebäuden (z. B. Verwaltung, Schulen) oder im Wohnungsbau sind Rindenschäden durch Freischneidereinsatz zur Entfernung von unerwünschtem Aufwuchs oder durch den Einsatz von Rasenmähern bis unmittelbar an die Kletterpflanze leider kein Einzelfall.

An Schnellstraßen werden Fassadenbegrünungen bei dicht an der Straße stehenden Häusern und bei Lärmschutzwänden durch Windsog in ihrer Entwicklung beeinträchtigt.

Pflanzenunverträgliche Oberflächenanstriche können Selbstklimmer beeinträchtigen. Ungeeignete oder nicht pflanzenangepasste Kletterhilfen können die Entwicklung von Gerüstkletterpflanzen behindern. Eine zu geringe Gebäudehöhe ist bei stärker wachsenden Kletterpflanzen ein Problem und kann ebenso wie zu geringe Fensterabstände, Außenjalousien und Rollladenkästen und -schienen zu einem erhöhten Pflegeaufwand in Form von häufig erforderlichem Rückschnitt führen. Dies gilt auch für zu geringe Abstände der Pflanzen untereinander. Falsche Standortwahl, z. B. an einem dicht an der Hausfassade oder in einer engen Nische angebrachten Regenfallrohr, ist ein Planungsfehler.

Pflanzgruben

Kletterpflanzen benötigen ein ausreichendes Bodenvolumen (Wurzelraum) mit einem geeigneten Boden oder geeignetem Pflanzsubstrat. Die Pflanzgruben sollen gemäß FLL einen durchwurzelbaren Raum von mindestens 0,5 m Tiefe und 1 m^3 Inhalt sowie eine offene Baumscheibe (nach Abzug der Fläche für eine evtl. vorhandene Beton-Rückenstütze) von mindestens 0,5 m^2 aufweisen. Das ist deutlich mehr als die häufig anzutreffenden Baumscheiben von teilweise nur etwa 25 x 50 cm bei bodengebundenen Fassadenbegrünungen oder der in den meisten Pflanztrögen zur Verfügung stehende Boden bei Kletterpflanzen auf höheren Etagen.

Damit Kletterpflanzen auch unter dem angrenzenden Wege- oder Straßenbelag wachsen können, wird die Verwendung eines überbaubaren Pflanzsubstrats gemäß den FLL-Empfehlungen für Baumpflanzungen – Teil 2 empfohlen.

Eine Baumscheibe im öffentlichen Raum soll mit einem Hochbord eingefasst werden, wenn die Gefahr des Zuflusses von tausalzbelastetem Wasser im Winter besteht. Offene Baumscheiben sind zu mulchen. Bei empfindlichen Pflanzen, die einen schattigen Fuß benötigen, wie z. B. Clematis-Hybriden, ist eine Unterpflanzung zu empfehlen. Dabei ist ein Ausgleich durch gesteigerte Düngung und Bewässerung erforderlich, da die Vorpflanzung sonst zur Konkurrenz für die Kletterpflanze werden kann.

Pflanzgruben in unmittelbarer Nähe der Bauwerksdränage sowie Kletterpflanzen in Pflanztrögen auf höheren Etagen sollten am besten mit einer Bewässerung ausgestattet werden. Andererseits darf in der Pflanzgrube keine Staunässe auftreten. Wenn der Untergrund nicht ausreichend durchlässig ist, kann deshalb auch eine Dränage zur Entwässerung erforderlich werden.

Kletterformen der Pflanzen

Die Verwendung von Kletterpflanzen und die Art und Ausprägungen einer Fassadenbegrünung ist von der jeweiligen Kletterform der Pflanzen abhängig.

Kletterpflanzen vernachlässigen die Entwicklung eines stabilen Sprosses zugunsten eines schnelleren Höhenwachstums, um ihre Blätter in den oberen, besser belichteten Bereichen der Baumkronen im Wald ausbreiten zu können. Deshalb müssen sie sich an anderen Pflanzen festhalten, um nicht immer wieder abzurutschen, da sich ihr vergleichsweise weicher Haupttrieb nicht ohne Abstützung in der Höhe halten kann. Hierzu haben die verschiedenen Pflanzen unterschiedliche Kletterstrategien entwickelt.

Selbstklimmer

Diese Kletterpflanzen bilden Haftwurzeln oder Haftscheiben, mit denen sie sich an anderen Pflanzen und an Felswänden oder eben auch an Fassaden verankern können, um ein Abrutschen zu verhindern. Dabei wachsen ihre Kletterorgane „negativ phototroph“ (vom Licht fliehend), bilden sich also auf der dem Licht abgewandten Seite aus, um sich in Unebenheiten des Untergrunds zu verankern. Das erklärt auch, warum Selbstklimmer auf sehr glatten Fassaden, wo sie weniger Halt finden, und bei besonders hellen Fassaden bzw. Fassaden mit einer hohen Rückstrahlung auf der eigentlich dem Licht abgewandten Seite deutlich schlechter wachsen.

Bei den Selbstklimmern werden Wurzelkletterer und Haftscheibenranker unterschieden.

Wurzelkletterer bilden auf der dem Licht abgewandten Seite ihrer Triebe kurze Haftwurzeln aus, die verholzen und Wurzelhärchen hervorbringen, mit denen sie sich in kleinsten Unebenheiten des Untergrunds einspreizen und verkeilen. **Efeu** (Hedera helix) ist der bekannteste Vertreter dieser Gruppe. Sein starkes Höhenwachstum, die Ausbildung von Haftwurzeln über die nahezu gesamte Länge seiner Triebe, seine immergrünen Blätter und seine Robustheit machen ihn für die Fassadenbegrünung unverzichtbar. Er wächst auch noch im Schatten. Allerdings bildet er nur an den jüngeren Trieben mit den dreizackigen Blättern Haftwurzeln aus, im Unterschied zur Altersform mit Blüten und ihren rautenförmigen Blättern.

Andere Wurzelkletterer sind die **Trompetenblume** (Campsis radicans), die **Kletterhortensie** (Hydrangea petiolaris) und der **kletternde Spindelstrauch** (Euonymus fortunei). Letzterer haftet zwar gut am Untergrund an, kann aufgrund seiner Höhe aber nur den Gebäudesockel wirklich begrünen. Die Trompetenblume wächst relativ stark, braucht aber ebenso wie die etwas weniger stark wüchsige Kletterhortensie zur Unterstützung oft ein Klettergerüst, auf das sie gelehnt oder angebunden wird, da beide Pflanzen ihre Haftwurzeln nicht über die ganze Länge der Triebe ausbilden.

Haftwurzeln schädigen die Fassade nicht; sind aber später nur schwer wieder zu entfernen, ohne die Oberfläche der Fassade in Mitleidenschaft zu ziehen. Bei schadhaften Fassaden, herkömmlichem Fachwerk und Fassaden mit offenen Fugen, z. B. bei vorgehängten Platten, besteht die Gefahr des Einwachsens der lichtfliehenden Triebe, ebenso bei Dächern, Rollladenkästen und -schienen oder Lüftungsöffnungen.

Die zweite Gruppe der Selbstklimmer bilden die **Haftscheibenranker**. Das sind die Sorten „Veitchii“ des **Dreilappigen Wilden**

Weins (Parthenocissus tricuspidata) und „Engelmannii" des **Fünflappigen Wilden Weins** (Parthenocissus quinquefolia). Die reinen Arten und andere Arten und Sorten bilden keine oder weniger Haftscheiben aus und sind deshalb als Selbstklimmer nicht geeignet, was manchen Misserfolg der Vergangenheit erklärt. Der wilde Wein ist sommergrün, hat eine intensive Herbstfärbung und wird ähnlich groß wie der Efeu. Er hat wie der normale Wein auch Ranken, allerdings geben die bei Berührung mit einem Untergrund ein Sekret ab, sodass die Rankenspitze dort erst einmal haften kann. Dann bildet sich eine wenige mm große Scheibe aus, die wiederum feinste Ausstülpungen hervorbringt, die letztlich für den dauerhaften Halt an der Unterlage zuständig sind. Deshalb kann der Wilde Wein auch glattere Oberflächen als der Efeu bedecken. Die Haftscheiben des Wilden Weins sind, wie die Haftwurzeln des Efeus, für die Gebäudesubstanz eigentlich unschädlich, aber ebenso ohne ein scharfes Abbürsten oder Sandstrahlen der Fassade nicht mehr zu entfernen. Haftscheibenranker sind an denselben Fassaden zur Verwendung geeignet wie Efeu.

Gerüstkletterpflanzen

sind Kletterpflanzen, die sich mit dem ganzen Trieb oder Teilen der Pflanzen (Ranken) um andere Pflanzen schlingen und sich an diesen festhalten. Sie finden an einer Wand keinen Halt, wenn sie nicht Fallrohre, Seile, Spaliere, Gitter, Brüstungen u. Ä. als Kletterhilfe nutzen können. Deshalb können Gerüstkletterpflanzen in ihrer Ausbreitung durch Ausdehnung, Form und Größe der Kletterhilfen begrenzt werden, wodurch auch eine gestalterische Wirkung erreicht wird.

Neben **Gehölzen** sind auch Stauden wie der **Hopfen** (Humulus) sowie Ein- und Zweijährige wie z. B. die **Feuerbohne** (Phaseolus) oder die **Prunkwinde** (Ipomoea) unter den Gerüstkletterpflanzen zu finden.

Die artenreichste Gruppe unter den Gerüstkletterpflanzen bilden die Schlinger/Winder. Aber auch Ranker und Spreizklimmer gehören zu den Gerüstkletterpflanzen.

Schlinger/Winder führen mit ihrer Triebspitze kreisende, schraubenförmige Bewegungen um eine vertikale Achse bei gleichzeitigem Längenwachstum aus. Bei Berührungsreizen lehnen sie sich an den Ast oder die Kletterhilfe an, das „Winden" endet an dieser Stelle, der Trieb bildet ein Dickenwachstum aus, verholzt und verkürzt sich dabei scheinbar. Die Triebspitze wächst dagegen weiter mit ihren schraubenden Bewegungen in die Länge.

Bei starken Schlingern wie **Wisteria** und **Celastrus** können nachgiebige Kletterhilfen zusammengezogen und aus der Verankerung gerissen, dünne Fallrohre zusammengedrückt oder schwächere Triebe, die umrankt werden, erdrückt werden. Dies betrifft auch andere Triebe derselben Pflanzen, weshalb bei Pflanzung und Pflege darauf zu achten ist, dass die Triebe sich nicht gegenseitig umschlingen. Dies kann nur durch jährlich mehrmalige Pflegegänge verhindert werden.

Die schraubenförmigen Bewegungen der Triebspitzen gehen je nach Pflanzenart entweder links oder rechts herum. Schlinger, die – von oben den Trieb hinunter gesehen – die Kletterhilfe gegen den Uhrzeigersinn umwinden, werden als Linkswinder (z. B. Aristolochia, Celastrus, Humulus) bezeichnet; ist die Richtung im Uhrzeigersinn, spricht man von Rechtswindern (z. B. Wisteria). Beim Pflanzen oder auch beim Anleiten von Trieben während der Pflege ist es wichtig, die Pflanzen in der ihnen eigenen Winderichtung um die Kletterhilfen zu leiten. Andernfalls kann es zu Wachstumsstörungen kommen, denn die Pflanze wird versuchen, wieder in die ihr eigene Drehrichtung zu kommen.

Ranker klammern sich mit aus dem Spross wachsenden, zu Ranken umgebildeten Kurztrieben oder Blütenständen oder mit den Blattstielen um andere Äste bzw. Kletterhilfen. Dementsprechend werden **Sprossranker**, zu denen der Wein der Gattung Vitis gehört, und **Blattstielranker** wie Clematis unterschieden. Die Ranken oder Blattstiele führen zunächst kreisende Bewegungen aus, bis sie durch einen Berührungsreiz eine Stütze finden, um die sie sich dann nach weiterem engen Drehwachstum dicht herumlegen. Die Ranken und die Blattstiele trocknen ein und verholzen in der Folge, sodass eine dauerhafte Verankerung gewährleistet ist, auch wenn die Blätter im Herbst abgeworfen werden. Außerdem werden jährlich neue Ranken und Blätter gebildet, die sich wieder um die Rankhilfe oder alte Triebe legen.

Spreizklimmer haben keine aktiven Haltemechanismen bzw. aktiven Pflanzenteile, mit denen sie sich festhalten. Sie legen ihre langen, vergleichsweise dünnen und sich unter ihrem Gewicht neigenden Triebe über andere Pflanzen bzw. Kletterhilfen und sichern sich gehen Abrutschen mit „Widerhaken“. Beispielsweise hängen also die Stacheln bei Kletterrosen in Astgabeln des Strauchs, über den sie mit ihren langen Trieben gewachsen sind, fest, oder sie verhaken sich in Winkeln und an Ecken des Klettergerüsts. Neben **Kletterrosen** sind **Jasminum nudiflorum** und **Rubus henryi** (Brombeere) als Spreizklimmer zu nennen.

Kletterhilfen, Klettergerüste

Kletterhilfen müssen die spezifischen Kletter- und Wuchseigenschaften der Pflanzen berücksichtigen. Durch Anordnung, Größe und Form der Kletterhilfen sind eine Gestaltung der Fassade und eine Begrenzung der Ausdehnung der Begrünung möglich. Dadurch können technische Einrichtungen, Dächer und Fenster leichter frei gehalten werden als bei einer Begrünung mit Selbstklimmern, bei denen dies nur durch Rückschnitt möglich ist.

Kletterhilfen für Schlinger/Winder

Aufgrund des Wachstumsverhaltens der Schlinger/Winder sollten Kletterhilfen für diese Pflanzengruppe senkrecht oder zumindest deutlich aufwärts gerichtet sein und aus möglichst runden Profilen bestehen. Seile, Stäbe, Stangen und Rohre sind am besten geeignet. Scharfkantige und schmale Profile wie Bretter oder Metallgitterroste sind ungeeignet. Sie führen zu Quetschungen, die das Absterben der Triebe zur Folgen haben können.

Die Querschnitte der zu umrankende Profile müssen in Abhängigkeit von der Wuchsstärke der jeweiligen Planzenart gewählt werden. Schwach wachsende Schlinger wie manche Lonicera-Arten, Stauden wie Hopfen und Ein- und Zweijährige kommen nur mit Profilen mit einem geringen Durchmesser (etwa 4–20 mm) gut zurecht. Schlinger/Winder mit etwas stärkerem Wachstum können auch Rohre und Pfosten bis etwa 5 cm, und sehr starke Schlinger wie Wisteria und Celastrus sogar noch mehr als 10 cm Durchmesser problemlos umwinden.

Der Abstand der Kletterhilfen von der Wand ist so zu wählen, dass sie auch von älteren, dicken Trieben noch umschlungen werden können, ohne dass es zur Quetschung von Trieben kommt oder die Kletterhilfe aus der Verankerung gedrückt wird.

An sehr glatten Profilen sind Querstreben oder Abrutschsicherungen erforderlich. Gitter bieten von sich aus genügend Abrutschsicherung. Bei starken Schlingern dürfen die Gitteröffnungen aber nicht zu klein sein. Schwachwachsende Schlinger kommen dagegen auch mit relativ engmaschigen Drahtzäunen gut zurecht.

Kletterhilfen für Ranker

Der Umfang der Profile, die Ranker umfassen können, ist verglichen mit dem Durchmesser bei Schlingern und Windern deutlich geringer und sollte nicht größer als etwa 1/3 der aktiven Rankenlänge betragen. Je nach Pflanzenart und Sorte sind das etwa die vordersten 1 bis 10 cm der Ranke, sodass sich Durchmesser von 0,3–3 cm für die Profile einer geeigneten Kletterhilfe ergeben. Blattstielranker können dabei auch noch Profile mit einer Dicke im oberen Bereich der genannten Spanne einigermaßen umranken während Sprossranker eher die dünneren Profile bevorzugen. Auch eckige Querschnitte sind geeignet und beeinträchtigen die Pflanzen nicht. Ranker benötigen keine linearen Strukturen, sondern kommen mit flächigen Kletterhilfen wie Gittern besser zurecht. Die Maschenweite sollte etwa 15 x 15 cm bis 40 x 40 cm betragen; wobei für Blattstielranker die größeren Abstände besser geeignet sind.

Kletterhilfen für Spreizklimmer

Senkrechte Kletterhilfen alleine sind ungeeignet, da die Triebe angebunden werden müssen. Auch bei rein horizontal verlaufenden Leisten, Stangen oder Drähten ist ein Anheften hilfreich. Besser geeignet sind Gitterkonstruktionen, da sich die Spreizklimmer hier leichter von selbst verhaken können. Optimal sind schräg verlaufende Gitter, bei denen sich ein Einhaken der Stacheln in den spitzen, nach oben offenen V-förmigen Winkeln von selbst ergibt. Die Maschenweite darf nicht zu klein sein, da sonst die langen Triebe kaum hindurchkommen oder bei der Pflege nicht hindurchgeleitet werden können. Auf einen genügenden Wandabstand ist zu achten, da die Triebe i. d. R. auch dahinter wachsen können. Eckige Profile sind besser geeignet als runde.

Fazit: Anforderungen an Kletterhilfen

Abhängig von der Kletterform der jeweiligen Pflanzen sind die in Tab. 2 aufgeführten allgemeinen Anforderungen für pflanzenangepasste Kletterhilfen zu beachten. Bei der konkreten Dimensionierung spielt die Wuchsstärke der Pflanzen eine entscheidende Rolle.

Tabelle 1: *Anforderungen an Kletterhilfen in Abhängigkeit von der Kletterform nach FLL*

Kletterform	Anforderungen	Geeignete Ausführungen	Pflanzen (Beispiele)
Schlinger, Winder	Vorzugsweise senkrechte Ausrichtung, Durchmesser 0,4 bis 5,0 cm, senkrechter Abstand 20–80 cm, Querverbindungen oder Abrutschsicherungen, wenn die Profile keine ausreichende Rauigkeit aufweisen	Seile, Stäbe, Rohre; Gitter nur bei ausreichend großen Feldern bzw. Maschenweiten	Lonicera, Humulus, Wisteria, Celastrus
Sprossranker, Blattstielranker	Vorzugsweise Gitter- oder Netzkonstruktionen, Querschnitt 0,3–3,0 cm je nach Rankenlänge, Gitterweiten 15 x 15 cm bis 40 x 40 cm	Gitter oder Netze in beliebiger Anordnung	Vitis, Clematis,
Spreizklimmer	Profile oder Seile mit horizontaler, kreuzweiser oder diagonaler Ausrichtung, 30 bis 40 cm Abstand zwischen horizontalen Profilen, bei gitter- oder netzförmigen Konstruktionen 25 x 25 bis 45 x 45 cm	Seile, Stäbe, Rohre; Gitter nur bei ausreichend großen Feldern bzw. Maschenweiten	Kletterrosen, Jasminum nudiflorum, Brombeere

Baustoffe

Klettergerüste und -gitter, Stangen und Stäbe aus Holz sind leicht zu bearbeiten und bieten die Möglichkeit der Anpassung (Zuschnitt) auf der Baustelle an die örtlichen Gegebenheiten. Sie sind aber nur für kleinere Fassadenbegrünungen geeignet, da sie eine begrenzte Haltbarkeit haben und regelmäßiger Pflege bedürfen.

Kletterhilfen aus Metall können hohe Lasten und Kräfte aufnehmen und sind im Vergleich zu Holzkonstruktionen filigraner. Feuerverzinkte oder kunststoffummantelte Stahlgitter, Rohre und Stangen oder Edelstahlseile, häufig zum Schutz der Pflanzen auch kokosummantelt, damit ihre Oberfläche nicht zu sehr abkühlt oder aufgeheizt wird, werden meist vorgefertigt und vor Ort nur noch montiert. Eine genaue Längenbestimmung ist insbesondere bei Seilen zuvor nötig. Es gibt ein gutes Sortiment von speziell für die Fassadenbegrünung mit Kletterpflanzen vorgefertigten und aufeinander abgestimmten Bauteilen einschließlich Verankerungen, Haken und geeigneten Ankern sowie sonstigem Zubehör. Eigenkonstruktionen lohnen sich deshalb meist nicht, sondern stellen eher ein erhöhtes Risiko dar.

Alternativ können auch Stangen, Rohre und Gitter aus Glasfaser, die ebenfalls speziell für die Fassadenbegrünung hergestellt werden, verwendet werden. Sie sind korrosionssicher, nicht brennbar und leichter als Metallkonstruktionen. Auch hierfür bieten die Hersteller und Lieferanten die notwendigen passenden Zubehörteile an.

Kunststoffnetze werden bei der Gebäudebegrünung seltener eingesetzt, sondern finden eher bei Kletterpflanzen an Lärmschutzwänden Verwendung.

Verankerung

Kletterhilfen können

- gleichmäßig flächig tragend,
- von oben hängend (und an der Wand nur abgestützt),
- auf Konsolen an oder Fundamenten vor der Wand stehend,
- zwischen Widerlagern oder Konsolen am Gebäude oben und in Fundamenten oder Konsolen am Gebäude unten vor der Wand eingespannt,

an oder vor der Wand angebracht werden. Die Art der Wandbefestigung ist von der Fassadenkonstruktion abhängig. Ein ausreichender Wandabstand ist vorzusehen zur

- Hinterlüftung der Fassadenbegrünung,
- Vermeidung von Scheuerstellen an der Fassade,

- Vermeiden von Zwängungen durch das Dickenwachstum der Triebe,
- Durchführung von Schnittmaßnahmen, Leiten von Trieben und Entfernen von Totholz und Laubansammlungen,
- Vermeidung von Fassadenverschmutzung.

Gemäß FLL wird hierfür ein Wandabstand entsprechend der Hälfte der zu erwartenden Triebdicke am Wurzelhals, mind. jedoch 8 cm empfohlen. Je nach Wüchsigkeit der Pflanzen sind somit meist Wandabstände zwischen 8 und 20 cm vorzusehen.

Zusätzlich zu den tragenden Haltern oben und unten sind Abstandhalter und Führungen zur Stabilisierung bei größeren Kletterhilfen erforderlich, damit diese nicht im Wind schlagen und dabei unangenehme Geräusche entstehen oder die Verankerungen infolge dynamischer Beanspruchung überlastet werden.

Bei Seilen sind Seilspanner einzubauen, damit die temperaturbedingten Längenänderungen zwischen Sommer und Winter ausgeglichen werden können und das Seil weder zu straff noch zu locker hängt.

Es ist zu empfehlen, Klettergerüste so hoch anzubringen, dass sie nicht einfach als Aufstieg genutzt werden können. Die Pflanzen müssen deshalb für die erste Zeit provisorisch bis zu den Kletterhilfen hochgeführt und angeleitet werden.

Kletterhilfen und deren Halterungen sind ausreichend zu dimensionieren, damit sie

- die Horizontallasten aus dem Gewicht von Kletterhilfe und Bewuchs in belaubtem Zustand, mit Früchten und im nassen Zustand oder mit Eis oder Schnee und
- die Vertikallasten durch den Wind sowie
- die von den Pflanzen verursachten Druckkräfte und Spannungen gefahrlos

aufnehmen können.

Anker und Dübel müssen eine bauaufsichtliche Zulassung haben. Halterungen dürfen sich unter Maximallast nicht dauerhaft verformen.

Kriterien zur richtigen Pflanzenauswahl

- Wandtyp, Fassadenkonstruktion, besondere Schadensrisiken der jeweiligen Fassade
- Kletterform (Selbstklimmer, Gerüstkletterer)
- Wuchshöhe (bzw. Höhe der Wand)
- Wuchsstärke und Wuchsform: Durchmesser der Triebe ist wichtig für den Abstand der Kletterhilfe von der Wand.
- Breitenwuchs straff aufrecht oder überhängend
- lockerer oder dichter, polsterartiger Bewuchs
- Konkurrenzkraft gegenüber anderen Kletterpflanzen (bei Mischpflanzungen)
- Licht- und Wärmeanspruch, Exposition
- Blüte, Früchte, Herbstfärbung
- erforderlicher Pflegeaufwand

Pflanzung, Pflanzabstände

Bei der Pflanzung sind die allgemeinen Anforderungen nach DIN 18916 zu beachten. Kletterpflanzen müssen gemäß FLL-Gütebestimmungen für Gehölze mit einem Stab geliefert werden – auch Selbstklimmer. Auf der Baustelle werden sie provisorisch an der Fassade oder an der Kletterhilfe befestigt (Klebeband, Bindestrick), bis sie sich selbst verankern können. Spreizklimmer, aber auch Trompetenblume und Kletterhortensie, müssen u. U. für eine längere Zeit oder dauerhaft angebunden werden. Bei Schlingern und Windern ist darauf zu achten, dass nur ein Trieb pro Rankhilfe angelegt wird.

Fertigstellung

Leistungen der Fertigstellungspflege

Die Fertigstellungspflege erfolgt bis zum Erreichen des abnahmefähigen Zustands. Zusätzlich zu den bei anderen Pflanzungen üblichen Pflegemaßnahmen nach DIN 18916 kann eine Kontrolle und ggf. Ergänzung der Anbindung und das Freihalten technischer Einrichtungen von Bewuchs erforderlich werden.

Anwuchserfolg, Abnahme

Die Abnahme kann erfolgen, wenn der Anwuchserfolg gemäß DIN 18916 erreicht ist. Das ist i. d. R. mit dem „Johannistrieb“ im letzten Drittel des Junis der Fall.

Entwicklungs- und Unterhaltungspflege

Wartungs- und Pflegeanleitung

Es wird empfohlen, dem Kunden eine Pflegeanleitung für die Kletterpflanzen und eine Wartungsanleitung für die Kletterhilfen zu übergeben, sofern er diese nicht von seinem Landschaftsarchitekten erhält.

Neben den auch bei anderen Pflanzungen üblichen Pflegemaßnahmen sind bei Fassadenbegrünungen erforderlich:

- Kontrolle der Kletterhilfen, auch hinsichtlich der Verkehrssicherheit
- Holzteile sind ggf. zu pflegen (streichen)
- Spannen und Lockern der Spanndrähte
- Freischneiden von technischen Einrichtungen (Regenfallrohre, Markisen, Jalousien, Rollladenkästen und -schienen, Blitzschutzeinrichtungen, Kabel usw.)
- Freihalten von nicht für die Begrünung vorgesehenen Flächen (Fenster, Dachränder, Lüftungsöffnungen usw.)
- Totholzbeseitigung (zum Brandschutz und zur Verbesserung der Vitalität)
- Rückschnitt von Selbstklimmern, die eine Altersform mit Blüten und von der Wand weit abstehenden Trieben ausbilden (Euonymus, Hedera)
- Bewässerungseinrichtungen (meist bei Pflanztrögen an der Fassade) sind vor dem Winter zu entleeren und im Frühjahr wieder zu befüllen und auf Funktionsfähigkeit zu prüfen

Wandgebundene Fassadenbegrünung

Fassadenbegrünungen ohne Bodenanschluss (vertikale Gärten) bestehen aus modularen oder flächigen Systemen mit Trägersubstrat, die senkrecht an oder vor der Wand angebracht sind. Auswirkungen auf Bauphysik und Statik des Gebäudes sind zu berücksichtigen, weshalb bauaufsichtliche Anforderungen zu beachten sind.

Im Grunde handelt es sich um eine Art extreme Steildachbegrünung mit sehr geringem Wurzelraum. Bei uns besteht in vielen Regionen zudem noch starke Frostgefährdung, wenn das Substrat durchgefroren ist, aber infolge gleichzeitiger Sonneneinstrahlung und Wind eine weitere Austrocknung der Pflanzen erfolgt. Wandgebundene Fassadenbegrünungen können nur durch besondere technische Maßnahmen und einen hohen Pflegeaufwand, insbesondere Bewässerung, erhalten werden. Da eine regelmäßige Wartung und Kontrolle der Anlagen erforderlich ist und eingegangene und herausgefallene Pflanzen ersetzt werden müssen, ist eine gute und sichere Zugänglichkeit zu gewährleisten. Arbeitsbühnen oder Hubgeräte müssen vor der Wand aufgestellt werden können, oder Anschlagpunkte für Leitern und Gerüste oder zum Abseilen sind vorzusehen.

Die Standortbedingungen für die Vegetation hängen vor allem von der Sonneneinstrahlung und den Windverhältnissen, und damit von der Exposition und der Höhe an der Fassade ab. Ebenso ist eine Beschattung durch andere Gebäude standortprägend. Pflanzenauswahl und Bewässerung müssen dementsprechend differenziert erfolgen, und die Bewässerung muss im Jahresverlauf nach dem sich ändernden Sonnenstand eingestellt werden.

Bauweisen, Konstruktionen

Es werden unterschiedliche Systeme von einigen (wenigen) Herstellern angeboten, die einer eigenen Konstruktion vorzuziehen sind, da Tragkonstruktion, Substrat, Pflanzenauswahl und Technik aufeinander abgestimmt sind. Modulare Systeme

(i. d. R. Kassetten oder Rahmen aus Metall) können vorkultiviert eingebaut werden und bieten so einen Schutz gegen Erosion des Substrats. Sie werden auf maßgenau hergestellten Unterkonstruktionen (ebenfalls aus Metall) montiert und können deshalb schneller und leichter eingebaut oder ausgetauscht werden als flächige Systeme.

Flächige Bauweisen werden vor Ort hergestellt und erlauben eine Anpassung an jede Wandform. Meist werden sie auf einer hinterlüfteten Trägerkonstruktion erstellt. Bei der reinen Textilbauweise wurzeln die vor Ort einzeln eingesetzten Pflanzen ausschließlich in einem sehr dicken, wasserspeichernden Geotextil. Bei der Textil-Substrat-Bauweise gibt es in den Pflanztaschen außerdem noch Substrat als Wurzelraum.

Die Herstellung einer tragfähigen Konstruktion an oder vor der Fassade sollte nicht durch den GaLaBau erfolgen. Das gilt auch im Hinblick auf einen frostfreien Technikraum und die erforderlichen Leitungen für die Wasserver- und -entsorgung sowie einen Stromanschluss. Es hat sich bewährt, wenn die Leistung des GaLaBaus erst nach der von den zuständigen Fachgewerken erstellten Technik beginnt, die zuvor gesondert abzunehmen ist.

Substrate

Das Hauptproblem ist der senkrechte Einbau des Substrats, das nicht herausrieseln darf und ausreichend Wasser für die Pflanzenwurzeln gegen die Schwerkraft halten muss. Die Systemhersteller verwenden hierfür sackungs- und strukturstabile Substrate aus verschiedenen Stoffen.

Bei flächigen Bauweisen, die i. d. R. eine größere Höhe als die Einzelhöhe der Kassetten bei der Modulbauweise aufweisen, sollte das Substrat im unteren Bereich wasserdurchlässiger als dasjenige in den oberen Taschen sein. Die Systemhersteller mischen ihre jeweiligen Substrate aus mineralische Gemischen, Torfmoosen oder Steinwolle. Eigene Substrate sollten auch hier aus Haftungsgründen nicht genommen werden.

Pflanzenauswahl, Pflanzung

Die Pflanzen wachsen in Taschen oder Öffnungen im Vlies aus der Wand heraus. Trotz der widrigen Standortbedingungen haben sich eine Vielzahl von Stauden, aber auch Kleingehölze und bedingt Kletterpflanzen (lichtfliehende Triebe dürfen nicht hinter die Konstruktionen wachsen) bewährt. Auch Moose kommen bei einigen Varianten zum Einsatz. Eine umfangreiche Liste geeigneter Pflanzen findet sich in den aktuellen FLL-Fassadenbegrünungsrichtlinien.

Bewässerung

Anschlüsse zur Bewässerung (meist automatische Tropfbewässerung einschl. möglicher Flüssigdüngung) und Stromanschlüsse zur Heizung der Bewässerung im Winter sind erforderlich.

Checkliste Fassadenbegrünung

- ☐ **rechtliche Zulässigkeit einer Begrünung**
- ☐ **Wandtyp, Fassadenkonstruktion, besondere Schadensrisiken, Eignung für die Begrünung, Höhe der Wand**
- ☐ **Tragfähigkeit der Fassade bzw. Wand**
  Welche Lasten muss die Wand noch aufnehmen können?
- ☐ **Risse, Fugen oder Zwischenräume**
- ☐ **Wo können Befestigungen der Kletterhilfen erfolgen?**
- ☐ **Welche Befestigung ist erforderlich?**
  Welche Dübel, welche Anker können verwendet werden?
- ☐ **Pflanzgrube: Größe, Substrat, Entwässerung, Einfassung**
- ☐ **Bei Gerüstkletterern: Auswahl der geeigneten Kletterhilfe**
- ☐ **Wuchshöhe, Wuchsstärke und Wuchsform der Pflanzen**
- ☐ **Konkurrenzkraft gegenüber anderen Kletterpflanzen**
- ☐ **Licht- und Wärmeansprüche, Exposition**
- ☐ **Blüten, Früchte, Herbstfärbung**
- ☐ **Arbeitsmittel (Gerüste, Arbeitsbühnen, Hubgeräte)**
- ☐ **erforderlicher Aufwand und notwendige Maßnahmen für Pflege und Wartung**
- ☐ **Bewässerungseinrichtungen bei Pflanzkübeln**

Vermessung im GaLa-Bau

Praxis-Grundlagen

Einleitender Überblick

Die Abschnitte beinhalten die für den GaLa-Bau klassischen Vermessungsarbeiten innerhalb eines Grundstücks. Die Herstellung oder Überprüfung der Grundstücksgrenzen vor Ort ist Sache eines Ingenieurbüros für Vermessung oder des zuständigen Vermessungamts (Landesämter für Geodäsie, Geoinformation o. dgl.), und würden zudem weit über den Rahmen dieser Kapitel hinausgehen.

Im gesamten Bauprozess haben Vermessungs-Arbeiten einen hohen Stellenwert: bei der Erstellung von Planunterlagen, in der Baudurchführung mit Absteckung oder bei Bauüberwachung und Abrechnung. Grundlegende Kenntnisse wichtiger Vermessungs-Geräte und -Verfahren sind hierzu erforderlich. Im GaLa-Bau übernimmt überwiegend der Techniker, der Vorarbeiter, Absteckungs- und Aufmaßarbeiten. Waren bis vor wenigen Jahrzehnten nur einige wenige meist analoge Messgeräte auf der Baustelle täglich im Einsatz, ein Ingenieur-Nivelliergerät war da schon eher die Ausnahme, hat heute die digitale Messtechnik mit ihren vielen Ausprägungen Einzug auf fast jede Baustelle gehalten. Der Einsatz analoger oder digitaler Messtechnik erfordert praxisbezogene Basiskenntnisse, die den fachgerechten Einsatz der Messinstrumente gewährleisten.

Orientierung im Raum

Koordinaten

Die Daten von Koordinaten beziehen sich auf ein rechtwinkliges orthogonales Achsensystem. Diese Koordinatenachsen stehen senkrecht zueinander. Sie schneiden sich im Nullpunkt. Man spricht von einem ebenen, kartesischen Achsensystem. Damit sind eindeutige Punkt-Zuordnungen in der Fläche möglich. In der Geodäsie zeigt die x-Achse nach oben (Norden) und die y-Achse nach rechts (Osten). In der Mathematik und in der CAD ist die Achsbezeichnung umgekehrt: Die x-Achse zeigt hier nach rechts und die y-Achse nach oben. Unmissverständlich ist die Bezeichnung Rechtswert und Hochwert. Bei beiden Systemen kommt noch der sogenannte z-Wert dazu, der die Höhenlage des Punkts zeigt, der sich senkrecht zur x-y-aufgespannten ebenen Fläche befindet, in der Grafik erkenntlich am Punkt B.

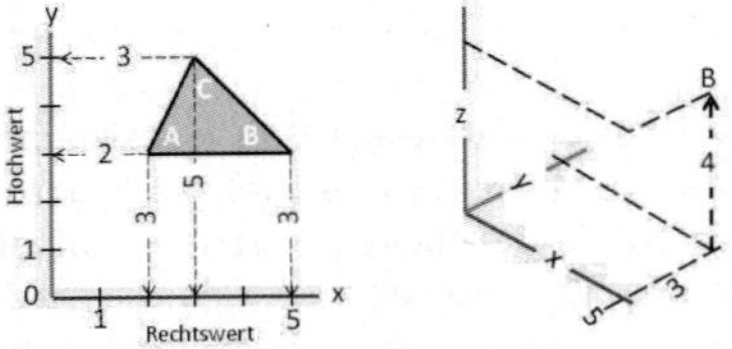

***Bild 1:** Kartesisches Koordinatensystem: links zweidimensionale, rechts isometrische Darstellung (Quelle: Diebel)*

Die Punkte A, B, C haben folgende Koordinatenwerte (x, y, z): A (2, 3) / B (5, 3, 4) / C (3, 5)

Die vom Vermessungsamt oder vom Vermessungsingenieur bereitgestellten Sicherungen der Grundstücksgrenzen werden vor Ort durch sichtbare Zeichen wie Grenzsteine, Nägel usw. vorgegeben. Diese Grenzmarken sind mit Datensätzen hinterlegt. Diese Grenzmarken sind mit Datensätzen aus dem Koordinatensystem ETRS89/UTM versehen. Wenn die Daten in die CAD eingegeben werden, muss eine Umstellung der x- und y-Koordinaten erfolgen.

Beispiel: Punkte A-D, Koordinaten im Koordinatensystem (anstelle der üblichen 3 Dezimalstellen, sind hier 4 Dezimalstellen dargestellt)

der Geodäsie:		der Mathematik und CAD:		
x (East, Ost- oder Rechstwert)	y (North, Nord- oder Hochwert)	x	y	
(...)619.2285	(...)501.8823	(...)501.8823	(...)619.2285	A
(...)621.4570	(...)507.2490	(...)507.2490	(...)621.4570	B
(...)620.6691	(...)513.0821	(...)513.0821	(...)620.6691	C
(...)604.4382	(...)520.3798	(...)520.3798	(...)604.4382	D

Daraus ist zu sehen, dass sich an der Lage der Punkte im Raum nichts geändert hat. Die z-Koordinaten der Punkte sind hier nicht aufgeführt. Die amtlichen Koordinaten weisen oft 6- bis 8-stellige Zahlen vor dem Komma auf, die in den folgenden Beispielen auf 3 Stellen vor dem Komma begrenzt sind. In den Beispielen werden die kartesischen Koordinatenwerte gemäß CAD verwendet und die Bezeichnung Rechts- und Hochwert benützt. Die in amtlichen Koordinaten-Listen verwendeten langen Punktnummern sind hier der Übersichtlichkeit wegen mit Punkt-Nummern A-D versehen.

Arbeiten mit Koordinaten

Zum sicheren Umgang mit Koordinaten sind trigonometrische Basis-Kenntnisse und mathematische Berechnungen wichtig. Für das Arbeiten mit Koordinaten-Werten stehen die in der Geodäsie benannten zwei Grundaufgaben am Anfang.

Geodätische Grundaufgabe 1

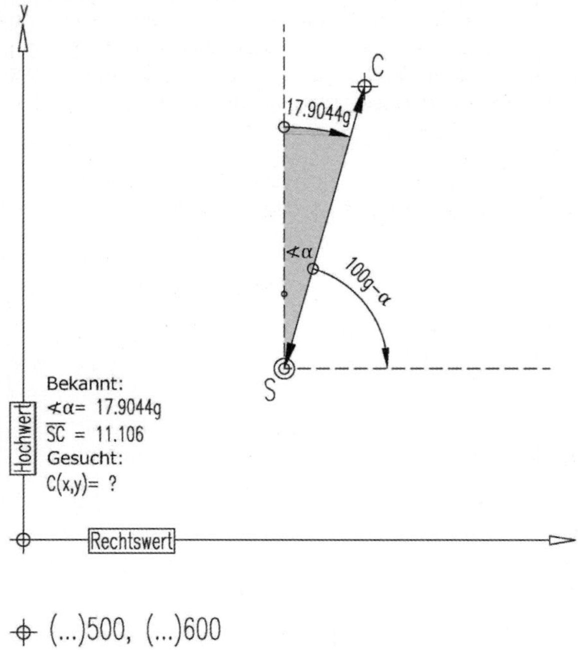

Bild 2: *Grundaufgabe 1 (Quelle: Diebel)*

Vom bekannten Punkt S (Gerätestandort) sind die Koordinaten von Punkt C zu berechnen. Bekannt ist die Länge der Strecke SC und der Winkel α. Der Winkel α, aufgespannt von der Parallele zur y-Achse durch Punkt S und der Strecke SC, wird Richtungswinkel genannt. Punkt C ist somit festgelegt zu Punkt S mit dem Winkel, der zwischen der Strecke SC und der senkrecht auf der Richtung stehenden Geraden durch S gebildet wird, und der Länge der Strecke SC. Mit diesen Werten, den Polarkoordinaten, stehen die Koordinaten von C fest. Ein Vollkreis beträgt in der Geodäsie 400 Gon. Die Richtung der Strecke SC ist der Winkel aus dem Schnittpunkt der Geraden SC und der Parallelen von x durch S und beträgt so $400 \div 4 - \alpha$. Zu der Berechnung der Koordinaten aus Winkel und Strecke wird ein Taschenrechner verwendet, der über eine REC/ POL- Funktion verfügt, wie z. B. die Handy-App „HiEdu-580“ (für Windows und Android). Für privaten Gebrauch ist sie kostenlos, professionell verwendet fällt eine geringe Gebühr an. Die Rechenoperation zeigt die Tastatureingaben mit dieser App. Bei Eingabe Entfernung und Winkel erhält man schnell und ohne große Rechenaktionen die Koordinaten von C bezogen auf Punkt S. Die Addition mit den Koordinaten von S ergibt die Koordinaten von C. Die Einheit „gon“ hat im Rechner die Bezeichnung „Grad“ (siehe auch: Verm.-Geräte-Erw.Ausstatt./Theodolit/Winkelwerte).

Grad

Eingabe	Anzeige
Shift	
Rec	Rec(I,)
1 1 . 1 0 6	
▷	
1 0 0 − 1 7 . 9 0 4 4	Rec(11.106,100-17.9044)I
=	

X = 3,08245...;Y = 10,66966...

X = + 510,0000 Y = + 610,0000 S(x,y)

X = 513,0825 Y = 620,6697 E(x,y)

__Bild 3:__ Berechnung zur Grundaufgabe 1 Umrechnung Polar- zu rechtwinkligen Koordinaten (Quelle: Diebel)

Geodätische Grundaufgabe 2

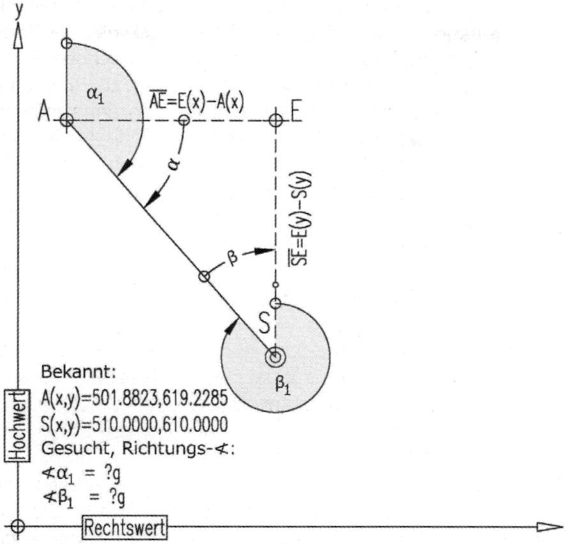

Bild 4: *Grundaufgabe 2 (Quelle: Diebel)*

I Berechnung E(x,y)

E(x) = S(x) = 510.0000

E(y) = A(y) = 619.2285

II Berechnung $\overline{AE}$ und $\overline{SE}$

E(x) =	510.0000	E(y) =	619.2285
A(x) =	− 501.8823	S(y) =	− 610.0000
$\overline{AE}$ =	8.1177	$\overline{SE}$ =	9.2285

III Berechnung Richtungswinkel α_1

$$\alpha_1 = 100 + \tan^{-1}\alpha = 100 + \tan^{-1}\frac{SE}{AE}$$

$$\alpha_1 = 100 + \tan^{-1}\frac{9.2285}{8.1177} = 154.0741\text{g}$$

IV Berechnung Richtungswinkel β_1

$$\beta_1 = 400 - \tan^{-1}\beta = 400 - \tan^{-1}\frac{AE}{SE}$$

$$\beta_1 = 400 - \tan^{-1}\frac{8.1177}{9.2285} = 354.0712\text{g}$$

V Berechnung $\overline{AS}$

$$\overline{AS} = \sqrt{8{,}1177^2 + 9.2285^2} = 12.2907$$

Bild 5: *Berechnung zur Grundaufgabe 2 (Quelle: Diebel)*

Aufnahmeverfahren

Steht auch die digitale Planerstellung bei Aufmaß und Abrechnung im Vordergrund, so gibt es auf jeder Baustelle Bereiche, die noch mit analogen Techniken aufgenommen werden müssen. Oft liegen auch Pläne vor, die mit Achsen und Stichmaßen versehen sind. Als Schema-Beispiel dient die Absteckung einer befestigten Fläche. Die nördliche (obere) Wegekante wird nach konventioneller Methode im Orthogonal-Verfahren abgesteckt oder aufgemessen. Die untere Wegekante wird nach dem Polarverfahren mit einem Tachymeter aufgemessen oder abgesteckt.

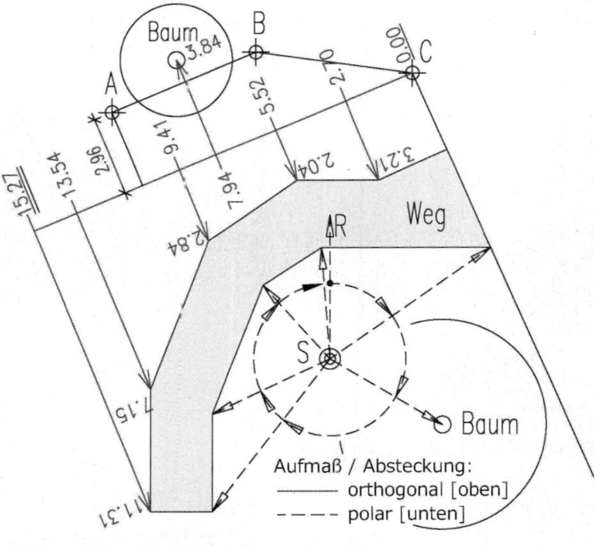

***Bild 6:** Orthogonal- und. Polaraufnahme (Quelle: Diebel)*

Orthogonalmethode

Auf eine zu erstellende Achse werden die gesuchten Punkte rechtwinklig aufgelotet. Die Achse wird beliebig nach den Örtlichkeiten gewählt werden, ist aber vermessungstechnisch eindeutig festzulegen, z. B. durch Parallelität zu einem Gebäude, durch Verbindung zwischen zwei Festpunkten o. dgl. Im Beispiel wird der zugängliche Grenzpunkt C als Ausgangspunkt der Achse definiert und wird auf dem Plan gekennzeichnet mit der Maßzahl 0,00 mit Unterstrich. Die Achse verläuft parallel zur Grenzlinie AB in einem Abstand von 2,96 m. Das Endmaß der Achse wird doppelt unterstrichen. Der Abstand der aufgeloteten Punkte wird fortlaufend auf der Maßachse stationiert. Die Länge der Auflotungsstrecke, die „Pfeilmaße“ sind mit ihren Werten neben dem Pfeil notiert.

Polarmethode

Tachymeter messen nach dieser Methode auf. In der Zeichnung ist die untere Wegekante abgesteckt oder aufgemessen. Der Punkt S ist koordinatenmäßig bekannt. Die Orientierung R für Richtungswinkelbeginn wird über einen weiteren, besser mit zwei mit ihren Koordinaten bekannten Punkten hergestellt. Die Punkte werden über rechtsläufig aufgenommene Richtungswinkel und über die Streckenmessung mit dem Tachymeter hergestellt.

Bild 7: *Polar-Aufmaß mit einem Tachymeter (Totalstation, vgl. auch Kapitel Theodolit/Tachymeter) bei einer Erdbaustelle (Quelle: Diebel)*

Vermessungsgeräte im GaLa-Bau

Grundausstattung

Auf jeder Baustelle sollte griffbereit ein Werkzeugkoffer mit den wichtigsten Basis-Vermessungs-Werkzeugen zur Verfügung stehen. Nach speziellen Anforderungen wird dieser individuell zusammengestellt. Die Grundausstattung enthält folgende Geräte:

Einfache Vermessungswerkzeuge

Notiz- und Markierungsutensilien

- Feldbuchrahmen A3/A4 (Schreibunterlage)
- Fallbleistift, Radiergummi
- Geodreieck, Fächer-Maßstab
- Feldbuch (Notizbuch)
- Wachskreide, Markierspray
- Farbiges Isolierband
- Satz Holzpflöcke mit Spiegel
- Fäustel
- Dicker Filz-Marker
- Lot mit Schnur
- Rot-weißes Absperrband
- Messkeil
- Sprech-Funk-Handy-Set (Walkie Talkie)

Längenmessung

[Sinnvolle Ergänzungen:]

- Zollstock 2 m (Meterstab), Güteklasse III
- Bandmaß mit 25, (30) ,50 m
- Zähl(Markier)nadelsatz
- Modifizierte12-Knoten-Schnur (12 m lange Schnur mit Knoten bei 3, 7, 12 m, für einfache rechtwinklige Absteckungen nach Pythagoras)
- Evtl. Glieder-Geometer-Stab 3 m, mit E- und cm-Teilung
- Evtl. Laser-Distanzmesser mit Schutztasche

Einfache Gerätschaften

- Doppelpentagon mit Köcher
- 1-2 Lattenrichter

Weitere Vermessungs-Geräte

Größere Mess-Geräte mit separaten Verwahrungen

- Fluchtstabsatz (6 Fluchtstäbe)
- 1-3 Fluchtstangenhalter
- Klappbarer Rollentacho (Rad-Längenmessgerät)
- Bauspion (zur Gefälle-Überprüfung)
- Alu-Winkel, klappbar, 45, 60, 90° einstellbar, L ≥ 1,00m

Arbeiten mit Fluchtstab und Doppelpentagon

Fluchtstab

Ein Fluchtstab-Satz gehört zu jeder Mess-Grundausstattung. Der Fluchtstab, Länge 2,00 m, Durchmesser 3 cm hat am Stabende eine Stahlspitze zur Verankerung im Boden. Die Lackierung ist rot und weiß im Abstand von 50 cm. Aus der Vielzahl der Absteckungen sind hier zwei Situationen herausgegriffen: Absteckung einer Flucht in Verlängerung einer Gebäudekante (Verlängern einer bestehenden Flucht) und eine Fluchtung parallel zu einer Gebäudekante. Fluchtstangenhalter werden bei hartem Untergrund eingesetzt.

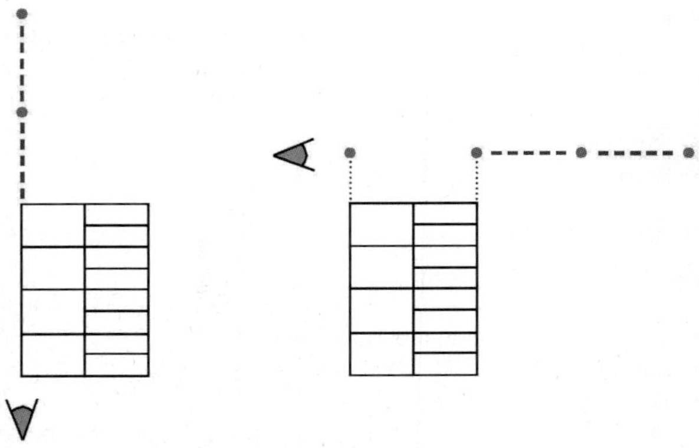

Bild 1: *Verlängern einer Flucht (Quelle: Diebel)*

Arbeitsweise:

- Einweiser weist Helfer nach links oder rechts in die Flucht-Richtung ein, mit den Ansagebefehlen „von“ oder „zu“.
- Helfer nimmt Fluchtstab im Pendelgriff auf. Stabspitze wird in den Boden gedrückt. Überprüfung der fluchtgerechten und lotrechten Lage (Dosenlibelle des Lattenrichters).
- Fluchtung erfolgt über eine Außenseite des Fluchtstabs (entweder links oder rechts vorbeifluchten).
- Nutzung der unterschiedlichen Farbteilung des Stabs. Fluchtstäbe abwechselnd verwenden: Stab 1: rot-weiß-rot-weiß und Stab 2: weiß-rot-weiß-rot.

Doppelpentagon

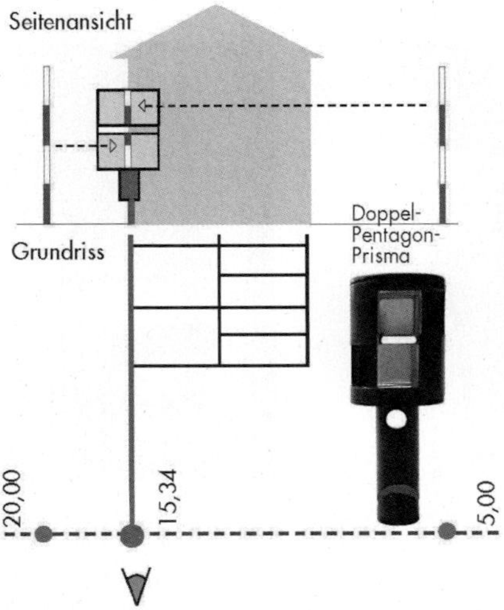

Bild 2: *Arbeitsweise mit dem Doppel-Pentagon-Prisma (Quelle: Diebel)*

Das Doppelpentagonprisma (DPP) dient zur Auflotung eines Objekts auf eine Messlinie im Nahbereich. Im Grafikbeispiel ist die Messlinie ein ausgelegtes und gespanntes Maßband, auf das ein Gebäudeeck aufzuloten ist. Die Messlinie ist abgesteckt mit zwei senkrecht gestellten Fluchstäben mit frei gewähltem Abstand zum Hauseck. Am aus Metall bestehenden Gehäuse des DPP befindet sich ein runder Stiel. Im unteren Teil befindet sich ein Einschnitt. Dort wird das Schnurlot eingehängt. Der Stiel wird zwischen Daumen und den Fingern senkrecht gehalten. Auf der Messlinie bewegt man sich mit DPP und Lot bis, wie hier im Beispiel gezeigt, der rechte Fluchtstab im oberen Spiegel und der linke Fluchtstab im unteren Spiegel zu sehen ist. In der Mitte des DPP befindet sich zwischen den Prismen ein waagrechter Schlitz mit freiem Durchblick auf das einzulotende Objekt, hier das Gebäudeeck. Die Feinabstimmung ist erreicht, wenn die beiden Fluchtstäbe in den Prismen mit der im Schlitz sichtbaren Hauskante auf einer Linie liegen. Die Lotspitze wird fallen gelassen. Der Punkt wird markiert. Am gespannten Maßband wird die Entfernung abgelesen. Dann erfolgt die Messung vom Lotpunkt zum Hauseck. Zum Schutz der Präzisions-Prismen wird nach der Messung das DPP durch einen Metallvorhang verschlossen und im Köcher aufbewahrt.

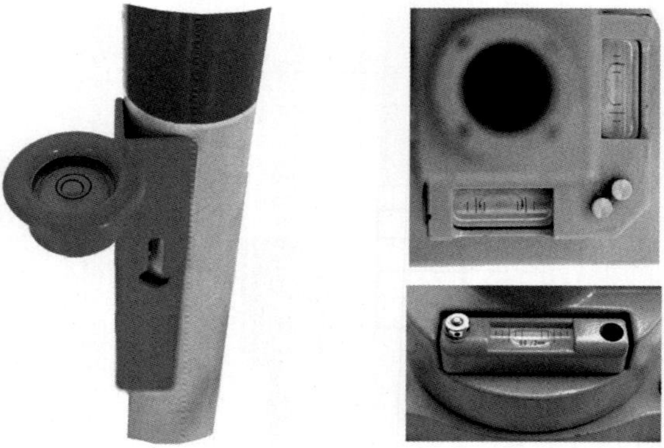

Bild 3: *Links: Lattenrichter mit Dosenlibelle, (Hilfsinstrument zum Senkrechtstellen von Fluchtstab und Nivellierlatte) - Rechts oben: Röhrenlibellen-Kreuzlibellen - Unten rechts: Röhrenlibelle (vgl. Abschnitt Stativ und Libelle) (Quelle: Diebel)*

Erweiterte Ausstattung von Vermessungsgeräten

Dieses Kapitel finden Sie zur Ansicht in der Premium- und Online-Version in der Medienbibliothek.

Flächenberechnung

Vor und nach Beendigung von Bauarbeiten ist die Ermittlung der Flächen und Kubaturen erforderlich. Dem Stand der Technik entsprechend dienen hierzu CAD-Technik und spezielle Softwareprogramme. Die Kopplung von Fläche und Mengenberechnung ist heute Standard. Eine Änderung an den Flächen wird sofort in der Mengenberechnung mitgeführt, angezeigt und gespeichert.

Die Ermittlung der Flächen nach Bauende kann nach ATV DIN 18320 Landschaftsbauarbeiten nach der Planzeichnung, wenn nach Plan gebaut wurde, oder nach dem Aufmaß (DIN 18320, 5.1) erfolgen. Im GaLa-Bau wird vorrangig das örtliche (Ort der Erstellung) Aufmaß verwendet. Bei Erstellung eines Aufmaßes von Freianlagen bietet sich eine Totalstation an. Nach wie vor wird das Flächen-Aufmaß auch mit analogen Messinstrumenten wie z.B. Bandmaß, Roll-Messrad, Doppelpentagon-Prisma, Fluchtstäben usw. vorgenommen. Die Messung und Abrechnung erfolgen immer in der Abwicklung (ATV DIN 18320, 5.1.1). Mit dem Nivelliergerät werden die Höhenunterschiede wichtiger Geländepunkte einzeln oder im Raster erfasst. Der Eintrag der gemessenen Maße in einen Ausführungsplan ist sinnvoll.

Ebenso kann ein Mitführen einer Skizze zum Einsatz kommen. Diese Aufmaßblätter und Aufmaßskizzen müssen nicht zwingend maßstabsgerecht sein. Alle Aufmaße müssen jedoch so aufgebaut sein, dass diese nachprüfbar sind. Insbesondere bei Vereinbarung der VOB/B ist hier der § 14 aufzuführen. Hier wird im Absatz 1 auch die Prüfbarkeit der Abrechnung gefordert.

Bei einem digitalen Aufmaß werden die Flächen in Lage und Höhe mit einer Totalstation (Tachymeter) erfasst. Nach Einlesen der Daten in die CAD erfolgen die Mengenberechnungen schnell und effektiv am Rechner.

Als vereinfachtes Beispiel zur Flächenermittlung mit unterschiedlichen Verfahren in Planung und Ausführung dient eine große Dachterrasse an einem Gebäude. Die gesamte Terrasse hat die Form eines Rechtecks. Auf dieser Fläche befinden sich ein Granitplattenbelag und eine Vegetationsfläche mit geschwungenen (Radien) und geraden Begrenzungen.

Flächenermittlung mit CAD

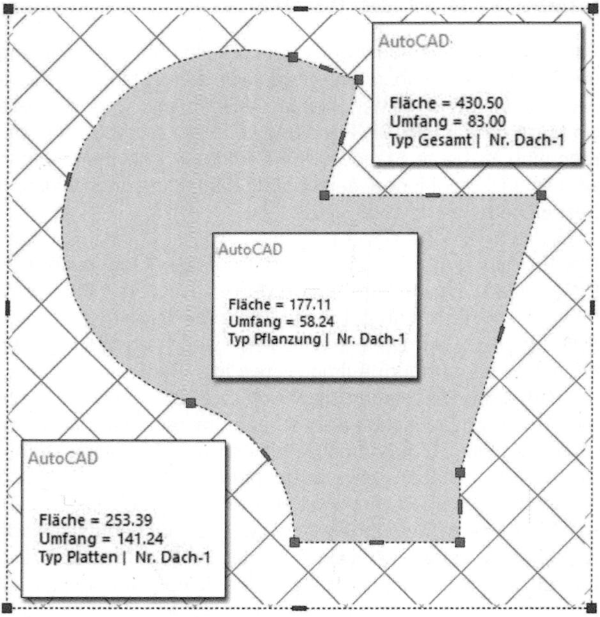

Bild 1: *Flächenermittlung mit CAD (Quelle: Diebel)*

Gesamtfläche, Plattenfläche und Vegetationsfläche werden aus der digitalen Planung (Entwurf, Werkplanung) abgegriffen und ermittelt. Diese schnelle und rationelle Arbeitsweise ist in der Planung (Planungsbüro) und im GaLa-Bau gängige Praxis. Bei einer getrennten Erfassung von Gesamtfläche, Plattenfläche und Pflanzfläche spricht man hier von einem additiven Aufmaß. In den Folgebeispielen wird nur die Pflanzfläche ermittelt. Durch Subtraktion der Pflanzfläche von der Gesamtfläche erhält man die Plattenfläche. Man nennt dieses Vorgehen reduktives Aufmaß.

Flächenermittlung vorwiegend mit Dreiecken

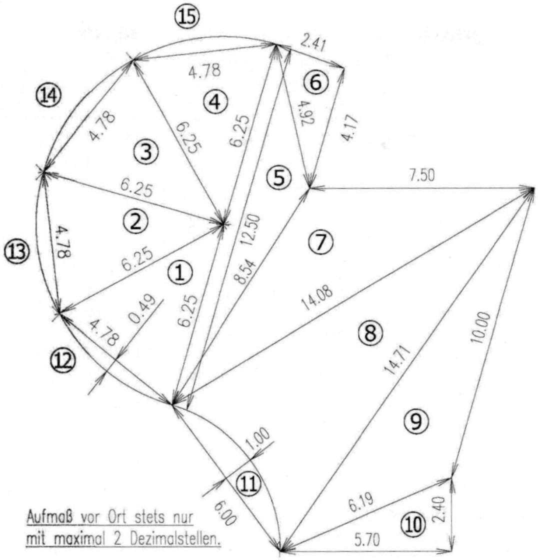

***Bild 2:** Flächenermittlung mit Dreieck und Segment (Quelle: Diebel)*

Geometrische Figuren, hauptsächlich Dreiecke und flache Parabelsegmente
(i.d.R. max. 2 Dezimalstellen)

Fnr.	Messinhalt	Figur-Formel-REB	Wert 1	Wert 2	Wert 3	Wert 4	Wert 5
1	13,80	Dreieck-He-03	6,25	4,78	6,25		
2	13,80	Dreieck-He-03	6,25	4,78	6,25		
3	13,80	Dreieck-He-03	6,25	4,78	6,25		
4	13,80	Dreieck-He-03	6,25	4,78	6,25		
5	14,93	Dreieck-He-03	12,50	4,92	8,54		
6	5,02	Dreieck-He-03	4,92	2,41	4,17		
7	26,97	Dreieck-He-03	8,54	7,50	14,08		
8	42,00	Dreieck-He-03	14,08	14,71	6,00		
9	24,02	Dreieck-He-03	14,71	10,00	6,19		
10	6,84	Dreieck-He-03	6,19	5,70	2,40		
11	-4,00	Parabelseg.-09	6,00	-1,00			
12	1,56	Parabelseg.-09	4,78	0,49			
13	1,56	Parabelseg.-09	4,78	0,49			
14	1,56	Parabelseg.-09	4,78	0,49			
15	1,56	Parabelseg.-09	4,78	0,49			
	177,22	Gesamtfläche [m²]					

***Bild 3:** Berechnung Dreieck und Segment nach REB (Quelle: Diebel)*

Fehlen digitale Hilfsmittel wie CAD und Totalstation, kann bei Aufmaß und in der Flächenermittlung eine Zerlegung der Flächen in geometrische Grundkörper vorwiegend mit der sogenannten Dreiecksmethode ermittelt werden. Die Unterteilung einer Fläche in Dreiecke ermöglicht ein schnelles, analoges örtliches Flächen-Aufmaß auch im hügeligen Gelände.
Zur schriftlichen Dokumentation wird die in der Praxis des Baubetriebs bewährte Formelsammlung der REB verwendet. (REB-VB 23.003, Sammlung der Regelungen für die elektronische Bauabrechnung – Sammlung REB – Bundesministerium für Verkehr, Bau und Stadtentwicklung, Ausgabe 2012; im Internet als PDF-File verfügbar).

Beispiele:

Flächenberechnung Dreieck mit „Heron" nach REB

So werden z.B. bei einem schiefwinkligen Dreieck die Messergebnisse der Seitenlängen a, b, c, in die Werte-Spalten 1–3 eingegeben. Die Flächenberechnung erfolgt mit der Heron'schen Dreiecksformel nach der REB-Formel-Nr. 03 in der Spalte Messinhalt. In gängigen GaLa-Bau-Software-Programmen sind die Berechnungen nach REB fester Bestandteil. Eine Umsetzung der REB-Formeln ist auch mit einem Tabellenkalkulations-Programm, wie hier in der Tabelle gezeigt, möglich.

Parabelsegment, Flächenberechnung nach REB

Gerundete Flächen wie z.B. ein Kreisabschnitt (Segment) werden im Beispiel mit der Überschlagsformel der Parabelsegmentfläche REB-Nr. 09 berechnet. Die REB-Nr. 09 enthält die Formel des „flachen" Parabelsegments:

„Flache-Parabelsegmentformel": $A \approx h * s * 2/3$; bei $h < s/3$

In der REB nicht aufgeführt , aber in der Praxis bewährt, ist die Parabelsegmentformel für größere h-Werte:

„Steile-Parabelsegmentformel": $A \approx h * s * 3/4$; bei $h \geq s/3$

Flächenermittlung mit geometrischen Figuren

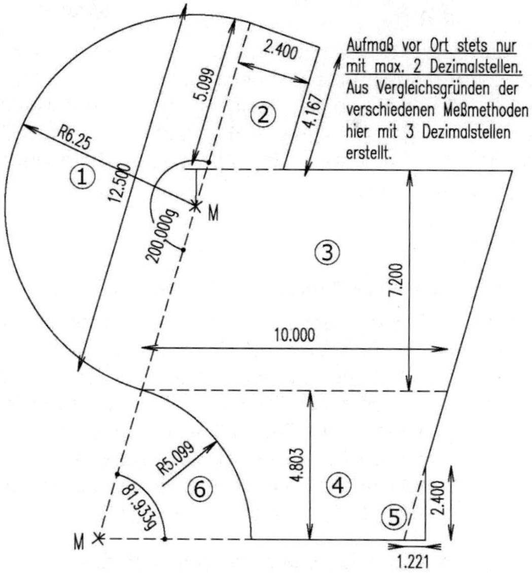

Bild 4: *Flächenermittlung mit geometr. Grundformen (Quelle: Diebel)*

Geometrische Grund-Figuren (i.d.R. max. 2 Dezimalstellen)							
Fnr.	Messinhalt	Figur-Formel-REB	Wert 1	Wert 2	Wert 3	Wert 4	Wert 5
1	61,367	Kreissektor(g)-07	6,250	200,000			
2	11,119	Trapez-05	5,099	4,167	2,400		
3	72,000	Trapez-05	10,000	10,000	7,200		
4	48,030	Trapez-05	10,000	10,000	4,803		
5	1,465	Dreieck-01	2,400	1,221			
6	-16,733	Kreissektor(g)-07	5,099	-81,933			
	177,25	Gesamtfläche [m²]					

Bild 5: *Berechnung geometr. Grundformen nach REB (Quelle: Diebel)*

Diese einfache und übersichtliche Methode eignet sich, wenn geometrische Figuren vor Ort einfach herzustellen sind. Erfolgt die Flächenermittlung am Zeichentisch, ist diese mit dieser Methode schnell und übersichtlich herzustellen.

Flächenermittlung mit Koordinaten

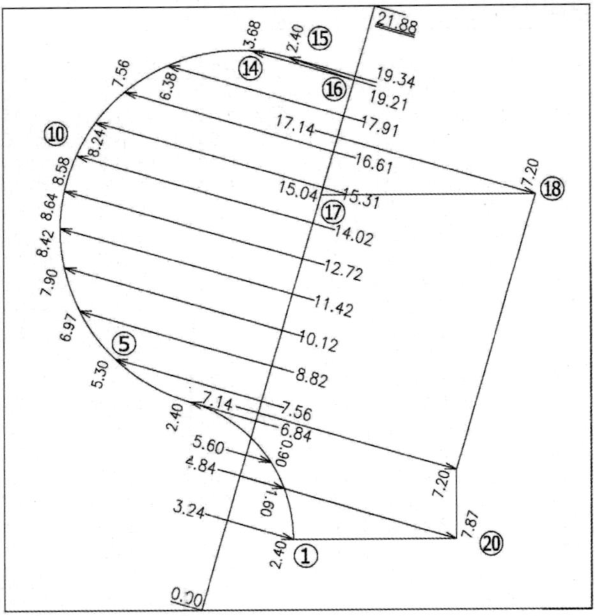

Bild 6: *Flächenermittlung mit Koordinaten (Quelle. Diebel)*

Das Verfahren gleicht der orthogonalen Aufnahme. Die Messachse wird festgelegt. Darauf werden senkrecht die Abstände zu den Flächenbegrenzungen gemessen. Vor Ort schwieriger herzustellen durch Einsatz von Rechtwinkelinstrumenten wie Prismen. Am Zeichentisch kann schnell eine Abrechnungsunterlage mit Auswertung in einer Tabellenkalkulation hergestellt werden.. Diese Methode ist in der Planung und im GaLa-Bau bei orthogonalen Absteckplänen noch sehr häufig anzutreffen.

Wert 1 ist hier die Ablesung auf der Messachse, Wert 2 das auf der Achse senkrecht stehende Maß zum Absteckpunkt.

Aufmaß mit rechtwinkl. Koordinaten (orthogonales Aufmaß) Fäche nach Gauss-Elling (i.d.R. max. 2 Dezimalstellen)					
				Messinhalte	
Pt.Nr.	Figur-Formel-REB	Wert 1	Wert 2	Fläche A	Fläche B
1	Gauss-Elling-22	3,24	2,40	5,18	11,62
2	Gauss-Elling-22	4,84	1,60	4,36	8,96
3	Gauss-Elling-22	5,60	0,90	-13,44	6,16
4	Gauss-Elling-22	6,84	-2,40	-36,25	-18,14
5	Gauss-Elling-22	7,56	-5,30	-52,69	-46,75
6	Gauss-Elling-22	8,82	-6,97	-69,68	-70,54
7	Gauss-Elling-22	10,12	-7,90	-85,21	-90,22
8	Gauss-Elling-22	11,42	-8,42	-98,67	-107,10
9	Gauss-Elling-22	12,72	-8,64	-109,14	-121,13
10	Gauss-Elling-22	14,02	-8,58	-115,52	-131,36
11	Gauss-Elling-22	15,31	-8,24	-115,74	-136,87
12	Gauss-Elling-22	16,61	-7,56	-105,97	-135,40
13	Gauss-Elling-22	17,91	-6,38	-65,91	-122,56
14	Gauss-Elling-22	19,21	-3,68	-46,10	-71,17
15	Gauss-Elling-22	19,34	-2,40	0,00	-46,10
16	Gauss-Elling-22	19,21	0,00	0,00	0,00
17	Gauss-Elling-22	15,04	0,00	108,29	0,00
18	Gauss-Elling-22	17,14	7,20	123,41	51,41
19	Gauss-Elling-22	7,14	7,20	56,19	34,85
20	Gauss-Elling-22	4,84	7,87	11,62	25,50
1	Gauss-Elling-22	3,24	2,40	0,00	0,00
	SUMME			-605,36	-958,89
	Gesamtfläche: (A-B)/2 [m²]			176,76	

Bild 7: *Berechnung mit Koordinaten nach REB (Quelle: Diebel)*

Schritt 1: (3,24 x 1,60 = 5.18)

Multiplikation von Wert-1 (Pkt. 1) mit dem Wert-2 (Pkt. 2). Produkt in gleicher Zeile in der Spalte Fläche A speichern.

Schritt 2: (2,40 x 4,84 = 11,62)

Multiplikation von Wert-2 (Pkt. 1) mit dem Wert-1 (Pkt. 2). Produkt in der Spalte Fläche B speichern.

Schritt 3:

Summenbildung aller Produkte der Fläche A und B.
Subtraktion der Summen Fläche A und Summe Fläche B.
Ergebnis enthält die doppelte Fläche.
Durch Halbierung der Fläche erhält man die Gesamtfläche.

Flächenermittlung mit Planimeter

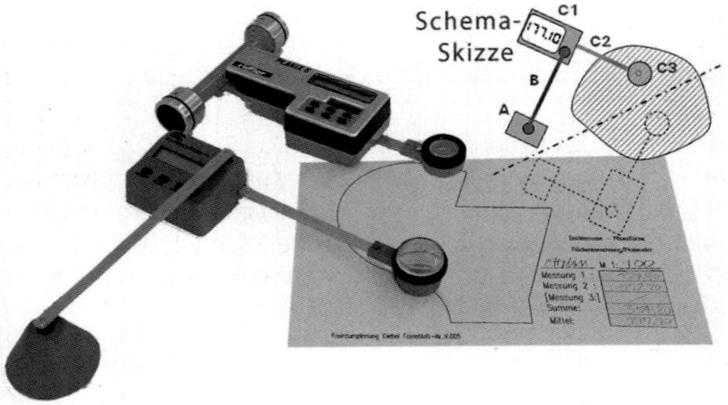

***Bild 8:** Planimeter oben: digit. Rollen-Planimter (Riefler-Nesselwang, Planix 6); unten: Digitales Planimeter (Ott-Kempten, Ottplan 710) (Quelle: Diebel)*

- A Polstabgewicht
- B beweglicher, eingehängter Polstab
- C1 Messgehäuse, mit digitaler Anzeige und Einstelltasten; Ergebnis: 177,10 m
- C2 fester Fahrstab
- C3 Lupe zum Abfahren der Umgrenzungslinie

Bei einem Planimeter erfolgt die Flächenermittlung durch Abfahren der Flächenumgrenzung. Pol- und Fahrstab sollen einen annähernd rechten Winkel bilden, wenn sich die Lupe ungefähr im Schwerpunkt der Fläche befindet. Mit einer zweimaligen Umfahrung der Fläche in zueinander symmetrischer Aufstellung erreicht man eine hohe Genauigkeit (Kompensationsmessung). Erfolgen mehrere Messungen, wird aus der Summe das arithmetische Mittel gebildet. Bei digitalen Planimetern entfallen das bei früheren Modellen notwendige Einstellen des Maßstabs am Fahrarm und das Ablesen an den Messrädern. Die Maßstab-Einstellung bei digitalen Geräten erfolgt auf der Tastatur. Die Einzelergebnisse werden im Display angezeigt und können gespeichert werden.

Erdmassenberechnung

Die digitale Berechnung der Kubatur (Volumenberechnung) von Bodenarbeiten steht hier im Vordergrund. Auf die weniger aufwändige Berechnung mit Formeln einfacher geometrischer Körper wird am Ende kurz eingegangen. Das Digitale Geländemodell (DGM) ist für Planung, Kalkulation, Aufmaß und Abrechnung im GaLa-Bau ein zeitgemäßes Arbeitsmittel. Flächen- und Massenermittlung (Kubatur) erfolgen sicher, schnell und mit einer an jeder Stelle der Ermittlung nachvollziehbaren und prüfbaren Dokumentation.

DGM und Tachymeter

Die Massenberechnung und Darstellung erfolgt mit dem DGM. Im Bauprozess kommt dem Tachymeter eine zentrale Rolle zu: bei der Erstellung des Bestandsplanes, als Planungs- und Berechnungsbasis, als Grundlage für alle Absteckungen nach Plan, über Zwischenaufmaße bis hin zum Endaufmaß. Das Tachymeter erfasst die aufzunehmenden Punkte im Polarverfahren. Die Koordinaten (x, y, z) der gemessenen Punkte werden z.B. mit einer ASCII-Datei exportiert und stehen in einem CAD-Programm zur Verfügung.

Triangulation

Die Triangulation eines Geländes besteht aus einer Vielzahl von Tins. Ein Tin besteht aus drei am nächsten zueinander liegenden (Vermessungs-)Punkten, die dreidimensional miteinander verbunden sind. Die Triangulation bildet die Grundlage für alle Arbeiten mit dem DGM, z.B. für die Erstellung von Geländeoberflächen und für die Mengenermittlung.

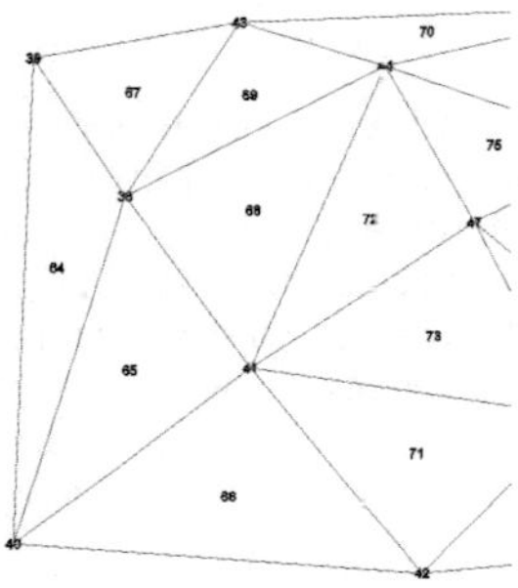

***Bild 1:** Triangulation-Ausschnitt 2D-Darstellung (Quelle: Diebel)*

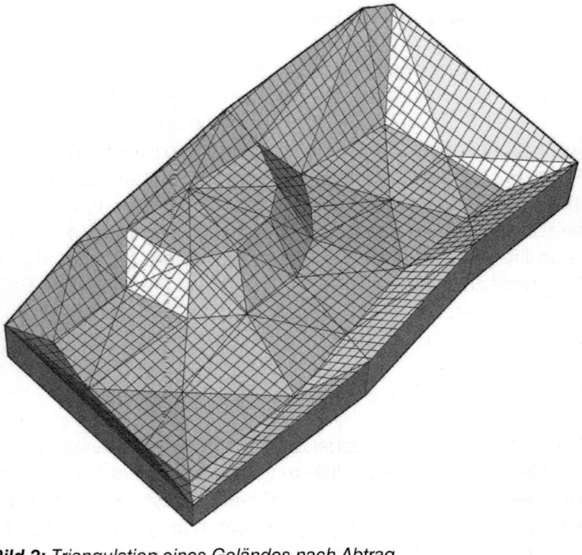

***Bild 2:** Triangulation eines Geländes nach Abtrag*
Iso 3D- Darstellung der Tins mit Gitternetz. (Quelle: Diebel)

Nullinie – Grenzlinie zwischen Auf- und Abtrag

Bodenarbeiten umfassen Abtrags- und Auftragsmassen, bzw. Auftrags und Abtragsflächen. Liegt das geplante Gelände über dem Urgelände wird ein Auftrag erforderlich, auf dem Plan mit einem Plus-Zeichen und der Farbe rot gekennzeichnet. Der Abtrag, kenntlich gemacht mit einem Minus-Zeichen und der Farbe gelb, befindet sich unterhalb des Urgeländes.

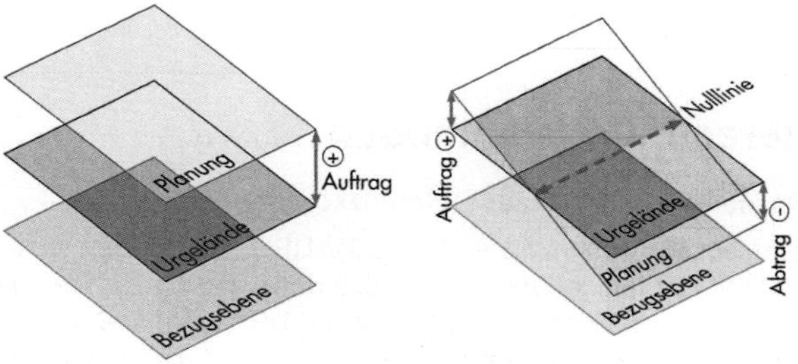

***Bild 3:** ((dieses Bild muss eigentlich farbig gedruckt werden, mit Anzeigen abstimmen!!!))Schema Auftrag, Abtrag, Nullinie (Quelle: Diebel)*

Vielfach liegen Bereiche mit Auftrag und mit Abtrag vor. Urgelände und fertiges Gelände schneiden sich einmal oder mehrmals. Die Schnittlinie, die Auf- und Abtragsbereiche trennt wird als Nullinie bezeichnet. Diese Trennlinie ist bei Erdarbeiten in allen Bereichen der Massenermittlung der Planung, der Absteckung auf der Baustelle und bei der Abrechnung von großer Bedeutung.

Das Beispiel zeigt das Ausgansgelände mit einem einen Hügel. Die Planung sieht eine Modellierung mit Hügel mit Senke vor. Ur- und Planungsgelände sind mit Höhenschichtlinien dargestellt. Die sich daraus ergebende Massenberechnung mit Findung der Nullinie und Berechnung der Abtrags- und Auftragsmassen sind hierzu umfangreich. Mit digitalen Werkzeugen können diese Arbeiten nachvollziehbar und schnell durchgeführt werden.

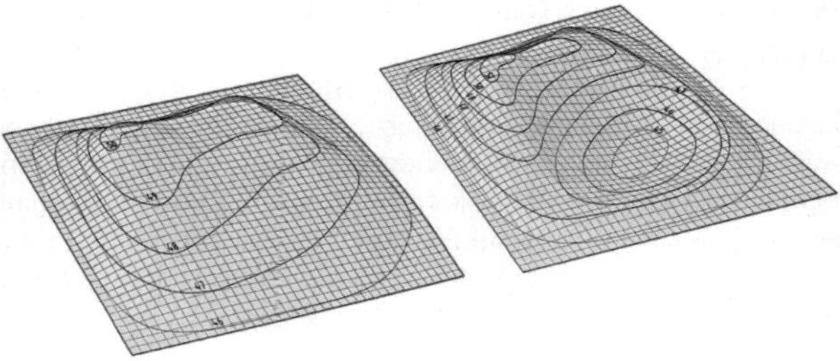

Bild 4: *3-D-Gelände vor und nach den Erdarbeiten (Quelle. Diebel)*

Berechnungsmethoden

Massenberechnung aus Differenzkörper

Zur Massenberechnung wird ein DGM-URG (Urgelände) und ein DGM-FOG (Fertige Oberfläche Gelände) entweder als Planung oder mit Aufmaß erstellt. Die Volumina URG und FOG werden zur gleichen Bezugsebene berechnet. Beide erzeugte DGM's werden miteinander verschnitten.

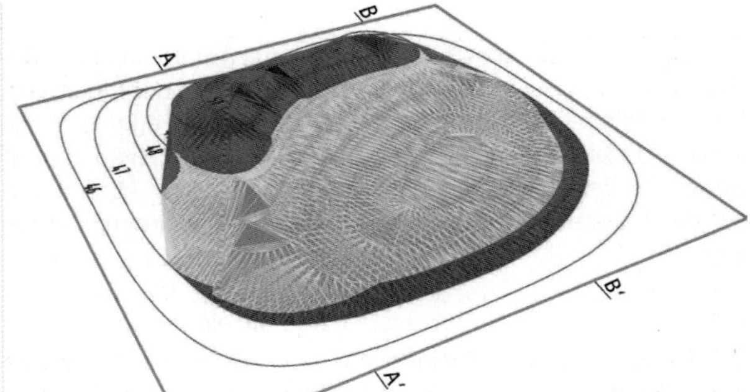

Bild 5: *Darstellung der Auf- und Abtragsbereiche (Quelle: Diebel)*

Die Erdmassen zwischen Urgelände und Planungsgelände werden erfasst und die Auf- und Abtragsmassen berechnet. Auf- u. Abtrag werden durch die Nulllinien abgegrenzt, die über die berechneten Koordinaten auch zur Absteckung auf der Baustelle genutzt werden können.

Mengenberechnung mit Prismen

Die Berechnung des Differenzkörpers erfolgt mit dem DGM über schief abgeschnittene Prismen mit senkrechten Seitenwänden. Durch die Einbeziehung von drei Geländepunkten wird eine eindeutig definierte Oberfläche erzielt. Eine Erdmassenberechnung besteht aus einer Vielzahl von Prismen. Betrachtung zur Berechnung eines einzelnen Prismas:

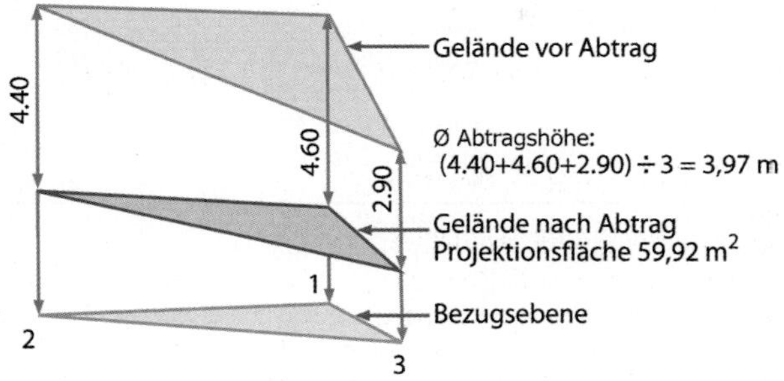

Bild 6: *Prisma: Skizze zur Berechnung (Quelle: Diebel)*

Prismendokumentation des Abtragsvolumens eines Differerenzkörpers: Verschneidung Urgelände mit Gelände nach Erdabtrag, Beispiel einer Prismenberechnung:							
Punkt Nr.	X Rechtswert	Y Hochwert	Z 1 Höhe	Z 2 Höhe	Fläche Projektion	mittlere Höhe	Volumen m^3
1	111,20	86,90	16,85	12,25			
2	106,60	93,80	16,65	12,25			
3	105,50	69,40	15,15	12,25	59,92	3,97	237,88

Bild 7: *Berechnung zum dargestellten Prisma (Quelle: Diebel)*

Die Berechnung über Prismen erfolgt für jedes einzelne Prisma. Diese Berechnungsmethode weist einen sehr hohen Genauigkeitsgrad auf. Aus der hohen Anzahl der berechneten Einzel-Prismen sind hier die letzten Prismen der Liste herausgegriffen und mit den Endsummen für Auf- und Abtrag gezeigt. Erkennbar sind im Beispiel die hohen Abtrags- und die geringe Auftragsmassen, bedingt durch die Senkenausbildung und die geringe Erhöhungsmöglichkeiten des vorhandenen Hügels.

Prisma-Nr.	X	Y	Z1	Z2	proj. Fläche	mittlere Höhe	Volumen m³
10522	53,98	30,02	47,00	46,72			
	53,26	30,29	47,00	46,88			
	54,00	30,19	47,00	46,71	0,06	0,23	0,01
10523	53,25	31,54	47,00	47,00			
	54,09	31,42	47,00	46,78			
	54,10	31,74	47,00	46,80	0,13	0,14	0,02
Summe Auftrag :							167,41

Zusammenstellung:	Summe Abtrag:	-850,158
	Summe Auftrag :	167,406
	Differenz (Auftrag-Abtrag):	-682,753
	Summe (Auftrag+Abtrag)	1.017,564
	Anzahl der Prismen:	10.523
	Bezugshöhe:	45,000

Berechnung: Prismenmethode

Verwendete Formeln: V - Volumen | F - Grundfläche | H - Höhe

V = F * H

F = (y1*(x3-x2) + y2*(x1-x3) + y3*(x2-x1)

H = (H1 + H2 + H3) / 3

Die abgewickelte Fläche wird nach Heron berechnet.

***Bild 8:** Summenbilanz Auf- und Abtrag (Quelle: Diebel)*

Massenberechnung mit Profilen: Profilmethode

Die Massenermittlung erfolgt mit senkrecht zur Bezugsebene mit durch das Bearbeitungsgebiet gelegten parallelen Schnitten, den Querprofilen. Aus diesen werden die Flächen des Ab- und Auftrages berechnet. Die Querprofile können in beliebiger Anzahl aus dem DGM erzeugt werden und können neben der Massenberechnung auch zur Absteckung im Gelände, zur Massenprüfung und Visualisierung herangezogen werden. In der unten aufgeführten Zeichnung sind aus der Vielzahl der Profile A-A‘ und B-B‘ herausgegriffen. Die Flächenberechnung der einzelnen Profilflächen für Abtrag (gelb) und Auftrag (rot), erfolgt nach Gauß-Elling (Koordinatenmethode), und ist nach Ausdruck auch ohne DGM prüfbar. Neben der Achsenwahl ist die Lage und die Anzahl der Profile für die Genauigkeit der Massenberechnung von Bedeutung. Alle Geländeknickpunkte des Urgeländes und des Geländes nach Bauenden sollen in den Profilen abgebildet sein.

In einem annähernd gleich aufgebautem langestreckten Dammkörper wird die Lage der Profile, die Stationierung, in gleichen Abständen erfolgen; die Achse wird dann als Mittelachse des Dammes ausgebildet.

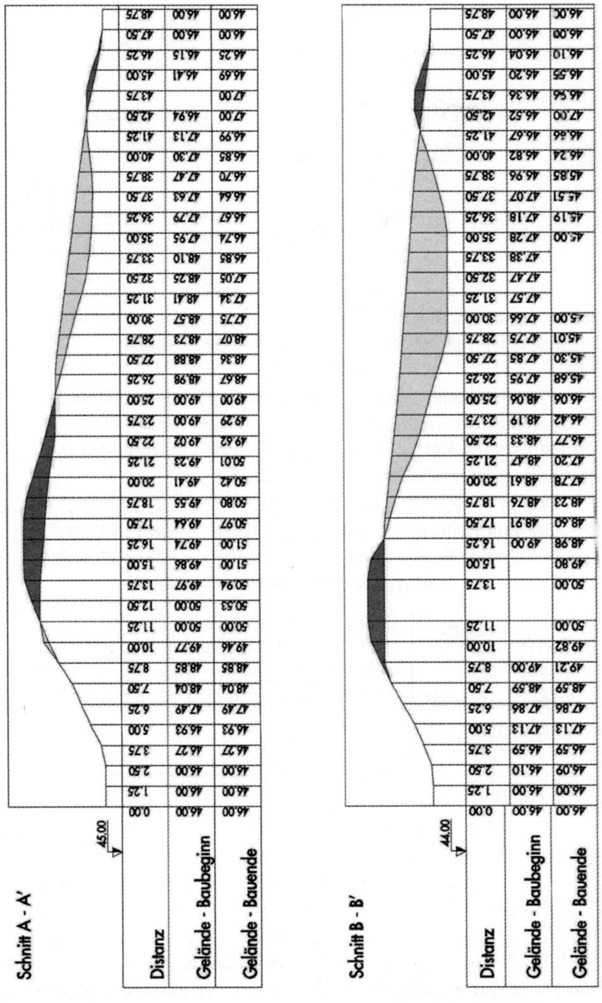

Bild 9: *Profilschnitte A-A' und B-B' Lage der Profile siehe Bild Differenzkörper (Quelle. Diebel)*

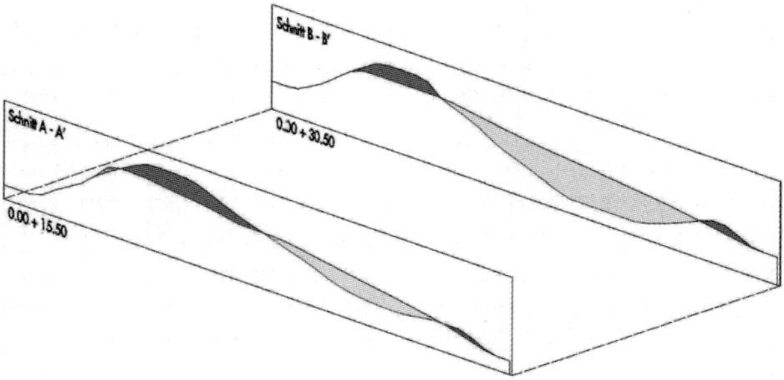

***Bild 10:** Profilschnitt A-A' und B-B' Lage der Profile siehe Bild Differenzkörper Isometrische Darstellung der Profile (Quelle. Diebel)*

Die Flächenwerte zweier benachbarter Profile werden addiert und daraus der Mittelwert gebildet. Die Kubatur zwischen den Profilen ergibt sich aus der Multiplikation des Mittelwertes der Flächen mit dem Abstand zueinander.

Die Genauigkeit der Berechnung wird gesteigert mit Erhöhung der Anzahl der Profile und bei annähernd gleich großen Profilen in Hinsicht auf Abtrags- und Auftragsflächenflächen.

Station [m]	Fläche [m2]	Fläche mittlere [m2]	Distanz [m]	Kubatur [m3]
0+ 48,00	19,256			
		13,556	2,00	27,11
0+ 50,00	7,855			
		4,686	2,00	9,37
0+ 52,00	1,516			
		0,758	2,12	1,61
0+ 54,12	0,000			
Summe Gesamt-Abtrag:				-848,32

***Bild 11:** Ausschnitt - Massenberechnung mit Profilen (Quelle: Diebel)*

Berichtigung

Leider hat sich der Fehlerteufel eingeschlichen. Wir bitten um Entschuldigung! Bitte beachten Sie folgende Korrektur:

<u>S. 529, Bild 12:</u>

$$V = (A_1 + A_M + A_2) \times \frac{H}{6}$$

wird ersetzt durch:

$$V = (A_1 + 4A_M + A_2) \times \frac{H}{6}$$

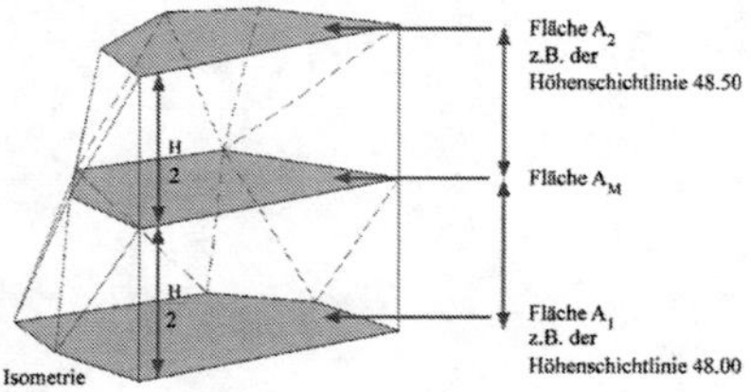

$$V = (A_1 + 4\,A_M + A_2) \times \frac{H}{6}$$

$$A_M \approx \left(\frac{\sqrt{A_1} + \sqrt{A_2}}{2} \right)^2$$

Massenberechnung mit Höhenschichtlinien

Die Höheschichtlinie (HsL) oder Isolinie verbindet Punkte gleicher Höhe. Kubaturen mit HsL zu rechnen ist vergleichbar mit der Profilmethode. Die Flächen liegen jedoch nicht senkrecht sondern waagrecht zur Gelände-Bezugsebene. Erzeugt werden die HsL mit dem DGM. Die Volumenberechnung erfolgt mit den Flächen aus zwei benachbarten HsL. Aus den Flächen wird das Mittel berechnet und mit dem Höhenunterschied der verwendeten HsL multipliziert. Aus der Summe der einzelnen Volumina ergibt sich die Gesamtmasse. Die Berechnung von Auf- und Abtrag, welche die Nulllinie trennt ist gesondert durchzuführen.

Bei Verwendung des DGM finden Massenberechnungen meist mit Prismen statt. Die Profilmethode findet ebenso in der Praxis Verwendung. Eine höhere Genauigkeit der Kubatur-Berechnung zwischen den Profilkörpern erfolgt statt der Bildung des arithmetischen Mittels mit der Simpson'schen Formel, die mit einer Tabellenkalkulation leicht umzusetzen ist. Mit der Simpson'schen Formel lassen sich die Massen sehr genau zwischen ungleichen Flächen bestimmen und ergeben genauere Ergebnisse sowohl als die Formel des Pyramidenstumpfes als auch aus der Mittlung von Flächen.

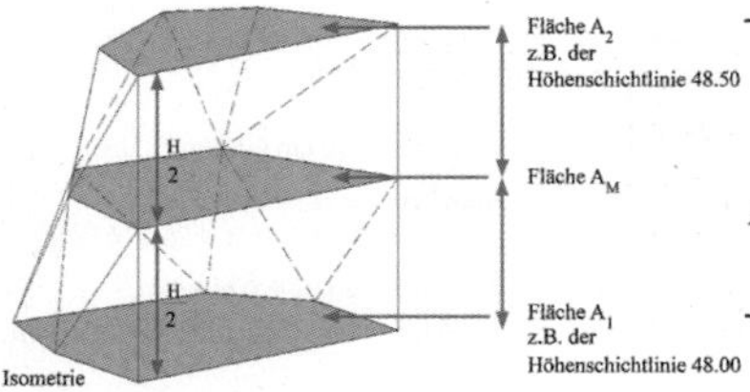

$$V = (A_1 + A_M + A_2) x \frac{H}{6}$$

$$A_M \approx \left(\frac{\sqrt{A_1} + \sqrt{A_2}}{2} \right)^2$$

Bild 12: *Prismatoid-Isometrie und Simpson-Formel (Quelle. Diebel)*

Weitere Volumenberechnungen

Die geometrisch exakt definierten Volumenkörpern (Quader, Pyramide usw.) mit der dazu gehörenden Formelauswahl sind in der Umschlagklappe des Einbandes zu finden.

Anhang: Böschungsneigung, Gefälle, Projektion und Abwicklung

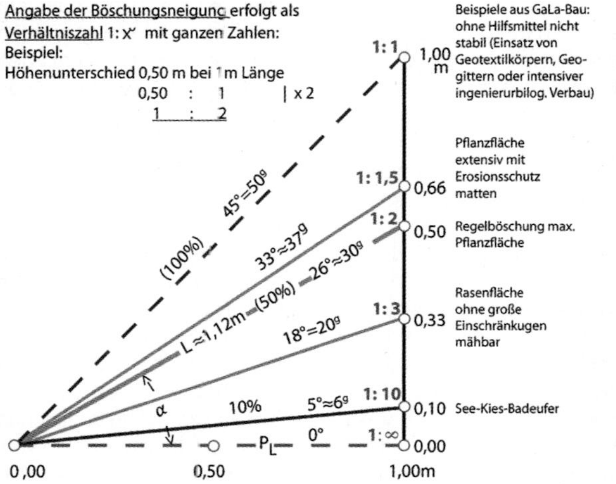

<u>Angabe von Gefälle/Steigung in %</u> erfolgen bei Straßen, Wege, Plätze, Terrassen usw.

Beispiel 1: Höhenunterschied 0,02 m bezogen auf 1 m Länge:
0.02 m x 100 = <u>2 %</u>
Ein Gefälle von 2% bedeutet auf 1 m Länge 2 cm Gefälle.

Beispiel 2: Höhenunterschied 0,10 m bezogen auf 1 m Länge:
0.10 m x 100 = <u>10 %</u>
Ein Gefälle von 10% bedeutet auf 1 m Länge 10 cm Gefälle

<u>Winkelangaben</u> bei Böschungen oder Gefällen finden geringe Anwendung:
Berechn. Höhenunterschied 0.50 m auf 1 m Länge: $\tan^{-1} \alpha = 0{,}50 \div 1$ $\alpha = \underline{29{,}5167}^{gon}$

<u>Zuschlagsfaktor:</u> Projektionsfläche zu abgewickelter Fläche (am Beispiel 1:2)
Abwicklungslänge L: $\sin 29{,}5167^g = 0{,}50\,m \div L$ $L = 0{,}50\,m \div \sin 29{,}5167^g$ $\underline{L = 1{,}1180\,m}$
Projektionslänge P_L : 1,00m
Zuschlagsfaktor: $L \div P_L = 1{,}1180\,m \div 1\,m = \underline{1{,}118}$ » (L = 1,00 x 1,118 = 1,118)

Bild 13: *Böschungsneigung und Gefälle (Quelle. Diebel)*

Hinweis:

Alle Bilder und Tabellen: Archiv Freiraumplanung Diebel

Verwendete Programme für Darstellungen: CAD-Software: Autocad, Autocad Civil, Dataflor, SketchUp

Tabellenkalkulation: MS-Office-Excel, Libre Office Taschenrechner-App: HiEdu-580

Messverfahren und Berechnung

Zerlegung in Trapeze bei Geländeprofilen

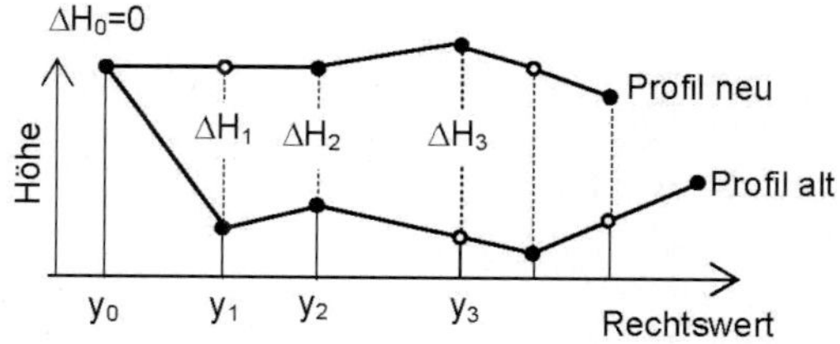

Profilpunkte:
• bekannt o zu interpolieren

Fläche zwischen zwei Profilen:

- Höhendifferenzen in allen Profilpunkten als parallele Grundseiten von Trapezen und Dreiecken
- horizontale Abstände zwischen den Höhepunkten als Höhen der jeweiligen Teilflächen wählen
- Die benötigten Höhendifferenzen werden entweder aus der maßstäblichen Zeichnung (Höhenplan) gemessen oder durch Interpolation ermittelt.

$$F = \frac{1}{2}\left[(\Delta H_0 + \Delta H_1)(y_1 - y_0) + (\Delta H_1 + \Delta H_2)(y_2 - y_1) + (\Delta H_2 + \Delta H_3)(y_3 - y_2) + \ldots\right]$$

Koordinatenmethode

Achse innerhalb der Fläche
beiderseits der Achse in Trapeze und Dreiecke zerlegen

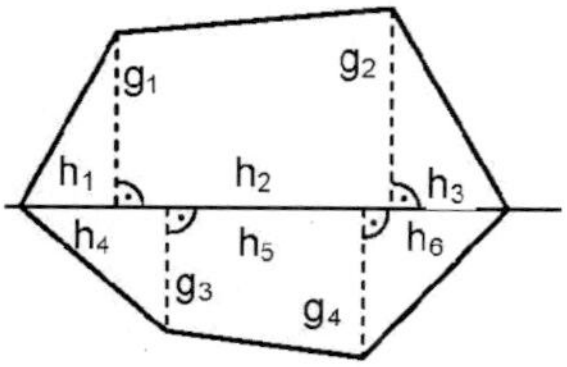

Achse außerhalb der Fläche

Fläche F_a und F_z zerlegen in Trapeze und Dreiecke

$$F = F_a - F_z$$

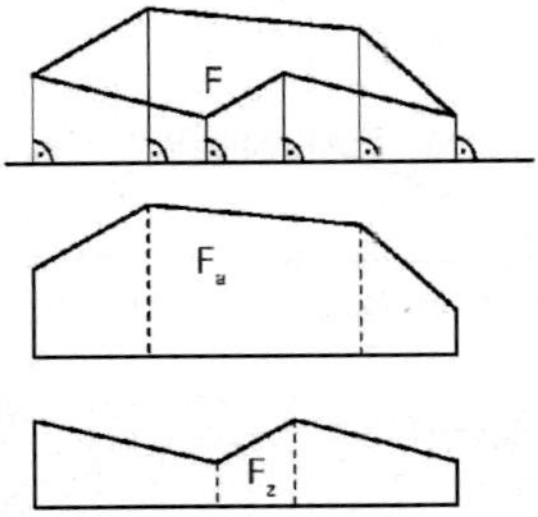

Achse schneidet die Begrenzungslinie

$$F = \frac{1}{2}\left[(x_2 - x_1)(y_1 + y_2) + (x_3 - x_2)(y_2 + y_3) + (x_n - x_{n-1})(y_{n-1} + y_n) + (x_1 - x_n)(y_n + y_1)\right]$$

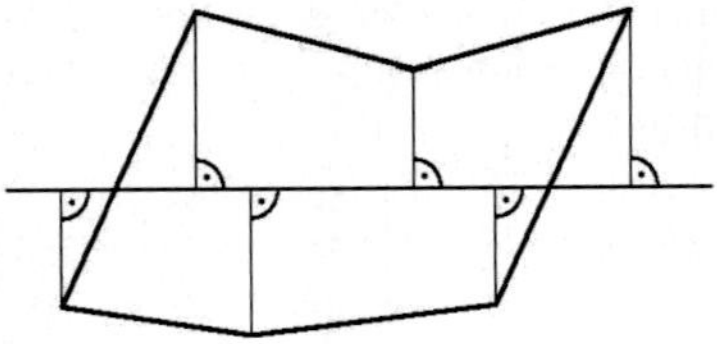

Flächenberechnung bei Geländegefälle

Wird die Fläche aus dem Lageplan ermittelt, ist die Projektionsfläche mit einem Zuschlagsfaktor zu multiplizieren, um die tatsächliche Fläche zu erhalten.

Tatsächliche Fläche = Projektionsfläche · Zuschlagsfaktor

Tabelle 1: *Zuschlagsfaktoren und Zuschläge für gängige Geländeneigungen (Quelle: Lehr, Taschenbuch für den Garten-, Landschafts- und Sportplatzbau, 1996)*

Steigungsverhältnis		Zuschlagsfaktor Z(n)	Zuschlag in % der Projektionsfläche
1:n	in %		
1:0,5	200	2,2361	123,61
1:0,75	133,3	1,6667	66,67
1:1	100	1,4142	41,42
1:1,25	80	1,2806	28,06
1:1,5	66,7	1,2019	20,19
1:1,75	57,1	1,1518	15,18
1:2	50	1,1180	11,80
1:2,5	40	1,0770	7,70
1:3	33,3	1,0541	5,41
1:4	25	1,0308	3,08
1:5	20	1,0198	1,98
1:6	16,7	1,0138	1,38
1:7	12,5	1,0078	0,78
1:10	10	1,0050	0,50
1:20	5	1,0012	0,12
1:50	2	1,0002	0,02

Einseitige Geländeneigung

Neigung 1:n (Richtung des stärksten Gefälles)

Zuschlagsfaktor Z:

$$Z = \sqrt{1 + \frac{1}{n^2}}$$

Beidseitige Geländeneigung

Bei einer beidseitigen Geländeneigung in x- und y-Richtung

($1{:}n_x$ bzw. $1{:}n_y$) gilt:

$$Z = \sqrt{1 + \frac{1}{n_{x^2}} + \frac{1}{n_{y^2}}}$$

Für Neigungen bis zu 50 % in beide Richtungen gilt folgende Näherungsrechnung:

gesamter Zuschlag = Zuschlag in x-Richtung + Zuschlag in y-Richtung

Unregelmäßig geneigte Flächen

Unregelmäßig geneigte Flächen werden in Teilflächen zerlegt, die ein etwa gleich großes Gesamtgefälle aufweisen (z. B. entlang der Höhenlinien). Als Zuschlag ist der Wert anzusetzen, der der mittleren Neigung entspricht.

Beispiel: Teilfläche mit Neigungen n 1:4 bis 1:6

Zuschlagsfaktor Z = 1,0198

Zuschlag zur Projektionsfläche 1,98 % ~ 2 %

Erdmassenberechnung

Massenermittlung

Bei der Massenermittlung von Erdbauwerken ist zwischen ausgehobenen (Graben, Baugrube) und aufgeschütteten Bauwerken (Damm, Wall) zu unterscheiden.

Sofern Erdkörper abzurechnen sind, die sich nur mit einem erheblichen Rechenaufwand mathematisch exakt erfassen lassen, werden Näherungsverfahren angewandt.

Als Beispiele sind hier langgestreckte, gewundene und unregelmäßig geformte Erdkörper zu nennen, wie Dämme und Einschnitte im Verkehrswegebau.

Die Ermittlung des Rauminhalts erfolgt aus dem Mittelwert zweier benachbarter Querprofile und dem Abstand der jeweiligen Querprofile zueinander.

Bei maßstabsgerecht dargestellten Querprofilen lassen sich die Flächen i. d. R. mit Planimeter aus den Planunterlagen ermitteln. Dabei ist der Mittelwert aus drei Messungen maßgebend.

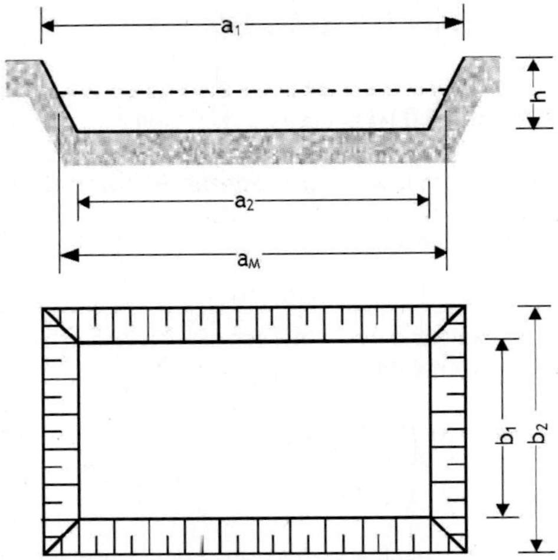

Bild 1: *Aushubermittlung für eine abgeböschte Baugrube (Quelle: Lorenz)*

Berechnung als Prismatoid nach der Simpson'schen Regel:

V_s = $h/6\,(G_1 + G_2 + 4 \times G_M)$

V_s Volumen

H Höhe

G_1 große Grundfläche

G_2 kleine Grundfläche

G_M Grundfläche bei h/2

Berechnung nach Näherungsformel 1:

$$V_1 = h\left(\frac{G_1 + G_2}{2}\right)$$

Berechnung nach Näherungsformel 2: $V_2 = h \cdot G_M$

Die Ergebnisse der einzelnen Berechnungsverfahren weichen voneinander ab.

Mit größer werdendem Verhältnis zwischen oberer Grundfläche (G_1) und unterer Grundfläche (G_2) nehmen die Abweichungen zu.

Bei komplexen Baugruben erfolgt die Ermittlung des gesamten Volumens durch die Berechnung von Teilvolumina.

Sofern für das ein-/ausgebaute Material eine Abrechnung nach Gewicht vorgesehen ist, erfolgt dies i. d. R durch Wiegen auf geeichten Waagen, bei Schiffsladungen durch Schiffseiche. Die entsprechenden Nachweise (z. B. Wiegescheine) sind der Abrechnung beizufügen.

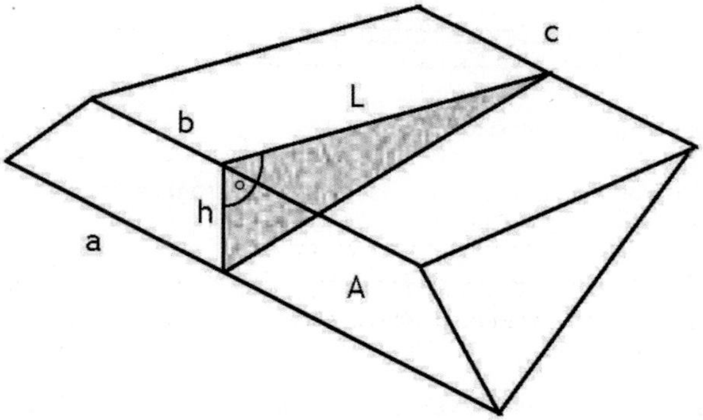

Bild 2: *Berechnung Keilvolumen (Quelle: Lorenz)*

$$V = \frac{L \cdot h}{2} \cdot \frac{(a+b+c)}{3} = \frac{L \cdot h}{6}(a+b+c)$$

oder in Bezug auf die Profilfläche A:

$$V = \frac{A \cdot L}{3} \cdot \left(1 + \frac{c}{a+b}\right)$$

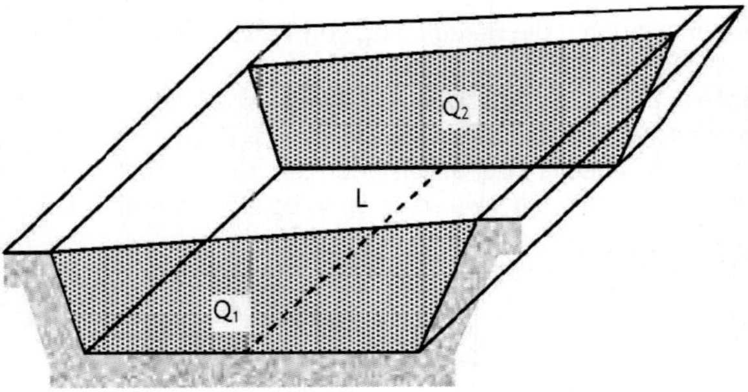

Bild 3: *Geländeabtrag (Quelle: Lorenz)*

Das Volumen wird aus den Flächen der Querprofile und die Länge zwischen den Querprofilen ermittelt.

Die Querprofile sind dort anzulegen, wo sich die Lage oder die Neigung der Geländeoberfläche ändert.

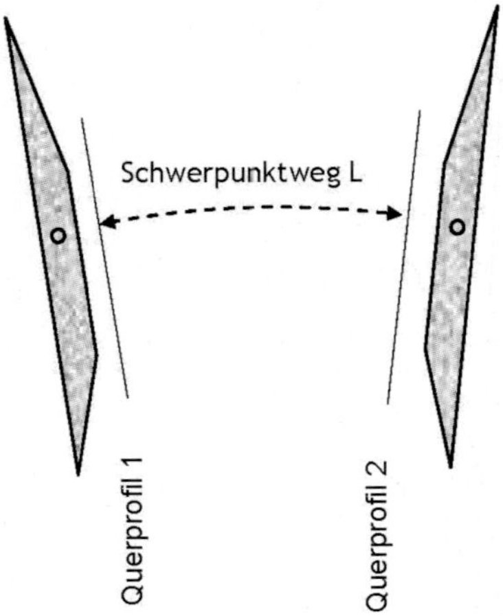

Bild 4: *Bodenabtrag bei Krümmung (Quelle: Lorenz)*

Bei gekrümmten Bauwerken ist als Länge die Bogenlänge in Längsrichtung zwischen den Schwerpunkten der benachbarten Querprofile anzusetzen.

$$V = \frac{A_1 + A_2}{2} \cdot L$$

Körperberechnung

Rampe

$$V = \frac{1}{6} \cdot h^2 \cdot (m - n_g) \left[3 \cdot b + 2 \cdot n_s \cdot h \frac{m - n_g}{m} \right]$$

b Rampenbreite

1:m Rampensteigung

1:n_s Steigung der Rampenseitenböschung

1:n_g Steigung der Gegenböschung

(bei senkrecht: $n_g = 0$)

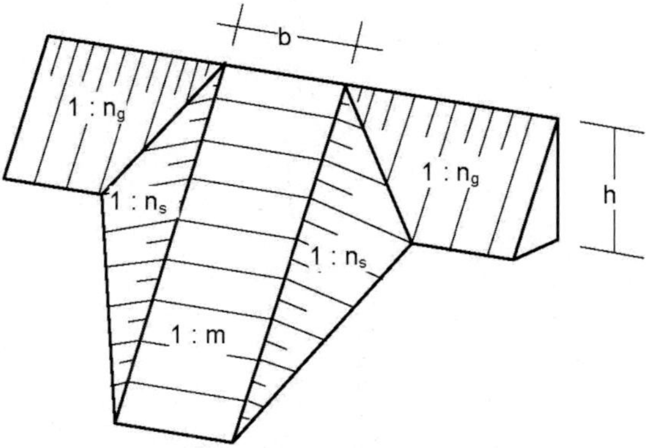

Bild 5: *Berechnung einer Rampe (Quelle: Lorenz)*

Abstecken von Kreisbogen

Eine im Garten- und Landschaftsbau häufig vorkommende Tätigkeit ist das Abstecken von Kreisbogen. Unter dem Begriff „Abstecken“ versteht man das Übertragen von Punkten aus einem Plan in die Örtlichkeit. Die Wahl des Verfahrens für das Abstecken der Bogenpunkte ist von folgenden Kriterien abhängig:

Mittelpunkt des Kreisbogens zugänglich und/oder r < 25 m

Verfahren:

1. Bestimmung des Mittelpunkts
2. Festlegen der Bogenpunkte vom Mittelpunkt aus (z. B. mit Bandmaß)

Mittelpunkt des Kreisbogens nicht zugänglich und/oder r > 5 m

Verfahren:

1. Bogenanfang (BA) und Bogenende (BE) festlegen (konstruktiv oder rechnerisch)
2. Bogenpunkte festlegen

Bestimmung des Mittelpunkts mit Parallelen

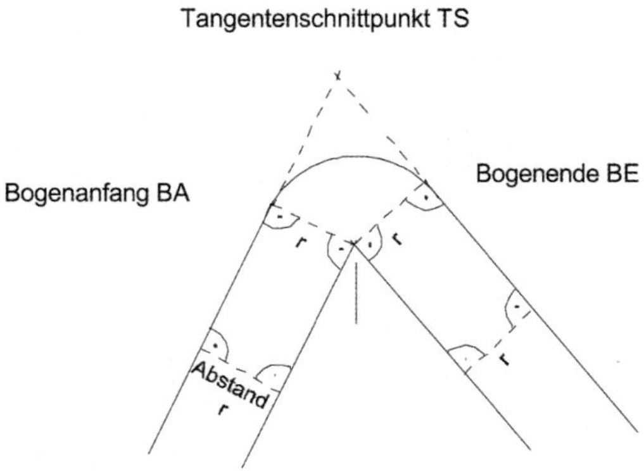

Bild 1: *Bestimmung des Mittelpunkts (Quelle: Lorenz)*

1. Ermittlung des Tangentenschnittpunkts TS durch Verlängerung der Geraden
2. Parallelen zu den Tangenten mit dem Abstand *r* schneiden sich im Mittelpunkt M

Wenn der Mittelpunkt ermittelt wurde, können von dort aus beliebig viele Bogenpunkte mit dem Bandmaß abgesteckt werden. Die Strecken MA-M und BE-M entsprechen dabei einer Senkrechten auf den Tangenten mit der Länge r.

Abstecken der Bogenpunkte vom Mittelpunkt

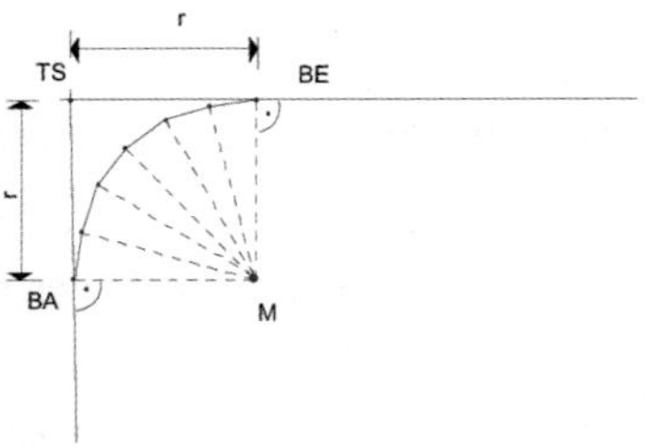

Bild 2: *Abstecken der Bogenpunkte (Quelle: Lorenz)*

Bestimmung von Bogenanfang und Bogenende

Sollen die Bogenpunkte von der Tangente aus abgesteckt werden, weil z. B. der Mittelpunkt nicht zugänglich ist, müssen zunächst die Punkte BA und BE ermittelt werden.

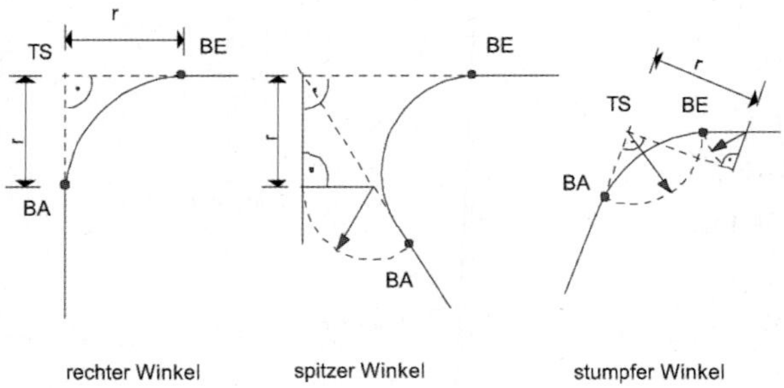

Bild 3: *Bestimmung von Bogenanfang und -ende (Quelle: Lorenz)*

Abstecken der Bogenpunkte von der Tangente aus

Wenn BA und BE ermittelt sind, können die Bogenpunkte mithilfe der x- und y-Werte festgelegt werden. Es bedeuten:

x Entfernung (Abszisse) des Fußpunkts D der Ordinate von BA bzw. BE aus

y rechtwinkliger Abstand (Ordinate) des Bogenpunkts P von der Tangente aus

Übliche y-Werte für häufige Radien und volle x-Werte können Tabellen entnommen werden. Fehlende Werte können nach der Formel:

$$y = R - \sqrt{R^2 - x^2}$$

oder näherungsweise nach der Formel:

$$y \approx \frac{x^2}{2R}$$

berechnet werden.

Beispiel: Für einen Bogen mit dem Radius r = 9,0 m ergeben sich für die x-Werte folgende y-Werte:

Tabelle 1: *Beispiel: Berechnung der y-Werte*

x-Wert	y-Wert
1,0 m	0,06 m
2,0 m	0,23 m
3,0 m	0,51 m
4,0 m	0,94 m
5,0 m	1,51 m
6,0 m	2,29 m
7,0 m	3,34 m
8,0 m	4,88 m

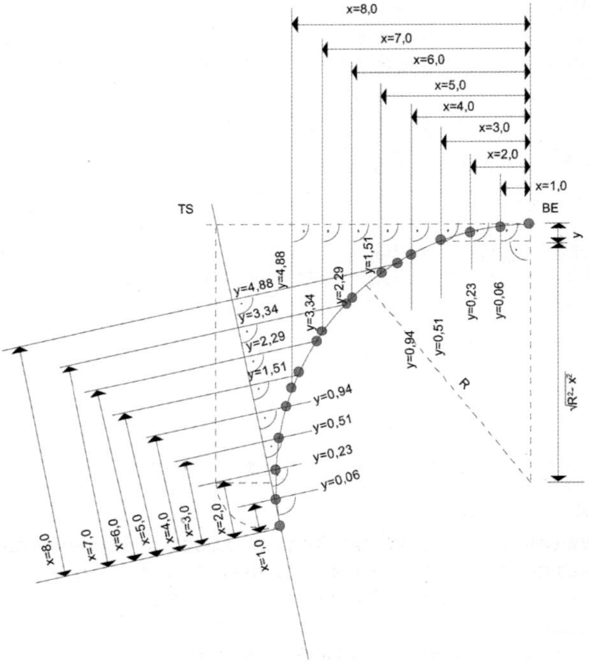

Bild 4: *Abstecken von der Tangente aus (Quelle: Lorenz)*

Abstecken der Bogenpunkte von der Sehne aus

Hierbei werden die einzelnen Bogenpunkte von der Sehne aus bei s/2 rechtwinklig mit dem Wert *h* abgesteckt.

Für die jeweilige Sehne *s* und den vorliegenden Radius *r* gilt für *h*:

$$h = r - \sqrt{r^2 - (s/2)^2}$$

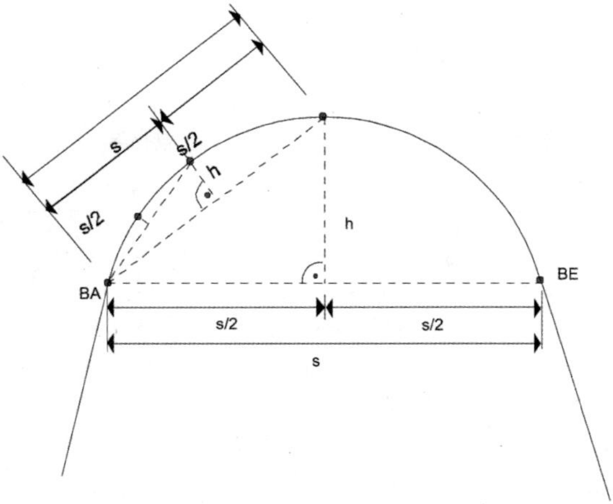

***Bild 5:** Abstecken von der Sehne aus (Quelle: Lorenz)*

Viertelmethode

Mit der Viertelmethode wird das Abstecken von der Sehne aus vereinfacht. Es wird nur der erste Wert *h* errechnet und h/4 als h1, h1/4 als h2 usw. rechtwinklig bei s/2 abgesteckt.

h wird näherungsweise wie folgt berechnet:

$$h \approx \frac{s^2}{8r}$$

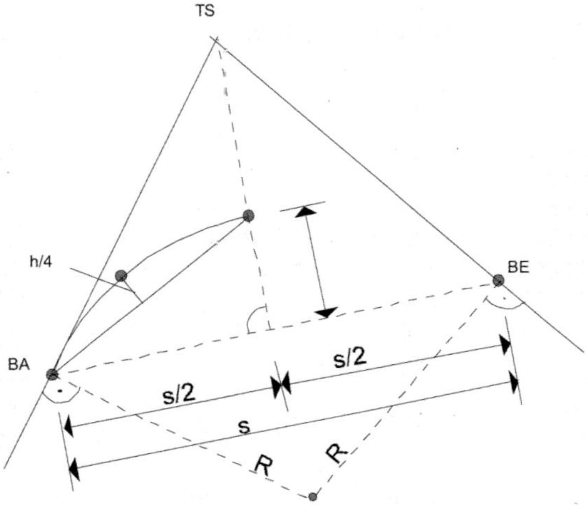

Bild 6: *Abstecken von der Sehne aus: Viertelmethode (Quelle: Lorenz)*

Abstecken der Bogenpunkte: Gitterverfahren

Mit dem Gitterverfahren wird nur näherungsweise ein Kreisbogen erreicht. Tabellen und Berechnungen sind hierfür nicht erforderlich. Die Tangentenlängen *T* werden in regelmäßige Abstände aufgeteilt und kreuzweise miteinander verbunden. Dabei bilden die innen liegenden Schnittpunkte die Bogenpunkte.

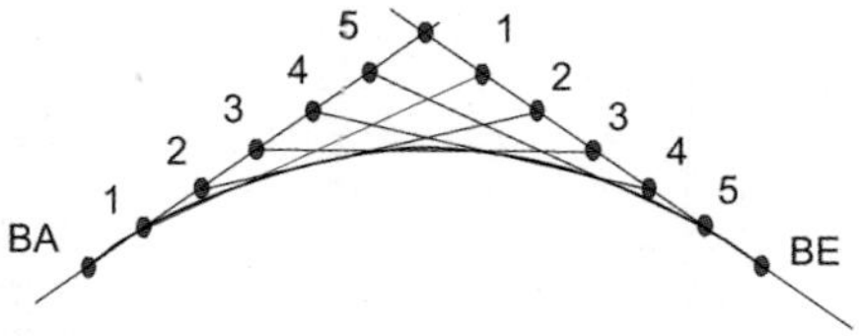

Bild 7: *Abstecken von der Sehne aus: Gitterverfahren (Quelle: Lorenz)*

Stichwortverzeichnis

A

B

D

E

F

G

H

I

K

L

M

N

O

P

R

S

T

U

V

W

Z